国家出版基金项目
NATIONAL PUBLICATION FOUNDATION

"十三五"国家重点出版物出版规划项目·重大出版工程

高超声速出版工程

航天器高温主动冷却热防护理论与技术

姜培学　胥蕊娜　祝银海　彭　威　著

科学出版社

北　京

内 容 简 介

本书从航天器发动机热防护技术的基本概念和基本理论出发,详细、系统地介绍了热防护方式以及相应的计算模型和计算方法。全书内容包括:绪论和研究背景,单相流体的强化换热和冲击冷却,超临界压力碳氢燃料对流换热,超临界压力碳氢燃料热裂解及对换热影响,亚声速条件下气膜冷却,超声速条件下气膜冷却,发汗冷却原理及高温高热流热防护,超声速条件下发汗冷却,相变与自抽吸发汗冷却,喷雾冷却与流动沸腾,液体火箭发动机推力室的主动热防护基础研究,高超声速飞行器的主动热防护与热利用基础研究,并通过典型的计算算例分析,理论结合实际,反映了当前航天器热防护领域的新技术和新成就。

本书可供从事飞行器结构设计的技术人员阅读,可作为相关专业的教师、研究生的参考书。

图书在版编目(CIP)数据

航天器高温主动冷却热防护理论与技术/姜培学等
著. —北京:科学出版社,2021.12
高超声速出版工程 "十三五"国家重点出版物出版
规划项目 重大出版工程 国家出版基金项目
ISBN 978-7-03-070924-0

Ⅰ.①航… Ⅱ.①姜… Ⅲ.①航天器—冷却—防热—
研究 Ⅳ.①V47

中国版本图书馆 CIP 数据核字(2021)第 261871 号

责任编辑:徐杨峰/责任校对:谭宏宇
责任印制:黄晓鸣/封面设计:殷 靓

科学出版社 出版
北京东黄城根北街16号
邮政编码:100717
http://www.sciencep.com

南京展望文化发展有限公司排版
苏州市越洋印刷有限公司印刷
科学出版社发行 各地新华书店经销

*

2021年12月第 一 版 开本:B5(720×1000)
2021年12月第一次印刷 印张:31 1/4
字数:544 000
定价:200.00元
(如有印装质量问题,我社负责调换)

丛书序

飞得更快一直是人类飞行发展的主旋律。

1903 年 12 月 17 日,莱特兄弟发明的飞机腾空而起,虽然飞得摇摇晃晃,犹如蹒跚学步的婴儿,但拉开了人类翱翔天空的华丽大幕;1949 年 2 月 24 日,Bumper-WAC 从美国新墨西哥州白沙发射场发射升空,上面级飞行马赫数超过5,实现人类历史上第一次高超声速飞行。从学会飞行,到跨入高超声速,人类用了不到五十年,蹒跚学步的婴儿似乎长成了大人,但实际上,迄今人类还没有实现真正意义的商业高超声速飞行,我们还不得不忍受洲际旅行需要十多个小时甚至更长飞行时间的煎熬。试想一下,如果我们将来可以在两小时内抵达全球任意城市,这个世界将会变成什么样? 这并不是遥不可及的梦!

今天,人类进入高超声速领域已经快 70 年了,无数科研人员为之奋斗了终生。从空气动力学、控制、材料、防隔热到动力、测控、系统集成等,在众多与高超声速飞行相关的学术和工程领域内,一代又一代科研和工程技术人员传承创新,为人类的进步努力奋斗,共同致力于达成人类飞得更快这一目标。量变导致质变,仿佛是天亮前的那一瞬,又好像是蝶即将破茧而出,几代人的奋斗把高超声速推到了嬗变前的临界点上,相信高超声速飞行的商业应用已为期不远!

高超声速飞行的应用和普及必将颠覆人类现在的生活方式,极大地拓展人类文明,并有力地促进人类社会、经济、科技和文化的发展。这一伟大的事业,需要更多的同行者和参与者!

书是人类进步的阶梯。

实现可靠的长时间高超声速飞行堪称人类在求知探索的路上最为艰苦卓绝的一次前行,将披荆斩棘走过的路夯实、巩固成阶梯,以便于后来者跟进、攀登,意义深远。

以一套丛书,将高超声速基础研究和工程技术方面取得的阶段性成果和宝贵经验固化下来,建立基础研究与高超声速技术应用之间的桥梁,为广大研究人员和工程技术人员提供一套科学、系统、全面的高超声速技术参考书,可以起到为人类文明探索、前进构建阶梯的作用。

2016 年,科学出版社就精心策划并着手启动了"高超声速出版工程"这一非常符合时宜的事业。我们围绕"高超声速"这一主题,邀请国内优势高校和主要科研院所,组织国内各领域知名专家,结合基础研究的学术成果和工程研究实践,系统梳理和总结,共同编写了"高超声速出版工程"丛书,丛书突出高超声速特色,体现学科交叉融合,确保丛书具有系统性、前瞻性、原创性、专业性、学术性、实用性和创新性。

这套丛书记载和传承了我国半个多世纪尤其是近十几年高超声速技术发展的科技成果,凝结了航空航天领域众多专家学者的智慧,既可供相关专业人员学习和参考,又可作为案头工具书。期望本套丛书能够为高超声速领域的人才培养、工程研制和基础研究提供有益的指导和帮助,更期望本套丛书能够吸引更多的新生力量关注高超声速技术的发展,并投身于这一领域,为我国高超声速事业的蓬勃发展做出力所能及的贡献。

是为序!

2017 年 10 月

前　言

高超声速飞行器性能的跨越式发展,要求其结构部件须在超高温、大热流、强干扰等极端条件下长时间服役、结构不变形且质量轻。热防护技术是事关航天飞行器研制成败的关键核心技术。被动热防护技术受限于材料的耐温极限,在某些场合下达不到防热要求,而在有些场合下,被动热防护技术尽管能够满足防热要求、但是质量有可能太重、超过飞行器起飞允许的质量。因此,"防烧毁能力极限与结构质量约束"的矛盾成为制约新一代航天飞行器发展的重要瓶颈。高可靠、不变形且轻量化的航天主动冷却热防护技术一直是航天强国竞相发展的战略性技术,是我国成为航天强国过程中必须自主解决的关键难题。

高温表面主动冷却热防护技术主要包括再生冷却、气膜冷却、发汗冷却等,关于这些冷却方式的研究已有很长的历史。近些年来,高超声速飞行器、超燃冲压发动机、组合发动机和大推力液体火箭发动机等的发展,有力推动了主动冷却热防护技术的研究。先进航天飞行器中承受最严苛热环境的部位是位于超高速气流中承受严重外部气动加热和强激波影响的迎风壁面和尖锐前缘结构、发动机内部承受燃烧加热的燃烧室壁面和燃料喷注装置等。高超声速飞行器身部和机翼的表面积占整个飞行器的很大部分(约85%),完全暴露在高速气流中,传统热防护结构质量重到超过飞行器起飞允许的质量、不能提供净有效载荷。同时,航天飞行器在减重方面"克克计较",以航天飞机为例,每减重1 kg经济效益近几十万元。因此,必须发展高效、可靠、轻质的热防护技术。

笔者最早开始航天器热防护技术的研究是1997年。在清华大学热能工程系(现能源与动力工程系)孙锡久教授的引荐下,笔者作为当时热能工程系主管科研的副系主任和系里的几位教授一起,出访航天一院11所(京)(现航天六院

11 所(京)),与时任副所长的王珏研究员(现任长征五号总指挥)等进行了深入交流。从此,笔者便与液体火箭发动机等航天飞行器热防护结下了不解之缘。随着研究的深入,笔者把自 1986 年开始的超临界压力流体对流换热研究与 1991 年开始的多孔介质对流换热的研究相结合,将研究拓展到高温表面的发汗冷却、超临界压力流体(氢、碳氢燃料)对流冷却与发汗冷却等。

20 多年来,笔者带领研究团队,针对超高速飞行器、新一代运载火箭及涡轮发动机等的热防护,系统研究了多孔或微肋结构强化换热、超临界压力碳氢燃料对流换热与热裂解、气膜冷却、发汗冷却、冲击冷却、喷雾冷却、热防护与热利用一体化系统等的流动换热规律和热防护方法,先后指导了从事航天热防护研究的 24 名博士研究生、18 名硕士研究生、8 名博士后。本书的几位作者,胥蕊娜和彭威曾是笔者的博士生,祝银海曾是笔者的博士后,目前都已成长为笔者的同事,近些年来与笔者一起,带领团队深入开展航天飞行器主动冷却热防护的基础研究与应用研究。针对常规热防护技术“防不住、难维形、质量重”的问题,采用飞行器携带的燃料进行主动热防护,通过深入揭示极端服役热环境与复杂热部件结构和冷却流体的耦合传热作用机制,从主动冷却结构与流体物性的协同调控强化换热、热防护结构在复现飞行条件下的考核测量、基于减冗余与“挡-防-用”的主动热防护系统减重三方面成体系开展了研究,形成了极端条件下主动热防护技术。研发的新型热防护关键技术,成功应用于国家重大专项飞行器、大推力液体火箭发动机和组合发动机等的研制。研究成果有幸荣获 2020 年度国家技术发明二等奖。

对于航天飞行器热防护的研究已有百余年研究历史,研究成果很多,论文资料非常丰富,限于著者水平和篇幅,本书不作过多的文献综述,主要是总结作者团队近 20 多年来针对航天飞行器主动冷却热防护研究。借此,笔者衷心感谢所有对本书作出贡献的老师、博士后及博士硕士研究生们,分别是博士后:陆犇、张有为、张富珍、祝银海、陈学、银了飞、王超、程志龙,博士研究生:孟丽燕、吕晓辰、胥蕊娜、金韶山、彭威、刘元清、赵陈儒、张震、刘波、熊宴斌、欧阳小龙、黄拯、陈剑楠、黄干、严俊杰、陈凯、孙小凯、胡皓玮、廖致远、王昱森、李晓阳、郭昊、马小峰、倪航,硕士研究生:王湛、司广树、李勐、余磊、刘峰、王扬平、王晓鲁、宋绍峰、李佳、江普庆、黄寓理、王夕、蒋兴文、曹磊、赵然、梁楠、单维佶、郭宇轩。

本书各章的主要内容包括:第 1 章绪论和研究背景;第 2 章单相流体的强化传热和冲击冷却;第 3 章超临界压力碳氢燃料对流换热;第 4 章超临界压力碳氢燃料热裂解及对换热影响;第 5 章亚声速条件下气膜冷却;第 6 章超声速条件

下气膜冷却;第 7 章发汗冷却原理及高温高热流热防护;第 8 章超声速条件下发汗冷却;第 9 章相变与自抽吸发汗冷却;第 10 章喷雾冷却与流动沸腾;第 11 章液体火箭发动机推力室的主动热防护;第 12 章高超声速飞行器的主动热防护与热利用。希望本书内容对读者认识和了解航天飞行器主动冷却热防护的理论和应用能有所帮助。

在 20 多年的研究工作中,笔者团队得到了国家自然科学基金创新研究群体/杰出青年基金/重点基金/优秀青年基金/面上基金项目、教育部长江学者和创新团队发展计划/教育部联合基金项目、国家某重大专项基础研究项目、航天863 项目、基础加强项目、预研项目,以及与航天一院、航天三院、航天六院等合作项目的大力资助。在此,笔者一并表示衷心感谢!

最后,也借此机会,特别感谢我的家人对我的长期以来的支持、关心和爱护!

姜培学

2021.11

于清华园

高超声速出版工程

目 录

第 4 章　超临界压力碳氢燃料热裂解及对换热的影响

第 5 章　亚声速条件下气膜冷却

第6章　超声速条件下气膜冷却

193

第 7 章　发汗冷却原理及高温高热流热防护

第 8 章　超声速条件下发汗冷却

第 9 章 相变与自抽吸发汗冷却

————— 305 —————

第 10 章 喷雾冷却与流动沸腾

————— 358 —————

第 1 章

绪论和研究背景

1.1 研究背景

航天航空工业作为国家的重点发展领域,体现了国家的最高科技水平,对于国家的国防、通信、能源和经济等领域有着重要的战略意义。航天航空技术具有较强的综合性,囊括了多个学科的顶尖技术,同时极大促进了能源动力、材料、机械、控制和通信等行业的发展。鉴于航天航空工业的重要战略意义和前沿科学技术,世界各大国均将航天航空工业作为国家中长期科学与技术发展的核心领域和方向。近些年的主要发展方向包括近临空间高超声速飞行器、大推力运载火箭和可重复使用的航天飞行器。近些年世界各地也涌现出一批民营航天航空科技公司,最具有代表性的是美国的太空探索技术公司 SpaceX,该公司于 2017年 12 月首次实现了一级火箭回收,并于 2018 年 2 月成功发射了目前全球现役运载能力最强的火箭"猎鹰 9 号",SpaceX 的里程碑式的革新技术将公众对于航天航空领域的关注度推向了新的高潮。

巡航速度和推重比是飞行器发展的重要指标。随着航天航空技术的发展,飞行器的推力和速度大幅提升,发动机内部的气流温度显著升高,飞行器在进行高超声速飞行时外壳也承受着剧烈的气动加热。飞行器的热防护成为航天航空技术发展中亟须解决的关键技术难题。

1.1.1 临近空间高超声速飞行器

飞行器速度的提升使得同等距离下的飞行时间大大缩短,使得作战武器的攻击能力、突防能力和主动性等增大。高超声速飞行器通常在大气层内以飞行马赫数大于 5 的速度飞行,主要应用在高超声速巡航导弹、高超声速飞机和空天飞机等。高超声速飞行器的主要技术难点包括推进技术、总体技术、材料工艺及制造技术、试验验证技术、控制技术和飞行演示验证技术。高超声速飞行器的发展始于20世纪50年代的超声速燃烧冲压发动机技术的研究。目前,美国、俄罗斯、德国、法国、日本、英国、澳大利亚和印度在高超声速飞行器投入了大量的研究。目前的公开报道中,高超声速飞行器已有几个成功案例,具有代表性的是美国、俄罗斯和德国的高超声速飞行器计划,图1.1为国外典型的高超声速飞行器实物照片。

图1.1　国外高超声速飞行器实物照片[1-4]

美国在高超声速飞行器方面的研究较早并且较为系统,比较有代表性的是 Hyper‐X 计划、ARRMD 计划和 FALCON 计划。Hyper‐X 计划包括 X‐43A、X‐43B 和 X‐43C 三种型号的高超声速飞行器。其中,X‐43A 于2004年成功进行了短时间的接近马赫数10的飞行试验。X‐43A 采用液氢作为超燃冲压发动机的燃料。飞行器翼前缘处采用 C/C 复合材料,头锥处采用钨材料,外壳大面积采用耐高温隔热陶瓷材料。ARRMD 计划中包括 X‐51 高超声速导弹,X‐51 的持续飞行时间比 X‐43A 更长,飞行马赫数接近5。俄罗斯典型的高超声速飞行器计划为"Kholod"计划和"IGLA"计划。"Kholod"计划实现了发动机从亚声速到超声速燃烧的模态转化,最高的飞行速度为马赫数6.45。"IGLA"计划则实现了马赫数12~14的高超声速飞行,主要用于高超声速巡航导弹。德国开展了"SHEFEX"计划,其主要外形特点是前缘尖锐,其中 SHEFEX 1 飞行器实现了 20 s 和马赫数为 6 的高超声速飞行。

高超声速飞行器由于飞行速度极高,气动热流密度和速度的三次方成正比,导致外壳热流密度较大,尤其是前缘承受了极高的热流密度。高效的热防护技术对于高超声速飞行器的长时间安全飞行以及可重复使用具有重要的意义。当飞行器的飞行马赫数为 10 时,总温高达 3 900 K 左右,现有的材料难以长时间承受如此高的温度,为了避免长时间飞行导致材料烧蚀脱落,需要采用高效的主动冷却技术对高超声速飞行器的关键部件进行热防护。

1.1.2　超燃冲压发动机

在高超声速飞行工况下,超声速燃烧冲压发动机(简称超燃冲压发动机)作为一种高效的推进系统被广泛地应用在高超声速飞行器上。超燃冲压发动机的研究开始于 20 世纪 50 年代。图 1.2 为超燃冲压发动机的结构示意图,其主要由进气道、隔离段、燃烧室和尾喷管组成。超声速主流经过进气道被压缩,通过隔离段后进入到燃烧室与燃料进行掺混并燃烧,产生的高温高压燃气经过尾喷管喷出后产生巨大的推力。当飞行马赫数为 8 时,超燃冲压发动机内主流总温超过 3 000 K,超燃冲压发动机内的高温气流以超声速流动,使得燃烧室壁面承受极高的气动热流密度,激波的入射使得局部的热流密度进一步地提高。进气道尖锐前缘也承受了极高的气动加热。当飞行马赫数大于 10 时,飞行器所携带的燃料不足以提供足够的热沉。高效的热防护方法对确保超燃冲压发动机的长时间安全运行至关重要。

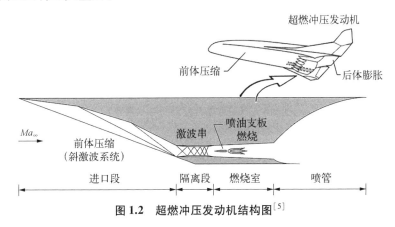

图 1.2　超燃冲压发动机结构图[5]

超燃冲压发动机燃烧室中的主流为超声速气流,燃烧室中的燃烧和混合过程十分迅速。因此需要加强燃料和超声速主流的掺混,使得燃烧更加充分,从而获得更大的推力。现有的研究表明,喷油支板(strut)可有效增强燃烧效率。如图 1.2 所示,喷油支板伸入燃烧室的中心区域,燃料通过喷油支板直接注入超声速主流的核心区域,可有效增加掺混效果。由于支板位于高温高速的环境中,因此承受着巨大的热负荷,尤其是支板前缘区域热流密度极高,需要有效的冷却方法对支板进行热防护。目前支板中常用的冷却方式为再生冷却,燃料通过支板内部的通道对支板进行热防护,然后通过喷注孔喷射到燃烧室中进行燃烧。随着超燃冲压发动机中主流的速度和温度提升,采用常规再生冷却的支板的前缘可能出现严重烧蚀。因此,需要更加高效的冷却方法对超燃冲压发动机中的支板进行热防护。

1.1.3　涡轮基组合发动机

临近空间高超声速飞行器是目前研究的热点,宽速域飞机是未来的发展方向。当前组合推进系统主要分为涡轮基组合循环动力系统(turbine-based combined cycle, TBCC)和火箭基组合循环动力系统(rocket-based combined cycle, RBCC)两大类。其中 TBCC 发动机是将涡轮发动机与冲压发动机结合起来,在起飞过程及低速时利用涡轮发动机提供动力。当马赫数逐渐增大至涡轮飞行上限而冲压发动机能开始工作的下限时,控制系统将逐渐关闭涡轮通道,开启冲压通道,最终在较高马赫数时推力完全由冲压发动机提供。一种并联形式的涡轮冲压组合发动机如图 1.3 所示。

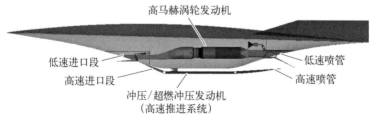

图 1.3　涡轮基组合发动机结构图[6]

涡轮冲压发动机概念从提出到现在已经有 60 多年,其研制进展一直局限在地面台架试验或高速风洞进行模拟。迄今,搭载 TBCC 发动机并成功完成空中试飞的国家只有法国(1957,GRIFFON2)、美国(1966,SR‑71 黑鸟侦察机)、日本(2001,RTA)等为数不多的国家。尽管 TBCC 组合推进的原理比较成熟,但实际上仍然是一个复杂的工程,涡轮发动机和冲压发动机都面临着热防护的难题。

涡轮发动机作为 TBCC 推进系统的发动机之一,提供涡轮发动机工作模式下飞行所需的推进力。推重比指的是发动机推力和重量的比值,是衡量涡轮喷气式发动机的重要指标。通过提高涡轮透平的进口温度,可有效地增加航空发动机的推重比,同时也可以提升发动机的热效率。涡轮进气温度每增加 55 K,推力可提升将近 10%。如图 1.4 所示,20 世纪 50 年代时第一代航空发动机的涡轮进口温度仅 1 200 K 左右,推重比为 1~2。20 世纪 80 年代以美国 F110 为代表的第三代航空发动机的涡轮进气温度升高到 1 600 K 左右,推重比为 8 左右。而目前的第五代航空发动机的进气温度则高达 2 000 K 以上,推重比高达 15~20。随着航空发动机中进口温度的进一步升高,常规的金属材料难以承受如此高的温度,目前通常采用以下几种途径解决高温带来的问题:① 发展新的材料,提高材料的耐热和抗氧化性能;② 在叶片表面涂覆耐高温涂层(thermal barrier coating,TBC);③ 通过高效的冷却方式对叶片进行降温,使得温度控制在现有材料的安全范围内。

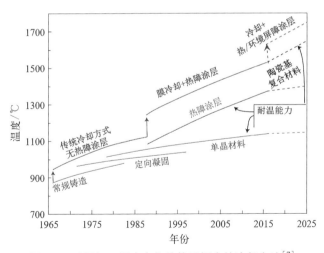

图 1.4　透平入口温度变化趋势及相应的冷却方法[7]

近些年耐高温材料得到了较快发展,耐高温涂层可以一定程度上阻隔高温气流,但是其发展速度依然赶不上涡轮透平进气温度的上升速度。因此,发展高效的主动冷却技术对于航空发动机的发展具有极其重要的意义。如图 1.4 所示,随着涡轮入口温度的增加,涡轮叶片的冷却方式从简单变得复杂。冷却方式从简单的内部对流冷却演化到复杂的气膜和冲击复合冷却。随着涡轮入口温度的进一步提升,发汗冷却被认为是涡轮叶片的重要热防护方式。通过发展高效的发汗冷却技术,可以降低对材料耐温性的需求,从而发展更大推力的航空发动机。

对于采用强预冷的涡轮基组合发动机,空气预冷器是其中的关键部件。英国 REL 公司研发的 SABRE 预冷器采用的是密集微细管束传热技术,也是目前研究成果最好的微细管束换热器之一,它能在 0.01 s 的时间内,将约 600 kg 的空气进行深度预冷,从 1 350 K 降温至 150 K 左右,功率高达 400 MW,远大于已有的常规换热器功率,国内目前已开展相关研究。美国空军研究试验室 2015 年完成了对英国反应发动机公司 SABRE 发动机技术可行性评估,结论表明预冷发动机技术可能会更早地应用于两级入轨飞行器动力。因此预冷发动机相关技术在不远的将来会有大幅度发展。目前仍然缺乏对强预冷技术涉及的基础问题的全面深入研究,包括管内外流体耦合传热规律,大温差换热及复杂管束排列形式下换热性能等均需要进一步开展研究。

1.1.4　液体火箭发动机推力室

液体火箭发动机最早由 20 世纪 20 年代的美国发明并通过测试,于 20 世纪 40 年代进入实用。20 世纪 70 年代后出现了一批以苏联高压补燃液氧煤油发动机 RD‑191 为代表的大推力高性能液体火箭发动机。图 1.5 为液体火箭发动机结构示意图。液体火箭发动机通过自身携带的推进剂进行燃烧或分解反应产生高温高压燃气,燃气通过喷管加速后以超声速喷出,产生巨大的反推力。液体火箭发动机无须外界的氧化剂、性能高、安全可靠,被广泛应用于运载火箭和导弹

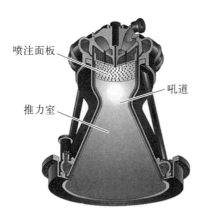

喷注面板

吼道

推力室

图 1.5　液体火箭发动机[8,9]

等。燃料燃烧和燃气加速的过程主要在火箭发动机推力室中进行,推力室中燃气的总压高达 20 MPa,温度高达 3 500 K 以上。推力室的内壁面受到高温高速燃气的持续冲刷,承受了极高的热流密度,其热流密度是汽车发动机的万倍以上,推力室喉部的热流密度更是高达 170 MW/m^2。现有的材料难以承受如此高的温度,为了保证液体火箭发动机的安全运行,需要对推力室的喷注面板、身部和喉道等关键部件进行有效的热防护。

目前针对液体火箭发动机中常见的主动冷却方式包括再生冷却、膜冷却、烧蚀冷却和发汗冷却。其中再生冷却在液体火箭发动机中被广泛应用。燃料或氧化剂首先通过推力室壁面内的冷却通道进行对流换热,使得推力室壁面温度降低,同时推进剂也充分利用壁面的热量进行升温预热,温度升高后的推进剂重新进入到推力室中进行燃烧,这种冷却方式被称为再生冷却。再生冷却应用技术较为成熟,对火箭发动机的性能影响较小,但是再生冷却通道内的流动阻力大,对于推进剂供应系统的压力需求较高。同时,再生冷却的冷却能力有限,其所能冷却的最大热流密度约为 140 MW/m^2,而推力室喉道的热流密度则可高达 170 MW/m^2 以上,随着火箭发动机的性能提升,喉道的最大热流密度还会继续提升,需要对其进行更有效的冷却。

1.2 航天领域现有的热防护冷却技术

随着航空航天技术的发展,涡轮发动机、液体火箭发动机和高超声速飞行器中关键热部件的温度和热流密度越来越高,耐高温材料的发展速度已经不能满足需求,需采用高效的主动冷却方式对高温部件进行热防护。目前常用的冷却技术包括再生冷却、冲击冷却、烧蚀冷却、膜冷却、逆喷冷却和发汗冷却等。

1. 再生冷却技术

再生冷却的基本原理是对流冷却。燃料或氧化剂作为冷却流体在高温部件的冷却通道内流动并带走热量,温度升高后的燃料或氧化剂再进入到燃烧室中进行燃烧,使得高温部件的热量得到充分的利用,这种冷却方式被称为再生冷却。再生冷却不会造成发动机的能量损失,实现了能量再生。目前,再生冷却被广泛地应用于航天飞行器的热防护中。冷却剂在冷却通道内的流动阻力较大,在迂回流动的过程中压降较大。热部件的热流密度越高,所需的泵压越大。随着航天飞行器的飞行速度进一步提升,飞行器所携带的燃料不足以提供足够的热沉,这也使得再生冷却在更高速度的航天飞行器中的应用受到了一定的制约。

2. 冲击冷却技术

冲击冷却主要针对局部高热流区域进行高效的冷却。冷却流体通过喷口以较高的速度喷出后直接冲击高温壁面。由于冷却流体的冲击速度较快,对流换热系数较高,其冷却能力相比于再生冷却更强,冲击冷却主要应用于热流密度较高的区域,例如涡轮发动机的叶片前缘结构。和再生冷却一样,冲击冷却也属于是对流冷却。壁面热流密度越高,所需的冷却剂流量和压降越大,在高超声速飞行器中同样也会受到燃料热沉不足的限制。

3. 烧蚀冷却技术

当高温部件暴露于高温高速气流中时,通过外层烧蚀材料的融化、相变和热解等物理化学反应大量吸热,从而保护内层材料工作在安全范围内,这种热防护方法为烧蚀冷却。烧蚀热防护主要应用于航天飞行器外壳及再入飞行器前缘表面的热防护。常见的烧蚀材料包括硅基复合材料、C/C 复合材料、C/SiC 复合材料和碳布酚醛材料等。烧蚀冷却是一种基于材料损耗的冷却方式,因此不能长时间在高热流密度条件下对飞行器进行热防护,并且烧蚀后的气动外形也会实时发生变化,影响飞行器的气动特性。当烧蚀冷却用于导弹弹头时,烧蚀材料脱落物也会污染下游的红外视窗,影响制导的精度。

4. 膜冷却技术

冷却流体通过壁面上的若干小孔或狭缝喷出,并在高温壁面的表面形成一层贴合壁面的保护膜,通过保护膜减小高温主流传递给壁面的热流密度从而达到冷却的目的,这种冷却方式称为膜冷却。与再生冷却、冲击冷却及烧蚀冷却不一样的是,膜冷却可以有效地减少高温高速气流对壁面的传热。膜冷却通常分为气膜冷却和液膜冷却。其中气膜冷却的冷却流体为气体,常用于涡轮发动机叶片前缘的热防护。液膜冷却的冷却流体为液体,一般采用液态燃料或液态氧化剂作为冷却流体,主要用于液体火箭发动机内壁面的热防护。由于膜冷却从源头上降低了热流密度,因此其冷却效率较高,可以对液体火箭发动机喷管喉部进行有效的冷却。同时膜冷却的结构较为简单,无须复杂的冷却通道。但膜冷却往往需要注入过量的冷却剂形成长距离大面积的致密保护膜,导致冷却流体消耗较大。

5. 逆喷冷却技术

高压冷却流体通过头锥前缘的小孔或狭缝逆向喷射到高温高速主流中,直接对头锥的前缘结构进行冷却,并在前缘区域形成一层保护气膜,这种冷却方式称为逆喷冷却。逆喷射流和超声速主流相互作用后将产生复杂的激波系。逆喷冷却对于前缘驻点区域的冷却效果较好,可以有效地降低前缘的气动热流密度以及气动阻力。相关的逆喷冷却实验和数值研究结果表明,逆喷冷却可使得局部热流密度降低为无冷却时的 7%,同时也可使得气动阻力降低为原来的 45%。逆喷冷却对于前缘驻点区域的冷却效果较好,但是逆喷冷却的热防护区域范围有限,远离逆喷口的区域热防护效果较差。

6. 发汗冷却技术

冷却流体首先流过多孔壁面并进行强烈的对流换热带走热量,随后在壁面的表面形成一层致密的流体膜以减小高温主流对壁面的传热,这种冷却方式称为发汗冷却。相比于再生冷却、膜冷却等热防护技术,发汗冷却的冷却效率较高,对于极高热流密度壁面的热防护最具潜力。发汗冷却最早于 20 世纪 40 年代被提出,主要用于火箭燃烧室的热防护。随着涡轮发动机、液体火箭发动机和高超声速飞行器的发展,受热部件的热流密度越来越高,发汗冷却逐渐受到重视并被广泛研究。发汗冷却主要包括两部分换热原理。首先,冷却流体在多孔壁面内的对流换热。由于多孔介质内部具有曲折的微细通道,同时具有较大的比表面积,使得冷却流体和多孔介质固体骨架之间的换热十分强烈,高效地带走热量。冷却流体渗出多孔壁面以后形成一层保护流体膜覆盖在多孔壁面的表面,流体膜使得温度边界层增厚,有效地减小了高温主流对壁面的传热。和膜冷却相比,发汗冷却的表面流体膜的贴合效果更好。基于以上两个原理,使得发汗冷却的冷却能力最高可高达 1.4×10^9 W/m^2。

1.3　单相对流冷却

对流冷却技术是最常用,也是最基本的一种冷却技术。火箭发动机推力室壁面、超燃冲压发动机壁面通常采用对流冷却技术,也称为再生冷却技术,其利用的冷却剂即飞行器携带的燃料,如图 1.6 所示。燃料或氧化剂作为冷却流体在高温部件的冷却通道内流动并带走热量,温度升高后的燃料或氧化剂再进入到燃烧室中进行燃烧,使得高温部件的热量得到充分的利用。再生冷却不会造成发动机的能量损失,实现了能量再生。目前再生冷却被广泛地应用于航天飞行器的热防护中。国内外对单相对流冷却已有很多研究,也有相关著作,本书不再赘述。

随着飞行马赫数的增大,超燃冲压发动机再生冷却所需要的燃料热沉随之增大,如图 1.7 所示。此时需要充分利用燃料所蕴含的化学热沉才足以满足冷却任务的需要,该种燃料被称为吸热型碳氢燃料[5,10]。如果冷却通道内的压力高于燃料的临界压力,燃料处于超临界压力状态,其剧烈的变物性给对流换热带来了更多的复杂性,并可能引发流动换热不稳定性和振荡。再加上热裂解吸热与分解生成小分子烃类影响物性,且高温下可能存在的结焦也会进一步影响对流换热,因此再生冷却通道内超临界压力吸热型碳氢燃料的对流换热是一个耦合了湍流、热裂解、结焦等因素的复杂过程。旋转、过载等工况条件及压力、流量、温度、流向等因素也会极大地改变其对流换热规律[11]。对以上问题进行研究,揭示超临界压力流体的湍流换热及热裂解耦合影响规律,认识理解各种因素的相互关系及影响机制,是保证再生冷却技术得以实现的基础,也是超燃冲压发动机研制的必经之路。

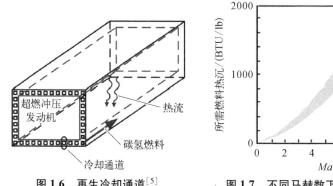

图 1.6   再生冷却通道[5]   图 1.7   不同马赫数下所需燃料热沉[10]

针对超临界压力流体对流换热的研究从 1930 年代即已开始。Schmidt 等发现近临界点附近的流体的自然对流换热系数较亚临界压力流体更高[12]。在1950~70 年代,超临界压力火电站的出现和超临界压力水冷核反应堆概念的提出显著推动了超临界压力流体对流换热的研究[13-16]。近年来,超临界压力流体已被广泛用作不同工业应用中的工质,如先进核反应堆、高温太阳能电站、高超声速飞行器等[17-19]。超临界压力流体的关键和显著特点即是其热物性的剧烈变化,尤其是在准临界温度附近更为剧烈。大量学者的研究证实了换热恶化主要由下列因素造成:热物性的剧烈变化、周向密度剧烈变化引发的浮升力、径向密度剧烈变化引发的流动加速[20]。针对超临界压力流体变物性对其换热规律的影响,国内外学者开展了数十年的机理研究,并构建了一系列经验和半经验对流换热关联式。如 Yamagata 等[21]在水平及竖直圆管内研究了超临界压力水的对流换热。研究显示当加热热流密度较大时,水平管的顶部和底部出现对流换热系数的差异,同时竖直向上和向下流动也出现了换热规律的差异。Yamagata考虑了管道截面的定压比热容的不均一分布,对对流换热关联式进行了修正。Bishop 等[22]基于 Dittus-Boelter 公式形式拟合了针对超临界压力水的对流换热关联式,式中添加了壁面密度和积分平均普朗特数进行修正。

变物性在管道径向和轴向引发了浮升力和流动加速,从而间接对对流换热规律产生了重要影响。关于浮升力的影响,Jackson 等[23-25]认为壁面加热导致流体出现截面温度的不均匀,进而引发了壁面与主流的显著密度差,所产生的浮升力可抑制或强化径向湍动能的分布,最终诱导对流换热出现恶化或是强化。

流动加速对于超临界压力流体的对流换热同样具有重要影响,尤其在较小管径的对流换热中更为明显。Shiralkar 和 Griffith[26]的实验中发现,极小管径中的向上、向下流动均出现了换热恶化。McEligot 等[15]认为该现象是由流体受热膨胀,密度减小引发的热膨胀所导致,并提出了表征流体热加速影响程度的无量纲准则数。

Jiang 等[27,28]对超临界压力 R22、CO_2 等工质的对流换热开展了大量的实验研究,总结了浮升力、流动加速对对流换热的影响机理,研究发现在微细管内因流体沿程压降造成的密度变化与热膨胀一同引发了流动加速,并进一步提出了描述两者共同影响的综合流动加速无量纲数。Cao 等[29]基于直接数值模拟方法(DNS),结合实验数据深入揭示了浮升力和流动加速耦合影响对流换热的机理。

对于再生冷却技术所使用的碳氢燃料,学者们也进行了超临界压力条件下的对流换热研究。Isaev 和 Abdullaeva[30]研究了雷诺数 500~3 200 时超临界压力正庚烷的对流换热,并根据实验数据拟合了对流换热关联式。Zhang 等[31]研究了层流区、过渡区、湍流区超临界压力正癸烷的对流换热,并拟合了对流换热关联式。水平管[32]、方管[33]内的超临界压力碳氢燃料对流换热研究也有报道。刘波等[20]对竖直圆管内超临界压力正癸烷的对流换热进行了较为系统的研究,得到了对流换热关联式,讨论了浮升力和热加速对流动换热的影响。对于工程燃料,国际上有 JP-7,JP-8,JP-8+100,JP-10,和 RP-1 的研究[34],国内研究较多的是 RP-3 号航空煤油[35-37]。超临界压力碳氢燃料基本的对流换热规律与水、二氧化碳相似,但是由于物性的差异,超临界压力流体对流换热关联式的适用性相对较窄,受流动雷诺数、温度范围、物质种类影响较大,尚未有完全适用于所有条件的对流换热关联式。

旋转、过载等复杂工况条件对冷却通道内的流体换热能力存在显著的影响。当前国内外学者对旋转通道内的流体换热研究主要针对空气。Wagner 等[38]开展了旋转通道内空气流动换热研究,发现径向出流通道前后缘面对流换热能力存在差异,后缘面换热增强,而前缘面减弱。Deng 等[39]通过实验结果分析认为临界旋转数与无量纲位置成反比,且它们的乘积为常数。Deng 等[40,41]进行了旋转条件下双通道入流的换热特性研究,在入口雷诺数为 15 000 条件下,在通道顶部注入二次冷却剂是最佳选择,这种情况下优化了通道内高半径拐角处的局部换热特性。Huang 等[42]采用液晶测温技术研究了销-翅片顺序排列和交错排列对于通道内流体换热的影响,结果表明通道内肋片交错阵列的流体换热特性比肋片顺序排列高 25%~30%。Kim 等[43]对旋转条件下带有凹坑的矩形通道内流体对流换热特性进行了研究,结果表明当凹坑表面位于通道尾部时能够提高凹坑表面传热系数。可以看出旋转通道内空气的对流换热研究主要围绕旋转引起的浮升力和科里奥利力对流体流动和换热影响,以及流场的通道几何尺寸影响因素。

目前对于旋转条件下超临界压力流体的对流换热研究较少,芦泽龙等[44]开展了高旋转数 $Ro = 2.2$ 条件下正癸烷流动换热数值模拟研究,结果表明换热随旋转数的增加而增强。其进一步开展了高转速条件下的超临界压力正癸烷流动换热实验研究,发现由旋转引起的浮升力是影响换热的主导因素,对于径向入流通道,由压降和热加速引起的流动加速对换热起负面作用。当转速增加时,由浮升力,流动加速和科里奥利力等因素共同作用导致换热增强,并进一步获得了浮升力与热加速共同作用下的超临界压力碳氢燃料的对流换热计算准则关联式[45,46]。

吸热型碳氢燃料在再生冷却通道内达到一定温度之后,会发生吸热裂解反应并生成复杂组份[47]。研究超临界压力下碳氢燃料的热裂解规律及其对再生冷却性能的影响对于再生冷却设计有着重要意义[48]。碳氢燃料热裂解是涉及数百个组份和上千步反应的复杂过程。常见的热裂解反应机理可分为三大类,即详细反应机理、集总反应机理和总包反应机理[49]。详细反应机理对碳氢燃料的热裂解进行了详细的机理描述,往往包含上百个组份和上千步反应。由于详细反应机理过于复杂,因此难以被应用于工程 CFD 计算[50],一般只被用于一维、非流动计算中[51-53]。集总反应模型相比详细反应模型进行了简化,将大量实际产物简化为集总产物[54]。集总反应模型由于将一些重要组份进行了简化,造成这些组份的信息遗失,带来不可避免的误差。总包反应模型关注主要裂解产物的分布,一般只包含一步反应,模型计算效率较高,因此最常被工程所应用。Ward 等[55,56]开展了裂解率 0~25% 范围内的超临界压力正癸烷热裂解实验,发现主要产物在此裂解率区间内质量分数与裂解率呈正比例关系,据此提出了等比例产物分布(PPD)总包反应模型,该类模型使用常数化学计量系数描述裂解产物质量分数与裂解率的关系。Zhu 等[57]、Jiang 等[58]分别建立了针对正癸烷和中国航空煤油的 PPD 裂解模型,在较低裂解率下可以达到较好的预测精度。

高裂解率下,二次反应的影响逐渐增强,造成产物分布与裂解率的关系偏离线性,压力的变化也会对产物分布造成显著的影响[55]。学者们采用了在一次反应基础上增加多步二次反应的修正方法,显著提升了热裂解模型的预测精度[59-61]。该方法一定程度上增加了裂解模型的规模。本书作者团队 Jiang 等[62]、Wang 等[63]提出了超临界压力碳氢燃料热裂解的微分变化学计量系数总包反应模型构建方法,将裂解反应简化为不同压力下的无限个连续的微元反应,分别考虑了二次反应和压力对热裂解的影响,提出了使用压力和裂解率的二元函数来描述不同产物的化学计量系数,模型获得了较好的预测精度。

1.4　气膜冷却

气膜冷却的基本原理是指沿壁面切线方向或以一定的入射角射入冷却气体,形成一层贴近受保护壁面的缓冲冷却气膜,用以将壁面与高温气体环境隔离,从而对壁面进行有效的热防护和化学防护(图 1.8)。

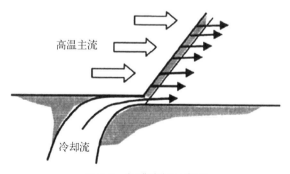

高温主流

冷却流

图 1.8　气膜冷却示意图

气膜冷却自 20 世纪 70 年代开始作为航空燃气轮机的一种冷却方法使用以来,目前已成为现代燃气轮机高温部件的主要冷却措施。迄今,国际上对气膜冷却开展了深入系统的研究,美国、俄罗斯、西欧和日本等经过几十年的发展,已经形成了以大型涡轮发动机或燃气轮机公司掌握关键技术为特点的研究格局,同时大学、研究所等机构也掌握了最先进的涡轮发动机或燃气轮机相关的气膜冷却技术。

从 20 世纪 50~60 年代至今,气膜冷却已经积累了半个多世纪的研究经验,相关的实验数据十分丰富,各种文献资料海量,各涡轮发动机或燃气轮机制造商也有自己独特的设计计算方法。

按照主流的速度是否超过声速,气膜冷却可分为亚声速气膜冷却与超声速气膜冷却。亚声速气膜冷却常见于燃气轮机燃烧室、叶片、叶栅侧壁等。经过半个多世纪的发展,国际上对于亚声速气膜冷却的研究已经达到了相当的广度和深度,各种文献资源层出不穷。最初有关气膜冷却的研究是 Wieghardt[64] 为解决机翼的防冻所做的二维槽缝热气喷射;早期对气膜冷却的研究成果可见 Goldstein[65] 的详细综述;葛绍岩等[66] 系统总结了截止到 1984 年气膜冷却研究取得的进展和成果;Kercher[67] 对 1971—1996 年间气膜冷却数值计算做了一个较详细文献列表;Han 等[68] 对燃气轮机叶片传热和冷却技术进行系统的总结,深入地分析了各种冷却方式和已有的研究成果;曹玉璋等[69] 对气膜冷却的研究进行了系统的分析和总结,同时对航空发动机传热研究进行了详细的介绍。

影响气膜冷却流动和传热的因素大致可分为几何参数和流动参数,几何参数具体包括:气膜孔、受保护壁面和主流通道的几何特征;流动参数包括:密度比、速度比、吹风比、动量比,以及主流的湍流度和旋转的影响等。

气膜孔的几何条件主要包括孔形状、倾斜角度、数目及排列方式等,其对气膜冷却有着决定性的影响。圆孔作为最普遍使用的气膜孔型结构研究最多,其次,圆孔结构也经常作为其他孔型的对比纳入研究者的研究范围中。扇形孔、后倾扇形孔[70] 等成型孔也被国内外学者广泛研究,Bunker[71] 对气膜孔孔型的研究进展做了详细的综述,阐述了成型孔的来源,同时对各种孔型在不同吹风比、复合角、湍流度下的气膜冷却效率、流场结构、换热系数做了详细的分析和讨论。同时,一些新型的孔型设计纳入国内外学者的研究范畴,如气膜孔出口加横向槽结构[72]、Console 孔[73]、气膜孔出口增加三角形突块[74, 75]、气膜孔加辅助射流孔[76, 77]、双射流孔[78, 79]、Round-to-slot 孔[80, 81]、NSSD 孔[82]、Horn 孔[83] 等。

大部分的气膜冷却研究都是在平板上进行,实际应用场合气膜孔所处的位置、壁面的弯曲程度、表面粗糙度等因素都会对气膜冷却产生影响,一些学者也对相关影响因素进行了深入研究。Mayle 等[84]、Ito 等[85]针对不同曲面上的气膜冷却进行了研究,结果表明:在低吹风比情况下,凸面的冷却效果优于平面优于凹面;中等吹风比 1.0 情况,凸面的冷却效果最优;而高吹风比 2.0 时,凹面的冷却效果反而优于凸面和平面。透平叶片表面随着发动机的运转,其光洁度不断降低,Barlow 和 Kim[86]、Guo 等[87]对粗糙度对冷却效率和换热系数的影响进行了研究。

对于一个气膜冷却模型,在基本的几何结构确定的情况下,流动参数是影响气膜冷却的重要因素,也被学者们广泛研究:Goldstein[65]较早对平板表面气膜冷却进行了综述,总结了各种流动因素对气膜冷却的影响。Ammari 等[88]综述了很多学者研究成果,分析了吹风比、主流雷诺数、边界层位移厚度以及孔直径比等因素的影响。由于燃气轮机叶片间的湍流度较大,需要考虑湍流度对气膜冷却的影响,Fu 等[89]对此进行了研究。燃气轮机叶片间,由于主流通道截面的变化,主流存在加速的特性,开展主流加速对气膜冷却的影响也纳入研究者的考虑范围内[90, 91]。燃气轮机动叶上的覆盖气膜还随着叶片的旋转发生相应的运动,因而旋转对气膜冷却的影响也引起了国内外学者的重视[92, 93]。

气膜冷却除了在燃气轮机领域有着明确的应用背景外,由于其结构简单、冷却效果好等特点,也被纳入火箭高温部件冷却、高超声速飞行器热端部件冷却的考虑范围。

超声速条件下由于冷却气体与主流的混合要弱于亚声速情况,因此超声速气膜冷却可以获得更好的冷却和防护效果;其次在超声速条件下,冷却气体切向喷入还能起到降低壁面摩擦的作用。因此超声速气膜冷却被认为是高超声速飞行器热端部件的一种有效冷却技术。美国等国家曾在 20 世纪 70 年代超燃冲压发动机的研究初期,对超声速缝槽气膜冷却进行了一系列的研究,但随着超燃冲压发动机的研究陷入低谷,超声速气膜冷却的研究也随之减少。20 世纪 90 年代后,随着航空航天技术的发展,高超声速飞行器的战略意义和应用价值越来越受到重视,发达国家又开始重视进行超燃冲压发动机的研究。由于超声速气膜冷却在涡轮发动机、火箭发动机、超燃冲压发动机和高超声速飞行器等方面都有着重要的应用价值和战略意义,超声速气膜冷却又重新吸引了发达国家投入研究。

早期主要从理论分析和实验的角度开展对超声速气膜冷却的研究。Volchkov 等[94]用边界层理论对超声速情况下的气膜冷却进行分析,结果认为在超声速情况下,气体可压缩性对气膜冷却效率的影响不大。Richards 和 Stollery[95]通过实验研究,分析了冷却流进口高度、流量、气体种类对超声速气膜冷却的影响,并在实验结果的基础上构造理论模型。Goldstein 等[96]采用实验研究的方法研究了空气和氦气作为冷却气体时的超声速气膜冷却情况,分析了冷却流进口高度、流量等对气膜冷却的影响。Alzner 和 Zakkay[97]研究了激波和超声速气膜冷却的作用,结果表明在激波作用的区域,对比无气膜和有气膜的情况,超声速气膜能有效地抑制激波的加热作用。

20 世纪 90 年代以来,随着实验条件的改进和数值计算方法的不断发展,关于超声速气膜冷却的研究也越来越多。

George 等[98]实验研究了超声速气膜冷却,考虑了冷却气体进口压力、进口高度以及激波的影响,结果表明在强激波入射下,激波作用区域后气膜冷却不再起作用。Bass 等[99]实验研究了氢气和氦气作为冷却气体时的超声速气膜冷却特性,研究内容包括考虑不同的进口马赫数、进口高度、隔板厚度、冷却流流量等的影响。Juhany 等[100]研究了冷却流马赫数及温度对超声速气膜冷却的影响,结果发现增大冷却流进口马赫数有利于改善气膜冷却效率,温度比对超声速气膜冷却也有一定的影响。Juhany 和 Hunt[101]研究了激波对超声速气膜冷却的影响,结果表明超声速气膜冷却效率受激波作用会降低。Kanda 等[102, 103]的实验也证明了激波对冷却效率的破坏作用。

近年来,国外对于超声速气膜冷却的研究主要集中于机理研究和实用研究两方面,并开始逐渐关注实际应用中面临的问题。对于超声速气膜冷却的机理研究方面:德国亚琛工业大学 Martin[104, 105]等采用大涡模拟(large eddy simulation, LES)的方法对缝槽结构超声速气膜冷却问题进行了数值模拟,分析了冷却气体和主流之间相互作用的区域内流体掺混增强过程;Michael 和 Markus[106]则采用直接数值(direct numerical simulation, DNS)的方法对超声速气膜冷却边界层中流体特性进行了细致分析,详细探讨了层流气膜边界层与湍流气膜边界层的差异。对于超声速气膜冷却的实用研究方面:印度 Vijayakumar 等[107]通过实验和数值模拟的方法针对液体火箭喷管扩张段超声速气膜冷却进行了研究,分析了冷却流喷入方式对超声速气膜冷却的影响;印度 Kumar 等[108]分析了两种不同的冷却气体喷入方式对火箭喷管扩张段超声速气膜冷却的影响;美国 NASA 马歇尔中心 Morris 与 Ruf[109]对液体火箭喷管段超声速气膜冷却采用三维模型的 CFD 计算与实验对比进行了分析。

我国对于超声速气膜冷却等主动热防护方式的研究主要源自我国高超声速飞行器及航空航天发动机的不断发展,目前主要集中于航空航天科研单位及相关高校,近年来取得了快速的发展。研究背景涉及高超声速飞行器红外成像窗口冷却、高超声速飞行器内部流道冷却、跨声速涡轮叶栅冷却以及推力喷管冷却等多方面:唐奇等[110]通过数值模拟的方法研究了超声速气膜冷却在红外窗口中的应用,分析了喷缝高度、总压比的影响规律;王小虎等[111]以红外成像制导系统的飞行器的成像窗口冷却为研究对象,分析了前缘形状、不同迎角等参数对气膜喷缝下游表面传热特性的影响规律;王建等[112]采用数值模拟的方法研究了吹风比、孔型等对超声速气膜冷却的影响;廖华琳等[113]以二维缝槽超声速气膜冷却模型为研究对象,分析了主、次流分别为亚声速和超声速流动状态下的气膜冷却特性;张佳等[114]对圆直管中的超声速气膜冷却规律进行了研究,分析了吹风比、孔直径、入射角度等对气膜冷却的影响;孙冰等[115]采用数值模拟的方法对离散孔超声速气膜冷却进行了研究,研究结果表明气膜孔结构对冷却效果影响很大;Song 和 Shen[116, 117]通过可视化的实验技术,针对缝槽结构的超声速气膜冷却开展了研究,分析了冷却流注入压力、马赫数等变化对流场结构的影响;Zhang 等[118]对高超声速进气道超声速气膜冷却进行了研究,分析了冷却流入射角度、入射马赫数等因素的影响;费微微等[119]、陈四杰等[120]研究了涡轮叶栅通道内的超声速气膜冷却情况,分析了激波入射、气膜孔角度、激波位置等参数对超声速气膜冷却的影响;Shan 等[121]针对燃气轮机中超声速主流区域,采用缝槽模型对亚声速及超声速喷入冷却流的气膜冷却进行了对比分析;侯伟涛等[122]对航空发动机跨声速平面叶栅中激波和边界层的相互作用及引入气膜冷却之后三者之间的影响进行了数值模拟,分析了冷却气膜射流对抵抗激波的作用的规律;朱惠人和苏文超[123]针对燃气轮机叶片提出一种跨声速的气膜冷却结构;张志浩等[124]采用数值模拟分析了唇高、吹风比、冷却剂流量和静压比等参数对氢氧推力室喷管延伸段中超声速气膜冷却的影响;郭春海等[125]采用数值模拟的方法分析了高超声速飞行器头部采用主动气膜冷却热防护方案的冷却效果;易司琪等[126]对采用超声速气膜冷却的红外导引头侧窗存在的光束退化现象进行了优化设计分析。

本书作者团队自 2002 年开始从事亚声速及超声速气膜冷却研究,研究结果将在本书第 5、6 章中介绍。

1.5　发汗冷却

发汗冷却是驱动冷却剂在多孔介质壁面中吸收热量,以与热流相反的方向流出多孔介质受热端,并在受热端形成一层连续且均匀分布的膜结构,进而使受热端不被高温主流所烧毁的一种先进热防护方式[3, 127, 128]。发汗冷却的换热原理主要包括两部分,如图 1.9 所示。首先,冷却流体在多孔壁面内的对流换热。由于多孔介质内部具有曲折的微细通道,同时具有较大比表面积,使得冷却流体和多孔介质固体骨架之间的换热十分强烈,高效地带走热量。其次,冷却流体渗出多孔壁面以后形成一层保护流体膜覆盖在多孔壁面的表面,流体膜使得温度边界层增厚,有效地减小了高温主流对壁面的传热。和膜冷却相比,发汗冷却的表面流体膜的贴合效果更好[128, 129]。基于以上原理,发汗冷却的最大热流密度可达 1.4×10^9 W/m^2[127]。发汗冷却已被成功应用于大推力液体火箭发动机推力室喷注面板的热防护。随着航空涡轮发动机的入口温度进一步提升,发汗冷却被认为是高温叶片的重要热防护方式;发汗冷却有望应用于火箭发动机喉道冷却以及高超声速飞行器壁面和燃油喷注支板的冷却[3]。

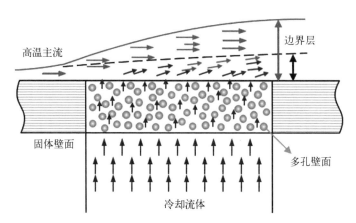

图 1.9　发汗冷却原理图

国际上关于发汗冷却的研究最早在 20 世纪 40 年代已经开始见报道[130],早期的发汗冷却主要以单相气体发汗冷却为主,目前的研究已经比较成熟。根据发汗冷却的过程中用作多孔基体的材料的不同可将发汗冷却实验研究分为以下几类:烧结多孔材料发汗冷却、层板材料发汗冷却、陶瓷基复合材料发汗冷却等,这些材料具有不同的微孔结构、导热率、加工工艺、耐热性、成本和制造周期等,这将直接影响发汗冷却效果以及应用潜力,目前也已进行了大量的研究,主要的发汗冷却材料如图 1.10 所示。

(1) 烧结多孔材料。烧结多孔材料包括烧结颗粒多孔材料和烧结丝网多孔材料。烧结颗粒多孔材料是将微小颗粒堆积成型后置于高温环境中烧结而成,

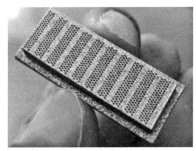
(a) 增材制造微多孔平板

(b) 不锈钢颗粒烧结多孔支板

(c) 陶瓷颗粒烧结多孔头锥

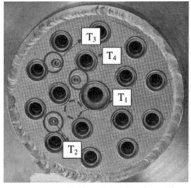
(d) 金属丝网烧结火箭发动机喷注面板

(e) C/C 复合材料多孔头锥

图 1.10　发汗冷却多孔材料

又包括烧结金属颗粒多孔材料和烧结非金属颗粒多孔材料。发汗冷却研究的初期主要采用烧结金属颗粒多孔材料。20 世纪 40 年代,Pol[131] 研究了烧结不锈钢多孔管中的氮气发汗冷却规律。紫铜材料在 20 世纪 60 年代被用于火箭发动机喷注面板和燃烧室,但其熔点较低,孔隙联通之后局部过热扩散,引起传热恶化[132]。Lezuo 等[133] 制备了孔隙率 0.41、平均孔隙直径为 11 μm 的烧结不锈钢多孔材料,研究了液体火箭推力室中氢气发汗冷却效果。Forrest 等[134] 制造了含有 91% 的 Al_2O_3 和 9% 的 SiO_2 的多孔陶瓷头锥,能够达到 2 000 K 的耐温性能。烧结颗粒多孔材料内部的换热比表面较大并且内部具有扭曲的微通道,有利于强化换热,同时烧结颗粒多孔材料的制备工艺简单、周期短、成本低、具有各向同性,但烧结颗粒多孔材料的力学性能有待进一步的提升。

　　(2) 层板发汗冷却材料。层板材料是将金属薄板表面加工微槽道后再将多层薄板堆叠焊接而成,通过设计通道的结构可以精准地调节冷却介质的流动[135]。20 世纪 70 年代,Kuntz 等[136] 提出了火箭发动机推力室层板发汗冷却结构。典型的层板结构包括 Lamilloy 型层板[137, 138]、Transply 型层板[139] 和

Transpire 型层板。NASA 对比研究了层板发汗冷却和分段式气膜冷却的效果,研究结果表明层板发汗冷却的效率明显高于分段式气膜冷却,层板发汗冷却流体消耗量仅为气膜冷却的 40%[140]。随着增材制造等新型加工工艺的发展,也出现了采用仿生分型通道和直孔通道的发汗冷却材料[141],有望形成一体化层板发汗冷却材料的制备工艺。Min 等[142] 即采用增材制造技术加工了不同孔隙形状的平板进行发汗冷却实验,结构表明增材制造结构发汗冷却显著优于气膜冷却结构,固体内部比表面积是影响冷却效率的重要因素。

(3) 陶瓷基复合(ceramic matrix composites,CMC)材料是通过在编织纤维中渗入陶瓷基而制成的复合材料,例如 C/C 复合材料、C/SiC 复合材料和 C/C − SiC 复合材料。CMC 材料具有耐高温和密度低的优点,被广泛用于高超声速飞行器的热防护中。飞行马赫数高达 10 的 X − 43A 高超声速飞行器前缘采用的是覆盖有 SiC 防氧化层的 C/C 材料[142]。CMC 材料内部一般具有一定的孔隙,因此近些年来被广泛地研究用于发汗冷却材料。如 Langener[143] 对 C/C 发汗冷却材料的基本特性和冷却规律进行研究,研究了 C/C 材料的渗流特性,用热线风速仪测量了 C/C 材料表面的出流速度分布,同时在高温超声速风洞中研究了 C/C 平板的发汗冷却规律。

随着高超声速飞行器的马赫数进一步提高,热流密度显著提升,常规的气体单相发汗冷却难以满足冷却需求。而相变发汗冷却以液体作为冷却剂,通过利用液体汽化潜热获得更高的冷却效率。凭借多孔介质的高换热面积及液体冷却剂吸收的大量汽化潜热,相变发汗冷却技术能实现传统冷却技术难以实现的高冷却效率,有望用于解决高超声速飞行器中的极高热流密度热防护问题。在相变发汗冷却中,液体在多孔介质壁面中吸热发生流动相变,生成的蒸汽掺入高温主流。Bellettre 等[144] 的实验研究表明,液体冷却剂相变发汗冷却的效果远强于在相同的流量比下的气体冷却剂发汗冷却的冷却效果。

对于以液体作为冷却剂的相变发汗冷却,苏联较早开展了实验研究,Luikov 传热传质研究所的 Maiorov 和 Vasil'ev[145] 综述了 1979 年前的相变发汗冷却的若干实验研究,这些实验基于高温流体加热与辐射加热下若干毫米厚度的发汗冷却多孔板,测量了骨架温度和冷却剂流量特性,观测到流动不稳定现象。此后关于相变发汗冷却的实验研究一度断层,直到近十年重新受到关注。德国航空航天中心通过超声速等离子电弧加热风洞试验,尝试利用液态水发汗冷却方式阻断飞行器头部极高热流的入侵,虽然在 SHEFEX Ⅱ 飞行实验中获得成功,但在滞止点却出现冷却不足的现象。Forrest 等[127] 在总温 3 028 K、马赫数为 5.45 的电弧风洞中研究了水和氮气对于烧结陶瓷多孔头锥的发汗冷却效果,实验结果表明液态水的发汗冷却效率远高于氮气,液态水可以使得头锥的温度降低到 300 K 以下。

相变发汗冷却目前存在的问题主要是传热恶化,这种恶化主要是由流动不稳定引起。Schuster 和 Lee[146]的研究表明,不稳定的产生是由于冷却剂黏性和温度分布造成的。在高表面温度下,由于气体的压降特性,可能发生流动不稳定性,导致多孔结构烧坏。而通过将烧结金属结构与具有高得多的渗透性的陶瓷涂层重叠,可以避免这种不稳定性。如果冷却剂处于液相,则可以有效控制冷却剂流速,例如利用双层多孔基质,将相变控制在最开始很短的范围内。基于这种考虑,他们设想了一种高性能材料,它的内层是高强度、低孔隙率的金属,可调节冷却剂流动并提供结构强度;外层是一种高温、高孔隙率、低导热率的材料,可以缓冲内层的高温,并允许冷却剂相变而不会产生大的背压。Evans 等[147]提出,稳定运行的条件是所有水都在转化为蒸汽,从而获得稳定的传热和温度分布。他们进而提出为系统添加变孔隙结构,控制系统压降,使相变全部在一个薄层内发生,从而调控蒸汽区域位置,保证蒸汽既能全部发生在多孔内,又不剧烈过热。

国内关于发汗冷却原理与规律的研究也得到较快发展。Wang 等[148]利用线切割技术对烧结不锈钢颗粒多孔材料进行后期加工,制造了多孔头锥结构。熊宴斌[149]和黄拯[150]采用金属注射成型(metal injection molding, MIM)的方法制造了超燃冲压发动机中的多孔喷油支板结构。刘元清[151]研究了烧结青铜多孔平板和烧结不锈钢多孔平板的发汗冷却效果,研究结果表明导热率较大的多孔材料的发汗冷却效率分布更加均匀。吴亚东等[152]制作了烧结钛铝合金多孔平板发汗冷却材料。为了进一步提高多孔材料本身的耐温性,国内近些年也有学者将烧结陶瓷颗粒多孔材料用于发汗冷却。Wu 等[153]制作了用于发汗冷却的烧结 SiC 多孔材料,并对其屈服强度和渗透特性进行了研究。为提高传统烧结金属多孔材料的结构强度,黄干[141]利用金属 3D 打印技术制作了带有加强筋的多孔平板,结果表明当加强筋的占比增加到 60%时,发汗冷却效率依然保持较高,而其极限抗拉强度可以提高至传统烧结材料的 5.4 倍。

除烧结金属颗粒多孔材料,国内学者针对烧结丝网材料发汗冷却也进行了大量实验。烧结丝网多孔材料是将金属丝按照一定的规律编织后再进行压制烧结而成,冷却流体可以从金属丝之间的间隙中流过。金属丝网材料的流动阻力与丝网直径、丝网结构、流道长度和进口压力均有关[154]。烧结丝网材料具有较好的力学性能,被广泛研究用于火箭燃烧室热防护中[155-157]。Zhu 等[155]研究了采用烧结丝网多孔材料制成的火箭推力室喷注面板的发汗冷却过程。Xu 等[158]

研究了亚声速主流中四种不同的烧结丝网多孔平板的发汗冷却,研究结果表明烧结丝网多孔材料的发汗冷却效率明显高于气膜冷却。熊宴斌[149]研究了超声速主流下不同编织方式的烧结丝网多孔平板的发汗冷却过程,研究表明烧结丝网多孔材料的压降规律和烧结颗粒多孔材料的不同,烧结丝网多孔材料的孔隙率对于发汗冷却效率有明显的影响。烧结丝网的主要缺点是编织工艺复杂、制造周期长、成本高。在陶瓷基复合材料方面,国内学者也开始了相关研究。Zhang 等[159]通过优化烧结工艺,制备了轻质高渗的 C/SiC 材料,并通过氧炔焰测试验证了其进行发汗冷却的有效性。

近些年 Wang 等[148]、Rong 等[160]、Wu 等[161]、Xiong 等[162]、Jiang 等[163] 和 Huang 等[164, 165]对于发汗冷却结构进行优化,以解决结构前端的发汗冷却效率相对低下的难题。Wang 等[148]设计了非均匀壁厚的头锥结构,头锥驻点区域的壁厚小于其他区域,使得更多的冷却剂流向驻点区域。Rong 等[160]在多孔头锥的前缘开设小孔,使得驻点处得到充分的冷却。但是主体的层板区域由于冷却孔较为离散,整体温度分布存在一定的不均匀现象。Wu 等[161]在多孔平板表面涂抹一层低熔点的不可渗透的特氟龙涂层,多孔平板前端的特氟龙材料在高温主流中首先相变升华,从而冷却剂自适应地优先从热流密度较高的前端流出,使得冷却剂得到合理的自适应分配,表面温度分布更加均匀。Xiong 等[162]在超燃冲压发动机多孔喷油支板的内部设计了两个腔室,使得冷却流体可以非均匀地精准分配到支板前端。Jiang 等[163] 和 Huang 等[164, 165]将发汗冷却和气膜冷却、逆喷冷却组合使用,并采用分区调控的方式控制冷却剂分配,这种新型复合冷却方式大大提高了支板前缘冷却效率和温度均匀性。

对于相变发汗冷却,Wang 等[166]在主流总温为 823 K、主流雷诺数为 16 000 的风洞中实验研究了多孔头锥的液态水相变发汗冷却,研究结果表明液态水的发汗冷却效果较好,研究结论指出当水以液态流过多孔壁面时的流动阻力最小,同时冷却效率也保持较高水平。Ma 等[167]在高温风洞中研究了平板相变发汗冷却基础规律,在低注入率时多孔平板的表面温度分布不均匀,高注入率时相变发生在多孔表面且表面温度分布较为均匀。Xiao 等[168]采用非热平衡模型研究了超声速头锥结构中的相变发汗冷却,通过对周围激波和温度分析,发现发汗冷却区的注入使得对边界层有显著影响。Huang 等[169]在进行烧结多孔平板相变发汗冷却实验过程中,观察到了明显的迟滞响应和振荡现象。Huang 等[169]的实验研究结果和 Ouyang 等[170]的数值模拟和理论分析表明,在非均匀加热条件下相变发汗冷却会由于气相阻力造成气体堵塞的现象,形成相变发汗冷却局部能力减弱。在高超声速飞行器热防护领域,相变发汗冷却的非稳态响应现象将导致受热表面不能及时地冷却,即使相变发汗冷却具有较高的冷却效率,迟滞等非稳态响应现象仍然可能导致发汗冷却局部能力减弱,使受热表面的烧毁。廖致远[171]在 3 017 K、$Ma3.4$ 的高焓电弧风洞中进行了烧结平板相变发汗冷却考核试验,在热流密度、压力分布不均匀的实际复杂热环境中,相变发汗冷却可以有效地保护多孔平板表面,在多次重复实验(实际热考核时间>1 000 s)后多孔平板表面仅出现轻微氧化。

近几年,本书作者团队 Jiang 等[172]在树木蒸腾作用的启发下提出了如图1.11 所示的仿生自抽吸自适应发汗冷却系统,尝试解决上述相变发汗冷却中存在的问题。在外界热流的作用下,多孔材料中的毛细力可自动将液态水从储水箱抽吸至受热表面,无须使用任何额外的泵系统。Jiang 等[172]设计的自抽吸发汗冷却系统,在温度为 1 639 K、最大热流密度为 0.43 MW/m^2 的丁烷火焰加热条件下可将多孔表面冷却至 373 K,同时该系统还可以自适应地调节冷却水流量以适应加热热流的变化。Huang 等[173]在高温亚声速电加热风洞中测试了烧结多孔样品的自抽吸发汗冷却效果,结果显示自抽吸发汗冷却系统可有效地自适应调整冷却流量以适应主流风速和温度的变化。Huang 等[174-176]进一步采用了带翅片铜盖板、泡沫金属隔热层和增材制造仿生分形来提升自抽吸发汗冷却系统冷却水的利用率。研究结果表明,多孔介质的孔径和润湿性对自抽吸发汗冷却系统的冷却能力有重大影响,通过选取合适的颗粒直径,实现了最大热流密度为1.1 MW/m^2 的冷却能力[174]。廖致远[171]采用热化学生长法和热化学腐蚀法在微

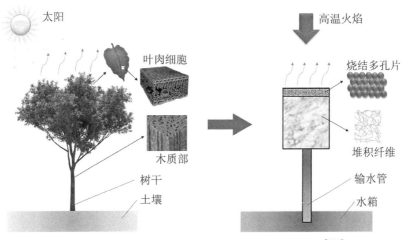

图 1.11 仿树木蒸腾作用自抽吸自适应发汗冷却系统[135]

米颗粒烧结多孔材料基底上加工了纳米表面结构,通过表面改性提高润湿性从而大大提高了自抽吸发汗冷却的极限热流密度,使系统的正常工作最大热流密度达到了 2.07 MW/m²。

本书作者团队自 1998 年开始从事发汗冷却研究,研究结果将在本书第 7~9 章中介绍。

1.6　喷雾冷却和微尺度流动沸腾

随着高新科技的迅猛发展,电子器件、高能激光系统、高效换热器、航天热防护器件等设备的集成度逐渐提高,设备产生的热量迅猛增加,越来越多的新型设备其散热要求已经逐渐逼近甚至超过常规冷却技术的换热极限,传统的单相流体对流换热已难以满足需求[177]。相变冷却技术通过冷却流体在壁面附近流动并发生相变带走高温壁面热量,具有冷却能力强、重量轻、结构维形等优良特性,为突破长航时、可重复空天飞行器的热防护瓶颈问题提供了重要途径。几种典型相变主动冷却方式的冷却能力对比如图 1.12 所示[177]。一方面,由于飞行器

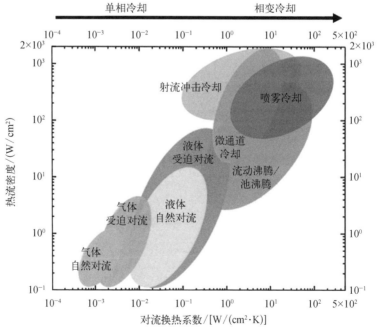

图 1.12　典型主动冷却方式的冷却能力对比[177]

的载重限制,在研究相变冷却时需要着重关注工质的利用效率,尽量减少冷却流体的携带量,而喷雾冷却则是冷却流体利用效率最高、系统最容易小型化的液体相变冷却技术之一;另一方面,电子器件、航天器件等越来越向着紧凑化、小型化的方向发展,单位表面对应的热流密度进一步提高,对微细结构中热防护与高效冷却方法提出了更高的需求,微尺度流动沸腾技术被广泛应用于大功率设备热管理领域[178]。

已有研究表明,喷雾冷却对流换热系数高、冷却热流密度大,并且具有温度均匀性好、响应迅速、启动及稳定性好的特点,可以在相对低的工质流量下实现高散热。喷雾冷却是指液体工质在气体助喷或者外界加压的作用下、通过喷嘴利用惯性力克服表面张力和分子内聚力使液体工质破裂分散,雾化成许多具有速度的微小液滴冲击到发热表面上铺展蒸发或形成薄液膜,通过流体的相变潜热带走大量热量,从而实现对表面高效换热的相变散热技术[179, 180],耦合多种高效冷却机制,如图 1.13 所示[177]。采用含氟制冷剂的压力雾化喷雾冷却可以实现超过 200 W/cm^2 热流密度和 56 $W/(cm^2 \cdot K)$ 以上的对流换热系数[181];采用液氨作为制冷剂的压力雾化喷雾冷却可以达到 450 W/cm^2 的冷却热流密度[182];采用水作为制冷剂的喷雾冷却的对流换热系数更高,采用压力雾化冷却热流密度可达 900 W/cm^2[183],采用气助雾化可以冷却超过 1 200 W/cm^2 热流密度的表面[184]。相比于其他相变冷却技术,喷雾冷却具有制冷剂量小和冷却面积大的优势,近年来受到了广泛的关注和研究,包括将喷雾冷却应用于超级计算机芯片、皮肤激光手术、航空电子设备、汽车逆变器、无人机、锂电池、高能激光、高能LED、高能雷达等技术中。在航空航天领域,NASA 载人探索飞行器项目(Crew Exploration Vehicle, CEV)项目中,采用喷雾冷却对航天器内部设备进行散热,其

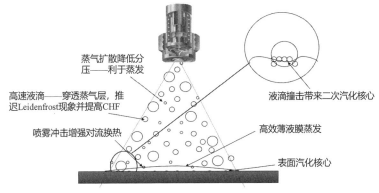

蒸气扩散降低分压——利于蒸发

高速液滴——穿透蒸气层,推迟Leidenfrost现象并提高CHF

喷雾冲击增强对流换热

液滴撞击带来二次汽化核心

高效薄液膜蒸发

表面汽化核心

图 1.13 喷雾冷却过程和机制示意图[177]

中应用于天地往返卫星闪蒸器(Flash Evaporator System，FES)的开式喷雾冷却已经得到了试验验证。NASA 还与美国空军及知名高校联合开展研究，探索其在高能激光武器、地球科学卫星、载人探索飞行器等方面应用。

喷雾冷却第一次被纳入科学研究是在 1972 年，日本学者 Toda 第一次较为系统地对雾滴冷却(mist cooling)的研究开启并推动了随后几十年喷雾冷却的研究与发展[185]。Toda 第一次对喷雾冷却进行了定义：液体通过各种方式雾化成为液滴，与发热表面碰撞并且通过自身的蒸发将其冷却。Toda 认为喷雾冷却的研究不仅有助于工业应用而且有助于传热学研究的发展，这是因为喷雾冷却是一种相对新型的对流换热形式，包含了复杂的流动与换热机理。在 Toda 的这一研究之后，许多学者都对喷雾冷却进行了实验研究或理论的分析，研究的角度可以分为三类：喷雾参数、工质选择和换热表面。

喷雾参数主要包括雾化液滴的尺寸(直径)、雾化液滴的速度、雾化液滴的数密度、喷雾流量及喷雾位置(高度、角度)等，由于喷雾参数直接影响了热表面与冷却流体的相互作用，因而其对喷雾冷却换热有着不言而喻的重要影响。然而对喷雾参数影响的相关实验研究结论却经常相互抵牾，不能取得一致，最主要的原因还是在于喷雾参数包含变量多且变量之间有耦合关系，很难通过合适的实验手段和方法，实现控制单一变量的研究。

与自然对流换热、管内对流换热、沸腾换热等换热形式的研究者一样，研究喷雾冷却的学者也一直致力于建立准确的、适用性广的喷雾冷却换热关联式，简化喷雾冷却应用时的分析和设计，提高喷雾冷却的实用性。然而，由于喷雾冷却受到喷雾参数的主导，又因为喷雾参数自身变量的多重性、关联性，使得构建喷雾冷却换热的关联式要比其他换热形式的换热关联式困难得多。尽管如此，研究者们也提出了大量的关联式，主要分为单相换热区关联式[186-190]和两相换热区关联式[187, 191, 192]。

针对喷雾冷却工质，不同学者研究了喷雾冷却工质参数[193]和添加剂[194-196]对喷雾冷却的影响，发现通过改变工质与表面的接触润湿特性，可以有效增强喷雾冷却换热。

喷雾冷却过程中，大量液滴撞击到表面后发生流动与相变，受壁面附近的固液相互作用影响明显。随着微纳米加工技术的不断发展，采用复杂结构表面强化喷雾冷却性能逐渐成为喷雾冷却性能提高甚至是技术创新的重要手段之一[182, 197, 198]，已有描述光滑表面喷雾冷却换热的规律也不再适用于复杂结构表面喷雾冷却。常见的表面结构包括：粗糙表面、毫米/微米规则结构表面、微米/

纳米多孔表面、纳米结构表面和多尺度复合结构表面[177]。相比光滑表面,强化结构表面可以有效提升喷雾冷却临界热流密度和冷却效率,实现冷却性能的提高和冷却流体用量的减少。由于液滴撞击过程受到固液相互作用的强烈影响,种类繁多的基底结构形式极大地丰富这一问题的多样性和复杂性,也使得表面结构强化喷雾冷却的机制众说纷纭、尚不清晰。作者团队近期发表的综述论文对表面结构强化喷雾冷却的机制进行了梳理,如图 1.14 所示,表面增强喷雾冷却的机理通常为增大表面换热面积、提高表面润湿性、流动限制、增加表面成核位点和增长气-液-固三相接触线长度等。

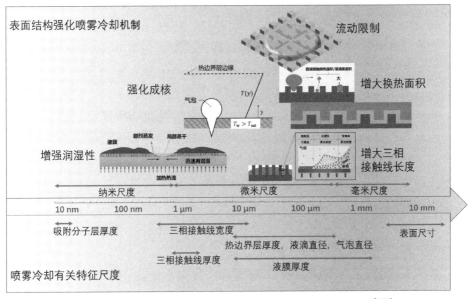

图 1.14　不同尺度表面结构强化喷雾冷却换热的机理总结[177]

为了解决高温部件的散热问题,微尺度流动沸腾技术被广泛应用于大功率设备热管理领域。与毫米量级及其以上尺寸常规通道中的流动沸腾换热相比,流动通道与流动结构的微细化会影响通道中的相变行为,例如流态、气泡大小、液滴的直径、液膜厚度等[199, 200]。此外,流动通道与流动结构的微细化使得单位长度通道内流体压降大幅度升高[201-203]。为提高微尺度流动沸腾过程的换热能力及流动稳定性,已有研究提出了很多改进方法,例如增加人工成核点、增加微肋结构、改变材料亲水性、使用纳米流体、改善换热结构等[204],其中改善换热结构工艺流程简单,因此得到了最广泛的使用。

常规微细通道的横截面通常为矩形、三角形、梯形等[205-208]。微通道流动沸腾的绝大多数研究和实际应用都采用较低或中等宽高比的矩形横截面微通道,近年来逐渐有学者指出,微通道的宽高比显著影响流动沸腾过程,由于大宽高比微通道具有较大的换热面积和较低的压降,从而具备较大的应用潜力[209]。Huh和Kim[210]通过实验研究了宽高比0.93和2的微通道沸腾过程,利用可视化装置记录了该通道中的流型转换过程,并分析了较高质量流速和热流密度下周期性的压降振荡。Soupremanien等[211]通过实验研究了宽高比为7和2.3时矩形小通道中的沸腾过程,结果表明在低热流密度下,宽高比较大的通道中传热系数较高,而高热流密度下传热系数较低,这表明微通道中的沸腾传热不仅受通道尺寸的影响,而且受通道宽高比的影响。Markal等[212]通过实验研究了不同宽高比(0.37、0.82、1.22、2.71、3.54和5.00)和相同水力直径矩形微通道内的去离子水饱和流动沸腾特性,发现传热系数随宽高比的增加先增加,随后在宽高比达到3.54后降低。Alam等[213]通过实验研究了去离子水在宽高比为33~66的微间隙通道中的沸腾传热和压降特性,结果表明宽高比越大,沸腾换热系数越高。Yin等[214, 215]研究了宽高比为20的通道中的流动沸腾过程,发现该通道中可以取得较高的沸腾换热效果。Yin等[216]提出一种开放型微通道结构,结合微通道沸腾与大宽高比结构的换热优势,取得了较好的冷却效果,同时抑制了倒流的发生。Hu等[217-219]对二维多孔结构进行了可视化观测,发现在多孔结构内部,冷却流体以液桥和薄液膜的形式存在,进而对多孔结构内流体的相变过程进行理论分析,发现多孔结构参数显著影响沸腾效果,并提出一种不规则多孔结构以强化换热,并降低流动压降。

近年来微加工技术迅速发展,为了进一步提高换热表面的冷却效率,许多微纳米结构被集成于换热结构表面,成为电子器件表面冷却的重要手段。微纳表面热沉具有较大的换热面体比,可极大地减少冷却工质使用量,从而减少泵功耗能。

1.7　航天航空飞行器主动热防护技术发展的关键技术路线

随着航天航空技术的不断发展,飞行器的速度越来越快,并且逐步提出了可重复使用、宽速域飞行、高机动高过载、余热利用等新要求,传统的热防护技术愈发难以满足航天航空飞行器的热防护需求。当今世界各国在航空航天飞行器热防护领域逐渐形成了三大研究方向:一是进一步提升再生冷却和冲击冷却等冷却方式的冷却效率和冷却能力,实现传统主动热防护技术的再突破;二是发展气膜冷却、发汗冷却等冷却技术,不断完善技术基础、拓宽其应用边界;三是对飞行器进行综合热管理和热利用,高效统筹整机的防热和用热。这三大研究方向各有侧重,又互相支撑,是航天航空飞行器主动热防护技术发展的关键技术路线。

1.7.1　高效散热——超燃冲压发动机再生冷却和冲击冷却技术

再生冷却技术利用的冷却剂即飞行器携带的燃料,燃料流经冷却通道对高温壁面进行冷却,自身吸热后升温,达到一定温度时燃料发生热裂解,热裂解带来额外的化学热沉,之后燃料完成冷却任务,进入燃烧室燃烧。

随着飞行马赫数的增大,再生冷却所需要的燃料热沉随之增大。燃料通常必须充分利用热裂解所蕴含的化学热沉才足以满足冷却任务的需要,该种燃料被称为吸热型碳氢燃料。由于冷却通道内的压力可能高于燃料的临界压力,燃料处于超临界压力状态,其剧烈的变物性给对流换热带来了更多的复杂性,再加上热裂解吸热与分解生成小分子烃类影响物性,且高温下可能存在的结焦也会进一步影响对流换热,因此再生冷却通道内吸热型碳氢燃料的对流换热是一个耦合了湍流、热裂解等因素的复杂过程,压力、流量、温度、流向等因素也会极大地改变其对流换热规律。对以上问题进行研究,揭示超临界压力流体的湍流换热及热裂解耦合影响规律,认识理解各种因素的相互关系及影响机理,是保证再生冷却技术得以实现的基础,也是超燃冲压发动机研制的必经之路。

另一方面,对于局部极高热流部件的再生冷却方法,需要结合冲击冷却、喷雾冷却等对流冷却方式才能有效防护。射流冲击冷却具有很高的局部对流换热系数,在工业中得到了广泛的应用,例如金属淬火、燃气轮机叶片前缘冷却、高热流密度电子器件冷却和飞机机翼防结冰结构等。射流冲击冷却一直是学术研究的热点问题,希望通过相关研究揭示射流冲击冷却的传热规律和强化机制,进而提高其换热能力。影响射流冲击冷却的因素很多,包括射流喷嘴到冷却表面的距离与喷嘴直径之比、射流的冲击角度、冷却工质、质量流量及冷却表面粗糙度等。根据射流冲击冷却流动结构的不同,射流冲击冷却可以分为自由表面射流、浸没式射流和受限射流等。根据射流冲击冷却中冷却工质是否发生相变,可以将射流冲击冷却分为单相射流冲击冷却和相变射流冲击冷却。单相射流冲击冷却采用最多的工质为空气,相变射流冲击冷却采用最多的是水或有机冷却工质。喷雾冷却则是指液体通过喷嘴雾化成小液滴后喷射到高温表面上,通过单相或相变换热冷却高温表面。喷雾冷却具有冷却热流密度高、冷却温度均匀、工质利用效率高、调节迅速等优点。研究可以用于大功率电子器件的喷雾冷却系统具有重要意义。

1.7.2 高效防热——极端热环境的气膜与发汗冷却技术

随着飞行参数的不断提升,传统热防护技术的潜力有限,亟须发展极端热环境下的气膜/发汗冷却技术。气膜冷却和发汗冷却的概念提出已有几十年,但技术相对尚未完善,在航空航天飞行器上的大规模应用仍存在技术瓶颈尚未突破。

针对飞行器的极端热环境下气膜/发汗冷却的技术瓶颈,需要探明宽速域飞行条件下气膜/发汗冷却的流动换热规律,建立气膜/发汗冷却的理论模型,提出飞行器典型部件的热防护结构设计方法等。

气膜冷却技术自 20 世纪 70 年代开始作为航空燃气轮机的一种冷却方法使用以来,目前已成为现代燃气轮机高温部件的主要冷却措施,美国、俄罗斯、西欧和日本经过几十年的发展,已经形成了以大型涡轮发动机或燃气轮机公司掌握关键技术为点的研究格局,气膜冷却除了在燃气轮机领域有着明确的应用背景外,由于其结构简单、冷却效果好等特点,也被纳入火箭高温部件冷却、未来高超飞行器热端部件冷却的考虑范围。气膜冷却的关键参数主要包括气膜孔型参数以及主流参数。

发汗冷却技术则最早于 20 世纪 40 年代在国际上已经开始见报道,常见的发汗冷却多孔材料包括烧结多孔材料、层板材料、陶瓷基复合材料和自发汗材料,不同的材料具有不同的微孔结构、导热率、加工工艺、耐热性、成本和制造周期等,这将直接影响发汗冷却效果以及应用潜力。另一方面,发汗冷却的关键参数如孔隙尺寸、注入率、冷却剂种类、主流参数等对发汗冷却效果的影响规律也非常重要,是发汗冷却技术的重要参考。发汗冷却应用的极端热环境非常复杂,存在激波、振动、过载等多种干扰因素,发汗冷却的抗干扰和控制技术是发汗冷却技术应用的重大考验。在上述研究基础上,本书团队也提出了自抽吸自适应发汗冷却等新型发汗冷却技术,是发汗冷却未来的重要发展方向。

1.7.3 高效用热——飞行器综合热管理与热利用技术

综合热管理与热利用技术旨在为恶劣的热环境中运行的飞行器的各个子系统提供长时间的有效保护,并且在此基础上实现热负荷的妥善处理和利用。从 20 世纪 50 年代起,许多学者对飞行器综合热管理系统进行了研究。

传统的飞行器热管理完全依赖从发动机引气,经压缩后通过空气循环冷却系统制冷冷却，飞行器的环境控制、燃油和液压等子系统相互独立，因此各个子系统的热量有重复和浪费。在更高性能要求的飞行器上，这一问题将显著突出，系统过余热量的不当处理将可能导致事故。因此，飞行器综合热管理系统应运而生。飞行器综合热管理系统是将飞行器的各个子系统如液压系统、发动机系统等视为单独模块，在统一的标准要求下集成在一起，在整机的尺度上实现热量的合理分配的方法，可以实现在不增加现有飞行重量的要求下飞行器散热能力的较大提升。

根据系统的组成部件和工作原理的不同，一般可将综合热管理系统分为热源、热传递和热利用三个部分。飞行器在运行过程中的热量来源为外部气动和辐射、发动机产热及电子设备散热等，通过热防护结构进行传递，热量一部分通过冷却剂吸收耗散，一部分则通过热利用系统进行回收。随着航天技术的发展，飞行器的结构紧凑性要求和电能需求越来越高，热利用系统的重要性也随之提升。

热利用系统以超燃冲压发动机为例，本书作者提出一种以超临界 CO_2 为循环工质的高温发电与高效热防护一体化系统，引入第三流体（超临界 CO_2）作为循环工质，从发动机高温壁面吸收热量，经过透平膨胀做功，再以较低的温度把剩余热量传给低温的冷却用燃料，经压缩机增压后继续进入高温壁面吸热循环；冷却用燃料经第三流体预热后，经过发动机高温壁面适当吸热，进入燃烧室燃烧。超临界 CO_2 高温发电与高效热防护一体化系统具有紧凑高效的特征，可用于解决高超声速条件下动力系统大功率机载供电困难、热防护难度大、冲压动力推重比低的关键问题，满足高超声速飞行器在高马赫数、长飞行时间、动力系统紧凑化、大功率用电等方面的需求。

1.8　航天航空飞行器高温主动冷却热防护理论与技术

在航天航空飞行器的主动热防护技术大背景下，本书立足于上述三大关键技术路线：高效散热、高效防热与高效用热，采用理论研究、数值模拟和实验探索三者有机结合的方法，介绍航空航天飞行器高温主动冷却热防护理论与技术。

本书从传统主动热防护技术的对流换热技术出发，系统介绍了以空气为例的单相流体的流动换热规律和强化化热方法，简要介绍了冲击冷却等冷却能力较强的对流换热技术。进一步,针对航空航天飞行器常使用的碳氢燃料,特别是当其处于超临界压力状态时,物性变化很大,且在高温条件下会出现热裂解等化学变化,其对流换热规律相较于常规流体更为复杂。本书针对上述问题,介绍了超临界压力碳氢燃料的对流换热规律和热裂解模型,同时分析了旋转过载、热裂解、非稳定性等实际因素对超临界压力碳氢燃料换热的影响。

对于高效防热技术,本书主要从气膜冷却和发汗冷却两个方面进行介绍。气膜冷却方面,本书以亚声速和超声速两大主流条件进行区分,系统介绍了气膜冷却的数理模型、仿真方法、测量技术和实验平台,探明了气膜孔型、孔距、排数等关键参数影响下的气膜冷却传热传质规律,分析了激波等干扰因素对气膜冷却的影响机制。对于发汗冷却技术,同样系统介绍了其原理模型、仿真方法、测量技术和实验平台,探明了多孔参数、注入率、冷却剂种类、多孔壁面导热系数等关键参数影响下的发汗冷却传热传质机制,研究了局部堵塞、激波入射等干扰因素对发汗冷却的影响机制,发现了相变发汗冷却的不稳定性并据此提出了新型的自抽吸自适应发汗冷却技术。本书还介绍了新型轻质相变热防护技术的相关基础研究,具体技术包括喷雾冷却、流动沸腾、闪蒸舱体冷却等,在航空航天飞行器上的应用尚处于探索阶段。

针对火箭发动机和高速飞行器中的典型部件,本书结合多种主动热防护技术,提出了高效热防护结构的设计方法,研究了其冷却效果和影响因素的基础规律。进一步,本书针对高超声速飞行器提出了高温表面热防护与热发电一体化技术,将热防护与热利用有机结合,是紧凑型飞行器热管理系统的重要发展方向。

参考文献

[1] Zak A. Hot breath of Kholod [OL]. (2014 - 2 - 16) [2021 - 9 - 30]. https://www.russianspaceweb.com/kholod.html.

[2] Simones R. Aerospace Systems Directorate marks X - 51A flight's 10-year anniversary. (2020 - 5 - 29) [2021 - 9 - 30]. https://www.daytondailynews.com/news/local/aerospace-systems-directorate-marks-51a-flight-year-anniversary/0KH6lrCsqtbvJ3pVmDQWHP/.

[3] Böhrk H. Transpiration-cooled hypersonic flight experiment: setup, flight measurement, and reconstruction[J]. Journal of Spacecraft Rockets, 2015, 52 (3): 674 - 683.

[4] Ghorayshi A. Own the record-breaking scramjet NASA and Russia built[OL]. (2014 - 7 - 21) [2021 - 9 - 30]. https://www.newscientist.com/article/dn25929-own-the-record-breaking-scramjet-nasa-and-russia-built/.

[5] Goyne C, Hall C, O'Brien W, et al. The Hy-V scramjet flight experiment[R]. AIAA - 2006 -

7901, 2006.

[6] Snyder L E, Escher D W, DeFrancesco R L, et al. Turbine Based Combination Cycle (TBCC) propulsion subsystem integration[C]. Fort Lauderdale: 40th AIAA/ASME/SAE/ASEE Joint Propulsion Conference and Exhibit, 2004.

[7] Padture N P. Advanced structural ceramics in aerospace propulsion[J]. Nature Materials, 2016, 15: 804 − 809.

[8] Butler D T Jr, Pindera M J. Analysis of factors affecting the performance of rlv thrust cell liners[R]. NASA/CR − 2004 − 213141, 2004.

[9] Variants of the Soviet rocket engine Kuznetsov NK: parameters and images[OL]. [2021 − 9 − 30]. http://www.b14643.de/Spacerockets_1/East_Europe_2/N-1/NK/index.htm.

[10] Edwards T. Cracking and deposition behavior of supercritical hydrocarbon aviation fuels[J]. Combustion Science and Technology, 2006, 178(1 − 3): 307 − 334.

[11] Zhu Y H, Peng W, Xu R N, et al. Review on active thermal protection and its heat transfer for airbreathing hypersonic vehicles[J]. Chinese Journal of Aeronautics, 2018, 31(10): 1929 − 1953.

[12] Schmidt E, Eckert E, Grigull U. Heat transfer by liquids near the critical state[M]. Wright Field, Air Materiel Command, 1946.

[13] Shiralkar B S, Griffith P. Deterioration in heat transfer to fluids at supercritical pressure and high heat fluxes[J]. Journal of Heat Transfer, 1969, 91(1): 27 − 36.

[14] Petukhov B S. Heat transfer and friction in turbulent pipe flow with variable physical properties[J]. Advances in Heat Transfer, 1970: 6, 503 − 564.

[15] Mceligot D M, Coon C W, Perkins H C. Relaminarization in tubes[J]. International Journal of Heat and Mass Transfer, 1970, 13(2): 431 − 433.

[16] Jiang P X, Ren Z P, Wang B X. Convective heat and mass transfer in water at super-critical pressures under heating or cooling conditions in vertical tubes[J]. Journal of Thermal Science, 1995, 4(1): 15 − 25.

[17] Ahn Y, Bae S J, Kim M, et al. Review of supercritical CO_2 power cycle technology and current status of research and development[J]. Nuclear Engineering and Technology, 2015, 47(6): 647 − 661.

[18] Iwai Y, Itoh M, Morisawa Y, et al. Development Approach to the Combustor of Gas Turbine for Oxy-Fuel, Supercritical CO_2 Cycle[C]. Montreal: ASME Turbo Expo 2015: Turbine Technical Conference and Exposition, 2015.

[19] Luo F, Xu R N, Jiang P X. Numerical investigation of fluid flow and heat transfer in a doublet enhanced geothermal system with CO_2 as the working fluid (CO_2 − EGS) [J]. Energy, 2014, 64: 307 − 322.

[20] Liu B, Zhu Y H, Yan J J, et al. Experimental investigation of convection heat transfer of n-decane at supercritical pressures in small vertical tubes[J]. International Journal of Heat and Mass Transfer, 2015, 91: 734 − 746.

[21] Yamagata K, Nishikawa K, Hasegawa S, et al. Forced convective heat transfer to supercritical water flowing in tubes[J]. International Journal of Heat and Mass Transfer,

1972, 15(12): 2575 - 2593.

[22] Bishop A A, Sandberg R O, Tong L S. Forced-convection heat transfer to water at near-critical temperatures and supercritical pressures [R]. Westinghouse Electric Corp., Pittsburgh, Pa. Atomic Power Div., 1964.

[23] Jackson J D, Hall W B. Influences of buoyancy on heat transfer to fluids flowing in vertical tubes under turbulent conditions[J]. 1979.

[24] Jackson J D. Consideration of the heat transfer properties of supercritical pressure water in connection with the cooling of advanced nuclear reactors[C]. Shenzhen: The 13th Pacific Basin Nuclear Conference, 2002.

[25] Jackson J D. Validation of an extended heat transfer equation for fluids at supercritical pressure[C]. Heidelberg: Proceedings of the 4th International Symposium on Supercritical Water-Cooled Reactors (ISSCWR - 4), 2009.

[26] Shiralkar B, Griffith P. The Effect of Swirl, Inlet Conditions, Flow Direction, and Tube Diameter on the Heat Transfer to Fluids at Supercritical Pressure [J]. Journal of Heat Transfer, 1970, 92(3): 465 - 471.

[27] Jiang P X, Zhao C R, Liu B. Flow and heat transfer characteristics of R22 and ethanol at supercritical pressures[J]. The Journal of Supercritical Fluids, 2012, 70: 75 - 89.

[28] Jiang P X, Liu B, Zhao C R, et al. Convection heat transfer of supercritical pressure carbon dioxide in a vertical micro tube from transition to turbulent flow regime[J]. International Journal of Heat and Mass Transfer, 2013, 56(1): 741 - 749.

[29] Cao Y L, Xu R N, Yan J J, et al. Direct numerical simulation of convective heat transfer of supercritical pressure CO_2 in a vertical tube with buoyancy and thermal acceleration effects [J]. Journal of Fluid Mechanics, 2021, 927: A29.

[30] Isaev G I, Abdullaeva G K. Heat transfer to an ascending laminar flow of hydrocarbons under supercritical pressure conditions [J]. Journal of Engineering Physics and Thermophysics, 2006, 79(4): 722 - 726.

[31] Zhang L, Zhang R L, Xiao S D. Experimental and calculational study on convective heat transfer of n-decane under supercritical pressure[J]. Journal of Fluids Mechanics, 2014, 28(2): 14 - 20.

[32] Yang Z, Bi Q, Liu Z, et al. Heat transfer to supercritical pressure hydrocarbons flowing in a horizontal short tube[J]. Experimental Thermal and Fluid Science, 2015, 61: 144 - 152.

[33] Ruan B, Meng H. Supercritical heat transfer of cryogenic-propellant methane in rectangular engine cooling channels[J]. Journal of Thermophysics and Heat Transfer, 2012, 26(2): 313 - 321.

[34] Stiegemeier B, Meyer M, Taghavi R. A thermal stability and heat transfer investigation of five hydrocarbon fuels [C]. Indianapolis: 38th AIAA/ASME/SAE/ASEE Joint Propulsion Conference & Exhibit, 2002.

[35] Zhong F, Fan X, Yu G, et al. Heat transfer of aviation kerosene at supercritical conditions [J]. Journal of Thermophysics and Heat Transfer, 2009, 23(3): 543 - 550.

[36] Zhu J, Tao Z, Deng H, et al. Numerical investigation of heat transfer characteristics and flow

resistance of kerosene RP – 3 under supercritical pressure[J]. International Journal of Heat and Mass Transfer, 2015, 91: 330 – 341.

[37] Tao Z, Cheng Z, Zhu J, et al. Effect of turbulence models on predicting convective heat transfer to hydrocarbon fuel at supercritical pressure[J]. Chinese Journal of Aeronautics, 2016, 29(5): 1247 – 1261.

[38] Wagner J H, Johnson B V, Hajek T J. Heat transfer in rotating passages with smooth walls and radial outward flow[J]. Journal of Turbomachinery, 1991, 113(1): 42 – 51.

[39] Deng H, Qiu L, Tao Z, et al. Heat transfer study in rotating smooth square U-duct at high rotation numbers[J]. International Journal of Heat and Mass Transfer, 2013, 66: 733 – 744.

[40] Deng H, Han Y, Tao Z, et al. Heat transfer in a rotating trailing edge wedge-shaped cooling channel with two inflow forms[J]. Experimental Thermal and Fluid Science, 2017, 88: 530 – 541.

[41] Deng H, Cheng Y, Li Y, et al. Heat transfer in a two-inlet rotating wedge-shaped channel with various locations of the second inlet[J]. International Journal of Heat and Mass Transfer, 2017, 106: 25 – 34.

[42] Huang S, Wang C, Liu Y. Heat transfer measurement in a rotating cooling channel with staggered and inline pin-fin arrays using liquid crystal and stroboscopy[J]. International Journal of Heat and Mass Transfer, 2017, 115: 364 – 376.

[43] Kim S, Lee Y J, Choi E Y, et al. Effect of dimple configuration on heat transfer coefficient in a rotating channel[J]. Journal of Thermophysics and Heat Transfer, 2011, 25(1): 165 – 172.

[44] 芦泽龙, 严俊杰, 祝银海, 等. 碳氢燃料在旋转通道中传热的数值模拟[J]. 工程热物理学报, 2015, 36(11): 2498 – 2501.

[45] 芦泽龙, 祝银海, 郭宇轩, 等. 旋转条件下超临界压力正癸烷径向入流时的对流换热[J]. 推进技术, 2019, 40(6): 1332 – 1340.

[46] Jiang P X, Lu Z L, Guo Y X, et al. Experimental investigation of convective heat transfer of hydrocarbon fuels at supercritical pressures within rotating centrifugal channel[J]. Applied Thermal Engineering, 2019, 147: 101 – 112.

[47] Gascoin N, Abraham G, Gillard P. Synthetic and jet fuels pyrolysis for cooling and combustion applications[J]. Journal of Analytical and Applied Pyrolysis, 2010, 89(2): 294 – 306.

[48] Yan J J, Zhu Y H, Zhao R, et al. Experimental investigation of the flow and heat transfer instabilities in n-decane at supercritical pressures in a vertical tube[J]. International Journal of Heat and Mass Transfer, 2018, 120: 987 – 996.

[49] Jiang P X, Yan J J, Yan S, et al. Thermal cracking and heat transfer of hydrocarbon fuels at supercritical pressures in vertical tubes[J]. Heat Transfer Engineering, 2018: 1 – 13.

[50] Nigam A, Klein M T. A mechanism-oriented lumping strategy for heavy hydrocarbon pyrolysis: imposition of quantitative structure-reactivity relationships for pure components[J]. Industrial & Engineering Chemistry Research, 1993, 32(7): 1297 – 1303.

[51] Lindstedt R, Maurice L. Detailed Chemical-Kinetic Model for Aviation Fuels[J]. Journal of

Propulsion and Power, 2000, 16(2): 187 – 195.

[52] Ranzi E, Dente M, Goldaniga A, et al. Lumping procedures in detailed kinetic modeling of gasification, pyrolysis, partial oxidation and combustion of hydrocarbon mixtures [J]. Progress in Energy and Combustion Science, 2001, 27(1): 99 – 139.

[53] Norinaga K, Sakurai Y, Sato R, et al. Numerical simulation of thermal conversion of aromatic hydrocarbons in the presence of hydrogen and steam using a detailed chemical kinetic model[J]. Chemical Engineering Journal, 2011, 178: 282 – 290.

[54] Sheu J, Zhou N, Krishnan A, et al. Thermal cracking of Norpar – 13 under near-critical and supercritical conditions [C]. Cleveland: 34th AIAA/ASME/SAE/ASEE Joint Propulsion Conference and Exhibit, 1998.

[55] Ward T A, Ervin J S, Zabarnick S, et al. Pressure effects on flowing mildly-cracked n-decane[J]. Journal of Propulsion and Power, 2005, 21(2): 344 – 355.

[56] Ward T A, Ervin J S, Striebich R, et al. Simulations of flowing mildly-cracked normal alkanes incorporating proportional product distributions[J]. Journal of Propulsion and Power, 2004, 20(3): 394 – 402.

[57] Zhu Y H, Liu B, Jiang P X. Experimental and numerical investigations on n-decane thermal cracking at supercritical pressures in a vertical tube[J]. Energy & Fuels, 2013, 28(1): 466 – 474.

[58] Jiang P X, Yan J J, Yan S, et al. Thermal cracking and heat transfer of hydrocarbon fuels at supercritical pressures in vertical tubes[J]. Heat Transfer Engineering, 2019, 40(5 – 8): 437 – 449.

[59] Jiang R P, Liu G Z, Zhang X W. Thermal cracking of hydrocarbon aviation fuels in regenerative cooling microchannels[J]. Energy & Fuels, 2013, 27(5): 2563 – 2577.

[60] Wang Y, Zhao Y, Liang C, et al. Molecular-level modeling investigation of n-decane pyrolysis at high temperature[J]. Journal of Analytical and Applied Pyrolysis, 2017, 128: 412 – 422.

[61] Zhang D R, Hou L Y, Gao M Y, et al. Experiment and modeling on thermal cracking of n-dodecane at supercritical pressure[J]. Energy & Fuels, 2018, 32(12): 12426 – 12434.

[62] Jiang P X, Wang Y S, Zhu Y H. Differential global reaction model with variable stoichiometric coefficients for thermal cracking of n-decane at supercritical pressures [J]. Energy & Fuels, 2019, 33(8): 7244 – 7256.

[63] Wang Y S, Jiang P X, Zhu Y H. A novel global reaction modeling approach considering the effects of pressure on pyrolysis of n-decane at supercritical pressures [J]. Fuel, 2021, 287: 119416.

[64] Wieghardt K. Hot air discharge for de-icing[J]. AAF Translation, Report No. FTS – 919-Re, 1946: 1 – 44.

[65] Goldstein R J. Film cooling[J]. Advanced in Heat Transfer, 1971, 7: 321 – 380.

[66] 葛绍岩,刘登瀛,徐静中,等. 气膜冷却[M]. 北京:科学出版社, 1985.

[67] Kercher D M. A film cooling CFD bibliography: 1971—1996[J]. International Journal of Rotating Machinery, 1998, 4: 61 – 72.

[68] Han J C, Dutta S, Ekkad S. Gas turbine heat transfer and cooling technology[M]. Oxford: Taylor & Francis, 2000.

[69] 曹玉璋, 陶智, 徐国强, 等. 航空发动机传热学[M]. 北京: 北京航空航天大学出版社, 2004.

[70] Critsch M, Schulz A, Wittig S. Film cooling holes with expanded exits: near-hole heat transfer coefficients [J]. International Journal of Heat and Mass Transfer, 2000, 43: 146 - 155.

[71] Bunker R S. A review of shaped hole turbine film cooling technology[J]. ASME Journal of Heat Transfer, 2005, 127: 441 - 453.

[72] Bunker R S. Film cooling effectiveness due to discrete holes within transverse surface slots [R]. GE Research & Development Cente, No. 2001CRD204 r, 2001.

[73] Sargison J E, Guo S M, Oldfield M L G, et al. A converging slot-hole film-cooling geometry-part 1: low-speed flat-plate heat transfer and loss[J]. Journal of Turbomachinery, 2002, 124: 453 - 460.

[74] Nasir H, Ekkad S V, Acharya S. Flat surface film cooling from cylindrical holes with discrete tabs[J]. Journal of Thermophysics and Heat Transfer, 2003, 17: 304 - 312.

[75] 杨卫华, 李永康, 张靖周, 等. 突片作用下气膜冷却效率的实验研究[J]. 航空动力学报, 2007, 3: 380 - 383.

[76] Heidmann J D. A numerical study of anti-vortex film cooling designs at high blowing ratio [R]. NASA/ TM - 2008 - 215209, GT2008 - 50845, 2008.

[77] 李广超, 朱惠人, 樊慧明. 双向扩张型孔射流角度对气膜冷却特性影响的实验[J]. 航空动力学报, 2009, 24(5): 1000 - 1005.

[78] Kusterer K, Bohn D, Sugimoto T, et al. Double-jet ejection of cooling air for improved film cooling[J]. Journal of Turbomachinery, 2007, 129(4): 677 - 687.

[79] Choi D W, Lee K D, Kim K Y. Analysis and optimization of double-jet film-cooling holes [J]. Journal of Thermophysics and Heat Transfer, 2013, 27(2): 246 - 254.

[80] Zhang J Z, Zhu X D, Huang Y, et al. Investigation on film cooling performance from a row of round-to-slot holes on flat plate[J]. International Journal of Thermal Sciences, 2017, 118: 207 - 225.

[81] Zhu X D, Zhang J Z, Tan X M. Numerical assessment of round-to-slot film cooling performances on a turbine blade under engine representative conditions [J]. International Communications in Heat and Mass Transfer, 2019, 100: 98 - 110.

[82] An B T, Liu J J, Zhang X D, et al. Film cooling effectiveness measurements of a near surface streamwise diffusion hole[J]. International Journal of Heat and Mass Transfer, 2016, 103: 1 - 13.

[83] Zhu R, Simon T W, Xie G. Influence of secondary hole injection angle on enhancement of film cooling effectiveness with horn-shaped or cylindrical primary holes[J]. Numerical Heat Transfer Part A Applications, 2018, 74(5): 1207 - 1227.

[84] Mayle R E, Kopper F C, Blair M F, et al. Effect of streamline curvature on film cooling[J]. Journal of Engineering for Gas Turbines & Power, 1977, 99(1): 77 - 82.

［85］ Ito S, Goldstein R J, Eckert E R G. Film cooling of a gas turbine blade［J］. Journal of Engineering for Power, 1978, 100: 476 – 481.

［86］ Barlow D N, Kim Y W. Effect of surface roughness on local heat transfer and film cooling effectiveness［R］. ASME Paper 95 – GT – 14, 1995.

［87］ Guo S M, Lai C C, Jones T V, et al. Influence of surface roughness on heat transfer and effectiveness for a fully film cooled nozzle guide vane measured by wide band liquid crystals and direct heat flux gages［J］. Journal of Turbomachinery, 2000, 122(4): 709 – 716.

［88］ Ammari H, Hay N, Lampard D. The effect of density ratio on the heat transfer coefficient from a film-cooled flat plate［J］. Journal of Turbomachinery, 1990, 112: 444 – 450.

［89］ Fu W S, Chao W S, Tsubokura M, et al. Investigation of boundary layer thickness and turbulence intensity on film cooling with a fan-shaped hole by direct numerical simulation［J］. International Communications in Heat and Mass Transfer, 2018, 96: 12 – 19.

［90］ Carlson L W, Talmor E. Gaseous film cooling at various degrees of hot gas acceleration and turbulence levels［J］. International Journal of Heat and Mass Transfer, 1968, 11: 1695 – 1713.

［91］ Lutum E, Wolfersdorf J, Semmler K, et al. An experimental investigation of film cooling on a convex surface subjected to favorable pressure gradient flow［J］. International Journal of Heat and Mass Transfer, 2001, 44: 939 – 951.

［92］ Tao Z, Yang X J, Ding S T, et al. Experimental study of rotation effect on film cooling over the flat wall with a single hole［J］. Experimental Thermal and Fluid Science, 2008, 32(5): 1081 – 1089.

［93］ Wang H, Tao Z, Zhou Z, et al. Experimental and numerical study of the film cooling performance of the suction side of a turbine blade under the rotating condition ［J］. International Journal of Heat and Mass Transfer, 2019, 136: 436 – 448.

［94］ Volchkov E P, Kutateladze S S, Leont'ev A I. Effect of compressibility and nonisothermicity on the efficiency of film cooling in a turbulent boundary layer ［J］. Journal of Applied Mechanics and Technical Physics, 1966, 7(4): 93 – 94.

［95］ Richards B E, Stollery J L. Laminar film cooling experiments in hypersonic flow［J］. Journal of Aircraft, 1979, 16(3): 177 – 181.

［96］ Goldstein R J, Eckert E R G, Tsou F K, et al. Film cooling with air and helium injection through a rearward-facing slot into a supersonic air flow［J］. AIAA Journal, 1966, 4(6): 981 – 985.

［97］ Alzner E, Zakkay V. Turbulent boundary layer shock interaction with and without injection ［J］. AIAA Journal, 1971, 9(9): 1769 – 1776.

［98］ George C O, Robert J N, Michael S H, et al. Experimental results for film cooling in 2 – D supersonic flow including coolant delivery pressure, Geometry, and incident shock effects ［J］. AIAA – 90 – 0605, 1990.

［99］ Bass R, Hardin L, Rodgers R, et al. Supersonic film cooling［R］. AIAA – 90 – 5239, 1990.

［100］ Juhany K A, Hunt M L, Sivo J M. Influence of injectant mach number and temperature on supersonic film cooling ［J］. Journal of Thermophysics and heat transfer, 1994, 8: 59 – 67.

[101] Juhany K A, Hunt M L. Flowfield measurements in supersonic film cooling including the effect of shock-wave interaction[J]. AIAA Journal, 1994, 32(3): 578 - 585.

[102] Kanda T, Ono F, Takahashi M, et al. Experimental studies of supersonic film cooling with shock wave interaction[J]. AIAA Journal, 1996, 34(2): 265 - 271.

[103] Kanda T, Ono F. Experimental studies of supersonic film cooling with shock wave interaction (Ⅱ)[J]. Journal of Thermophysics, 1997, 11(4): 590 - 593.

[104] Martin K, Matthias M, Wolfgang S. Large-eddy simulation of supersonic film cooling at finite pressure gradients[J]. High Performance Computing in Science and Engineering'11, 2012, 5: 353 - 369.

[105] Martin K, Matthias M, Wolfgang S. Large-eddy simulation of shock/cooling film interaction[J]. AIAA Journal, 2012, 50(10): 2102 - 2114.

[106] Michael A K, Markus J K. Direct numerical simulation of foreign-gas film cooling in supersonic boundary-layer flow[J]. AIAA Journal, 2017, 55(1): 99 - 111.

[107] Vijayakumar V, Pisharady J C, Balachandran P. Computational and experimental study on supersonic film cooling for liquid rocket nozzle applications[J]. Thermal Science, 2015, 19 (1): 49 - 58.

[108] Kumar A L, Pisharady J C, Shine S R. Effect of injector configuration in rocket nozzle film cooling[J]. Heat and Mass Transfer, 2016, 52 (4): 727 - 739.

[109] Morris C I, Ruf J H. Validation of supersonic film cooling modeling for liquid rocket nozzle applications[C]. Nashville: 46th AIAA/ ASME/ SAE/ ASEE Joint Propulsion Conference & Exhibit, 2010.

[110] 唐奇, 仝宗凯, 全栋梁. 红外窗口气膜冷却数值研究[J]. 战术导弹技术, 2009, 1: 24 - 29.

[111] 王小虎, 易仕和, 付佳, 等. 带气膜冷却结构的高超声速平板不同前缘形状下表面传热特性研究[J]. 实验流体力学. 2015, 29(2): 19 - 25.

[112] 王建, 孙冰, 魏玉坤. 超声速气膜冷却数值模拟[J]. 航空动力学报. 2008, 23(5): 865 - 870.

[113] 廖华琳, 单勇, 张靖周, 等. 超声速与亚声速气膜流动和冷却特性数值研究[J]. 航空计算技术, 2015, 45(1): 30 - 34.

[114] 张佳, 孙冰, 郑力铭. 圆直管中离散孔超声速气膜冷却实验[J]. 航空动力学报, 2013, 28(4): 813 - 818.

[115] 孙冰, 王太平, 张佳. 离散孔结构超声速气膜冷却数值模拟[J]. 航空动力学报, 2017, 32(12): 2927 - 2933.

[116] Song C Q, Shen C B. Effects of feeding pressures on the flowfield structures of supersonic film cooling[J]. Journal of Thermophysics and Heat Transfer, 2018, 32(3): 648 - 658.

[117] Song C Q, Shen C B. Effects of feeding Mach numbers on the flowfield structures of supersonic film cooling[J]. Journal of Thermophysics and Heat Transfer, 2018, 33(1): 264 - 270.

[118] Zhang S L, Qin J, Bao W, Zhang L. Numerical analysis of supersonic film cooling in supersonic flow in hypersonic inlet with isolator[J]. Advances in Mechanical Engineering,

2014, 2014: 468790.

[119] 费微微, 单勇, 王敏敏, 等. 超声速涡轮叶栅超声速气膜冷却数值研究[J]. 推进技术, 2016, 37(5): 916 - 921.

[120] 陈四杰, 单勇, 张靖周, 等. 涡轮叶栅超声速流场流动特征与气膜冷却特性[J]. 航空动力学报, 2013, 28(11): 2448 - 2454.

[121] Shan Y, Tan X M, Zhang J Z, et al. Numerical study on flow and cooling characteristics for supersonic film cooling[J]. Heat Transfer Engineering, 2018, 39(13 - 14): 1318 - 1330.

[122] 侯伟涛, 乔渭阳, 罗华龄. 气膜冷却对激波与边界层相互作用影响的数值模拟[J]. 推进技术, 2009, 30(5): 555 - 560.

[123] 朱惠人, 苏文超. 一种跨音速型气膜冷却孔[P]. CN201410465542.6, 2014.

[124] 张志浩, 许晓勇, 田原, 等. 氢氧推力室喷管超声速气膜冷却参数研究[J]. 导弹与航天运载技术, 2017, 354(4): 48 - 52.

[125] 郭春海, 张文武, 向树红, 等. 高超声速飞行器主动气膜冷却热防护数值仿真研究[J]. 航天器环境工程, 2017, 34(2): 132 - 137.

[126] 易司琪, 丁浩林, 龙志强. 超声速气膜冷却时的光学性能优化设计[J]. 应用光学, 2017, 38(4): 549 - 554.

[127] Yanovski L S. Physical basis of transpiration cooling for engines of flying apparatus[M]. Moscow: MAI Press, 1996.

[128] Langener T, von Wolfersdorf J, Laux T, et al. Experimental investigation of transpiration cooling with subsonic and supersonic flows at moderate temperature levels[C]. Hartford: 44th AIAA/ASME/ SAE/ ASEE Joint Propulsion Conference & Exhibit, 2008.

[129] Howe J T. Some finite difference solutions of the laminar compressible boundary layer showing the effects of upstream transpiration cooling[R]. NASA, 1959.

[130] Rohsenow W M, Hartnett J P, Ganic E N. Handbook of heat transfer applications[M]. 2nd edition. New York: McGraw-Hill, 1985.

[131] Pol D. Experimental study of cooling by injection of a fluid through a porous material[J]. Journal of the Aeronautical Sciences, 1948, 15(9): 509 - 521.

[132] Nguyentat T, Hayes W, Meland T, et al. Fabrication of a liquid rocket combustion chamber liner of advanced copper alloy GRCop - 84 via formed platelet liner technology[C]. Sacramento: 42nd Joint Propulsion Conferences, 2006.

[133] Lezuo M, Haidn O, Lezuo M, et al. Transpiration cooling using gaseous hydrogen[C]. Seattle: 33rd Joint Propulsion Conference and Exhibit, 1997.

[134] Forerst A V, Sippel M, Gülhan A, et al. Transpiration cooling using liquid water[J]. Journal of Thermophysics and Heat Transfer, 2009, 23(4): 693 - 702.

[135] Mueggenburg H, Hidahl J, Kessler E, et al. Platelet actively cooled thermal management devices[C]. Nashville: 28th Joint Propulsion Conference and Exhibit, 1992.

[136] Kuntz R J, Blubaugh A L, Labotz R J, et al. Transpiration-cooled devices[P]. US3585800, 1971.

[137] Ekkad S V, Zapata D, Han J C. Film effectiveness over a flat surface with air and CO_2 injection through compound angle holes using a transient liquid crystal image method[J].

Journal of Turbomachinery, 1997, 119(3): 587 – 593.

[138] Ekkad S V, Du H, Han J. Local heat transfer coefficient and film effectiveness distributions on a cylindrical leading edge model using a transient liquid crystal image method[J]. Journal of Flow Visualization and Image Processing, 1996, 3(2): 129 – 140.

[139] Martiny M, Schulz A, Wittig S. Full coverage film cooling investigations: adiabatic wall temperatures and flow visualization[R]. Winter Annual Meeting of ASME, Paper 95 WA/HT 4, 1995.

[140] Wear J, Trout A, Smith J, et al. Design and preliminary results of a semitranspiration cooled (Lamilloy) liner for a high-pressure high-temperature combustor[C]. Las Vegas: 14th Joint Propulsion Conference, 1978.

[141] 黄干. 高温与超声速条件下单相及相变发汗冷却规律研究[D]. 北京: 清华大学, 2018.

[142] Ohlhorst C W, Glass D E, Bruce Iii W E, et al. Development of X 43a Mach 10 leading edges[R]. NASA, 2005.

[143] Langener T, von Wolfersdorf J, Selzer M, et al. Experimental investigations of transpiration cooling applied to C/C material[J]. International Journal of Thermal Sciences, 2012, 54: 70 – 81.

[144] Bellettre J, Bataille F, Lallemand A, et al. Studies of the transpiration cooling through a sintered stainless steel plate[J]. Experimental Heat Transfer, 2005, 18(1): 33 – 44.

[145] Maiorov V A, Vasil'Ev L L. Heat transfer and stability for a moving coolant evaporating in a porous cermet[J]. Journal of Engineering Physics, 1979, 36, 611 – 625.

[146] Schuster J R, Lee T G, Application of an improved transpiration cooling concept to space shuttle type vehicles[J]. Journal of Spacecraft and Rockets, 1972, 9(11): 801 – 811.

[147] Evans R W, Crossland F J, Baginski W A. Development of practical water-steam transpiration cooled systems[C]. San Francisco: AIAA 2nd Annual Meeting, 1965.

[148] Wang J H, Zhao L J, Wang X, et al. An experimental investigation on transpiration cooling of wedge shaped nose cone with liquid coolant[J]. International Journal of Heat and Mass Transfer, 2014, 75: 442 – 449.

[149] 熊宴斌. 超声速主流条件发汗冷却的流动和传热机理研究[D]. 北京: 清华大学, 2013.

[150] 黄拯. 高温与超音速条件下发汗冷却基础问题研究[D]. 北京: 清华大学, 2015.

[151] 刘元清. 发汗冷却基础问题的实验研究和数值模拟[D]. 北京: 清华大学, 2010.

[152] 吴亚东, 朱广生, 高波, 等. 多孔介质相变发汗冷却主动热防护试验研究[J]. 宇航学报, 2017, 38(2): 212 – 218.

[153] Wu Y, Zhu G, Gao B. Phase-changed transpiration cooling: material selection, permeability analysis, and experimental tests in high heat flux[C]. Xiamen: 21st AIAA International Space Planes and Hypersonics Technologies Conference, 2017.

[154] Wu W T, Liu J F, Li W J, Hsieh W H. Measurement and correlation of hydraulic resistance of flow through woven metal screens[J]. International Journal of Heat and Mass Transfer, 48, 2005, 3008 – 3017.

[155] Zhu Y H, Jiang P X, Sun J G, et al. Injector head transpiration cooling coupled with combustion in H₂/O₂ subscale thrust chamber [J]. Journal of Thermophysics and Heat Transfer, 2012, 27(1): 42 - 51

[156] 姜翙照, 刘增祥. 发汗面板用 Gh30 织网丝和网的研制[J]. 天津冶金, 1991(1): 44 - 48.

[157] 方玉诚, 郭章. 丝网多孔发散冷却面板烧结新工艺探索[J]. 宇航材料工艺, 1995, 25 (3): 1417.

[158] Xu G, Liu Y, Luo X, et al. Experimental investigation of transpiration cooling for sintered woven wire mesh structures[J]. International Journal of Heat and Mass Transfer, 2015, 91: 898 - 907.

[159] Zhang B, Huang J, Li W J, et al. Synthesis and characterization of light-weight porous ceramics used in the transpiration cooling[J]. Acta Astronautica, 2020, 177: 438 - 445.

[160] Rong Y, Wei Y, Zhan R. Research on thermal protection by opposing jet and transpiration for high speed vehicle[J]. Aerospace Science and Technology, 2016, 48: 322 - 327.

[161] Wu N, Wang J H, Dong W, et al. An experimental investigation on combined sublimation and transpiration cooling for sintered porous plates[J]. International Journal of Heat and Mass Transfer, 2018, 116: 685 - 693.

[162] Xiong Y B, Zhu Y H, Jiang P X. Numerical simulation of transpiration cooling for sintered metal porous strut of the scramjet combustion chamber [J]. Heat Transfer Engineering, 2014, 35(6 - 8): 721 - 729.

[163] Jiang P X, Huang G, Zhu Y H, et al. Experimental investigation of combined transpiration and film cooling for sintered metal porous struts [J]. International Journal of Heat and Mass Transfer, 2017, 108: 232 - 243.

[164] Huang G, Zhu Y H, Huang Z, et al. Investigation of combined transpiration and opposing jet cooling of sintered metal porous [J]. Heat Transfer Engineering, 2018, 39(7 - 8): 711 - 723.

[165] Huang G, Zhu Y H, Liao Z Y, et al. Experimental study on combined cooling method for porous struts in supersonic flow [J]. Journal of Heat Transfer, 2018, 140: 022201.

[166] Wang J H, Messner J, Stetter H. An experimental investigation on transpiration cooling part Ⅱ: comparison of cooling methods and media [J]. International Journal of Rotating Machinery, 2004, 10(5): 355 - 363.

[167] Ma J, Lin J, Wang J H. Experiment on transpiration cooling with phase change of liquid water[J]. Journal of Aerospace Power, 2014, 29(3): 556 - 562.

[168] Xiao X F, Zhao G B, Zhou W X. Numerical investigation of transpiration cooling for porous nose cone with liquid coolant[J]. International Journal of Heat and Mass Transfer, 2018, 121: 1297 - 1306.

[169] Huang G, Zhu Y H, Liao Z Y, et al. Experimental investigation of transpiration cooling with phase change for sintered porous plates [J]. International Journal of Heat and Mass Transfer, 2017, 114: 1201 - 1213.

[170] Ouyang X L, Huang G, Jiang P X, et al. Numerical investigation of the phase change in

transpiration cooling with the VOF method[C]. Hawaii: ICPM6, 2016.

[171] 廖致远. 高热流密度与超声速条件下发汗冷却基础问题研究[D]. 北京: 清华大学, 2021.

[172] Jiang P X, Huang G, Zhu Y H, et al. Experimental investigation of biomimetic self-pumping and self-adaptive transpiration cooling[J]. Bioin Biom, 2017, 12 (5): 056002.

[173] Huang G, Liao Z Y, Xu R N, et al. Self-pumping transpiration cooling with phase change for sintered porous plates[J]. Applied Thermal Engineering, 2019, 159: 113870.

[174] Huang G, Zhu Y H, Liao Z Y, et al. Experimental investigation of self-pumping internal transpiration cooling [J]. International Journal of Heat and Mass Transfer, 2018, 123: 514 - 522.

[175] Huang G, Liao Z Y, Xu R N, et al. Self-pumping transpiration cooling with a protective porous armor[J]. Applied Thermal Engineering, 2020, 164: 114485.

[176] Huang G, Zhu Y H, Liao Z Y, et al. Biomimetic self-pumping transpiration cooling for additive manufactured porous module with tree-like micro-channel[J]. International Journal of Heat and Mass Transfer, 2019, 131: 403 - 410.

[177] Xu R N, Wang G Y, Jiang P X. Spray cooling on enhanced surfaces: a review of the progress and mechanisms [J]. Journal of Electronic Packaging, 2021, DOI: 10. 1115/1.4050046.

[178] Tuckerman D B, Pease R F W. High-performance heat sinking for VLSI high-performance heat sinking for VLSI[J]. IEEE Electron Device Letters, 1981, 2(5): 126 - 129.

[179] Bostanci H, van E D, Saarloos B A, et al. Spray cooling of power electronics using high temperature coolant and enhanced surface [C]. Dearborn: IEEE Vehicle Power and Propulsion Conference, 2009.

[180] Silk E A, Eric L, Paneer S R. Spray cooling heat transfer: Technology overview and assessment of future challenges for micro-gravity application[J]. Energy Conversion and Management, 2008, 49(3): 453 - 468.

[181] Zhou Z F, Lin Y K, Tang H L, et al. Heat transfer enhancement due to surface modification in the close-loop R410a flash evaporation spray cooling[J]. International Journal of Heat and Mass Transfer, 2019, 139, 1047 - 1055.

[182] Yang B H, Wang H, Zhu X, et al. Heat transfer enhancement of spray cooling with ammonia by microcavity surfaces [J]. Applied Thermal Engineering, 2013, 50 (1): 245 - 250.

[183] Chen R H, Chow L C, Navedo J E. Effects of spray characteristics on critical heat flux in subcooled water spray cooling [J]. International Journal of Heat and Mass Transfer, 2002, 45(19): 4033 - 4043.

[184] Pais M R, Chow L C, Mahefkey E T. Surface-roughness and its effects on the heat-transfer mechanism in spray cooling[J]. Journal of Heat Transfer, 1992, 114(1): 211 - 219.

[185] Toda S. A study of mist cooling: 1st report, experimental investigations on mist cooling by mist flow sprayed vertically on small and flat plates heated at high temperatures [J]. Transactions of the Japan Society of Mechanical Engineers, 1972, 38(307): 581 - 588.

[186] Ashwood A C, Shedd T A. Spray cooling with mixtures of dielectric fluids[C]. San Jose: 23rd Annual IEEE Semiconductor Thermal Measurement and Management Symposium, 2007.

[187] Rybicki J R, Mudawar I. Single-phase and two-phase cooling characteristics of upward-facing and downward-facing sprays[J]. International Journal of Heat and Mass Transfer, 2006, 49(1): 5-16.

[188] Karwa N, Kale S, Subbarao P M V. Experimental study of non-boiling heat transfer from a horizontal surface by water sprays[J]. Experimental Thermal and Fluid Science, 2007, 32(1): 571-579.

[189] Hsieh S S, Tien C H. R 134a spray dynamics and impingement cooling in the non-boiling regime[J]. International Journal of Heat and Mass Transfer, 2007, 50(3): 502-512.

[190] Wang Y Q, Liu M H, Liu D, et al. Experimental study on the effects of spray inclination on water spray cooling performance in non-boiling regime[J]. Experimental Thermal and Fluid Science, 2010, 34(7): 933-942.

[191] Cabrera E, Gonzalez J E. Heat flux correlation for spray cooling in the nucleate boiling regime[J]. Experimental Heat Transfer, 2003, 16(1): 19-44.

[192] Silk E, Kim J, Kiger K. Energy conservation based spray cooling CHF correlation for flat surfaces small area heaters[C]. Vancouver: ASME/ JSME Thermal Engineering Summer Heat Transfer Conference, 2007.

[193] Visaria M, Mudawar I. Effects of high subcooling on two-phase spray cooling and critical heat flux [J]. International Journal of Heat and Mass Transfer, 2008, 51 (21-22): 5269-5278.

[194] Qiao Y M, Chandra S. Spray cooling enhancement by addition of a surfactant[J]. Journal of Heat Transfer, 1998, 120(1): 92-98.

[195] 王磊. 喷雾冷却及其影响因素的实验与数值研究[D]. 北京: 中国科学院工程热物理研究所, 2008.

[196] Hsieh S S, Leu H Y, Liu H H. Spray cooling characteristics of nanofluids for electronic power devices[J]. Nanoscale Research Letters, 2015, 10(1): 1-16.

[197] Zhang Z, Li J, Jiang P X. Experimental investigation of spray cooling on flat and enhanced surfaces[J]. Applied Thermal Engineering, 2013, 51(1-2): 102-111.

[198] Zhang Z, Jiang P X, Christopher D M, et al. Experimental investigation of spray cooling on micro-, nano- and hybrid-structured surfaces[J]. International Journal of Heat and Mass Transfer, 2015, 80: 26-37.

[199] Cheng P, Wang G, Quan X. Recent work on boiling and condensation in microchannels[J]. Journal of Heat Transfer, 2009, 131(4): 1-15.

[200] Kandlikar S G, Colin S, Peles Y, et al. Heat transfer in microchannels 2012 status and research needs[J]. Journal of Heat Transfer, 2013, 135(9): 1-18.

[201] Zhang Z, Zhao C, Yang X, et al. Influences of tube wall on the heat transfer and flow instability of various supercritical pressure fluids in a vertical tube[J]. Applied Thermal Engineering, 2019, 147: 242-250.

［202］ Jiang P X, Xu R N. Heat transfer and pressure drop characteristics of mini-fin structures ［J］. International Journal of Heat and Fluid Flow, 2007, 28(5): 1167-1177.

［203］ Wu H Y, Cheng P. Boiling instability in parallel silicon microchannels at different heat flux ［J］. International Journal of Heat and Mass Transfer, 2004, 47(17-18): 3631-3641.

［204］ Kandlikar S G. Mechanistic considerations for enhancing flow boiling heat transfer in microchannels［J］. Journal of Heat Transfer, 2016, 138 (2): 021504.

［205］ Kanizawa F T, Tibirçá C B, Ribatski G. Heat transfer during convective boiling inside microchannels［J］. International Journal of Heat and Mass Transfer, 2016, 93: 566-583.

［206］ Gan Y, Xu J, Yan Y. An experimental study of two-phase pressure drop of acetone in triangular silicon micro-channels［J］. Applied Thermal Engineering, 2015, 80: 76-86.

［207］ Larson T K, Oh C H, Chapman J C. Flooding in a thin rectangular slit geometry representative of ATR fuel assembly side-plate flow channels［J］. Nuclear Engineering and Design, 1994, 152(1): 277-285.

［208］ Mokrani O, Bourouga B, Castelain C, et al. Fluid flow and convective heat transfer in flat microchannels［J］. International Journal of Heat and Mass Transfer, 2009, 52 (5): 1337-1352.

［209］ Wang Y, Sefiane K, Harmand S. Flow boiling in high-aspect ratio mini- and micro-channels with FC-72 and ethanol: experimental results and heat transfer correlation assessments［J］. Experimental Thermal and Fluid Science, 2012, 36: 93-106.

［210］ Huh C, Kim M H. An experimental investigation of flow boiling in an asymmetrically heated rectangular microchannel［J］. Experimental Thermal and Fluid Science, 2006, 30 (8): 775-784.

［211］ Soupremanien U, Person S Le, Favre-Marinet M, et al. Influence of the aspect ratio on boiling flows in rectangular mini-channels［J］. Experimental Thermal and Fluid Science, 2011, 35(5): 797-809.

［212］ Markal B, Aydin O, Avci M. Effect of aspect ratio on saturated flow boiling in microchannels［J］. International Journal of Heat and Mass Transfer, 2016, 93: 130-143.

［213］ Alam T, Lee P S, Yap C R, et al. Experimental investigation of local flow boiling heat transfer and pressure drop characteristics in microgap channel［J］. International Journal of Multiphase Flow, 2012, 42: 164-174.

［214］ Yin L F, Xu R N, Jiang P X, et al. Subcooled flow boiling of water in a large aspect ratio microchannel［J］. International Journal of Heat and Mass Transfer, 2017, 112: 1081-1089.

［215］ Yin L F, Jiang P X, Xu R N. Visualization of flow boiling in a large aspect ratio microchannel ［C］. Seoul: The 17th Seoul National Kyoto Tsinghua University Thermal Engineering Conference, 2017.

［216］ Yin L F, Jiang P X, Xu R N, et al. Water flow boiling in a partially modified microgap with shortened micro pin fins ［J］. International Journal of Heat and Mass Transfer, 2020, 155: 119819.

［217］ 胡皓玮. 微多孔结构内流动沸腾换热机理及与外流耦合机制研究［D］. 北京: 清华大

学,2021.

[218] Hu H W, Jiang P X, Huang F, et al. The role of trapped water in flow boiling inside microporous structures: pore-scale visualization and heat transfer enhancement[J]. Science Bulletin, 2021, 66: 1885 - 1894.

[219] 胡皓玮, 胥蕊娜, 姜培学. 多孔介质流动沸腾微观模型实验研究[J]. 工程热物理学报, 2021,42(2): 424 - 429.

第2章

单相流体的强化换热和冲击冷却

在高超声速飞行器主动冷却热防护方式中,对流冷却是目前极为重要的一种冷却方法。随着飞行速度的不断提升,高超声速飞行器受气动加热的外部壁面、内部冲压发动机燃烧室、喷管等高温部件承受的温度不断提高,相应地,对流冷却需要在原有的基础上进行改进以实现强化换热,提高冷却流体的流动和换热能力。肋结构是最常用的对流换热强化形式,当对流换热通道中存在肋时,流体阻力和换热系数都会受到影响[1,2];多孔结构能引起流体强烈的掺混,通过热弥散效应增强热量的传递过程,是另一种强化换热、保护受高强度热流作用的结构部件和表面的有效方法[3,4],如微细板翅结构是一种边壁孔隙率为常数的多孔结构,其流动和换热性能较普通烧结颗粒多孔结构均可得到优化[5-7];冲击冷却是在对流冷却基础上针对局部高热流密度区域的强化换热方法,通过流体直接冲击加热表面,产生很强的换热效果[8-13]。本章以主动对流换热为背景,研究了单相流体在带肋通道和多孔板翅中的流动和换热性能,并研究了冲击冷却对不同肋结构壁面流动和换热特性的影响。

2.1 带肋平板矩形通道强化换热

肋结构是最为常用的对流换热强化结构,通过在对流换热表面增加肋,一方面增强对流体的扰动,增大流体流动的湍流度及破坏壁面附近边界层的层流底层,提高对流传热系数;另一方面增加的肋结构拓展了对流换热面积。尽管在壁面添加肋结构在几何上看似简单,但是给流动和换热带来的影响却十分复杂。流体掠过肋后,边界层发生分离,在两个肋之间产生复杂的回流区,同时分离后的边界层又会与壁面再次附着。此外,肋的存在提高换热的同时也会对流体流动产生阻碍作用,增大压力损失,不同形状、排列方式的肋结构会对流动和换热产生不同的影响。因此,深入研究加肋通道强化换热特性,尤其是不同肋呈现的热工水力学特征非常重要。本章采用实验研究和数值模拟的方法对该问题开展了系统的研究[1, 2]。

2.1.1　直肋和 V 形肋的强化换热特性

本书采用实验研究和数值模拟的方法对直肋和 V 形肋的强化换热进行了研究。实验系统如图 2.1 所示,由空气压缩机、储气罐、气水分离器、流量计、实验段、调压阀、红外摄像仪和数据采集系统等组成。实验工质为空气,由压缩机提供,通过整流除湿后由管道引至实验段。

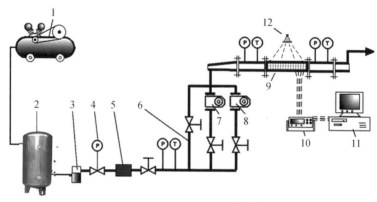

图 2.1　实验系统总图[1, 2]

1—空气压缩机;2—储气罐;3—气水分离器;4—调压阀;5—过滤器;6—旁通;
7、8—流量计;9—实验段;10—数据采集系统;11—计算机;12—红外热像仪

研究和分析了三种不同结构的实验段:光滑平板通道、带直肋通道和带 V 形肋通道,如图 2.2 所示。实验通道尺寸为 150 mm×20 mm×11 mm,肋高为 1 mm,肋间距为 10 mm。

实验中,通过电加热在通道底面施加恒定的热流,侧面通道采取保温设计近似为绝热边界。实验段顶面由红外锗玻璃制成,以便红外摄像仪测量加热壁面的温度场分布,并在实验段壁面布置了离散的热电偶测点进行温度测量,用以和红外摄像仪测温结果进行比较。

同时建立了与实验段结构相同的模型开展数值模拟研究,采用 SST $k-\omega$ 湍流模型进行计算分析。对于光滑通道,实验测量结果和数值模拟结果以及准则关联式的计算结果如图 2.3 所示,表明 SST $k-\omega$ 湍流模型计算结果与实验测量

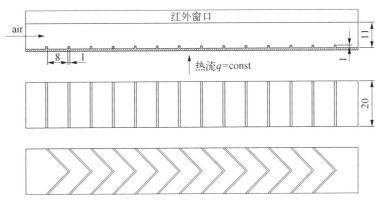

图 2.2　实验段结构图

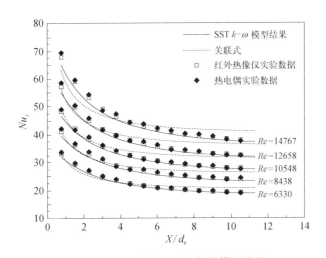

图 2.3　光滑通道的实验和数值模拟结果

及经验关联式结果吻合良好,可用于本问题的模拟分析。

图 2.4、图 2.5 给出了带直肋通道局部 Nu 随 Re 的变化情况以及局部速度场分布。进口 Re 越大,局部 Nu 也越大。不同进口 Re 情况下,通道局部 Nu 分布总的变化趋势一样,在经过第一个肋片之前,局部 Nu 沿程减少,原因在于第一个肋片以前,由于进口段的效应,边界层变厚,壁面对流换热变差。流体到达第一个肋片时,Nu 突然升高,原因主要在于流体边界层被破坏,对流换热性能增强,并且可以看到经过肋片后形成明显的回旋涡。在此后的肋间,流体边界层遇到肋被破坏,但是同时由于肋的阻挡作用,两肋之间的流体边界层速度较低,综合性能体现为 Nu 沿程有所降低。直到接近通道出口的地方,Nu 回升,主要原因

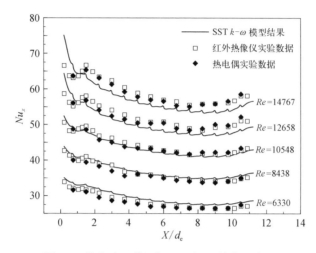

图 2.4　带直肋通道局部 Nu 随 Re 的变化情况

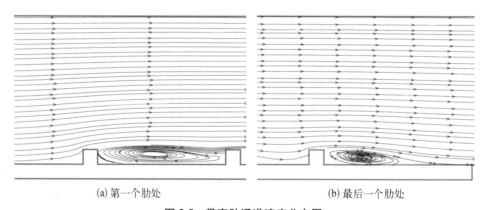

(a) 第一个肋处　　　　　　　　　　　(b) 最后一个肋处

图 2.5　带直肋通道速度分布图

在于出口处,边界层内速度不再受肋片约束,速度增大。

　　图 2.6 给出了带 V 形肋通道局部 Nu 随 Re 的变化情况。与直肋一样,在第一个肋片以前,局部 Nu 沿程减少,原因同直肋结构。但经过第一个肋片后,V 形肋片仍然表现出良好的换热性能,Nu 沿程不断增大。这主要是对于 V 形肋通道,流体经过肋片时,一方面流体边界层被破坏,另一方面通道内还会形成明显的二次纵向涡结构,双重的作用使得 V 肋通道局部换热得以强化。图 2.7 给出了带 V 形肋通道局部截面速度分布,流体掠过 V 形肋以后将产生两个旋转方向相反的二次纵向旋涡,旋涡沿肋的方向发展;同时由于通道壁面的限制,流体在向下游流动的过程中沿流向也会产生旋涡(图 2.8)。双重的旋涡结构使得流场

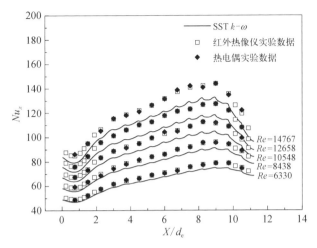

图 2.6　带 V 形肋通道局部 Nu 随 Re 的变化情况

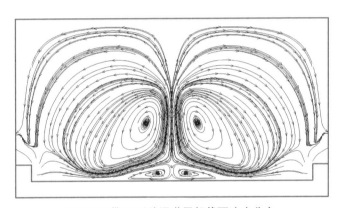

图 2.7　带 V 形肋通道局部截面速度分布

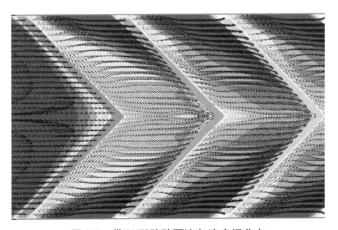

图 2.8　带 V 形肋壁面流向速度场分布

中湍流强度增强,因此 V 形肋的强化换热效果非常明显。V 形肋离出口的地方,局部 Nu 下降,原因主要在于邻近出口处,二次纵向涡强度减弱,从而使得换热性能变差。

为了进一步深入研究和分析直肋和 V 形肋的布置对流动和换热的影响,采用数值模拟的方法研究了六种不同布置的肋片(图 2.9)对换热的影响特性,主要考虑的因素包括:连续肋与间断肋的区别;直肋与 V 形肋的区别;V 形肋角度的影响。采用控制变量的思想,各物理模型之间仅肋的布置方式不同,肋的横截面形状、尺寸,通道尺寸等几何参数以及边界条件等均保持一致。

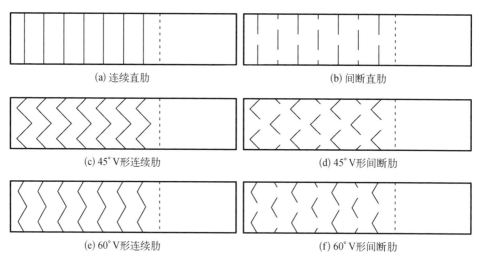

(a) 连续直肋   (b) 间断直肋

(c) 45°V形连续肋   (d) 45°V形间断肋

(e) 60°V形连续肋   (f) 60°V形间断肋

图 2.9   六种不同布置的肋片示意图

相同流速情况下,六种带肋壁面的温度分布如图 2.10 所示。带连续直肋的壁面温度明显高于其他几种肋,这是因为主流经过重复排列的连续肋壁后,边界层不断增厚,靠近壁面的流层受扰动较小,因此换热效果不好,下游方向的壁面温度升高明显。间断直肋使得壁面边界层被破坏,肋的间断处边界层速度更高,增强了边界层内流体的扰动和掺混,有效地降低了壁面温度。V 形肋由于产生了更强的壁面附近的湍流扰动和纵向二次流,壁面附近对流换热得到强化,壁面温度明显下降。与连续 V 形肋相比,间断 V 形肋壁面温度升高,原因在于间断 V 形肋破坏了壁面附近强化换热的流动结构,传热较连续肋有所恶化。

对流换热的增强常常伴随着流动阻力的增加,为了综合考虑换热和阻力,从相同唧送功率下输送热量大小的观点出发,可以采用 $(Nu/Nu_0)/(f/f_0)^{1/3}$ 作为强化换热评价标准,这里下脚标"0"表示无肋的情况。f 为摩擦因子,定义为

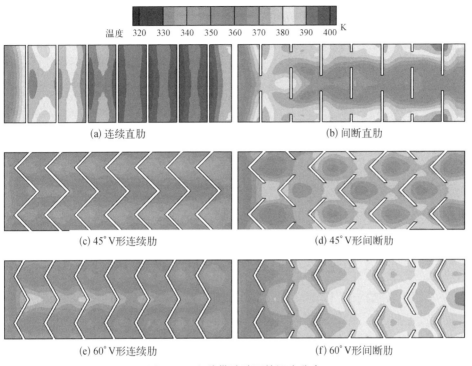

图 2.10　六种带肋壁面的温度分布

$$f = \frac{\Delta P}{\frac{1}{2}\rho v^2 \dfrac{l}{d_e}} \tag{2.1}$$

式中，ΔP 为通道压差，单位为 Pa；ρ 为密度，单位为 kg/m^3；v 为流体平均速度，单位为 m/s；l 为通道长度，单位为 m；d_e 为通道水力直径，单位为 m。

图 2.11 依据 $(Nu/Nu_0)/(f/f_0)^{1/3}$ 比较了不同肋结构的强化换热效果。45° 连续 V 形肋的表现最好，在相同的阻力情况下其 Nu 约为光滑通道的 1.5 倍。其余大多数工况也体现了壁面带肋后通道的整体换热性能有了改进，但对于连续肋，Re_h 增大到一定程度，虽然换热也进一步增强，但是阻力的增加更显著。

2.1.2　不同肋角度和肋间距的影响

由 2.1.1 节可知，不同形状的肋带来的换热效果存在较大差别，因此深入研究和分析肋的结构参数十分必要。本节对带有不同角度肋和不同间距肋的平板

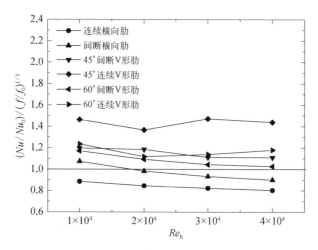

图 2.11　不同肋换热综合性能比较

矩形通道进行了数值模拟研究[1, 2]。

带肋平板结构如图 2.12 所示,通道几何参数为 40 mm×10 mm×4 mm,平板厚 2 mm,肋的尺寸为 1 mm×1 mm。在平板背部施加恒定热流密度,在带肋侧通入一定流量和温度的空气进行对流冷却。

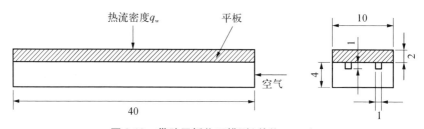

图 2.12　带肋平板物理模型(单位: mm)

1. 肋片角度的影响

图 2.13、图 2.14 和图 2.15 给出了肋间距为 4 mm、不同肋角度及质量流量情况下,通道的流动及换热结果(0°表示肋片与流体流动方向一致)。对于给定几何形状的一面带肋平板矩形通道,肋间距固定为 4 mm 时,60°肋通道具有最佳换热性能,0°肋通道具有最小压力损失,20°肋通道具有最佳换热/压损性能。图 2.13 为不同肋角度时,流体流量对通道平板表面平均换热系数的影响特性。由图中可见,带有 60°肋的平板表面平均换热系数最高,带有 90°肋的平板表面平均换热系数最低。原因在于在带有 60°肋平板矩形通道内的湍流强度最大,而带有 90°肋平板矩形通道内湍流强度最小。

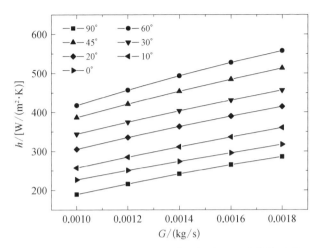

图 2.13　肋间距为 4 mm 时,通道平板表面平均换热系数

图 2.14 给出了这些流道内的流体压力损失。带有 60°肋平板矩形通道内压力损失最大,而带有 0°肋平板矩形通道内压力损失最小。

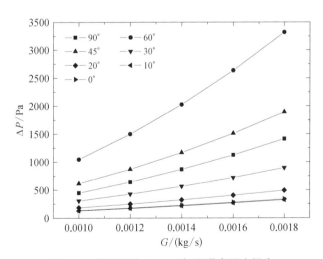

图 2.14　肋间距为 4 mm 时,通道内压力损失

图 2.15 给出了不同肋角度时,$(Nu/Nu_0)/(f/f_0)^{1/3}$ 随空气进口 Re 的变化情况。$(Nu/Nu_0)/(f/f_0)^{1/3}$ 的值随进口 Re 的增加而减小,带有 20°肋平板矩形通道的值最大,而带有 90°肋平板矩形通道的值最小。对于不同角度的带肋平板矩形通道,20°肋具有最佳的换热/压损性能。

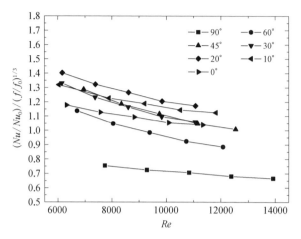

图 2.15　肋间距为 4 mm 时,通道内整体换热/压损性能的变化

2. 肋片间距的影响

图 2.16、图 2.17 和图 2.18 给出了肋片角度为 20°,不同肋间距(1 mm、2 mm、4 mm、6 mm)及质量流量情况下,通道的流动与换热结果。对于给定几何形状的一面带肋平板矩形通道,肋角度固定为 20°时,肋间距为 1 mm 的通道具有最佳换热性能;肋间距为 4 mm 或 6 mm 通道具有最小压力损失;肋间距为 1 mm 或 2 mm 通道具有最佳换热/压损性能。图 2.16 给出对应不同肋间距的平板表面平均换热系数的变化。由图可以看出,随着质量流量的增加和肋间距的减小,平板表面的平均换热系数增大,原因在于质量流量的增加提高了通道的对流换热系数,肋间距的减小增强了对流体的扰动且使得换热表面面积增大。

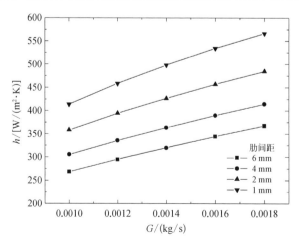

图 2.16　肋角度为 20°时,通道平板表面平均换热系数

图 2.17 给出了肋角度为 20°时,不同肋间距通道内压降的变化。小肋间距通道内压降比大肋间距通道内压降高,但肋间距增加到 4 mm 后,压降的变化比较小。

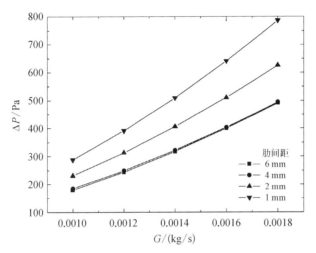

图 2.17　肋角度为 20°时,通道内压力损失

图 2.18 给出了通道换热/压损性能$(Nu/Nu_0)/(f/f_0)^{1/3}$对应 Re 和不同肋间距的变化特性。由图可以看出,1 mm 和 2 mm 肋间距通道具有最大$(Nu/Nu_0)/(f/f_0)^{1/3}$值,6 mm 通道具有最小$(Nu/Nu_0)/(f/f_0)^{1/3}$值。这说明对于这种带 20°肋平板矩形通道,肋间距较小时,通道具有更好的换热/压损性能。

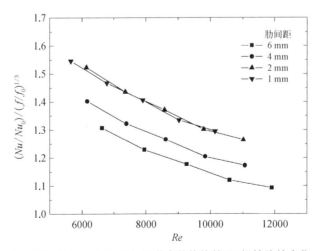

图 2.18　肋角度为 20°时,通道内整体换热/压损性能的变化

2.2 微细板翅结构强化换热

多孔介质也是对流传热强化中常用到的结构,多孔介质中的传热过程包括固体骨架之间的导热、孔隙中流体的导热、固体骨架与流体之间的对流换热

图 2.19 微细板翅结构图[5, 6]

及骨架间的辐射传热(影响较大时才考虑)。多孔介质的复杂结构增大了换热面积,而且孔隙通道曲折、多变,因而具有强烈的弥散效应,其作用与湍流中的涡流相似,能使流体分子团产生径向掺混,使径向温度分布均匀平坦化,从而使换热得到显著增强。通常在烧结多孔介质中,与壁面接触的部分区域孔隙率显著增大,引起流动速度的分布不均,会产生边界层的边壁沟流效应。Jiang 等[3, 4]研究表明,为了增大多孔介质换热效果,应该减小近壁面处的孔隙率,微细板翅结构

是一种边壁孔隙率为常数的常孔隙率微细多孔结构,其结构如图 2.19 所示,可以有效避免边壁处孔隙率变化的影响。

微细板翅的形状、材料、结构和孔隙率均会对流动与换热产生影响。图 2.20 给出了微细板翅的三种不同排列方式:叉排、顺排和微细槽道。此外,板翅的材料也有不同的影响。本节所研究的典型板翅结构组合如表 2.1 所示,板翅高度 4 mm。

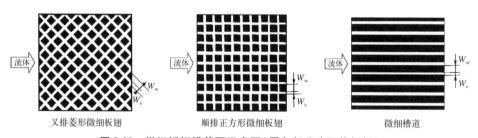

叉排菱形微细板翅　　　　　顺排正方形微细板翅　　　　　微细槽道

图 2.20 微细板翅横截面示意图(黑色部分为固体板翅)

表 2.1　实验段的材料、结构尺寸和孔隙率

实验段	板翅形状	材料	结　　构	W_w/mm	W_c/mm	孔隙率
No. 1	菱形	锡青铜	微细板翅/叉排	0.7	0.2	0.40
No. 2	菱形	纯铜	微细板翅/叉排	0.7	0.2	0.40
No. 3	正方形	锡青铜	微细板翅/顺排	0.7	0.2	0.40
No. 4	槽道	锡青铜	微细槽道	0.8	0.5	0.39
No. 5	颗粒	锡青铜	烧结多孔结构	$d_\mathrm{p}=0.5-0.71$		0.40
No. 6	菱形	纯铜	微细板翅/叉排	0.8	0.4	0.56
No. 7	正方形	纯铜	微细板翅/顺排	0.8	0.4	0.56
No. 8	槽道	纯铜	微细槽道	0.8	0.4	0.33
No. 9	菱形	纯铜	微细板翅/叉排	0.8	0.2	0.36
No. 10	菱形	纯铜	微细板翅/叉排	0.8	0.8	0.75

2.2.1　微细板翅结构的流动阻力特性

本节对水和空气流过微细板翅结构的对流换热特性开展了实验研究和数值模拟[5-7]。空气流过微细板翅对流换热的实验系统如图 2.1 所示。图 2.21 给出了水和空气流过不同板翅结构以及烧结多孔的压降和流量的关系,其中板翅与多孔结构的序号和表 2.1 中相对应。微细板翅和烧结多孔介质均会显著增加流体的流动阻力,且流动阻力随流量的增加而增大。多孔结构通道的弯曲性、无定向性和随机性使多孔结构中的流动过程非常复杂,流动阻力大幅度增加。相对而言,微细板翅结构的流动通道要简单得多,因而流动阻力较小。

在相同的孔隙率下,顺排正方形板翅流动阻力略大于微细槽道,但其沿流动方向两板翅之间的通道实际没有大量流体流过,因此两者相差不大。叉排结构中的流体流动距离长且流动方向不断发生变化,因此叉排菱形板翅的阻力远远大于其他板翅结构,仅略小于烧结多孔介质的阻力。

在相同的板翅宽度下,当水流量较小时,叉排菱形微细板翅和顺排正方形微细板翅对于流动的扰动作用较小,而微细槽道结构由于孔隙率最小使得阻力最大;当流量较大时,叉排菱形微细板翅对流动的扰动会越来越强烈,阻力远大于其他结构,而顺排正方形板翅对流动的扰动不很强烈,阻力与微细槽道相近。

板翅间距的增大使得孔隙率增大且沿流动方向板翅数量减小,因此流动阻

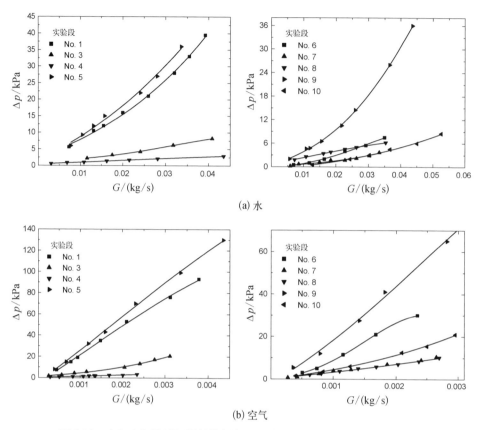

(a) 水

(b) 空气

图 2.21　水和空气流过不同结构板翅以及烧结多孔的压降和流量的关系

力也会随着板翅间距的增大而减小。

　　为提高微细板翅结构的流动和换热性能,可以在菱形微细板翅结构的基础上改进,得到如图 2.22 所示中间开孔的叉排三角形微细板翅结构。图 2.23 给出了水流过叉排菱形微细板翅和三角形微细板翅时水平截面上局部放大流线图。在每一个菱形板翅和三角形板翅的背风面都会出现旋涡,说明叉排菱形微细板翅和三角形微细板翅更有利于流体的掺混,增强了换热效果,但也增加了流动阻力。在流体进口速度相同的情况下,三角形微细板翅中的直通道分流了一部分流体,使得斜通道中流体的流速减小,从而减小了旋涡。相比之下,在顺排方式排列的正方形微细板翅结构中,虽然流道的简单结构,流动阻力小于叉排菱形微细板翅和三角形微细板翅中的流动阻力,但流体在与流动方向相同的直通道中流动,而在与流动方向垂直的通道中流速很低,因此相对不利于换热。

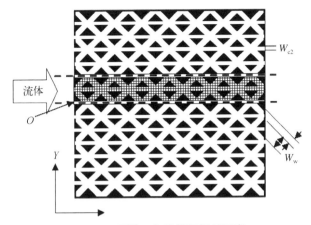

图 2.22　叉排三角形微细板翅示意

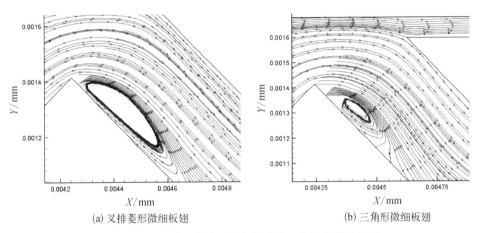

(a) 叉排菱形微细板翅　　　　　　　　　　(b) 三角形微细板翅

图 2.23　水流过叉排菱形微细板翅和三角形微细板翅时
水平截面上局部放大流线图($Re = 700$)

2.2.2　微细板翅结构的强化换热规律

烧结多孔介质和微细板翅的填入大大强化了总体的对流换热效果,这种增强的效果随着流量的增大而增大。相对于光槽道实验,多孔介质和微细板翅的填入会使水系统强化换热 5~24 倍,使空气系统强化换热 12~40 倍,具体比较见表 2.2[5-7]。

图 2.24 给出了水和空气流过不同结构板翅和烧结多孔介质以及空槽道的 Nu 和 Re 的关系。水流过烧结多孔介质的 Nu 小于微细板翅结构;在 Re 较大时,空气流过烧结多孔介质的 Nu 会大于微细槽道结构,但仍小于叉排菱形微细板翅和顺排正方形板翅。

表 2.2　烧结多孔介质和微细板翅强化换热倍数

实验段	No. 1	No. 2	No. 3	No. 4	No. 5	No. 6	No. 7	No. 8	No. 9	No. 10
水	10~16	18~21	13~17	9~12	5~7	21~24	19~21	13~15	13~14	14~16
空气	26~27	20~37	16~38	12~15	20~30	26~40	12~26	15~20	26~34	16~29

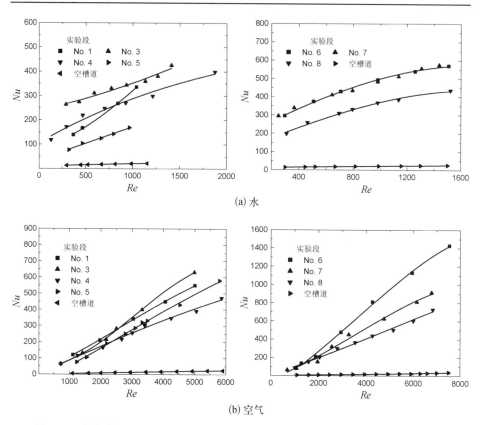

(a) 水

(b) 空气

图 2.24　水和空气流过不同结构板翅和烧结多孔介质以及空槽道的 Nu 和 Re 关系

　　当板翅间距较小时(如叉排菱形板翅 1 和顺排正方形板翅 3),叉排菱形板翅对于流动具有较强扰动能力的优势得不到完全体现,对于空气的对流换热,叉排菱形微细板翅和顺排正方形微细板翅的 Nu 比较接近。对于水的对流换热,由于叉排菱形微细板翅流道比顺排正方形微细板翅流道要多,在相同的质量流量下,流道中的流速低于正方形微细板翅中的流速,因此换热能力较低,随着水流量的增加,Nu 增长很快,但仍低于顺排正方形板翅。

　　随着板翅间距增大(如叉排菱形板翅 6 和顺排正方形板翅 7),对于水的对流换热和流速较低的空气对流换热,两种板翅的强化换热能力较为接近。但随着空气流量的增大,叉排菱形微细板翅对于流动强烈的扰动能力越来越明显,强化换热能力逐渐大于顺排正方形微细板翅,且随着流量的逐渐增大差距越来越大。

相比之下,微细槽道的换热表面积较小,且微细槽道的简单通道不利于流动掺混,换热能力最弱。

在多孔介质和板翅结构的强化换热下,壁面处的等效对流换热系数由两部分内容组成:① 由壁面直接通过对流换热传递给流体;② 由壁面传递给固体骨架,通过固体骨架与流体间的对流换热传递给流体。因此,可以用三个热阻来近似描述烧结多孔介质以及微细板翅在对流换热中的传热屏障:流体与壁面间的对流换热热阻 R_f,固体骨架的导热热阻 R_s 和固体骨架与流体之间的对流换热热阻 R_{sf}。烧结多孔介质边壁孔隙率较大,因此相同的流体进口流速下,在烧结多孔介质紧贴加热平板壁面附近的流体流速大于内部的流速,流体由壁面直接带走的热量大,即 $R_{f, porous} < R_{f, minifin}$。但由于多孔介质边壁孔隙率较大,颗粒之间都是点或者局部接触,导热能力差,微细板翅的有效导热系数能达到烧结多孔介质有效导热系数的 9.5 倍,烧结多孔介质固体骨架的导热热阻远大于微细板翅结构,即 $R_{s, porous} > R_{s, minifin}$。另外,随着流量的增加,多孔介质流道的复杂性使流体和多孔介质固体骨架之间的对流换热能力逐渐强于微细板翅,即 $R_{sf, porous} < R_{sf, minifin}$。

综合考虑上述三个热阻对于换热的影响,对于水和流速较低的空气流过烧结多孔介质和微细板翅,虽然 $R_{f, porous} < R_{f, minifin}$,$R_{sf, porous} < R_{sf, minifin}$,但是两者相差并不大,固体骨架导热热阻 $R_{s, porous} > R_{s, minifin}$ 占主要地位,微细板翅结构更有利于将热量尽快传递到流体内部,更能够充分发挥肋壁的作用,强化换热效果好于烧结多孔介质。在空气系统中,随着流量的增加,烧结多孔介质中强烈的弥散效应逐渐体现,特别是与微细槽道这种简单通道相比,$R_{f, porous}$ 与 $R_{f, minifin}$ 以及 $R_{sf, porous}$ 与 $R_{sf, minifin}$ 的差别逐渐增大,烧结多孔介质的换热能力逐渐强于微细槽道;而叉排菱形板翅和顺排正方形板翅的结构都具有一定的对流动的掺混性,固体骨架导热热阻的差值仍占据主导作用,因此烧结多孔介质的强化换热能力仍小于叉排菱形板翅和顺排正方形板翅。

图 2.25 给出了水和空气流过不同材料叉排菱形微细板翅以及空槽道的 Nu 和 Re_D 的关系,实验段 1 为锡青铜,2 为纯铜。从图中可以很明显地看出,水和空气流过纯铜微细板翅的强化换热能力强于锡青铜微细板翅,因为纯铜的导热系数远远大于锡青铜的导热系数,从而换热性能更好。

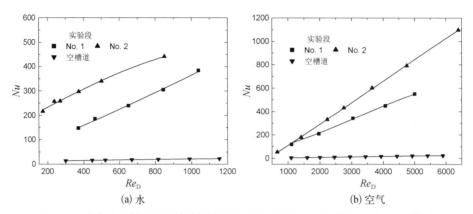

图 2.25 水和空气流过不同材料叉排菱形微细板翅和空槽道的 Nu 和 Re_D 关系

图 2.26 给出了水和空气流过不同间距叉排菱形微细板翅以及空槽道的 Nu 和 Re 的关系。从图中可见,对于水和空气的对流换热,流体流过板翅间距为 0.4 mm 的微细板翅比其他两个实验段具有更好的强化换热能力。在相同的板翅宽度条件下,增大板翅间距,会增大孔隙率,总换热面积减小,因而不利于换热;减小板翅间距,在减小孔隙率的同时,相邻微细板翅间距的减小使板翅与流体的换热温差减小,同样不利于强化换热。

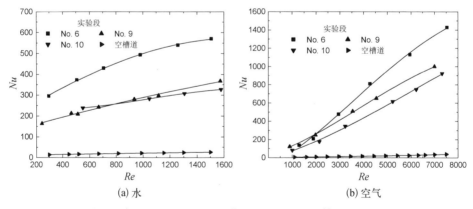

图 2.26 水和空气流过不同间距叉排菱形微细板翅和空槽道的 Nu 和 Re 关系

水流过叉排菱形微细板翅结构在水平方向和竖直方向的温度分布示意如图 2.27 所示。在水平流动方向上,水流过叉排菱形微细板翅的固体温度和流体温度逐渐升高,每一个微细板翅内部温度变化不大。在竖直方向上,流体温度沿板翅高度方向分层比较明显,因为在板翅高度方向上没有起到掺混作用的结构。在板翅根部固体骨架温度变化剧烈,沿流动方向板翅温度逐渐增大。因此过高

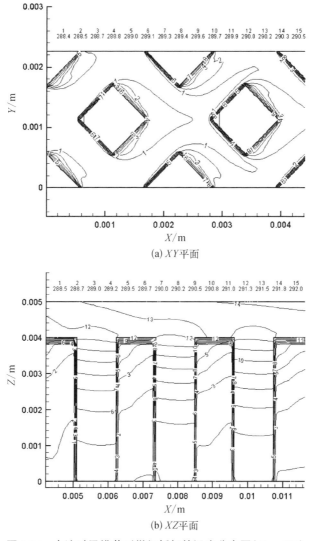

(a) XY 平面

(b) XZ 平面

图 2.27　水流过叉排菱形微细板翅的温度分布图($Re = 550$)

的板翅高度对于换热的贡献并不大,应合理设计保证最佳的肋片效率。

对于图 2.22 中所示的叉排三角形结构,在相同的水流量下,其对流换热系数高于其余三种微细板翅结构。三角形微细板翅的结构不仅利于流体流动的掺混,同时由于构造了直通道,对流换热面积增大,可以进一步强化换热。

2.2.3　微细板翅结构的流动换热综合性能

对于微细板翅流动换热综合性能,也可以$(Nu/Nu_0)/(f/f_0)^{1/3}$作为强化换热评价标准,其中下标0代表未采用强化换热措施前光槽的换热状况。

图2.28给出了水和空气流过相同孔隙率下不同结构板翅以及烧结多孔的$(Nu/Nu_0)/(f/f_0)^{1/3}$与Re的关系,微细槽道具有最强的综合换热能力。在相同材料和孔隙率下,叉排菱形微细板翅和顺排正方形微细板翅的综合换热能力强于烧结多孔介质。水和空气在烧结多孔介质中的对流换热综合性能并不高,最大只有0.8。这意味着,对于水和空气在烧结多孔介质中的对流换热,要获得好的强化换热效果,就必须付出更多的功来推动流体流动。

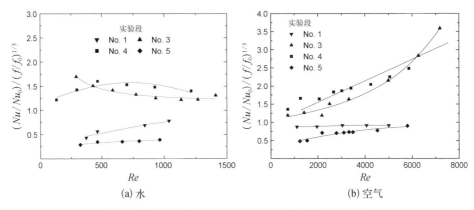

图2.28 水和空气流过相同孔隙率不同结构板翅以及
烧结多孔的$(Nu/Nu_0)/(f/f_0)^{1/3}$和Re的关系

顺排正方形板翅和微细槽道中的综合性能指标均大于1,这两种结构的强化换热性能均达到了一个较为理想的程度,是一种强化换热的经济性结构。其中,微细槽道结构仍可以进行优化设计,减小肋片宽度,将具有更好的综合换热能力。另外,顺排正方形微细板翅的综合换热能力虽然略弱于微细槽道,但是其强化换热能力强于微细槽道,适用于特殊情况下的强化换热。

图2.29给出了水和空气流过相同板翅宽度下不同结构板翅以及烧结多孔的$(Nu/Nu_0)/(f/f_0)^{1/3}$与雷诺数的关系。在相同板翅宽度和间距下,顺排正方形微细板翅具有最好的综合换热性能,微细槽道由于孔隙率较小,综合换热性能最差。图2.22中的三角形微细板翅与顺排正方形微细板翅的综合换热能力相近,并且强于叉排菱形微细板翅。当板翅宽度和间距较大时,水和空气流过这三种微细板翅结构的强化换热综合性能指标均大于1,均为强化换热的经济性结构。对于叉排菱形微细板翅结构,板翅间距为0.4 mm的具有最好的综合换热效果,

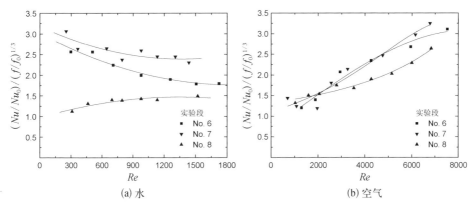

(a) 水　　　　　　　　　　　(b) 空气

图 2.29　水和空气流过相同板翅宽度不同结构板翅及
烧结多孔的 $(Nu/Nu_0)/(f/f_0)^{1/3}$ 和 Re 的关系

当板翅间距较大时,水和空气流过菱形微细板翅结构的强化换热综合性能指标均大于 1,均为强化换热的经济性结构[5~7]。

2.3　肋化平板的冲击冷却

冲击冷却指的是利用冲击射流来对局部高热流位置进行冷却的方式,即气体或液体在压差的作用下,通过圆形或窄缝形喷嘴垂直(或成一定倾角)喷射到被冷却或加热表面上,由于流体直接冲击被冷却或加热的表面,流程短且被冲击的表面上的流动边界层薄,从而使直接受到冲击的区域产生很强的换热效果,是一种极其有效的强化传热传质方法。

冲击冷却换热过程涉及冲击介质与被冲击表面的温度和粗糙度、介质的物性参数、冲击方式、喷嘴的几何参数以及喷嘴的布置方式等因素,单个喷嘴的冲击冷却虽然在滞止区能获得很好的冷却效果,但其有效作用区域仅在 4 倍冲击孔直径范围内,对其他区域的冷却效果不理想。通常的解决办法是采用一排或多排喷嘴,并采用肋化平板。

不同结构的肋化平板如图 2.30 所示,分别为光滑冲击靶板、连续直肋肋化冲击靶板,间断直肋肋化冲击靶板,45°斜向连续肋化冲击靶板,45°斜向间断肋化冲击靶板,60°斜向连续肋化冲击靶板,60°斜向间断肋化冲击靶板,45°V 型连续肋化冲击靶板,45°V 型间断肋化冲击靶板,60°V 型连续肋化冲击靶板,60°V 型间断肋化冲击靶板[8,9]。

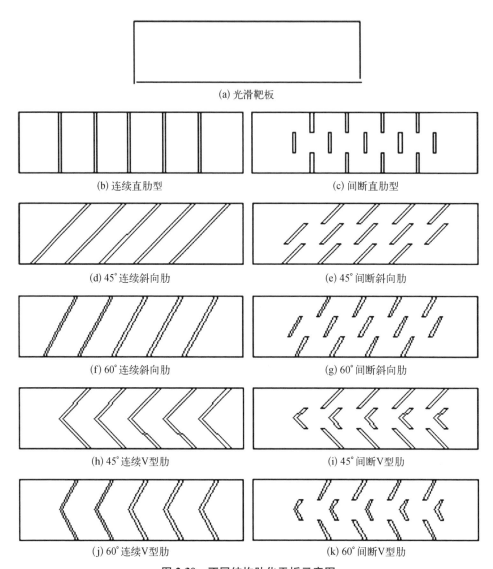

图 2.30 不同结构肋化平板示意图

2.3.1 开放空间肋化靶板冲击冷却

在开放空间中,肋化靶板四周均没有障碍,射流冲击的冷却流体可以自由流动,本节以压缩空气为冷却剂进行双喷嘴冲击冷却,对光滑、直肋、斜向肋靶板的结果进行比较,实验系统总图如图 2.1 所示,详见文献[8,9]。采用尺寸为 160 mm×42 mm 的实验段,底板高 3 mm,肋高 2 mm,肋宽 2 mm,具体参数如表 2.3 所示。

表 2.3　开放空间冲击冷却流动参数、几何参数工况表

参　　数	符号和单位	参数变化范围
冲击孔直径	d/mm	5
冲击射流雷诺数	Re	6 000 ~ 16 000
喷嘴中心间距	L/mm	$5d$
冲击间距	H/mm	$(2~3)d$
条形肋宽	l/mm	2
条形肋高	e/mm	2
肋间距(横向)	p/mm	$12.5e$
冲击靶板流密度	$q/(\mathrm{W/m^2})$	4 750
喷嘴出口气流温度	T_j/K	296.15

图 2.31 为在冲击间距 $H/d=3$、射流雷诺数 $Re=6\,000$ 下不同肋化冲击靶板温度分布红外热像图。从图中可以看出：① 开放空间中，肋化靶板的换热效果并没有得到优化，低于光滑靶板整体的换热效果，主要原因是肋化靶板中肋的存在使得冷却流体在壁面射流区内的流动受到阻碍，并且肋片的扰动同时削弱了流体的动量，使得其冷却效果变差；② 对于光滑靶板而言，最低的温度出现靶板对应于喷嘴中心点(即滞止点)的附近，而并非滞止点，在滞止点处冷却流体的动量为零，其换热效果比滞止区内的其他点差；对于肋化靶板，最低温度出现在两个射流的中间位置附近处，并且在其周围形成了温度较低的环形等温线区域，这主要是因为相邻喷嘴的交互作用增强了中心位置的换热效果，且在中心位置处的肋产生二次流；③ 温度场分布明显受到肋片型式的影响，温度分布呈现出与肋片型式相同的分布区域形状；④ 由于射流冲击是一种局部换热方式，并且肋片对壁面射流产生了阻碍作用，离喷嘴射流滞止区域较远的壁面射流区域的冲击靶板的温度几乎相同。

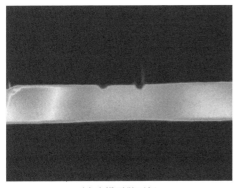
(a) 光滑无肋平板

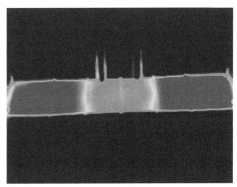
(b) 连续直肋型

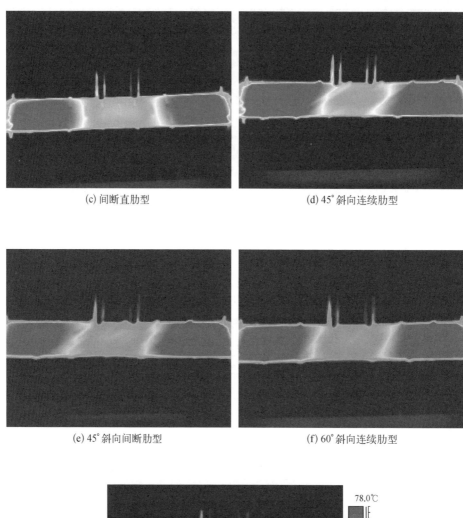

(c) 间断直肋型　　　　　　　　　　　(d) 45° 斜向连续肋型

(e) 45° 斜向间断肋型　　　　　　　　　(f) 60° 斜向连续肋型

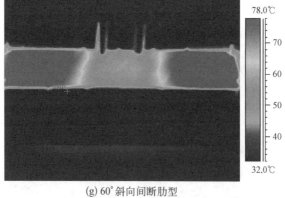

(g) 60° 斜向间断肋型

图 2.31　开放空间冲击冷却肋化冲击靶板温度分布红外热像图

图 2.32 是冲击间距 $H/d=2$ 时,不同冲击 Re 下冲击靶面射流孔中心线上局部 Nu 的分布。从图中可以看出,① 随着射流 Re 的增加,肋片射流中心区的换热效果愈加显著,在其他条件不变的情况下,冲击 Re 的增大意味着冷却流量的

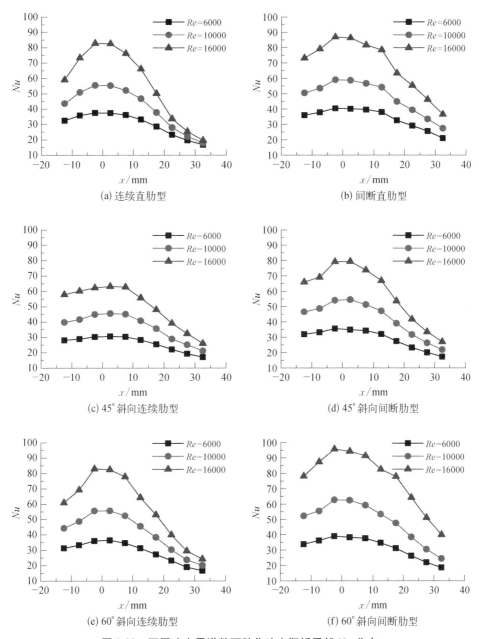

(a) 连续直肋型

(b) 间断直肋型

(c) 45° 斜向连续肋型

(d) 45° 斜向间断肋型

(e) 60° 斜向连续肋型

(f) 60° 斜向间断肋型

图 2.32　不同冲击雷诺数下肋化冲击靶板局部 Nu 分布

增加,从而冷却效果增强,而由于肋片对壁面射流扩散的阻碍作用,远离中心区的换热效果逐渐接近;② 间断肋型比对应的连续肋型在滞止区有更好的换热效果,这主要归因于间断肋一方面减少了对气流的阻碍作用,另一方面又产生了更强的扰动;③ 对于肋化靶板,60°斜向间断肋在射流孔中心线上的局部换热效果最佳。

　　图 2.33 是在射流 $Re = 6\,000$ 的情况下,不同冲击间距下冲击靶面射流孔中心线上局部 Nu 分布。由图可以看出,冲击间距 $H/d = 2$ 的换热效果优于 $H/d = 3$,这主要是因为射流在流出喷嘴后成一定扩展角度,因而在相同射流流量下,单位面积的射流流量会随着冲击间距的增大而减少,从而降低了射流的冲击冷却能力;但由于肋片对壁面射流扩散的阻碍作用,冲击间距减小,有效作用区会相应减小。

　　对于冲击冷却中心区域的整体平均冷却效果,与局部换热效果类似:① 在开放空间中,光滑靶板有着最好的平均换热效果;② 间断肋比对应的连续肋在

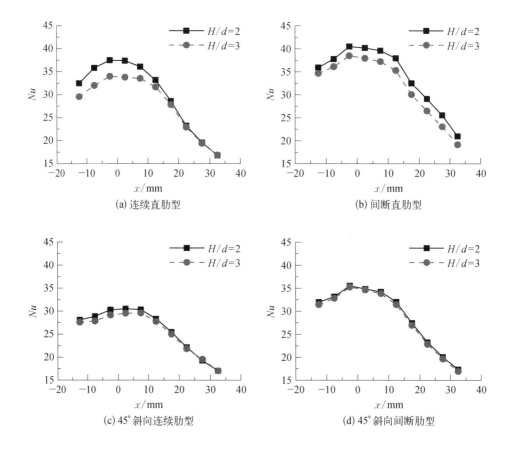

(a) 连续直肋型　　　　　　　　　　(b) 间断直肋型

(c) 45°斜向连续肋型　　　　　　　(d) 45°斜向间断肋型

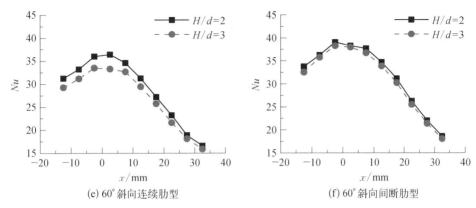

(e) 60° 斜向连续肋型　　　　　　　(f) 60° 斜向间断肋型

图 2.33　不同冲击间距下肋化冲击靶板局部 _Nu_ 分布

射流中心区的换热有更好的平均换热效果。③ 对于直肋和斜向肋化靶板而言，60°斜向间断肋在射流中心区有着最佳的平均换热效果。

在开放空间中，无论是光滑靶板还是肋化靶板，在不同的冲击雷诺数下，流场的分布相似，如图 2.34 所示。两个喷嘴之间存在着交互区域，存在明显的一对旋转方向相反的涡。流体从喷嘴中喷出，由于卷吸作用，其不断和周围气体掺混，在近靶板处射流进滞止区，在滞止点处速度降为零，完成由垂直靶板流动向平行于靶板的壁面射流流动的转变，由于速度突变以及流体黏性作用，在速度间断面上会引起强烈的动量交换和介质的强烈掺混。随着冲击雷诺数不断增大，直接冲击加热靶板的流体流速更大，近靶板处速度梯度增大，附面层厚度减薄，换热得以增强。

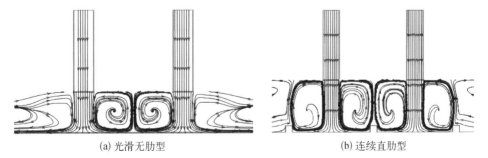

(a) 光滑无肋型　　　　　　　　　(b) 连续直肋型

图 2.34　不同靶板射流孔中心沿出流方向的截面上的流场（_H/d_ = 3, _Re_ = 10 000）

图 2.35 是不同肋化靶板在 _H/d_ = 3、_Re_ = 6 000 的情况下冲击射流孔下方近壁面处的流场的结果。由图可以看出，肋的存在加大了对流体的扰动，同时对壁面射流有一定的阻碍作用；间断肋对壁面流体的阻碍作用比连续肋弱，同时产生

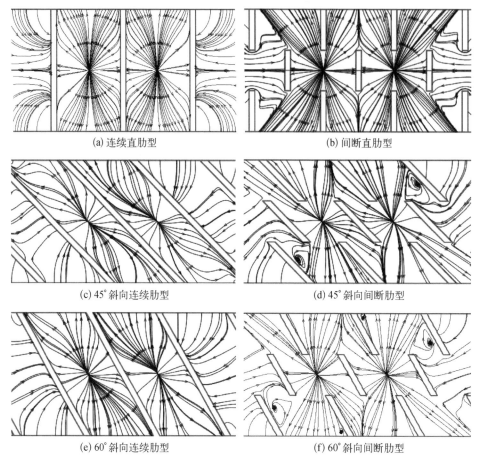

(a) 连续直肋型 　　　　　　　　　　　(b) 间断直肋型

(c) 45°斜向连续肋型 　　　　　　　　　(d) 45°斜向间断肋型

(e) 60°斜向连续肋型 　　　　　　　　　(f) 60°斜向间断肋型

图 2.35　开放空间不同肋化下冲击射流孔下方近壁面处流场图

了更多的扰动,可以在间断肋的流场中看到清晰的涡结构。

　　光滑靶板经常作为冲击冷却换热特性研究中的参照基准,对于研究各种肋化靶板以及在实际应用中具有重要作用,而对于冲击冷却的换热特性而言,滞止点的换热系数以及中心区的平均换热系数常常作为衡量冲击冷却方式换热效果强弱的主要参数,通过拟合可以得到开放空间中 $6\,000 \leqslant Re \leqslant 20\,000$, $1 \leqslant H/d \leqslant 3$,喷嘴间距为 5 倍喷嘴直径的双圆形喷嘴冲击冷却滞止点换热系数以及中心区平均换热系数的关联式。

　　滞止点:

$$Nu_0 = 0.040\,3 \times Re^{0.853}(H/d)^{-0.555}Pr^{1/3} \tag{2.2}$$

中心区:

$$Nu_{ave} = 0.046\,6 \times Re^{0.808}(H/d)^{-0.432}Pr^{1/3} \qquad (2.3)$$

2.3.2　通道内肋化靶板冲击冷却

在通道中,肋化靶板两侧及顶部均有壁面,射流冲击的冷却流体受限在通道内流动,更符合实际燃气轮机叶片等结构中的冲击冷却情形,采用尺寸为 160 mm×42 mm 的实验段,底板高 3 mm,肋高 1 mm,肋宽 2 mm,具体参数如表 2.4 所示。本节以压缩空气作为冷却剂进行双喷嘴冲击冷却,对光滑、直肋、斜向肋、V 型肋靶板的结果进行比较[8, 9]。

表 2.4　通道内冲击冷却流动参数、几何参数工况表

参　　数	符号和单位	参数变化范围
冲击孔直径	d/mm	5
冲击射流雷诺数	Re	6 000 ~ 16 000
喷嘴中心间距	L/mm	$5d$
冲击间距	H/mm	$(2\sim4)d$
条形肋宽	l/mm	2
条形肋高	e/mm	1
肋间距(横向)	p/mm	$12.5e$
冲击靶板流密度	$q/(\text{W/m}^2)$	4 000
喷嘴出口气流温度	T_j/K	297.15

相比之下,通道内肋化靶板冲击冷却规律与开放空间明显不同。图 2.36 为冲击间距 $H/d=4$,射流 $Re=10\,000$ 下不同肋化冲击靶板温度分布红外热像图。从图中可以得到: ① 通道内肋化靶板整体的换热效果要优于光滑靶板,主要是因为一方面冲击靶板上肋的存在加大了冷却流体在冲击靶板上的扰动,形成二次流,强化了冷却流体的换热效果,另一方面通道的存在对壁面冷却流体流动范围的限制作用,减弱了由于肋的存在而对冷却流体流动的阻碍作用,从而使得肋片的作用得到发挥; ② 在冲击射流孔正对的冲击靶板位置附近出现强化换热区域; ③ 温度场分布受到肋片型式的影响,在连续肋化靶板中较为明显; ④ 与开放空间相似,通道内间断肋型比对应的连续肋型在滞止区的换热有较好的改善; ⑤ 由于通道的作用,冲击射流的强化冷却范围也得到了扩展。

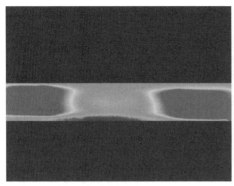

(a) 光滑无肋平板

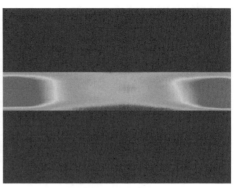

(b) 连续直肋型

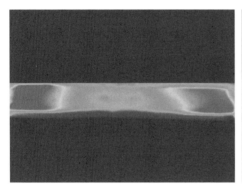

(c) 间断直肋型

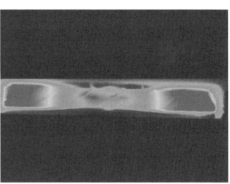

(d) 45°斜向连续肋型

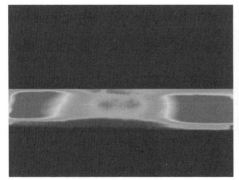

(e) 45°斜向间断肋型

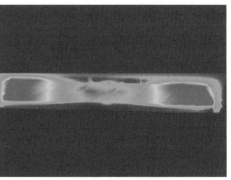

(f) 60°斜向连续肋型

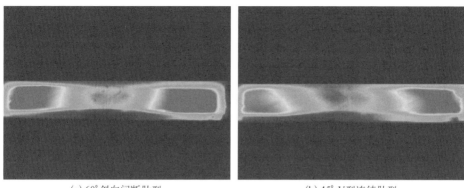

(g) 60°斜向间断肋型　　　　　　　　　(h) 45° V型连续肋型

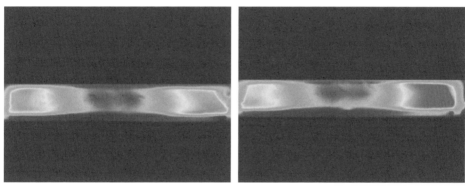

(i) 45° V型间断肋型　　　　　　　　　(j) 60° V型连续肋型

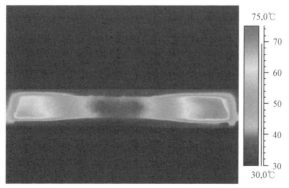

(k) 60° V型间断肋型

图 2.36　通道内冲击冷却肋化冲击靶板温度分布红外热像图

　　通道内,无论对于连续肋化靶板还是间断肋化靶板,V 型肋化靶板在射流孔中心线上的局部换热效果均优于其他直肋通道或者斜向肋化靶板,这主要是因为 V 型肋产生了更多的扰动:V 型肋两端产生的二次流向中心轴线靠拢,与轴向气流相互影响引起了气流额外扰动,增强了换热效果;而中心的 V 型头部也增强了冷却流体的扰动。通道内 60°V 型间断肋化靶板在射流孔中心线上有着最佳的局部换热效果。同时,对于 V 型通道,冲击靶板射流孔中心线在交互区中,V 型肋凹侧的换热系数略大于凸侧,主要是因为 V 型肋的凹侧产生了两个方向的二次流,加剧了扰动。

　　对于冲击冷却的中心区整体冷却效果,与局部换热效果相似:① 通道内,肋化靶板比光滑靶板有着更好的平均换热效果;② 间断肋比对应的连续肋在射流中心区的换热有更好的平均换热效果;③ 对于直肋、斜向肋和 V 型肋化靶板,通道内 60°V 型间断肋化靶板在射流中心区有着最佳的平均换热效果。

　　图 2.37 所示是在 $H/d=2$、$Re=16\,000$ 的情况下,通道内光滑靶板和 45°V 型连续肋化靶板内过其中一喷嘴中心线且垂直于冲击靶板的截面上的流场图。由图可以看出,冷却气体冲击靶板后沿壁面流动,遇到壁面后折转,溶入自由射流并形成大尺度的旋涡,这使得壁面处较高温度的流体混入喷嘴冲击的自由射流段,在一定程度上减弱了射流的冷却效果,由于通道内的肋化靶板上肋的扰动作用,这种减弱冷却效果的影响在通道内的光滑靶板上体现得更为突出。

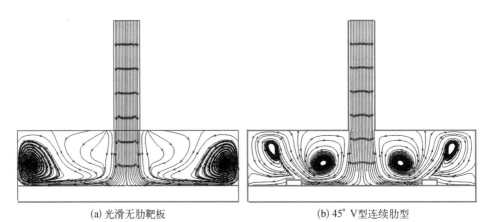

(a) 光滑无肋靶板　　　　　　　　　　　　(b) 45°V型连续肋型

图 2.37　通道不同靶板过喷嘴中心线流场

　　图 2.38 所示的是通道内各种冲击靶板在 $H/d=2$、$Re=16\,000$ 的情况下冲击射流孔下方近壁面处局部区域上的流场结果。由图可以看出,涡结构多数处在肋片端部位置,这是由于这些地方存在加剧流体扰动的结构;对于通道内光滑靶

板、直肋肋化靶板、斜向肋肋化靶板,流场形态左右两侧基本一致,对于通道内 V
型肋化靶板,壁面流动沿 V 型肋片的左右两侧的流场形态不同,这种不同也导
致了两侧换热特性的不同。

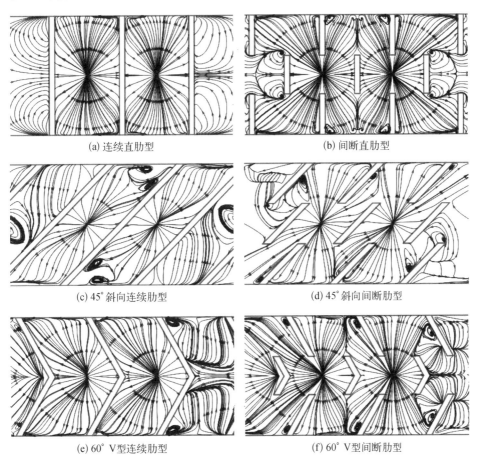

(a) 连续直肋型　　　　　　　　　　　(b) 间断直肋型

(c) 45°斜向连续肋型　　　　　　　　(d) 45°斜向间断肋型

(e) 60°V型连续肋型　　　　　　　　(f) 60°V型间断肋型

图 2.38　开放空间不同肋化下冲击射流孔下方近壁面处局部区域上的流场图

通过拟合,可以得到通道内 $6\,000 \leqslant Re \leqslant 20\,000$, $1 \leqslant H/d \leqslant 4$,喷嘴间距为 5
倍喷嘴直径的双圆形喷嘴冲击冷却滞止点换热系数以及中心区平均换热系数的
关联式。

滞止点:

$$Nu_0 = 0.017\,2 \times Re^{0.888}(H/d)^{-0.389}Pr^{1/3} \tag{2.4}$$

中心区:

$$Nu_{\text{ave}} = 0.015\,3 \times Re^{0.863}(H/d)^{-0.125}Pr^{1/3} \tag{2.5}$$

2.4 超临界压力流体冲击冷却

冲击冷却通常使用常物性流体作为冷却流体,通过减薄流动边界层、增大靶面流动速度、增大湍流度等,提高局部高热流位置的对流换热系数。但是对于亚临界的常物性流体冲击冷却而言,当壁面过冷度较小时会发生冲击沸腾换热,导致复杂的流动不稳定和临界热流密度(critical heat flux, CHF)问题。将超临界压力流体应用于冲击冷却,一方面可以避免相变换热中存在 CHF 的问题,另一方面可以利用超临界压力流体在准临界点附近大比热的特性强化对流换热,具有一定的优势。

2.4.1 光滑平板超临界压力流体冲击冷却

本节对光滑平板超临界压力 CO_2 冲击冷却开展了可视化实验研究[10, 11],冲击冷却过程发生在带有蓝宝石可视化窗口的高压釜体内,射流喷嘴直径为 2 mm。图 2.39 和 2.40 分别为冲击表面附近的流体流动随热流密度和射流进口温度的变化。如图 2.39 所示,随着冲击表面热流密度的升高,冲击表面附近流体的温度跨越准临界点,其附近逐渐出现一层明亮的临界乳光现象。该明亮的流体层首先出现在远离射流滞止点的位置,随着热流密度的升高逐渐向射流滞止点发展。如图 2.40 所示,冲击表面的热流密度不变,当射流进口温度低于准

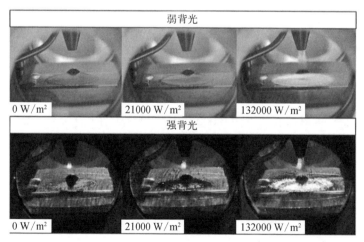

图 2.39　冲击表面附近流动随热流密度的变化($p = 7.85$ MPa, $T_{pc} = 33.78$℃, $T_{in} = 18.0$℃, $m = 8.3$ kg/h, $Re = 19\,000$, $L/d_n = 7.3$)

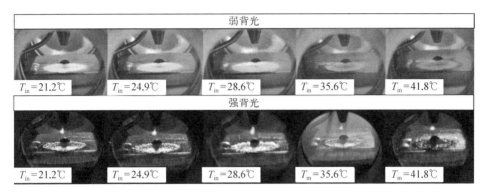

图 2.40　冲击表面附近流动随进口温度的变化（$p = 7.85$ MPa，$T_{pc} = 33.78℃$，$m = 8.9$ kg/h，$q = 64\ 000$ W/m^2，$L/d_n = 7.3$）

临界温度时，冲击表面出现明亮的流体层。而当射流进口温度高于准临界温度时，冲击表面明亮的流体层则几乎完全消失。

图 2.41 为冲击表面不同径向位置的局部对流换热系数随热流密度的变化。可以看到，距离射流滞止点较近的位置（U1 - U5），局部对流换热系数随热流密度的升高不断增大；而距离射流滞止点较远的位置（U6 - U15），局部对流换热系数随热流密度的升高先升高后减小，局部对流换热系数存在一个极大值。另外，局部对流换热系数随热流密度升高的非单调变化趋势首先出现在 U15 处，并随着热流密度的继续升高逐渐向射流滞止点发展。

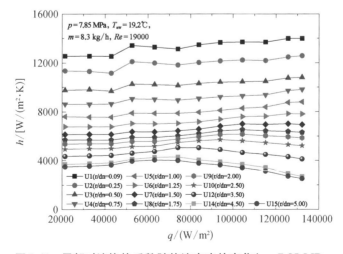

图 2.41　局部对流换热系数随热流密度的变化（$p = 7.85$ MPa，$m = 8.3$ kg/h，$T_{aw} = 19.2℃$，$Re = 19\ 000$，$L/d_n = 7.3$）

图 2.42 为不同质量流量下表面平均对流换热系数随热流密度的变化。可以看出,不同质量流量下,随着热流密度的升高,平均对流换热系数均是先增大后减小。同时,平均对流换热系数均随质量流量的升高而增大,使得平均对流换热系数的极大值对应的表面热流密度随质量流量的增大而不断升高。

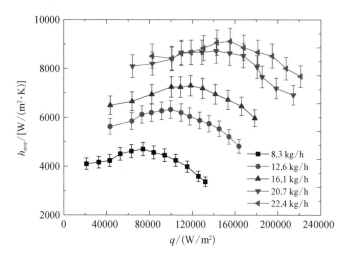

图 2.42 不同质量流量下表面平均对流换热系数随热流密度的变化($p=$ 7.85 MPa,$T_{aw}=19.2℃$,$Re=19\ 000\sim 51\ 000$,$L/d_{n}=7.3$)

图 2.43 为表面局部对流换热系数的径向分布随射流进口温度升高的变化。在不同的进口温度下,冲击冷却表面的局部对流换热系数均沿径向单调递减。对比图 2.41 和图 2.43 可以发现,射流进口温度对超临界压力 CO_2 冲击冷却的局部对流换热系数的影响比热流密度更加明显。

考虑到超临界压力流体物性的剧烈变化,对常物性流体冲击冷却对流换热系数准则关联式引入物性修正因子,通过实验数据拟合,得到超临界压力 CO_2 冲击冷却对流换热关联式。

平均对流换热系数:

$$Nu_{ave} = 0.155Re_{aw}^{0.693}Pr_{aw}^{1/3}\left(\frac{R}{d_n}\right)^{-0.39}\left(\frac{\bar{c}_p}{c_{p,\ aw}}\right)^{0.933}\left(\frac{\lambda_w}{\lambda_{aw}}\right)^{-0.261}\left(\frac{\mu_w}{\mu_{aw}}\right)^{0.450}\left(\frac{\rho_w}{\rho_{aw}}\right)^{0.534} \quad (2.6)$$

局部对流换热系数:

$$Nu = 0.116Re_{aw}^{0.704}Pr_{aw}^{1/3}\left(\frac{r}{d_n}\right)^{-0.277}\left(\frac{\bar{c}_p}{c_{p,\ aw}}\right)^{1.03}\left(\frac{\lambda_w}{\lambda_{aw}}\right)^{-0.349}\left(\frac{\mu_w}{\mu_{aw}}\right)^{0.549}\left(\frac{\rho_w}{\rho_{aw}}\right)^{0.671} \quad (2.7)$$

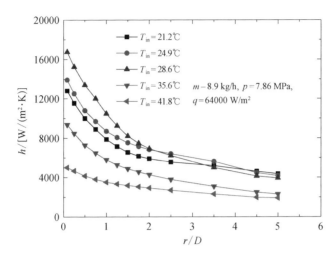

图 2.43　表面局部对流换热系数的径向分布随射流进口温度升
高的变化 ($p = 7.85$ MPa, $T_{pc} = 33.78℃$, $m = 8.9$ kg/h,
$q = 64\,000$ W/m², $L/d_n = 7.3$)

其中,无量纲数中流体物性的计算参考温度为表面平均绝热温度;R 为平均努塞
尔数计算面积的半径;r 为径向位置的坐标。关联式的适用范围为

$$18\,700 \leqslant Re \leqslant 71\,700, \ 2.4 \leqslant Pr \leqslant 7.5, \ 0.625 \leqslant R/d_n \leqslant 5.75 \quad (2.8)$$

2.4.2　微米结构强化超临界压力流体冲击冷却

超临界压力 CO_2 冲击冷却避免了亚临界压力相变换热存在 CHF 的问
题,对高热流密度表面冷却具有更高的可靠性和安全性,但是由于不发生
相变,超临界压力流体在远离临界点处的对流换热弱于沸腾换热。本节利
用表面微米结构进一步强化超临界压力 CO_2 冲击冷却的对流换热能力[10, 12],
使其具备与亚临界压力 CO_2 冲击冷却相同甚至更高的对流换热系数,使得超
临界压力 CO_2 冲击冷却同时具备高效、可靠和安全的优势,具有更大应用
价值。

图 2.44 为微米结构表面的 SEM 照片,有方形截面和圆形截面两种不同形状
的微米肋结构,微米肋结构均匀分布在冲击表面。表面微米肋结构的具体参数
如表 2.5 所示,其中 d_h 为微米肋截面的水力直径。S 为冲击表面的表面积,S_0 为
光滑冲击表面的表面积[10, 12]。

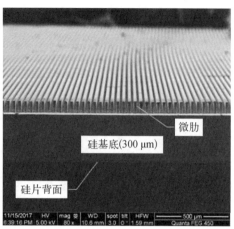

(a) 方形微肋和圆形微肋   (b) 微米结构表面的截面图

图 2.44   微米结构表面的 SEM 照片

表 2.5   表面微米肋结构的参数

表面编号	肋截面形状	$d_h/\mu m$	肋间距/μm	S/S_0
1#	光滑表面	\	\	1.0
2#	方形	20	20	6.0
3#	方形	50	50	3.0
4#	方形	200	200	1.5
5#	圆形	150	150	1.5

图 2.45 给出了光滑表面超/亚临界压力 CO_2 冲击冷却与微米结构表面超临界压力 CO_2 冲击冷却换热系数的对比。可以看出, 微米结构表面超临界压力 CO_2 冲击冷却的平均对流换热系数逐渐高于亚临界压力 CO_2 冲击冷却的平均对流换热系数, 尤其是比表面积较大的 2# 和 3# 微米结构表面。这说明表面微米结构充分弥补了超临界压力流体冲击冷却对流换热系数相对较低的问题。

图 2.46 对比了相同质量流量下超临界压力与亚临界压力 CO_2 冲击冷却的平均对流换热系数随热流密度变化的大小关系。超临界压力与亚临界压力 CO_2 冲击冷却换热能力的相对大小可以分为三个区间:① 当热流密度较低时, 亚临界压力 CO_2 冲击冷却表面的沸腾还未充分发展, 二者的对流换热系数基本相等; ② 随着热流密度的升高, 亚临界压力 CO_2 冲击冷却表面的沸腾不断发展, 并逐渐和池沸腾换热曲线重合, 此时亚临界压力 CO_2 冲击冷却的对流换热系数高于超临界压力 CO_2 冲击冷却;③ 当热流密度达到并超过亚临界压力 CO_2 冲击冷却

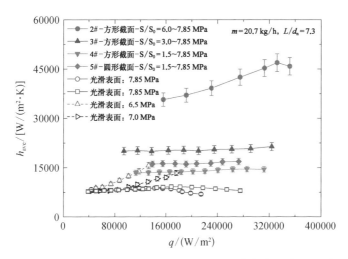

图 2.45　光滑表面超/亚临界压力 CO_2 冲击冷却与微米结构表面超临界压力 CO_2 冲击冷却换热系数的对比 ($m =$ **20.7 kg/h**, $L/d_n = 7.3$)

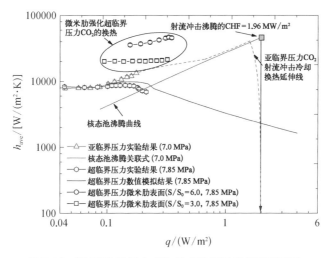

图 2.46　超/亚临界压力 CO_2 冲击冷却的换热特性对比
($m = 20.7$ **kg/h**, $L/d_n = 7.3$)

的临界热流密度时,亚临界压力 CO_2 冲击冷却的对流换热系数急剧下降,而超临界压力 CO_2 冲击冷却并未出现对流换热系数急剧下降的现象,此时超临界压力 CO_2 冲击冷却的对流换热系数高于亚临界压力 CO_2 冲击冷却。

如图 2.46 所示,通过在表面添加大比表面积的微米结构,有效实现了强化冲击冷却,在第二个区间的超临界压力 CO_2 冲击冷却对流换热系数高于亚临界压力 CO_2 冲击沸腾换热。因此,微米结构表面超临界压力 CO_2 冲击冷却是一种具有较高应用价值的高热流密度表面的冷却方式,具有很大的应用前景。

参考文献

[1] Peng W, Jiang P X, Wang Y P, et al. Experimental and numerical investigation of convection heat transfer in channels with different types of ribs [J]. Applied Thermal Engineering, 2011, 31(14 − 15): 2702 − 2708.

[2] Lu B, Jiang P X. Experimental and numerical investigation of convection heat transfer in a rectangular channel with angled ribs[J]. Experimental Thermal and Fluid Science, 2006, 30 (6): 513 − 521.

[3] Jiang P X, Wang B X, Luo D A, et al. Fluid flow and convective heat transfer in a vertical porous annulus [J]. Numerical Heat Transfer, Part A Applications, 1996, 30 (3): 305 − 320.

[4] Jiang P X, Li M, Lu T J, et al. Experimental research on convection heat transfer in sintered porous plate channels[J]. International Journal of Heat and Mass Transfer, 2004, 47(10 − 11): 2085 − 2096.

[5] 胥蕊娜. 微细多孔结构内流动与换热研究[D]. 北京:清华大学,2007.

[6] Jiang P X, Xu R N, Li M. Experimental investigation of convection heat transfer in mini-fin structures and sintered porous media[J]. Journal of Enhanced Heat Transfer, 2004, 11: 391 − 405.

[7] Jiang P X, Xu R N. Heat transfer and pressure drop characteristics of mini-fin structures[J]. International Journal of Heat and Fluid Flow, 2007, 28: 1167 − 1177.

[8] 徐亚威. 燃气轮机叶片冲击冷却实验研究和数值模拟[D]. 北京:清华大学,2007.

[9] 徐亚威,张学学,姜培学. 肋化平板射流冲击换热特性的实验研究[J]. 清华大学学报(自然科学版),2010,50(2): 278 − 282.

[10] 陈凯. 微液滴相变行为与近临界压力射流冲击冷却机理研究[D]. 北京:清华大学,2019.

[11] Chen K, Xu R N, Jiang P X. Experimental investigation of jet impingement cooling with carbon dioxide at supercritical pressures[J]. Journal of Heat Transfer-Transactions of the ASME, 2018, 140(4): 042204.

[12] Chen K, Xu R N, Jiang P X. Experimental study of jet impingement cooling with carbon dioxide at supercritical pressures on microstructured surfaces[J]. Journal of Supercritical Fluids, 2018, 139: 45 − 52.

第3章

超临界压力碳氢燃料对流换热

对于高超声速飞行器的超燃冲压发动机、涡轮发动机及其组合发动机而言,发动机燃烧室、涡轮发动机高温叶片等高温部件承受着极高的热负荷,需采用主动冷却技术对高温部件进行热防护。再生冷却技术是一种具有较好应用前景的热防护技术,该技术利用飞行器自身携带的碳氢燃料,流经壁面冷却通道,冷却高温壁面,随后进入燃烧室燃烧[1]。碳氢燃料作为冷却工质在毫米量级的冷却通道内流动时,压力往往超过其临界压力,此时,碳氢燃料的热物性受压力和温度的影响较大。特别是在准临界温度附近,物性剧烈变化导致的浮升力和流动加速现象等对流动和换热可能产生很大影响,其影响机制复杂,是目前的研究热点。在涡轮发动机高温叶片的再生冷却中,超临界压力碳氢燃料流经旋转条件下的内冷通道时,流体会受到哥氏力和离心力以及衍生的浮升力的耦合作用,使其对流换热相比于静止通道内的对流换热呈现出不一样的特点。此外,换热过程中密度等物性的剧烈变化会引起振荡现象,导致温度、流量等参数出现不稳定的波动,振荡对于热部件寿命和换热效果有着重要的影响,当振荡幅度过大时,甚至还会危及飞行器的运行安全。

本章以正癸烷和某吸热型碳氢燃料[2]为研究对象,包含如下三方面内容:

(1)超临界压力碳氢燃料在竖直管内对流换热基本规律,包括热物性、浮升力和流动加速对对流换热的影响规律;

(2)旋转条件下超临界压力碳氢燃料对流换热规律,包括流动加速、重力浮升力与离心浮升力对换热的影响规律;

(3)超临界压力碳氢燃料流动换热不稳定性的产生、影响及其消除方法。

3.1 超临界压力碳氢燃料在竖直管内对流换热实验系统与实验方法

本节针对超临界压力碳氢燃料管内对流换热实验系统及方法进行详细介绍[3-5]。吸热型碳氢燃料对流换热和热裂解的实验研究系统如图 3.1 所示。碳氢燃料由油箱经过高压柱塞泵升压后,进入实验系统管路。预热段和实验段均

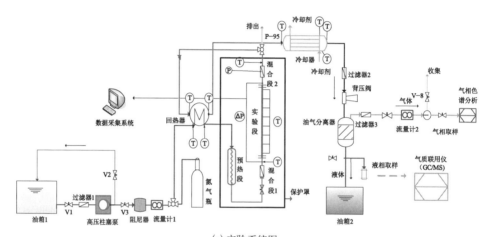

(a) 实验系统图

(b) 实验系统照片

图 3.1 实验系统示意图

采用低压大电流直接通电,对管壁和流体进行加热。流体流出实验段后进入冷却器中冷却至常温。该实验系统可开展燃料的换热和热裂解的实验研究。热裂解实验时,气液混合物进入气液分离器进行分离,分离出的液体进入收集油箱中,而部分气体经过气体流量计测量流量后进入气相色谱仪进行成分分析,其他气体经过燃烧器燃烧后排出实验室。实验系统中压力变送器、差压变送器、质量流量计、热电偶等,用于测量压力、压差、流量、工质温度等参数。

实验段竖直放置。采用两种不同尺寸的不锈钢管,其中实验段Ⅰ:内径 0.95 mm、外径 1.82 mm 的不锈钢管;实验段Ⅱ:内径 2 mm、外径 3.01 mm 的不锈钢管。实验段的内、外径由电子隧道扫描显微镜(SEM)测量获得;实验段总长度由精度为 0.5 mm 的直尺多次测量后,取测量结果的平均值。壁面温度由 OMEGA K 型Ⅰ级热电偶测量得到,测温精度为 0.4 %。流体进、出口温度由铠装的 K 型Ⅰ级别热电偶测量,测温精度为 0.4%。实验系统中,燃料的流量由西门子 MASS 2100 DI 1.5 科氏力质量流量计测量,其精度为±0.1% 入口压力由压力变送器 EJA430A 测得,进出口的压差由压差变送器 EJA130A 测量,精度为±0.075%。实验段为不锈钢材质(1Cr18Ni9Ti),其电阻率随温度变化值由实验测定。实验段电阻率由二次多项式拟合而得

$$\rho(T) = -1.373\,1 \times 10^{-13} T^2 + 5.273\,2 \times 10^{-10} T + 8.084\,4 \times 10^{-7} \quad (3.1)$$

局部对流化热系数及 Nu 由式(3.2)和式(3.3)计算:

$$h_x = \frac{q_w(x)}{T_{w,i}(x) - T_{f,b}(x)} \quad (3.2)$$

$$Nu = \frac{h_x d_i}{\lambda_b} \quad (3.3)$$

式中, $T_{w,i}(x)$ 为内壁温; $T_{f,b}(x)$ 为局部的流体温度; d_i 为管道内径; λ_b 为局部流体温度下对应的热导率。局部热流密度由下式计算:

$$q_w(x) = \frac{I^2 R_x(T) - Q_{loss,\Delta x}}{\pi d_i \Delta x} = \frac{I^2 \rho(T) \Delta x / [\pi(d_o^2 - d_i^2)/4] - Q_{loss,\Delta x}}{\pi d_i \Delta x} \quad (3.4)$$

其中,电阻率 $\rho(T)$ 和散热量 $Q_{loss,\Delta x}$ 在实验之前测量。

流体的局部温度由局部焓值查表得到,而局部焓值可由进口至局部的能量平衡得到

$$h_{f, b}(x) = h_{f, in} + \frac{q_w(x)\pi d_i x}{G} \tag{3.5}$$

假设沿管壁径向的导热为一维导热,则内壁温由直接测量得到的外壁温与热流密度、材料热导率计算,见式(3.6)。事实上,内外壁温的差别并不大,一般在 1 K以内。所用到的 q_v 为单位体积内热源。

$$T_{w, i}(x) = T_{w, o}(x) + \frac{q_v(x)}{16\lambda}(d_o^2 - d_i^2) + \frac{q_v(x)}{8\lambda}d_o^2 \ln\frac{d_i}{d_o} \tag{3.6}$$

$$q_v(x) = \frac{I^2 R_x(t) - Q_{loss, \Delta x}}{[\pi(d_o^2 - d_i^2)/4]\Delta x} \tag{3.7}$$

几个重要的无量纲数定义如下。

雷诺数:

$$Re = \frac{\rho u d}{\mu} = \frac{4G}{\pi d \mu} \tag{3.8}$$

浮升力数:

$$Bo^* = \frac{Gr^*}{Re^{3.425}Pr^{0.8}} \tag{3.9}$$

格拉晓夫数:

$$Gr^* = \frac{g\beta d^4 q_w}{\lambda \nu^2} \tag{3.10}$$

流动加速无量纲数:

$$Kv = \frac{\nu_b}{u_b^2}\frac{du_b}{dx} = -\frac{d}{Re} \cdot \beta_T \frac{dp}{dx} + \frac{4q_w d\alpha_p}{Re^2 \mu_b c_p} = Kv_p + Kv_T \tag{3.11}$$

对于稳定性的分析,定义两个无量纲数 N_{TPC} 和 N_{SUBPC},分别代表加热强度与过冷度。

$$N_{TPC} = \frac{q_w \Pi L}{\rho_{pc} u_{in} S}\frac{\beta_{pc}}{c_{p, pc}} \tag{3.12}$$

$$N_{\mathrm{SUBPC}} = \frac{\beta_{\mathrm{pc}}}{c_{\mathrm{p,pc}}}(h_{\mathrm{pc}} - h_{\mathrm{in}}) \tag{3.13}$$

式中, Π 为内周长; S 为横截面积; L 为管道长度。

3.2　超临界压力碳氢燃料在竖直管内对流换热规律

本节针对超临界压力正癸烷及吸热型碳氢燃料在竖直圆管内的对流换热规律开展的实验研究和理论分析工作进行介绍[3-9]。

3.2.1　正癸烷在竖直细圆管内对流换热

已有对超临界压力流体对流换热的研究表明,浮升力对较大直径管道中的对流换热会产生很大影响,而热加速则主要影响较小直径管道中的对流换热。我们通过实验研究和理论分析,获得了细小管中浮升力和流动加速对超临界压力 CO_2 对流换热的影响规律。结果表明: 对于浮升力,当 $Bo^* < 2.0 \times 10^{-7}$ 时,浮升力较弱,对于向上、向下流动换热的影响均可以忽略; 而当 $Bo^* > 2.0 \times 10^{-7}$ 时,对于向上流动,当 $2.0 \times 10^{-7} < Bo^* < 6.0 \times 10^{-7}$ 时,浮升力会恶化对流换热性能,当 $Bo^* > 6.0 \times 10^{-7}$ 时,浮升力会使对流换热性能逐步恢复,当 $Bo^* > 2.0 \times 10^{-5}$ 时,浮升力使换热强化; 而对于向下流动,当 $Bo^* > 2.0 \times 10^{-7}$ 时,浮升力始终强化对流换热。对于流动加速,当 Kv 值小于 6.0×10^{-7} 时,流动加速对换热没有影响; 当 Kv 值大于 6.0×10^{-7} 时,流动加速会使换热恶化。

正癸烷是多种碳氢燃料中的重要组分,其物性与实际吸热型碳氢燃料较为近似,作为纯净物其物性数据清晰、准确,适宜于作为碳氢燃料的代表物质开展研究。正癸烷的临界压力是 2.11 MPa,临界温度是 344.6℃。

本书作者从超燃冲压发动机再生冷却技术的应用出发,实验研究了雷诺数范围($Re_{\mathrm{in}} = 2\,700 \sim 7\,000$)、进口压力范围($p_{\mathrm{in}} = 3 \sim 7$ MPa)和热流密度范围($q_{\mathrm{w}} = 50 \sim 400$ kW/m^2)条件下的超临界压力正癸烷在内径为 0.95 mm 和 2.0 mm 的竖直圆管内的对流换热。本节选取一些典型工况,介绍热物性、浮升力和流动加速对超临界压力正癸烷对流换热的影响规律。

1. 竖直细小圆管内的对流换热规律

首先讨论管径较小的 0.95 mm 内径竖直细圆管的对流换热。其内径为

0.95 mm,外径为 2.01 mm,加热段管长为 777.5 mm,进出口留有长为 50 mm 的绝热段。

图 3.2 给出了进口压力 3 MPa、进口温度 150.0℃、进口雷诺数 2 700 等条件下,不同热流密度下壁面温度、流体温度、局部对流换热系数分布。超临界压力条件下,流体的对流换热受热物性的影响很大(图 3.3)。图 3.2 表明:圆管入口附近的热边界层较薄,对流换热系数较高;在进口段(x/d<50),随着边界层厚度的增加,壁面温度急剧升高、换热系数迅速下降。

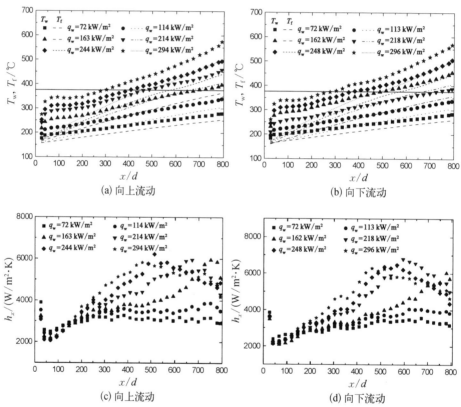

(a) 向上流动   (b) 向下流动

(c) 向上流动   (d) 向下流动

图 3.2   不同热流密度下壁面温度、流体温度和局部对流换热系数分布

(p_{in} = 3 MPa,T_{in} = 150.0℃,Re_{in} = 2 700)

在热流密度较低的条件下(<163 kW/m²),在进口段之后,沿着流动方向,流体温度和壁面温度逐渐升高并不断趋近准临界温度(在给定压力下比热容达到最大值的温度),定压比热容 c_p 逐渐增大、黏度逐渐减小,尽管导热系数和密度逐渐减小,但是对流换热系数沿实验段有所增大,而在 x/d>250 之后,对流换热系数增长缓慢,这是所有物性综合影响的结果。

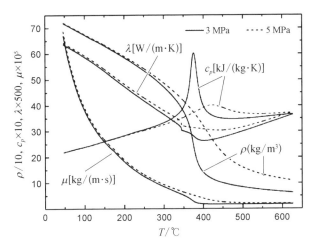

图 3.3　超临界压力正癸烷的物性变化

在热流密度较高的条件下($>214\ \text{kW/m}^2$),在进口段之后,流体温度和壁面温度快速升高并接近甚至超过准临界温度,定压比容急剧上升和黏性系数减小起主导作用,对流换热系数沿流动方向迅速上升并出现了局部最大值。当流体温度和壁面温度均高于准临界温度后,流体处于类气态,占主导作用的定压比容 c_p 迅速下降,流体与壁面间的对流换热系数下降。随着热流密度的升高,壁面温度和流体温度跨越准临界温度的位置提前,对流换热系数局部最大值的位置朝入口方向前移。

图 3.4 给出了不同热流密度下局部 Bo^* 和 Kv 分布。结果表明,在上述实验条件下,Bo^* 与 Kv 值与流动方向(向上或向下)无关,此处只展示向上流动的 Bo^* 与 Kv 值分布。在本实验范围内,Bo^* 远低于 McEligot 和 Jackson[10] 提出的临

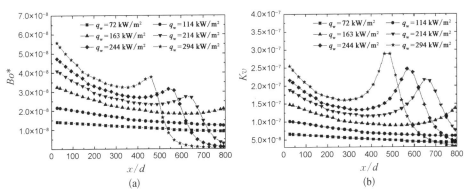

图 3.4　不同热流密度下局部 Bo^*(a)和 Kv(b)分布

($p_{\text{in}}=3\ \text{MPa}$,$T_{\text{in}}=150℃$,$Re_{\text{in}}=2\,700$,向上流动)

界值 5.6×10^{-7} 和我们提出的临界值 2.0×10^{-7}；Kv 峰值均远低于 Murphy 等[11] 提出的 9.5×10^{-7} 和本书中给出的临界值 6.0×10^{-7}。因此，在所研究的条件下，浮升力和流动加速对换热的影响很弱。图 3.2 的结果也说明了这一点。

图 3.5 对比了相同进口温度 $T_{in} = 150.0℃$、相同进口雷诺数 $Re_{in} = 4\,000$、相同流向、相近热流密度，不同压力下的局部对流换热系数。由图可看出，流量、进口温度和热流相同的情况下，低热流密度时，不同压力的对流换热系数差别不大，而高热流密度时，随着压力上升，对流换热系数降低。这是由于不同压力下流体热物性值不同而导致的。温度较低时，不同压力下正癸烷物性变化不大，故低热流密度时，不同压力下对流换热系数差别不大。而当温度接近准临界温度时，随着压力的上升，定压比热的峰值大大减小，而黏性系数和导热系数也减小，定压比热对流体对流换热能力起主导作用，故在高热流密度条件下，随着压力的上升，定压比热下降，流体对流换热能力相应减弱，所以对流换热系数降低。

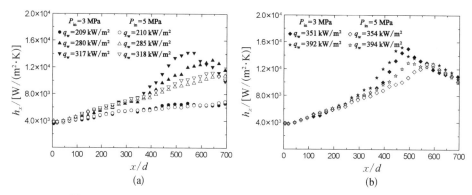

图 3.5　不同进口压力和不同热流密度下的局部对流换热系数分布

（$T_{in} = 150℃$，$Re_{in} = 4\,000$）

对于 $d_{in} = 0.95\,mm$ 内径圆管，在所研究的参数范围，不同质量流量下（进口雷诺数 $Re_{in} = 2\,700$ 和 $Re_{in} = 4\,000$），均未发现浮升力和热加速引起的换热恶化或强化现象，浮升力和热加速的影响很弱，均可以忽略。

图 3.6 给出了相同进口温度 $T_{in} = 150℃$、进口压力 $p_{in} = 3\,MPa$，相同流动方向和相近热流密度时，不同质量流量下局部对流换热系数。由图可见，随着流量增加，对流换热系数增大。

下面讨论管径略大一些的竖直圆管内的对流换热。其内径 $d_{in} = 2.0\,mm$，外径 $3.01\,mm$，加热段长度为 $759\,mm$，绝热段长度为 $100\,mm$（50 倍内径）。

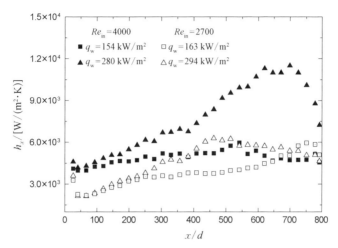

图 3.6　不同质量流量下局部对流换热系数分布

（$p_{in}=3$ MPa，$T_{in}=150$℃，向上流动）

图 3.7、图 3.8 分别给出了进口压力 5 MPa、进口温度 150.0℃、进口雷诺数 2 700 等条件下,不同热流密度下壁面温度、流体温度和局部对流换热系数的分布。结果表明:无论低热流密度还是高热流密度,向上流动与向下流动时的壁面温度分布和局部对流换热系数均出现了很大的差异。向上流动时的壁面温度出现了异常分布,均远大于向下流动时的壁温,而向下流动的壁面温度光滑分布,沿流动方向平缓上升。向下流动时的对流换热系数高于上流动时的换热系数。这说明该实验条件下浮升力的影响十分显著。

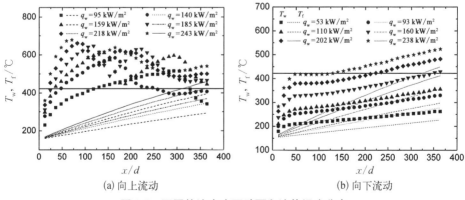

图 3.7　不同热流密度下壁面和流体温度分布

（$p_{in}=5$ MPa，$T_{in}=150$℃，$Re_{in}=2\,700$）

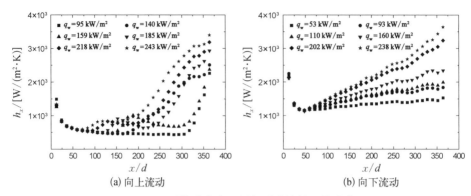

图3.8　不同热流密度下局部对流换热系数分布

($p_{in} = 5\ MPa$, $T_{in} = 150℃$, $Re_{in} = 2\ 700$)

图3.9示出了不同热流密度下局部 Bo^* 和 Kv 分布。结果表明,在上述实验条件下,大部分区域的 Bo^* 均大于 $2×10^{-7}$、低于 $6.0×10^{-7}$,这一参数范围下浮升力使向上流动时的换热出现恶化而使向下流动时的换热出现强化。在较高热流密度和 $x/d<100$ 时,$6.0×10^{-7}<Bo^* \ll 2.0×10^{-5}$,浮升力会使对流换热性能由恶化有所恢复,但换热性能依然比向下流动时差(图3.7、图3.8)。由图3.9(b)可看出,Kv 的最大值低于 $6×10^{-7}$,且向下流动时未观察到局部换热恶化现象,说明在所研究的条件下热加速的影响很微弱。

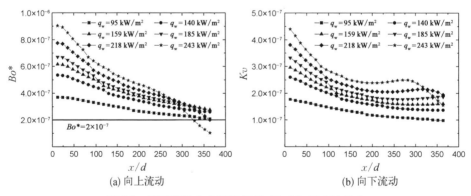

图3.9　不同热流密度下局部 Bo^*(a)和 Kv(b)分布

($p_{in} = 5\ MPa$, $T_{in} = 150℃$, $Re_{in} = 2\ 700$)

图3.10为进口雷诺数 $Re_{in} = 7\ 000$,进口压力 $p_{in} = 3\ MPa$,进口温度 $T_{in} = 150℃$时不同热流密度条件下向上和向下流动时的壁面和流体温度分布。图中的符号表示壁面温度,虚线表示流体温度,实线为正癸烷在进口压力(3 MPa)时

的准临界温度(375.7℃)。如图所示,无论高热流密度还是低热流密度条件,壁面温度均沿实验段光滑分布,未出现异常分布。说明在所研究的条件下,浮升力和流动加速的影响不大。

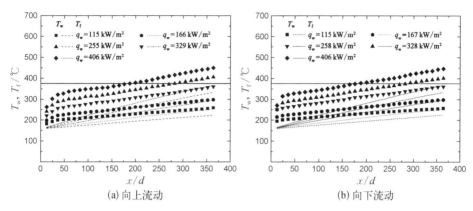

图3.10　不同热流密度下壁面和流体温度分布

($p_{in} = 3$ MPa , $T_{in} = 150.0℃$, $Re_{in} = 7\,000$)

图 3.11 为与图 3.10 对应工况的局部 Nu 数分布。较低热流密度时,即向上流动 $q_w = 115$ kW/m² 、$q_w = 166$ kW/m² 和 $q_w = 255$ kW/m² ,及向下流动 $q_w = 115$ kW/m² 、$q_w = 167$ kW/m² 和 $q_w = 258$ kW/m² 时,入口附近由于入口段效应,热边界层较薄,流体换热能力较强,Nu 数较高,之后随着流体温度的升高,流体定压比热容 c_p 上升,流体换热能力增强,Nu 数上升。较高热流密度时,入口段之后随流体温度上升,Nu 数迅速上升,这是由于流体温度接近准临界温度时,定压比

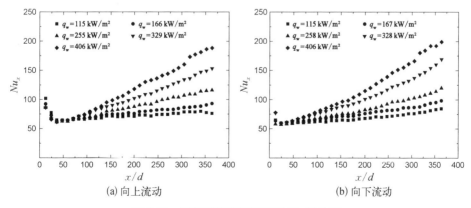

图3.11　不同热流密度下局部 Nu 数分布

($p_{in} = 3$ MPa , $T_{in} = 150℃$, $Re_{in} = 7\,000$)

容急剧上升,增强了流体的换热能力,而黏性系数的减小亦增强了流体与壁面间的换热,虽然导热系数的下降减弱了流体的对流换热,但是并不起主导作用,流体热物性的综合作用导致流体换热能力随温度上升而迅速增强,对应 Nu 数迅速上升。

2. 对流换热准则关联式

已有的超临界压力流体对流换热的准则关联式,主要基于 Dittus‑Boelter 或 Gnielinski 关联式的形式,并添加考虑壁面物性修正项而提出,但不同关联式计算得到的值存在较大差别。采用 Krasnoshchekov 等[12, 13] 提出的准则关联式计算表明,该关联式不适用于超临界压力正癸烷的换热计算,90% 以上的预测值与实验值的平均偏差在 +25% 和 −35% 之间,如图 3.12 所示。

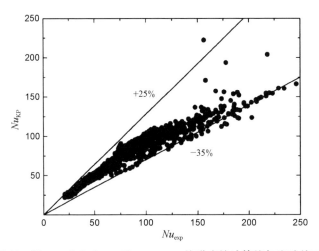

图 3.12　Krasnoshchekov‑Protopopov 关联式的计算值与实验值对比

本书在 Krasnoshchekov 等[12, 13] 提出的考虑变物性影响的对流换热准则关系式的基础上,添加物性修正项,建立了如下适用于浮升力和热加速影响不大时的超临界压力正癸烷对流换热准则关联式:

$$Nu(x/d) = Nu_0 \cdot F_{TD}(x/d) \cdot F_{v2}(x/d) \cdot F_{pr}(x/d) \tag{3.14}$$

式中,考虑入口段效应的函数 F_{TD} 由下式计算:

$$F_{TD} = 1 + 2.35 Pr_f^{-0.4} Re_f^{-0.15}(x/d)^{-0.6} \exp(-0.39 Re_f^{-0.1} \cdot x/d) \tag{3.15}$$

物性修正项:

$$F_{v2} = \left(\frac{\rho_w}{\rho_b}\right)^{0.3} \cdot \left(\frac{\overline{c_p}}{c_p}\right)^n, \ F_{pr} = \left(\frac{\overline{Pr_w}}{Pr_b}\right)^a \tag{3.16}$$

指数 n 和 a 由以下关系式确定:

$$n = 0.4,\ a = -0.46 \qquad\qquad T_\text{w} < T_\text{pc} \text{ 或 } T_\text{b} \geqslant 1.2T_\text{pc}$$
$$n = n_1 = 0.22 + 0.18(T_\text{w}/T_\text{pc}),\ a = -0.71 \qquad T_\text{b} < T_\text{pc},\ 1 < T_\text{w}/T_\text{pc} < 2.5$$
$$n = n_1 + (5n_1 - 2)[1 - (T_\text{b}/T_\text{pc})],\ a = -0.38 \quad 1 \leqslant T_\text{b} < 1.2$$

$$(3.17)$$

Nu_0 为由 Petukhov 等和 Gnielinski 提出在常物性条件下的对流换热关联式[14, 15]:

$$Nu_0 = \frac{\frac{\zeta}{8}(Re - 1\,000)Pr}{1 + 12.7\sqrt{\frac{\zeta}{8}}(Pr^{2/3} - 1)} \tag{3.18}$$

适用范围为: $3\,000 \leqslant Re \leqslant 5 \times 10^6$, $0.5 \leqslant Pr \leqslant 2\,000$。

$$Nu_0 = \frac{\frac{\zeta}{8} \cdot Re \cdot Pr}{1 + \frac{900}{Re} + 12.7\sqrt{\frac{\zeta}{8}}(Pr^{2/3} - 1)} \tag{3.19}$$

适用范围为: $4\,000 \leqslant Re \leqslant 10^6$, $0.7 \leqslant Pr \leqslant 100$。其中,

$$\zeta = (1.82\log Re - 1.64)^{-2} \tag{3.20}$$

在浮升力影响较大时,本书以 Jackson 半经验关联式为基础[16-18],通过修改物性修正项,拟合得到适用于超临界压力正癸烷在竖直圆管中受浮升力影响的对流换热计算准则关联式:

$$\frac{Nu}{Nu_\text{f}} = \left[\left|1 + A \cdot Bo^*\left(\frac{\overline{c_\text{p}}}{c_\text{pb}}\right)^a\left(\frac{\rho}{\rho_\text{b}}\right)^b\left(\frac{Nu}{Nu_\text{f}}\right)^{-2}\right|\right]^{0.46} \tag{3.21}$$

其中, $Bo^* = Gr^*/(Re^{3.425}Pr^{0.8})$, $Gr^* = \beta g d^4 q_\text{w}/(\lambda \nu^2)$,向下流动时取"+",向上流动时取"-", Nu_f 为变物性时的对流换热系数。

向上流动时: $A = -8.45 \times 10^5$, $a = -2.23$, $b = 0.14$;

向下流动时: $A = 3.62 \times 10^5$, $a = -2.75$, $b = -1.84$。

使用准则关联式(3.14)的计算结果如图 3.13(a)所示,结果显示,95%的实验数据与新经验关联式计算值的偏差±20%范围之内。使用准则关联式(3.21)

的计算结果如图 3.13(b)所示,1 705 个实验数据点中有 90% 与关联式计算结果偏差在±20% 范围内。

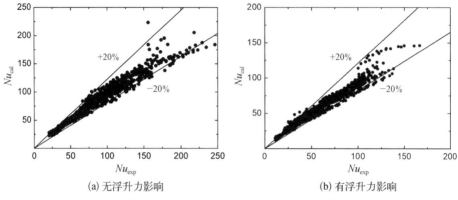

(a) 无浮升力影响   (b) 有浮升力影响

图 3.13   修正关联式的计算值与实验值对比

3.2.2   吸热型碳氢燃料在竖直圆管内对流换热

在实际吸热型碳氢燃料中,不仅含有正癸烷,还有其他链烷烃及环烷烃、芳香烃等,其物性变化更为复杂。本节对某吸热型碳氢燃料(endothermic hydrocarbon fuel, EHF)进行对流换热研究,EHF‑Ⅰ 和 EHF‑Ⅱ 是天津大学开发的一种吸热型碳氢燃料[2]。表 3.1、表 3.2 分别列出 EHF‑Ⅰ 和 EHF‑Ⅱ 的主要组成部分与部分物性。研究其对流换热规律对实际工程应用具有重要实际意义。

表 3.1   EHF‑Ⅰ 燃料组成及部分物性

项　　　目	值
临界压力*/MPa	1.82
临界温度*/℃	384.9
密度/(kg/m³)	803.0
凝固点/℃	−49
闪点/℃	52
总热值/(MJ/kg)	43.3
组分质量分数/%	
正烷烃	44.85
异烷烃	27.11
环烷烃	25.32
芳香烃	2.71

* 该值为吸热型碳氢燃料中最多组分(正十二烷)的临界压力和临界温度。

表 3.2　EHF‐Ⅱ燃料组成及部分物性

项　　目	值
临界压力[*]/MPa	2.74
临界温度[*]/℃	413.8
密度/(kg/m^3)	834.0
凝固点/℃	−75
闪点/℃	77
总热值/(MJ/kg)	43.0
正烷烃组分质量分数/%	9.5
异烷烃组分质量分数/%	7.0
环烷烃组分质量分数/%	79.0
芳香烃组分质量分数/%	4.5

[*] 该值为吸热型碳氢燃料中最多组分(十氢萘)的临界压力和临界温度。

1. 对流换热规律

实验研究中,竖直细圆管的内径为 2 mm,外径为 3 mm,加热段管长为 910 mm,进出口留有长为 20 mm 的绝热段。

图 3.14 给出了进口压力 4.0 MPa、进口温度 200℃ 、进口雷诺数 5 000 时,不同热流密度条件下 EHF‐Ⅰ的局部温度和 Nu 分布。在较低热流密度时,流体温度和壁温都远低于准临界温度,流体的热物性变化不大,除了在进口段随着边界层的增厚 Nu 急速下降,之后沿流动方向局部 Nu 变化不大。热流密度较大时,壁温逐渐接近准临界温度,由于定压比热容的迅速上升占据主导作用,对流换热能力迅速增强。随着热流密度进一步增大,部分壁温跨越准临界温度,流体温度也更接近甚至略高于准临界温度,此时沿程对流换热 Nu 将更加快速地上升,在出口附近达到最大值,约为低热流密度时 Nu 的 2.5~3 倍。由于超临界压力流体的热物性随着温度剧烈变化,沿程 Re 不断升高,特别是对于较高的热流密度,其 Re 上升非常显著,对于这里所研究的最大热流密度条件,出口处的 Re 甚至可达进口的 10 倍。不断增大的 Re 也是造成对流换热系数增大的重要原因,这与常物性流体有很大区别。

图 3.15 展示了不同热流密度下局部 Bo^* 和 Kv 分布。结果表明,在上述实验条件下,进口 Re 较高(5 000),Bo^* 与 Kv 值与流动方向(向上或向下)无关。在本实验范围内,Bo^* 低于我们提出的临界值 $2.0×10^{-7}$;Kv 峰值低于我们给出的临界值 $6.0×10^{-7}$。因此,在所研究的条件下,浮升力和热加速对换热的影响相对较微弱。图 3.14 的结果也说明了这一点。

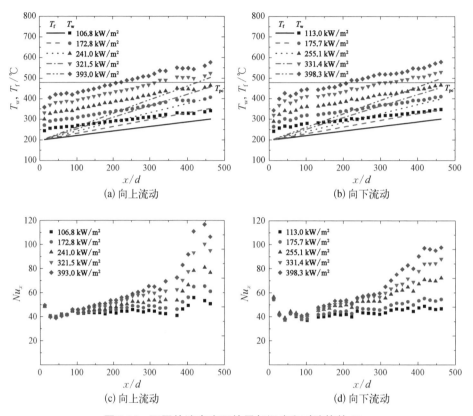

图 3.14 不同热流密度下的局部温度和对流换热 *Nu*

($p_{in} = 4.0\ \mathrm{MPa}$，$T_{in} = 200℃$，$Re_{in} = 5\ 000$)

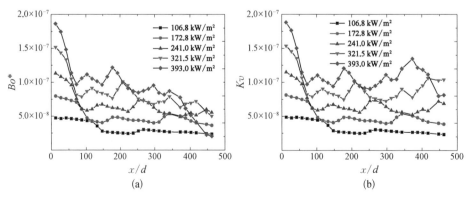

图 3.15 不同热流密度下 *Bo**(a) 和 *Kv*(b) 分布

($p_{in} = 4.0\ \mathrm{MPa}$，$T_{in} = 200℃$，$Re_{in} = 5\ 000$，向上流动)

当进口 Re 降低时,如 $Re_{in} = 2\,500$,浮升力的影响将会增强,超临界压力碳氢燃料的对流换热将可能出现传热恶化。图 3.16、图 3.17 分别给出了进口压力

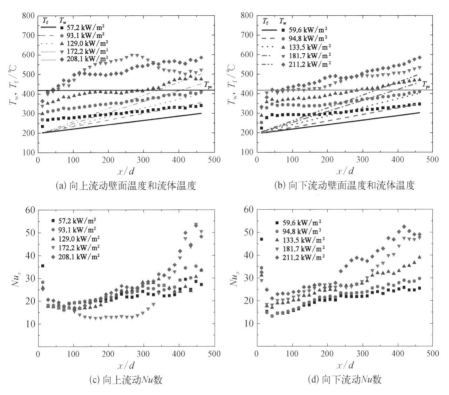

(a) 向上流动壁面温度和流体温度   (b) 向下流动壁面温度和流体温度

(c) 向上流动 Nu 数   (d) 向下流动 Nu 数

图 3.16 不同热流密度下壁面温度、流体温度和局部对流换热 Nu

($p_{in} = 3.0$ MPa, $T_{in} = 200\,℃$, $Re_{in} = 2\,500$)

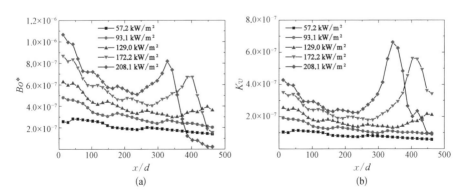

(a)   (b)

图 3.17 不同热流密度下的 Bo^{*}(a) 和 Kv(b)

($p_{in} = 3.0$ MPa, $T_{in} = 200\,℃$, $Re_{in} = 2\,500$, 向上流动)

3.0 MPa、进口温度200℃、进口雷诺数2 500时,不同热流密度条件下EHF-Ⅰ的壁面温度、局部 Nu 分布、局部 Bo^* 和 Kv 分布。

结果表明,在热流密度较低的条件下(57.2和59.6 kW/m²),尽管向上流动与向下流动的壁面温度和 Nu 分布总体而言相差不大,但是,在 $x/d<150$ 区间,向上流动的壁面温度比向下流动的壁面温度略低,向上流动的 Nu 比向下流动的 Nu 略大。这一现象在本团队针对竖直管内超临界压力 CO_2 对流换热的研究中也被发现。其原因在于在较低的进口 Re 条件下(如 $Re_{in}=2 500$),浮升力的影响使向上流动加速、使流动的湍流度增强,从而有利于强化换热;而浮升力对向下流动的影响相反。从图3.17可以看出,在 $x/d<150$ 区间,$Bo^*>2.0\times10^{-7}$,这说明对于超临界压力吸热型碳氢燃料EHF-Ⅰ,浮升力开始影响对流换热的定量判据为 $Bo^*>2.0\times10^{-7}$,这个数值与前述超临界压力正癸烷和本团队针对超临界二氧化碳的研究结果完全一致。当热流密度升到93.1和94.8 kW/m²时,换热规律与热流密度较低的条件下(57.2和59.6 kW/m²)类似,向上流动的 Nu 比向下流动的 Nu 大。这表明在这样低的进口 Re 条件下(2 500),适度的浮升力使向上流动的湍流度增强,从而使换热强化。

在热流密度较高的条件下(>129.0和133.5 kW/m²),向上流动的壁面温度迅速升高,大部分区域高于向下流动的壁面温度且出现非单调性变化,在大部分区域向下流动的换热比向上流动的换热略强。本团队的研究表明,当 $Bo^*>6.0\times10^{-7}$ 时,浮升力会使对流换热性能逐步恢复。图3.16的结果清晰地表明,在恢复区向上流动的换热有所恢复;图3.17的结果表明,在高热流密度下,$6.0\times10^{-7}<Bo^*\ll2.0\times10^{-5}$,因此,浮升力会使对流换热性能由恶化有所恢复,$Nu$ 会恢复到与向下流动比较接近的值。

研究表明,向上流动和向下流动的 Bo^* 和 Kv 分布基本一致。当流体温度低于准临界温度时,随着热流密度的升高,Bo^* 不断升高。在热流密度较低时 Bo^* 沿程有一定程度的下降。当流体温度接近准临界温度时,密度的下降达到最大速率,这导致了最大的密度差,产生最强的浮升力,Bo^* 出现峰值。之后流体变为类气态,浮升力迅速变小,Bo^* 迅速下降。表征流动加速影响的 Kv 只有在流体温度达到准临界温度时,在较小的区域内高于准则判据 6×10^{-7},在大部分区域低于该判据,因此在本研究的工况下热加速对换热的影响不明显。

对于另一种以环烷烃为主的吸热型碳氢燃料EHF-Ⅱ,其物性相比于EHF-Ⅰ有一定的改变,如表3.2所示。图3.18为向下流动中两种不同工程燃料在类似工况下的对流换热结果对比。可以看出,在较低和较高热流密度时两种燃料的对流换热差别均不大。

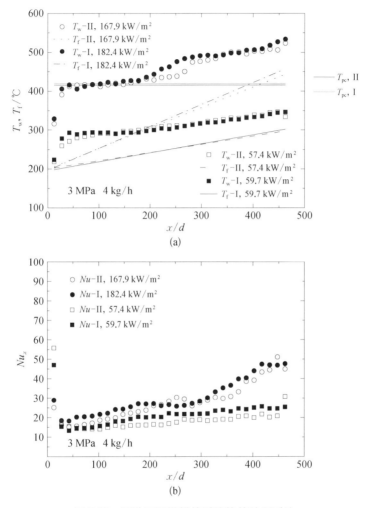

图 3.18　两种不同燃料的对流换热结果对比

(p_{in} = 3 MPa, T_{in} = 200℃, G = 4 kg/h, 向下流动)

图 3.19 和图 3.20 给出了 EHF - Ⅱ 与 EHF - Ⅰ 两种燃料向上流动时对流换热的壁面温度和 Nu 对比,实验条件为进口压力 5 MPa、进口温度 200℃,质量流量 4 kg/h。基本规律与前述相同,当热流密度较低时(如 47.4 和 53.3 kW/m²),壁面温度单调升高,两种燃料的换热性能主要受各自物性的影响,浮升力的影响很小(如图 3.21 所示,Bo^* < 2.0×10⁻⁷,浮升力影响不大)。如图 3.19、图 3.20 及

图 3.21 所示,当热流密度升高后,浮升力显著增大并对对流换热产生影响,使壁面温度产生非单调性变化。相比于 EHF - Ⅰ,EHF - Ⅱ会更早地发生传热恶化,但是在高热流密度条件下两者都存在传热恶化时,EHF - Ⅰ的恶化更为严重。

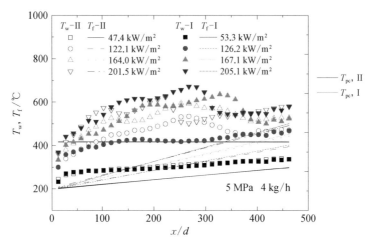

图 3.19　不同燃料对流换热的壁面温度对比

(p_{in} = 5 MPa, T_{in} = 200℃, G = 4 kg/h,向上流动)

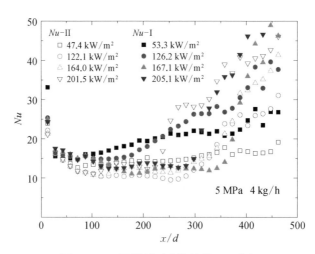

图 3.20　不同燃料对流换热的 Nu 对比

(p_{in} = 5 MPa, T_{in} = 200℃, G = 4 kg/h,向上流动)

图 3.22 给出了两种燃料沿程的 Kv 对比,可见 Kv 均小于 $6×10^{-7}$,因此在本研究的条件下热加速对对流换热的影响不显著。

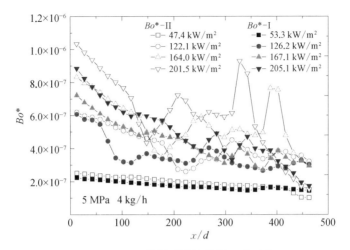

图 3.21　不同燃料对流换热的 *Bo** 对比

(p_{in} = 5 MPa，T_{in} = 200℃，G = 4 kg/h，向上流动)

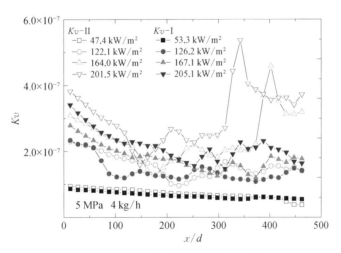

图 3.22　不同燃料对流换热的 *Kv* 对比

(p_{in} = 5 MPa，T_{in} = 200℃，G = 4 kg/h，向上流动)

2. 对流换热准则关联式

依据大量的实验数据,对超临界压力吸热型碳氢燃料的对流换热关联式进行了拟合。对于两种燃料,均有

$$Nu_f = 0.018\,3Re_b^{0.8}Pr_b^{0.35}\left(\frac{\rho_w}{\rho_b}\right)^{0.36}\left(\frac{\overline{c_p}}{c_{pb}}\right)^n \cdot \varepsilon_l \qquad (3.22)$$

$$\varepsilon_l = 1 + 2.35 Pr_f^{-0.4} Re_f^{-0.15} \left(\frac{x}{d} \right)^{-0.6} \exp\left(-0.39 Re_f^{-0.1} \cdot \frac{x}{d} \right) \tag{3.23}$$

$$\frac{Nu}{Nu_f} = \left[\left| 1 + A \cdot Bo^* \left(\frac{\overline{c_p}}{c_{pb}} \right)^a \left(\frac{\rho}{\rho_b} \right)^b \left(\frac{Nu}{Nu_f} \right)^{-2} \right| \right]^{0.46} \tag{3.24}$$

主要参数见表 3.3。

表 3.3　吸热型碳氢燃料对流换热准则关联式主要参数

	A	a	b
EHF‑Ⅰ向上流动	-4.32×10^5	-2.65	-1.18
EHF‑Ⅰ向下流动	0.20×10^5	-3.02	-4.26
EHF‑Ⅱ向上流动	-1.26×10^5	0.11	-1.09
EHF‑Ⅱ向下流动	0.01×10^5	-1.14	-3.16

其中 EHF‑Ⅰ 的关联式预测可使得 90% 的数据在 ±25% 误差范围内，EHF‑Ⅱ 的关联式可使得 90% 的数据在 −30%～+25% 误差范围内。

3.3　旋转条件下超临界压力碳氢燃料对流换热

本节以超临界压力碳氢燃料冷却旋转涡轮为应用背景，介绍超临界压力正癸烷在旋转条件下 U 型管内的流动与对流换热规律[19-26]。主要包含以下内容：

（1）旋转条件下流动加速、重力浮升力与离心浮升力对离心段、水平段、向心段内对流换热的影响规律；

（2）包含物性修正、浮升力影响、流动加速影响的旋转条件下超临界压力燃料局部对流换热的准则关联式。

3.3.1　旋转条件下超临界压力碳氢燃料流动换热理论分析与实验系统

旋转坐标系是非惯性系，标准形式的 N‑S 方程已不再适用，需要加入惯性力项。选取特征量后对旋转体系下的流体动力学基本控制方程组进行无量纲化。长度特征量选用水力直径 D_h，速度特征量选用入口平均速度模 ν_0 / D_h，温度特征量为入口处温度 T_0，压力特征量为 $\rho_0 \nu_0^2 / D_h^2$，时间特征量为 D_h^2 / ν_0，其余各物性参数特征量为入口温度 T_0 下的值。无量纲化的旋转条件下流体动力学基

本控制方程组为

$$\begin{cases} \dfrac{\mathrm{D}\rho'}{\mathrm{D}t'} + \rho' \nabla' \cdot \boldsymbol{V}' = 0 \\[2mm] \rho' \dfrac{\mathrm{D}\boldsymbol{V}'}{\mathrm{D}t'} = -\nabla p' + \nabla'\left(\dfrac{2}{3}\mu' \nabla' \cdot \boldsymbol{V}'\right) + \nabla' \cdot (2\mu'\boldsymbol{E}') \\[4mm] \qquad\quad - \rho'\left[2\dfrac{\omega D_{\mathrm{h}}}{V_0}\dfrac{V_0 D_{\mathrm{h}}}{\nu_0}\boldsymbol{i}\times\boldsymbol{V}' + \dfrac{\omega^2 r D_{\mathrm{h}}^3}{\nu_0}\boldsymbol{i}\times(\boldsymbol{i}\times\boldsymbol{r}^*)\right] \\[4mm] \rho'c_p'\dfrac{\mathrm{D}\theta}{\mathrm{D}t'} = \left(\dfrac{\lambda_0}{\mu_0 c_{p0}}\right)\nabla' \cdot (\lambda' \nabla'T') + (\alpha_0 T_0)\left(\dfrac{\nu_0^2}{c_{p0}T_0 d^2}\right)\alpha'T'\dfrac{\mathrm{D}P'}{\mathrm{D}t'} + \left(\dfrac{\nu_0^2}{c_{p0}T_0 d^2}\right)\mu'\phi' \end{cases}$$

$$(3.25)$$

式中的无量纲准则数如表 3.4 所示。其中，Re 与 Pr 与通常的表达一致。旋转条件下的 Gr 考虑离心力的影响，相当于离心加速度与重力加速度进行矢量合成之后再沿流动方向投影，来替换经典定义式中的重力加速度 g。

表 3.4 无量纲准则数的表达式与物理意义

无 量 纲 参 数	物 理 意 义
$Re = \dfrac{\rho V D_{\mathrm{h}}}{\mu}$	雷诺数，表征惯性力与黏性力之比
$Ro = \dfrac{\omega D_{\mathrm{h}}}{V}$	旋转数，表征哥氏力与惯性力之比
$Gr_{\mathrm{ro}}^* = \dfrac{(\omega^2 r \pm g\sin\theta)\alpha q_{\mathrm{w}} D_{\mathrm{h}}^4}{\lambda \nu^2}$	格拉晓夫数，表征浮升力与黏性力之比
$Pr = \dfrac{\mu c_p}{\lambda}$	普朗特数，表征动量扩散与热量扩散之比

Jackson 和 Hall[12] 提出了表征超临界压力流体对流换热中浮升力大小的无量纲准则数 Bo^*[式(3.9)]。在旋转条件下，同时考虑离心力和重力的影响，Gr 的表达式为

$$Gr_{\mathrm{ro}} = |(\omega^2 r + g)\alpha(t_{\mathrm{b}} - t_{\mathrm{w}})D^3/\upsilon_{\mathrm{b}}^2| \qquad (3.26)$$

即

$$Gr_{\mathrm{ro}} = (\omega^2 r \pm g\sin\theta)\alpha(t_{\mathrm{b}} - t_{\mathrm{w}})D^3/\upsilon_{\mathrm{b}}^2 = Gr_{\mathrm{g}} + Gr_{\omega} \qquad (3.27)$$

Gr_ω 为离心浮升力,离心浮升力方向与离心力始终相反,由于离心力的方向始终沿半径方向,所以离心浮升力方向始终沿半径指向旋转轴。Gr_g 为重力浮升力,由于旋转时重力与旋转半径的夹角时刻变化,重力浮升力沿流动方向的投影也时刻变化,故从严格意义上讲,重力浮升力对换热的影响时刻变化。

对于高转速工况,例如 500 r/min,离心加速度远大于重力加速度,此时对流换热主要受离心浮升力作用,重力浮升力可以忽略,Gr_{ro}^* 可以简化为

$$Gr_{ro}^* = Nu \cdot Gr_{ro} = \frac{\omega^2 r \alpha_p d^4 q_w}{\lambda \nu^2} \qquad (3.28)$$

而对于低转速,例如 50 r/min 时,重力浮升力量级与离心力浮升力相当,对流换热同时受两者影响,规律更为复杂。

旋转条件下的表征超临界压力流体对流换热中浮升力大小的无量纲准则数:

$$Bo_{ro}^* = \frac{Gr_{ro}^*}{Re^{3.425} Pr^{0.8}} \qquad (3.29)$$

旋转条件下超临界压力正癸烷对流换热实验系统如图 3.23 所示。最高转速可达 3 000 r/min,系统压力范围为 0~6 MPa。正癸烷从旋转接头进入主轴中心,从主轴中心流出后进入预热段,预热段出口流体温度可达 150℃,再进入实验段,实验段出口最高温度可达 500℃,最后经过液氮冷却后流入废油箱。

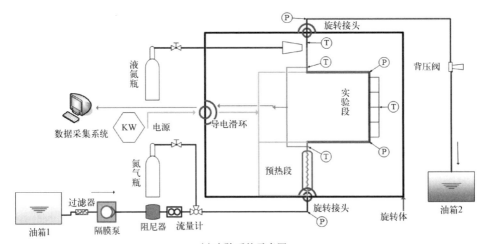

(a) 实验系统示意图

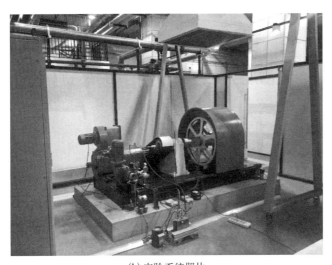

(b) 实验系统照片

图 3.23　实验系统

实验段由相邻的三段组成,流体从预热段流出进入第一段,流体垂直主轴流出,定义为离心段;第二段与主轴平行,定义为水平段;流体经过第三段流入主轴,定义为向心段。每段的材料、尺寸相同,均为 316 L 不锈钢管,有效长度为 200 mm,管内径 2 mm、外径 3 mm。当实验段旋转时,定义实验段迎风面为前缘面。

3.3.2　离心段内超临界压力碳氢燃料对流换热

图 3.24 所示为离心段的受力分析与热电偶布置。T1 位置为迎风面,T3 位置为背风面。离心段中离心力方向与流动方向相同,主流速度产生的哥氏力垂直纸面向里。流体在沿程流动时会因为受到哥氏力影响而向后缘面 T3 位置聚集,故 T3 位置压力最高,流体密度最大,相应的流体换热能力最强,壁温最低;T1 位置相应的流体换热能力最弱,壁温最高。

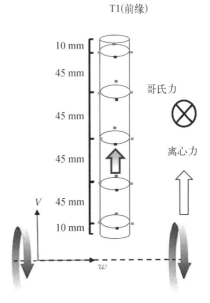

图 3.24　离心段受力分析与热电偶布置

　　离心段中离心浮升力的方向与流动相反,对换热的影响类比于竖直管向下流动中浮升力对换热的影响,始终加强换热。

　　离心段中的流动为逆压流动。由于沿程压力升高,离心段流体出现了"流动减速"。流体密度主要受沿程加热影响而沿程降低。但是相比同加热条件的静止管路,旋转的离心段由于"流动减速",流体密度的减小更缓慢,相比静止管路增强了换热。

　　图 3.25 为压力为 4 MPa、进口质量流量为 4 kg/h、热流密度为 175 kW/m²、进口温度为 36.3℃时,旋转工况和静止工况的对流换热比较。从图中可以看出,旋转条件下超临界压力正癸烷的沿程截面平均对流换热系数相比静止条件大大增加,1 500 r/min 条件下的截面平均对流换热系数约为相同条件静止工况下的 3 倍。旋转一方面会带来截面内的二次流动,另一方面离心力会产生离心浮升力,在离心段中始终使得换热增加,两者均使得平均湍动能大大增加,进而增强了对流换热。不同转速下的对流换热系数均沿程下降,这主要是由于受层流入口段的影响。

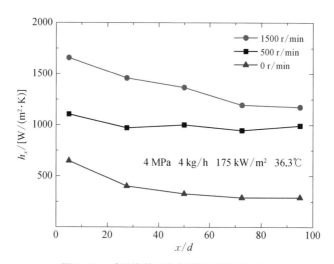

图 3.25　对流换热系数与静止工况的对比

($p_{in} = 4$ MPa, $m = 4$ kg/h, $q_w = 175$ kW/m², $T_{in} = 36.3$℃, $Re_{in} = 930$)

　　图 3.26 表明截面平均的对流换热系数随转速提高而增大,1 500 r/min 工况下约为 500 r/min 的 1.25 倍。转速的增大会带来离心力与哥氏力的增大。沿流动方向的离心力增大会增大离心浮升力与离心力势能,前者通过影响浮升力增强了流动换热,后者通过增强"流动减速"增强了换热;处于截面内的哥氏力增

大会增强截面内二次流增强换热。这些变化均使得平均湍动能增大,从而使超临界压力正癸烷在离心段中对流换热随转速增大而增强。但是,当转速增大到一定程度时,对流换热系数的增大不明显。

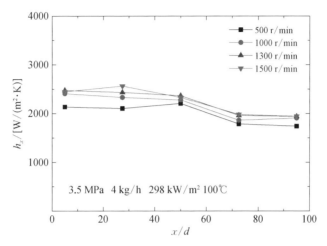

图 3.26 平均对流换热系数对比

$(p_{in} = 3.5\ \text{MPa},\ m = 4\ \text{kg/h},\ q_w = 298\ \text{kW/m}^2,\ T_{in} = 100℃,\ \text{and}\ Re_{in} = 1\,900)$

如图 3.27 所示,在离心段内,Kv 随着转速增大而减小。Kv_p 为负,沿程压力变化随着转速增大而显著增大,使得 Kv_p 绝对值随着转速增大而增大,意味着流动减速效果随转速增大而增大。另外,Kv_p 随着沿程坐标而显著增大。这是因为,一方面,在离心段中随着沿程流动,旋转半径逐渐增大,离心力压降与半径平方成正比;另一方面,靠近出口的流体温度更接近准临界温度,β_T 显著增大。对于径向出流的离心段,压力沿程升高,超临界压力正癸烷会产生流动减速效果,

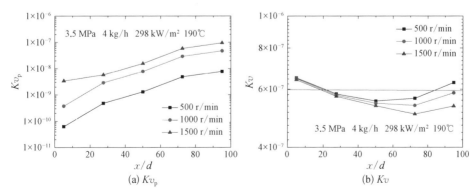

(a) Kv_p (b) Kv

图 3.27 沿程 Kv_p 与 Kv 变化

一定程度上增强了湍流对流换热。

低转速时 Bo_{ro}^* 严格意义上是周期性变化的,实验台可控的最低转速为 50 r/min,这里采用了周期性平均的处理。与静止管中浮升力对换热的影响类似,旋转条件下 Bo_{ro}^* 对换热的影响分为恶化区、恢复区与强化区。图 3.28 中,当 Bo_{ro}^* 小于 $6×10^{-8}$ 时,热流密度与转速极低,浮升力很小,其对换热的影响可以忽略;当浮升力大于 $6×10^{-8}$,浮升力开始影响换热,使换热恶化,Nu_x/Nu_0 小于 1;随着旋转浮升力数 Bo_{ro}^* 逐渐变大,离心浮升力逐渐变大,对换热的影响逐渐增强,当 Bo_{ro}^* 达到 $1×10^{-6}$ 时,对流换热开始恢复;当 Bo_{ro}^* 达到 $3×10^{-5}$ 时,Nu_x/Nu_0 开始大于 1,浮升力使对流换热逐渐增强。可以认为,$1×10^{-6}$ 是 Bo_{ro}^* 对于离心段中超临界压力正癸烷对流换热开始恢复的判据;$3×10^{-5}$ 是 Bo_{ro}^* 对于离心段中超临界压力正癸烷对流换热增强的判据。

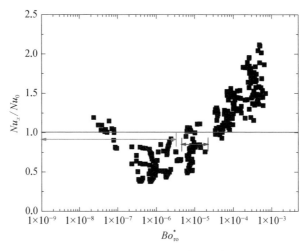

图 3.28　沿程 Nu_x/Nu_0 随 Bo_{ro}^* 变化

通过以上分析,采用如下方程来拟合旋转条件下超临界压力正癸烷的对流换热准则关联式:

$$\frac{Nu}{Nu_s} = \left[1 + A \cdot (Ro)^a (Bo_{ro}^*)^b Kv^c \left(\frac{x}{d} \right)^d \right]^e \tag{3.30}$$

式中,Nu_s 为对应静止工况的超临界压力正癸烷对流换热的努塞尔数 $Nu(x/d)$。

$$Nu(x/d) = Nu_0 \cdot F_{TD}(x/d) \cdot F_{v2}(x/d) \cdot F_{pr}(x/d) \tag{3.31}$$

其中,

$$F_{\mathrm{TD}} = 1 + 2.35 Pr_f^{-0.4} Re_f^{-0.15} (x/d)^{-0.6} \exp(-0.39 Re_f^{-0.1} \cdot x/d) \quad (3.32)$$

$$F_{\mathrm{v2}} = \left(\frac{\rho_{\mathrm{w}}}{\rho_{\mathrm{b}}}\right)^{0.3} \cdot \left(\frac{\overline{c_{\mathrm{p}}}}{c_{\mathrm{p}}}\right)^n \quad (3.33)$$

$$F_{\mathrm{pr}} = \left(\frac{\overline{Pr_{\mathrm{w}}}}{Pr_{\mathrm{b}}}\right)^a \quad (3.34)$$

指数 n 和 a 由以下关系式确定：

$$
\begin{array}{ll}
n = 0.4,\ a = -0.46 & T_{\mathrm{w}} < T_{\mathrm{pc}},\ T_{\mathrm{b}} \geqslant 1.2 T_{\mathrm{pc}} \\
n = n_1 = 0.22 + 0.18(T_{\mathrm{w}}/T_{\mathrm{pc}}),\ a = -0.71 & T_{\mathrm{b}} < T_{\mathrm{pc}},\ 1 < T_{\mathrm{w}}/T_{\mathrm{pc}} < 2.5 \\
n = n_1 + (5n_1 - 2)[1 - (T_b/T_{\mathrm{pc}})],\ a = -0.38 & 1 \leqslant T_{\mathrm{b}} < 1.2
\end{array}
$$

$$(3.35)$$

Nu_0 由下式计算：

$$Nu_0 = \frac{\dfrac{\zeta}{8}(Re - 1\,000) Pr}{1 + 12.7\sqrt{\dfrac{\zeta}{8}}(Pr^{2/3} - 1)} \quad (3.36)$$

四个不同位置和截面平均的对流换热关联式的 5 组参数如表 3.5 所示。

表 3.5　无量纲准则数的表达式与物理意义

	A	a	b	c	d	e
T1	6.83×10^{25}	22.83	−8.07	1.95	−7.64	0.01
T2	1.44×10^{-25}	31.44	−9.88	−2.14	1.75	0.01
T3	-1.34×10^{-17}	25.94	−2.46	−7.30	8.10	0.02
T4	5.78×10^{7}	27.76	−10.33	0.84	−3.45	0.01
截面平均	7.75×10^{-9}	26.79	−8.03	−1.14	−0.88	0.01

与上述对流换热关联式相比，95% 的实验数据位于 ±15% 误差之内。该关联式适用于转速范围为 500~1 500 r/min，压力为 2.5~4.5 MPa，进口雷诺数为 1 000~4 000，流体温度范围为 50~400℃ 的离心段径向出流工况。

3.3.3　水平段内超临界压力碳氢燃料对流换热

如图 3.29 所示,水平段中流体流动方向与旋转轴平行,故主流速度不产生哥氏力,但是流体在截面内会受到旋转带来的离心力,并且由于水平段的旋转半径最大,所以离心力相比离心段与向心段更大。由受力分析可以得出流体受离心力影响向 T2 位置聚集,同时由于这个离心力产生的流动会衍生出哥氏力,哥氏力方向垂直纸面向里,其量级会非常小,并且只在水平段入口段存在。因此 T2 位置压力最高,流体密度最大,相应的流体换热能力最强,壁温最低;T4 位置压力最低,流体密度最小,相应的流体换热能力最弱,壁温最高。由于离心力与重力始终在截面内,相应的离心浮升力与重力浮升力也始终在截面内。由于水平段中离心力不再引起压降变化,流动加速的影响不大,可以忽略,对流换热主要受浮升力作用。

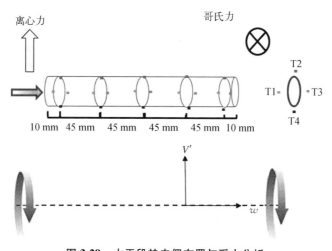

图 3.29　水平段热电偶布置与受力分析

如图 3.30 所示,水平段中旋转条件下的对流换热系数明显高于静止条件,1 000 r/min 大约为静止条件的 2 倍。在静止条件下,对流换热系数沿程下降,这主要是受到入口段的影响,而旋转条件下 500 r/min 与 1 000 r/min 下对流换热系数沿流动方向短暂下降又升高,这是因为旋转效应加强了扰动,强化了换热,并缩短了入口段的影响。

如图 3.31 所示,截面的平均对流换热系数随转速提高而增大,1 500 r/min 工况下约为 500 r/min 的 1.5 倍。

如图 3.32 所示,与离心段对流换热类似,Bo_{ro}^{*} 较小时,对流换热同时受重力

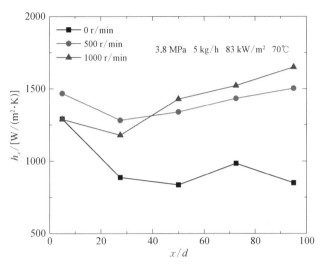

图 3.30　对流换热系数分布

$(p_{in} = 3.8\,\mathrm{MPa}$, $m = 5\,\mathrm{kg/h}$, $q_w = 83\,\mathrm{kW/m^2}$, $T_{in} = 70\,℃$, $Re_{in} = 1\,400)$

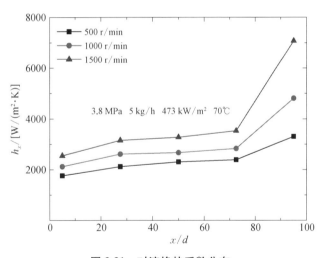

图 3.31　对流换热系数分布

$(p_{in} = 3.8\,\mathrm{MPa}$, $m = 5\,\mathrm{kg/h}$, $q_w = 473\,\mathrm{kW/m^2}$, $T_{in} = 70\,℃$, $Re_{in} = 1\,435)$

浮升力与离心浮升力影响。当 Bo_{ro}^* 小于 $6×10^{-8}$ 时,热流密度与转速极低,浮升力很小,其对换热的影响可以忽略;当 Bo_{ro}^* 大于 $6×10^{-8}$、小于 $1×10^{-6}$ 时,浮升力使换热恶化,Nu_x/Nu_0 小于 1;当 Bo_{ro}^* 达到 $1×10^{-6}$ 时,对流换热开始恢复;当 Bo_{ro}^* 达到 $1×10^{-4}$ 时,Nu_x/Nu_0 开始大于 1,浮升力使对流换热逐渐增强。相比于离心段,水

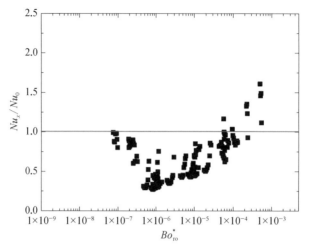

图 3.32 水平段内沿程 Nu_x/Nu_0 随 Bo_{ro}^* 变化

平段的截面内分布差异更大,浮升力使换热的恶化也更为严重。

水平段对流换热准则关联式如下所示:

$$\frac{Nu}{Nu_s} = \left[1 + A \cdot (Ro)^a (Bo_{ro}^*)^b \left(\frac{x}{d} \right)^c \right]^d \qquad (3.37)$$

采取最小二乘法进行分类拟合,得到了 4 个不同位置和截面平均的对流换热关联式的五组参数,如表 3.6 所示。水平段的对流换热关联式精度较好,与实验结果相比,95%的数据位于 20% 误差之内。

表 3.6 水平段对流换热关联式参数表

	A	a	b	c	d
T1	405.21	−2.07	2.37	3.68	0.12
T2	7.91	−1.78	2.58	6.23	0.06
T3	744.25	−2.91	3.77	5.75	0.06
T4	57.78	−1.20	1.19	1.43	0.36
截面平均	288.63	−2.78	3.44	5.14	0.08

3.3.4 向心段内超临界压力碳氢燃料对流换热

向心实验段沿图 3.33 所示方向旋转,T1 位置为迎风面(前缘面),T3 位置为背风面(后缘面)。向心段中离心力方向与流动方向相同,主流速度产生的哥氏力垂直纸面向外,所以流体在沿程流动时会因为受到哥氏力影响而向前缘面

T1 位置聚集,故 T1 位置压力最高,流体密度
最大,相应的流体换热能力最强,壁温最低。

　　向心段中流体的流动方向与离心力方向
相反,所以与离心浮升力方向相同,因此离心
浮升力对向心段中对流换热的作用与竖直管
向上流动中重力浮升力的作用相同。由于离
心力方向与流动方向相反,向心段内的压力
沿程降低,这与离心段相反。向心段会由于
较大的沿程压降带来流动加速的影响,在一
定程度上削弱对流换热。

　　与前两段的分析类似,首先进行旋转条
件下管内对流换热与不旋转条件下管内换热
的比较。在静止工况下,流动为竖直向上流
动,四个位置周向对称,对流换热完全吻合。
如图 3.34 所示,可以看到旋转显著地增大了
向心段的对流换热,1 000 r/min 工况的截面
平均对流换热系数约为同条件静止工况下的 2 倍。

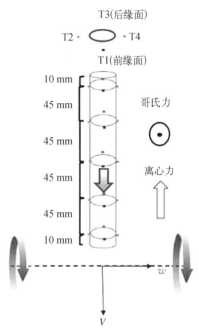

图 3.33　向心段热电偶布置与受力分析

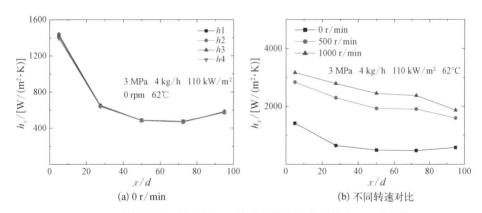

图 3.34　旋转条件下管内截面平均对流换热系数与静止工况的对比

$(p_{in} = 3\ MPa,\ m = 4\ kg/h,\ q_w = 110\ kW/m^2,\ T_{in} = 62\ ℃,\ Re_{in} = 1\ 200)$

　　更高热流密度和大雷诺数下转速对换热的影响特性如图 3.35 所示。截面
的平均对流换热系数随转速提高而增大,1 500 r/min 工况下为 500 r/min 的
1.25 ~ 1.5 倍。

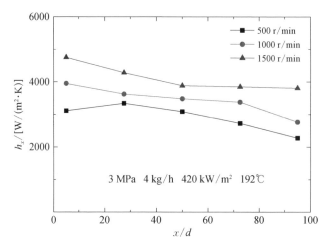

图 3.35 不同转速下对流换热系数分布

$(p_{\text{in}} = 3\,\text{MPa},\ m = 4\,\text{kg/h},\ q_{\text{w}} = 420\,\text{kW/m}^2,\ T_{\text{in}} = 192\,℃,\ Re_{\text{in}} = 4\,000)$

下面讨论流动加速对向心段内对流换热的影响。向心段中流动方向与离心力相反,压力沿程下降,相应地会产生轴向的流动加速,对换热起到削弱作用。

如图 3.36 所示,沿程压力下降产生的 Kv_{p} 为 10^{-8} 量级,相比离心段较小。因为沿程压力变化随着转速增大而显著增大,Kv_{p} 数随着转速增大而增大。Kv_{p} 数的变化率随着沿程坐标而逐渐减小,趋于平缓。这是因为在向心段中随着沿程流动,旋转半径逐渐减小,离心力压降与半径平方成正比。流体温度沿程逐渐升高,接近准临界温度,使得 β_{T} 大大增加,二者的耦合使得 Kv_{p} 逐渐趋于平缓。由于热加速 Kv_{T} 与转速无关,Kv 随转速变化体现的是 Kv_{p} 随转速变化

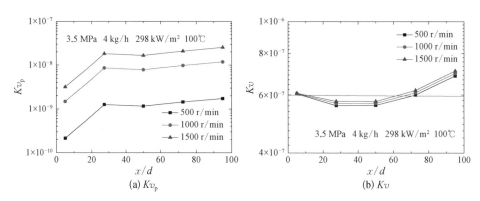

图 3.36 沿程 Kv_{p} 数与 Kv 数变化

$(q_{\text{w}} = 298\,\text{kW/m}^2,\ m = 4\,\text{kg/h},\ T_{\text{in}} = 100\,℃)$

的规律。

对于径向入流的向心段,压力沿程降低,超临界压力正癸烷会产生流动加速效果,对换热起到削弱作用,相比离心段流动减速的增强作用,这里的削弱作用较小。

如图 3.37 所示,与离心段类似,在 Bo_{ro}^* 很小时($<6×10^{-8}$),浮升力对换热没有影响。向心段中离心浮升力方向与流动方向相同,所以向心段中离心浮升力对于换热的作用类比于竖直向上流动中重力浮升力对于换热的作用,分为恶化区、恢复区与强化区。当 Bo_{ro}^* 大于 $6×10^{-8}$、小于 $1×10^{-6}$ 时,浮升力使换热恶化,Nu_x/Nu_0 小于 1;当 Bo_{ro}^* 达到 $1×10^{-6}$ 时,对流换热开始恢复;当 Bo_{ro}^* 达到 $6×10^{-5}$ 时,Nu_x/Nu_0 开始大于 1,浮升力使对流换热逐渐增强。

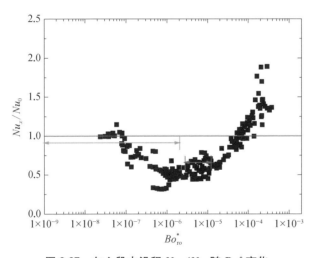

图 3.37　向心段内沿程 Nu_x/Nu_0 随 Bo_{ro}^* 变化

基于向心段内的对流换热实验数据,拟合了对流换热准则关联式,如下:

$$\frac{Nu}{Nu_s} = \left[1 + A \cdot (Ro)^a (Bo_{ro}^*)^b Kv^c \left(\frac{x}{d} \right)^d \right]^e \tag{3.38}$$

$$Kv = \frac{\nu_b}{u_b^2} \frac{du_b}{dx} = -\frac{d}{Re} \cdot \beta_T \frac{dp}{dx} + \frac{4q_w d\alpha_p}{Re^2 \mu_b c_p} \tag{3.39}$$

采取最小二乘法进行分类拟合,得到了 4 个不同位置和截面平均的对流换热关联式的五组参数,如表 3.7 所示。

表 3.7 向心段对流换热关联式参数表

	A	a	b	c	d	e
T1	$4.23×10^{13}$	7.18	1.31	−0.52	−0.18	0.05
T2	$5.93×10^{12}$	6.34	1.27	−0.25	0.73	0.04
T3	$6.15×10^{9}$	8.27	1.25	0.15	0.14	0.08
T4	$4.17×10^{9}$	5.61	1.33	0.19	0.21	0.06
截面平均	$2.98×10^{12}$	5.73	1.73	−0.11	0.17	0.04

该关联式适用于转速范围为 500~1 500 r/min，压力为 3~5 MPa，流体温度范围为 50~500℃的向心段流动工况。向心段对流换热关联式的预测结果显示，85%的数据位于 15%误差之内。

3.4 超临界压力碳氢燃料流动换热不稳定性的规律和抑制

本节介绍针对超临界压力碳氢燃料在流动换热中的不稳定现象规律及其抑制方法开展的实验及理论研究工作[27-30]。

3.4.1 流动换热不稳定性的规律

在超临界压力流体中的不稳定性振荡主要有两种形式，分别是热声振荡（acoustic oscillation）和亥姆霍兹振荡（Helmholtz oscillation）。热声振荡本质上是声波在管道中的共振，在实际运行工况中，由于超临界压力流体从管道进口到出口的温差非常大，声速在管道各处差异很大，与管道之间产生不同程度的共振，从而出现了热声振荡。由于声波与管路共振的不规律性，实验中所采集的热声振荡有着高频率、低幅度、振荡周期不明显的特点。而亥姆霍兹振荡出现的原因与热声振荡不同，是当流体温度接近准临界温度时，密度、定压比热容等热物性变化非常剧烈，导致在该处的流体有着非常大的"弹性"，体积的变化幅度较大，流体可伸缩性很强，使得在此处的流体产生幅度远大于热声振荡的波动。亥姆霍兹振荡的特点是高幅度、低频率、振荡周期较为明显，并且当流体温度越接近准临界温度时，物性变化越强，亥姆霍兹振荡越大。

实验研究结果表明，在进口雷诺数 480~2 200 范围内，均发生振荡现象。下面以进口雷诺数 480 为例进行介绍。图 3.38 示出了进口压力 2.4 MPa、流量

3 kg/h、进口温度 10℃、进口雷诺数 480,向上流动时出口流体温度在不同热流密度下的振荡情况。热流密度导致实验段出口温度不同,表现出的振荡形式也不同。在超临界压力流体不稳定性实验中,实验段进出口较大的温差会产生热声振荡,热声振荡在热流密度增加的过程中一直存在,而亥姆霍兹振荡仅存在于当流体温度接近准临界温度且满足振荡条件的时候。流体温度的振荡由热声振荡和亥姆霍兹振荡共同作用,二者所占比例不同会使得系统的振荡表现出不同的规律,其中越接近准临界温度,亥姆霍兹振荡越明显。而过高的振荡幅度会危及系统运行时的效益及安全性,因此,需要尽可能避免工质出口温度在准临界温度持续工作。

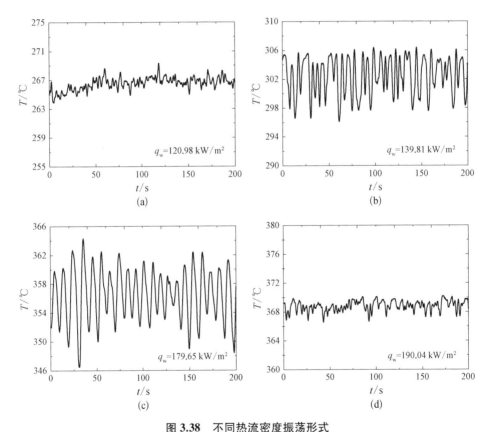

图 3.38　不同热流密度振荡形式

(进口压力 2.4 MPa,流量 3 kg/h,进口温度 10℃,向上流动,Re_{in} =480)

Ambrosini 等对临界稳定判据定义了两个无量纲参数,分别为 N_{TPC} 和 N_{SPC}[31]:

$$N_{TPC} = \frac{q_w \Pi L}{\rho_{pc} u_{in} S} \frac{\beta_{pc}}{c_{p,\,pc}}, \quad N_{SPC} = \frac{\beta_{pc}}{c_{p,\,pc}}(h_{pc} - h_{in})$$

式中，Π 是内周长；S 是横截面积；L 是管道长度。前者与实验段的热流密度呈正相关的趋势，而后者与进口的焓值呈负相关。

图 3.39 中左侧实线为 Ambrosini 和 Ferreri[31] 对于超临界压力水研究的临界判据，其中当 $Zr<0$ 时处于稳定状态，当 $Zr>0$ 时处于振荡状态。但是超临界压力正癸烷的物性与水完全不同，因此在临界判据有所差异。图 3.39 中右侧点线为实验中对压力 2.4 MPa 向上流动工况的临界振荡 N_{SPC} 和 N_{TPC} 值。可以看出此时曲线的总体趋势与超临界压力水的判据基本相似，但是数值相差较多，这是由超临界压力正癸烷的热物性与超临界压力水的热物性的区别造成的。

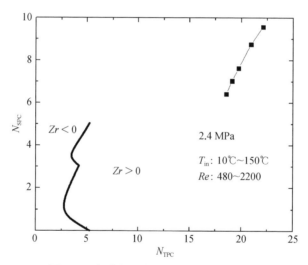

图 3.39　超临界压力正癸烷临界振荡判据

3.4.2　流动换热不稳定性的抑制

现有对于不稳定性抑制的研究主要集中在管内中插入不同结构的扰流元件强制增加扰流。但是，一方面结构复杂的扰流元件不方便在细管道中插入，另一方面多数研究未考虑扰流元件带来的阻力增加。本节采用了不锈钢螺旋丝作为扰流元件，为了尽可能减少阻力的增加，在管道中不同位置插入了不同长度的螺旋丝来研究其对于振荡的抑制效果。

实验中采用的是 304 不锈钢螺旋丝，丝径为 0.1 mm，螺距为 1.4 mm，螺旋直径为 1.2 mm，在管中均匀插入，如图 3.40 所示。实验均为向上流动工况，其中

1 管长表示在整个实验段中均插入螺旋丝,入口 1/4 管长表示只在实验段前 1/4 区域插入螺旋丝,入口 2/3 管长表示在实验段前 2/3 区域均插入螺旋丝,出口 1/2 管长表示只在实验段后 1/2 区域均插入螺旋丝,而出口 5/6 管长螺旋丝表示在实验段后 5/6 区域插入螺旋丝。以上工况分别使用 1 - all, 1/4 - in, 2/3 - in, 1/2 - out, 5/6 - out 来代表各种形式的螺旋丝。

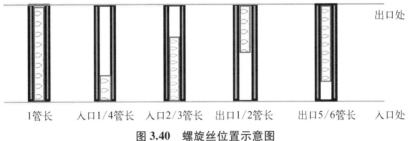

图 3.40　螺旋丝位置示意图

以进口压力 2.4 MPa、流量 3 kg/h、进口温度 10℃、进口雷诺数 480,向上流动的工况为例,对比不同形式螺旋丝的振荡抑制作用。由图 3.41(a)可见,全管

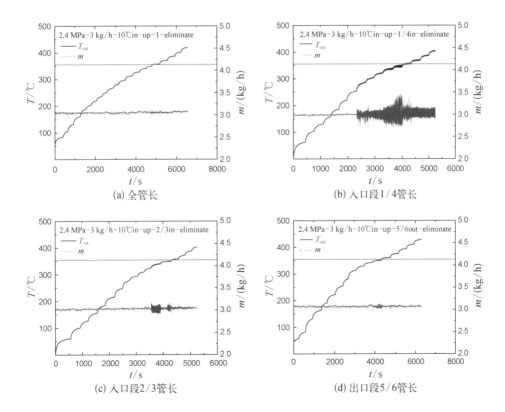

(a) 全管长

(b) 入口段 1/4 管长

(c) 入口段 2/3 管长

(d) 出口段 5/6 管长

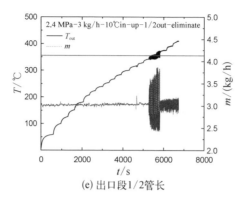

(e) 出口段1/2管长

图 3.41   不同螺旋丝布置下振荡抑制性能对比

(2.4 MPa, 3 kg/h, 10℃ in-up, $Re_{in} = 480$)

长螺旋丝抑制振荡基本上完全消除了振荡的发生;由图 3.41(b)可见,相比于光管振荡的实验,入口段 1/4 管长螺旋丝对于振荡的抑制有一定的效果,但是该工况振荡的幅度仍然较大;由图 3.41(c)可见,入口段 2/3 管长对于振荡的抑制效果明显强于入口段 1/4 管长,但仍不如全管长抑制效果好;由图 3.41(d)可见,出口段 5/6 管长工况流体温度和流量均没有发生振荡,流动稳定,抑制效果良好;由图 3.41(e),出口段 1/2 管长工况随着热流密度的增加在绝大多数区域均没有振荡的发生,但是当出口流体温度接近准临界温度时,此时出口流体温度和流量出现剧烈的振荡,振荡的幅度甚至超过相同热流密度下光管振荡实验中的振荡。

综合而言,在管内不同位置插入不同长度的不锈钢螺旋丝均能明显缩短振荡的区间,螺旋丝长度越长,抑制振荡的效果越好,在全管中均插入螺旋丝能完全消除系统振荡的发生,而在出口端插入螺旋丝有可能会使振荡加剧。

图 3.42(a)~(d)为相同热流密度下不同螺旋丝抑制工况的 Nu 数分布,其中误差线代表振荡时不同时刻的 Nu 分布范围。图 3.42(a)为入口 1/4 管长工况,全管长工况和光管振荡实验的 Nu 数分布,可以看出全管长工况的 Nu 数分布在沿程的分布均高于光管振荡实验,说明螺旋丝的扰动能够很好地降低边界层的厚度,并消除传热恶化,强化传热。而入口 1/4 管长工况在实验段前 1/4 区域,Nu 数的分布与全管长基本重合,而在后 3/4 区域由于没有螺旋丝的强化作用,在流动的过程中边界层变厚,逐渐与光管振荡实验相同,由于入口 1/4 管长工况相比于光管振荡较弱,因此在实验段后半段壁温振荡剧烈处 Nu 的误差线也相对较小。

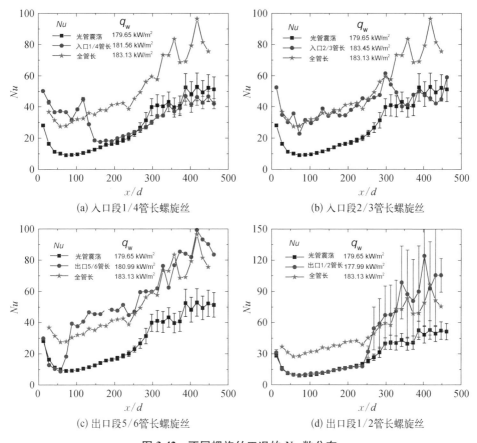

图 3.42　不同螺旋丝工况的 Nu 数分布

(2.4 MPa, 3 kg/h, 10℃in-up, Re_{in} = 480)

　　同样,图 3.42(b)中入口 2/3 管长工况在实验段前 2/3 区域与全管长工况相同,而在后 1/3 区域与光管相同。图 3.42(c)为出口 5/6 管长工况的 Nu 数,在前 1/6 区域与光管很好地重合,而在后 5/6 区域传热强化效果明显。图 3.42(d)为出口 1/2 管长工况,前 1/2 区域 Nu 数较低,而在后 1/2 区域 Nu 数的中位数与全管长工况相同,但是由于壁温的振荡十分剧烈,导致此时 Nu 数有着很大的误差线。综合来说,尽管在实验段中不同位置的螺旋丝不一定能够减弱振荡,但是有螺旋丝的部位传热会得到明显的强化作用,不同实验结果之间吻合得很好。综合来说,插入螺旋丝部分的 Nu 数是光管实验中同一部位 Nu 数的 2~3 倍,说明螺旋丝有着良好的强化换热效果。

　　由于螺旋丝的插入意味着阻力的增加,流体在强化管中流动时相比于光管必须要克服一定的阻力,从而系统需要付出一定的代价。采用 $PEC = \dfrac{Nu/Nu_0}{(f/f_0)^{1/3}}$ 来评价不同长度螺旋丝工况的综合传热性能,该评价参数为等泵功评价标准,其值越大,表示相同泵功下强化管能传递更多热量。其中 Nu 和 f 为强化管实验中的加权平均努塞尔数和阻力系数,Nu_0 和 f_0 分别是光管实验中的加权平均努塞尔数和阻力系数。若 PEC 值大于 1,说明螺旋丝结构强化传热时努塞尔数提高的收益高于阻力增加的代价。

参考文献

[1] Zhu Y H, Peng W, Xu R N, et al. Review on active thermal protection and its heat transfer for airbreathing hypersonic vehicles [J]. Chinese Journal of Aeronautics 2018, 31 (10): 1929 – 1953.

[2] Jiang R P, Liu G Z, Zhang X W. Thermal cracking of hydrocarbon aviation fuels in regenerative cooling microchannels [J]. Energy & Fuels, 2013, 27(5): 2563 – 2577.

[3] 刘波. 超临界压力流体在圆管内对流换热及热裂解研究[D]. 北京:清华大学,2013.

[4] 严俊杰. 超临界压力流体湍流换热机理及热裂解研究[D]. 北京:清华大学,2018.

[5] 赵然. 超临界压力碳氢燃料流动与传热不稳定性及热裂解研究[D]. 北京:清华大学,2018.

[6] 刘波,王夕,祝银海,等. 超临界压力下正癸烷在微细圆管内对流换热实验研究[J]. 工程热物理学报,2014,35(1):114 – 118。

[7] Liu B, Zhu Y H, Yan J J, et al. Experimental investigation of convection heat transfer of n-decane at supercritical pressures in small vertical tubes[J]. International Journal of Heat and Mass Transfer, 2015, 91: 734 – 746.

[8] 王夕,刘波,严俊杰,等. 超临界压力下 RP – 3 在微细圆管内对流换热实验研究[J]. 工程热物理学报,2015,36(2):360 – 365.

[9] 严俊杰,刘耘州,闫帅,等. 超临界压力下碳氢燃料在竖直圆管内对流换热实验研究[J]. 工程热物理学报,2016,37(11):2385 – 2392.

[10] McEligot D M, Jackson J D. Deterioration criteria for convective heat transfer in gas flow through non-circular ducts[J]. Nuclear Engineering and Design, 2004, 232 (3): 327 – 333.

[11] Murphy H D, Chambers F W, McEligot D M. Laterally converging flow, part I, Mean Flow [J]. Journal of Fluid Mechanics, 1983, 127: 379 – 401.

[12] Krasnoshchekov E A, Protopopov V S, Van F, et al. Experimental investigation of heat transfer for carbon dioxide in the supercritical region[C]//Gazley J C, Hartnett J P, Ecker E R C. Proceedings of the 2nd All-Soviet Union Conference on Heat and Mass Transfer, Minsk, 1967.

[13] Krasnoshchekov E A, Protopopov V S, Pakhovnik I A, et al. Some results of an experimental investigation of heat transfer to carbon dioxide at supercritical pressure and temperature heads

of up to 850c. [J]. High Temperature, 1971, 9(5): 992-995.

[14] Gnielinski V. New equation for heat and mass transfer in turbulent pipe and channel flow [J]. International Journal of Chemical Engineering, 1976, 16 (2): 359-368.

[15] Petukhov B S, Genin L G, Kovalev S A. Heat transfer in nuclear power equipment[M]. Moscow: Energoatomizdat Press, 1986.

[16] Jackson J D, Hall W B. Forced convection heat transfer to fluids at supercritical pressure[J]. Turbulent Forced Convection in Channels and Bundles, 1979, 2: 563-611.

[17] Jackson J D. Consideration of the heat transfer properties of supercritical pressure water in connection with the cooling of advanced nuclear reactors[C]: Shenzhen: Proceedings of the 13th Pacific Basin Nuclear Conference, 2002.

[18] Jackson J D. Fluid flow and convective heat transfer to fluids at supercritical pressure[J]. Nuclear Engineering and Design, 2013, 264: 24-40.

[19] 芦泽龙. 旋转条件下超临界压力碳氢燃料对流换热规律[D].北京: 清华大学,2019.

[20] 梁楠. 低速旋转条件下超临界压力碳氢燃料对流换热研究[D].北京: 清华大学,2018.

[21] 单维佶. 旋转通道内超临界压力正癸烷对流换热实验研究[D].北京: 清华大学,2019.

[22] 芦泽龙,严俊杰,祝银海,等. 碳氢燃料在旋转通道中传热的数值模拟[J]. 工程热物理学报,2015,36(11): 2498-2501。

[23] Jiang P X, Lu Z L, Guo Y X, et al. Experimental investigation of convective heat transfer of hydrocarbon fuels at supercritical pressures within rotating centrifugal channel[J]. Applied Thermal Engineering, 2019, 147: 101-112.

[24] Lu Z L, Zhu Y H, Guo Y X, et al. Experimental investigation of convective heat transfer of supercritical pressure hydrocarbon fuel in a horizontal section of a rotating U-duct[J]. Journal of Heat Transfer, 2019, 141(10): 101702-1-101702-15.

[25] 芦泽龙,祝银海,郭宇轩,等. 旋转条件下超临界压力正癸烷径向入流时的对流换热[J]. 推进技术,2019,40(6): 1332-1340.

[26] 单维佶,祝银海,姜培学. 超临界压力正癸烷旋转通道内对流换热实验研究[J]. 工程热物理学报,2020,41(2): 455-460.

[27] Yan J J, Zhu Y H, Zhao R, et al. Experimental investigation of the flow and heat transfer instabilities in n-decane at supercritical pressures in a vertical tube[J]. International Journal of Heat and Mass Transfer, 2018, 120: 987-996.

[28] Zhu Y H, Zhao R, Wang Y S, et al. Investigation of flow and heat transfer instabilities and oscillation inhibition of n-decane at supercritical pressure in vertical pipe [J]. Applied Thermal Engineering, 2019, 161: 114143.

[29] 严俊杰,芦泽龙,祝银海,等. 超临界压力碳氢燃料瞬态加热响应特性[J]. 化工学报,2015,66(S1): 65-70.

[30] 严俊杰,赵然,闫帅,等. 超临界压力下正癸烷在竖直圆管内流动与换热不稳定性实验研究[J]. 推进技术,2017,38(2): 450-456.

[31] Ambrosini W, Ferreri J C. Analysis of basic phenomena in boiling channel instabilities with different flow models and numerical schemes[C]. Miami: 14th International Conference on Nuclear Engineering, 2006.

第 4 章

超临界压力碳氢燃料热裂解及对换热的影响

以吸热型碳氢燃料作为冷却工质,采用再生冷却技术对高温热部件进行冷却是高超声速飞行中重要的主动热防护技术。燃料在进入超燃冲压发动机燃烧室之前,在冷却通道内通过对流换热和高温热裂解吸收高温热部件热量,而自身裂解成为低碳烃类,然后再流入燃烧室进行燃烧。热裂解反应需吸收热量,可提高燃料总的热沉,增加冷却流体在通道内的冷却能力。燃料在通道内处于超临界压力状态时,物性变化剧烈,且对流换热与热裂解耦合作用,相互影响。研究超临界压力碳氢燃料在冷却通道内的热裂解化学反应规律,对再生冷却主动热防护的设计至关重要。

目前,一般有三类热裂解化学反应机理模型:详细机理、集总反应机理和总包反应机理。详细机理较为细致地描述热裂解反应,一般包含上百种甚至上千种物质和化学反应,在计算时所需的计算资源巨大,一般只适用于一维的热裂解计算,难以应用于 CFD 计算。集总反应机理相较详细机理进行了简化,液相产物在详细机理中常被简化为所谓"虚拟组分"而不是独立组分,集总反应模型不能用于预测被简化为一种物质的产物的组分,这给集总反应模型造成了限制。总包反应机理使用一步反应描述整个热裂解过程,大大简化了计算量。但是,传统的一步总包化学反应模型只能对较低裂解率下的热裂解进行描述,当裂解率较高、二次反应较显著时,总包反应模型误差迅速增大,亟须获得精度较高的总包反应机理[1-4]。

本章以正癸烷和吸热型碳氢燃料为研究对象,介绍温度、压力、质量流量等对超临界压力碳氢燃料热裂解的影响规律,阐述热裂解对换热的影响特性、热裂解的变化学计量系数微分总包反应模型的构建方法和实验验证结果。

4.1　热裂解实验系统及产物分析方法

本节针对超临界碳氢燃料热裂解实验系统及组分检测方法进行详细介绍[5-9]。

4.1.1　实验系统

碳氢燃料的热裂解实验与第三章所述对流换热实验共用一套实验系统,如图 4.1 所示。不同之处有两方面,一是裂解实验台缩短了反应管与冷却器之间距离,使燃料从反应管出来之后迅速进入冷却器,急速冷却至裂解温度之下;二是裂解实验由气相和液相产物生成,增加了气路和液路。因此,产物需要先通过

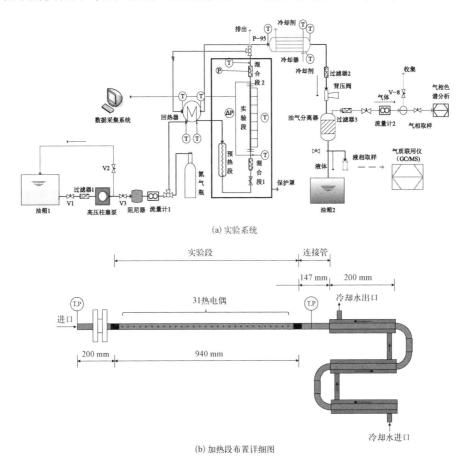

(a) 实验系统

(b) 加热段布置详细图

图 4.1　实验系统示意图

油气分离器进行分离,分离之后,气相产物进入气路,流经过滤器,由质量流量计测量流量之后,一部分被取样进入气相色谱仪,剩余部分被排除;而液相产物和未反应碳氢燃料则进入液路,流入油箱;液路上设液相取样旁路,液相由气质联用仪进行定性和定量分析。与对流换热实验相比,热裂解实验装置增加的设备和仪器有:油气分离器、气体流量计、气相色谱仪和气质联用仪。实验段反应管为内径 2 mm,外径 3.01 mm,长 940 mm 的不锈钢管。

4.1.2　裂解产物及分析方法

气相产物由气相色谱仪进行定量分析,液相产物由气相色谱/质谱联用仪进行定性和定量分析。气相产物主要有甲烷、乙烯、乙烷及氢气等,液体产物主要有戊烷、戊烯、己烷、己烯及庚烯等。

1. 气相产物分析

气相产物分析仪器及方法如下。

色谱仪器:北分 3420A 型气相色谱仪。

色谱柱:Al_2O_3 毛细柱。

载气:氦气。

柱前压:初温 50℃ ,保持 8 min,以 3℃/min 的速率程序升温至 120℃ 。

气化室温度:100℃ 。

FID 检测器温度:180℃ 。

TCD 检测器温度:150℃ 。

采用气相色谱仪测量得各气相产物的峰面积和保留时间,并由保留时间进行定性,由峰面积进行定量,使用面积归一法计算出气相产物的含量。气体质量流量由质量流量计测定,由下式计算产气率:

$$\Psi_g = \frac{气体质量流量}{燃料总质量流量} \times 100\% = \frac{m_g}{m_{total}} \times 100\% \tag{4.1}$$

其中,m_g 为气体质量流量;m_{total} 为燃料总质量流量。

2. 液相产物分析

液相产物分析仪器及方法如下。

仪器:岛津 GC/MS 气相色谱/质谱联用仪 SP2010Plus,配备有分流和不分流进样口,2.50L 涡轮分子泵,四级杆质谱检测器。

色谱柱:HP - 5MS 毛细色谱柱(柱长 30 m,内径 0.25 μm)。

载气：氦气。

柱前压：0.7 kPa。

气化室温度：100℃。

气质分析条件：载气流速 1.0 mL/min，进样量 0.1 mL/min，分流比 150∶1，溶剂延迟 2 min。

色谱条件及升温程序：进样口温度 250℃，接口温度 280℃，柱箱始温 30℃，保持 2.5 min，然后以 20℃/min 的速率升温至 210℃，保持 1 min。

质谱条件：EI 离子源，电子能量 70 eV，扫描范围 40～400 u，产物由质谱信息，查询 NIST11 和 NIST11s 数据库，定性出产物的结构，产物的定量计算通过外标法实现。

正癸烷的裂解率由下式计算：

$$\varepsilon = Y_{c10} = \frac{\text{生成产物总质量}}{\text{燃料总质量}} \times 100\% = \frac{m_{C10}}{m_{\text{total}}} \times 100\% \qquad (4.2)$$

4.2　超临界压力正癸烷热裂解实验研究结果

本节研究了压力范围为 3～7 MPa(压力大于正癸烷临界压力，流体处于超临界压力)、流量范围为 2～5 kg/h，实验进口温度为 120℃，出口温度在 560～670℃ 范围内的超临界压力正癸烷热裂解规律[8, 10, 11]。实验系统出口裂解率范围为 0%～75%。实验段长度为 1 150 mm，管内径为 2 mm、外径为 3 mm，如图 4.2 所示。

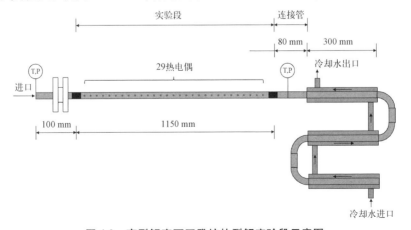

图 4.2　高裂解率下正癸烷热裂解实验段示意图

本章研究了不同压力及裂解率下的正癸烷的热裂解规律,分析了热裂解产物的生成特性,并构建了在此工况范围内正癸烷的总包热裂解反应模型。

4.2.1　正癸烷热裂解的产物生成规律

如图 4.3 所示,在出口温度及质量流量确定的情况下,出口裂解率及产气率均随压力升高增长。

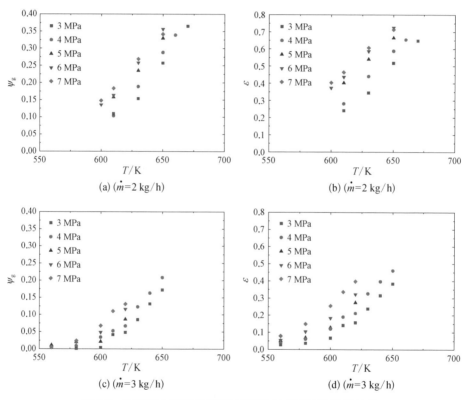

图 4.3　不同压力下正癸烷热裂解产气率随出口温度的变化

如图 4.4 所示,在不同压力下,产气率均随裂解率升高而增长,而在确定裂解率下,压力对正癸烷热裂解产气率产生了显著的影响。随着压力的升高,产气率在相同裂解率下出现显著降低。综合图 4.3 及图 4.4,在确定的出口温度及流量下,压力升高引发的裂解率增长相比其引发的产气率下降起到了主导作用,因此宏观上使得产气率升高。而在相同裂解率下,压力升高使得裂解倾向于向生成液相产物的方向发展。

在高裂解率下,二次反应影响了正癸烷热裂解的产物分布规律,各产物的质

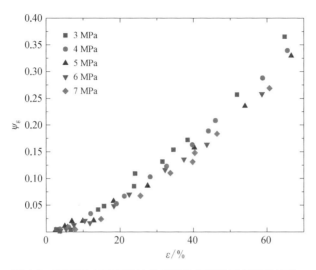

图 4.4　不同压力下正癸烷热裂解产气率随裂解率的变化

量分数与裂解率之间呈现出不同的函数关系,而不再呈简单的正比例关系。压力对产物在不同裂解率下的分布也产生了显著的影响。依据二次反应和压力对产物质量分数分布的影响,将正癸烷热裂解气相产物分为三类,液相产物分为四类。下面将对产物分类进行简介。

主要气相产物的质量分数均随着裂解率的升高加速增长,但不同产物在压力的影响下呈现出的特征不同。

第一类气相产物包含丙烷和正丁烷,为典型的气相正烷烃,其质量分数随着压力升高而增长,如图 4.5 所示。这主要是由于"双分子反应"在这两种物质的

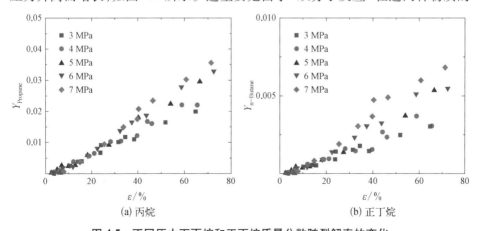

图 4.5　不同压力下丙烷和正丁烷质量分数随裂解率的变化

生成中起到了主导作用。而在高压力下,"双分子反应"发生的概率增高,强化了丙烷和正丁烷的生成。

第二类气相产物与丙烷等不同,其质量分数随着压力的升高而下降,典型的第二类气相产物为乙烯。乙烯的生成主要由所谓"单分子反应"主导,而单分子反应的发生随着压力的升高相较"双分子反应"受到抑制,使得乙烯的质量分数随着压力升高而降低。第二类气相产物的质量分数相较第一类更多,这使得宏观上,在相同裂率下,正癸烷热裂解的产气率也随着压力的升高而发生降低,如图4.6所示。

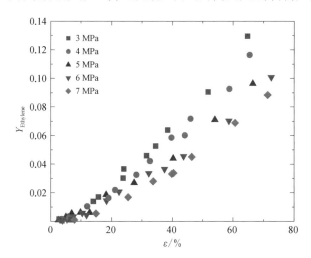

图4.6　不同压力下乙烯质量分数随裂解率的变化

第三类气相产物的质量分数受压力的影响不显著。典型的产物如乙烷、丙烯等。气相产物的生成路径较为复杂,对于第三类产物而言,其部分生成路径受到压力升高的强化,而部分则被削弱,宏观上使得在本次实验工况范围内,该类产物的分布受压力影响不明显,如图4.7所示。

二次反应对液相产物分布的影响从宏观上看更为多样(表4.1)。依据二次反应和压力对产物质量分数分布的影响,对高裂解率下正癸烷液相产物分类如下。

表4.1　二次反应和压力对不同类别液相产物分布的影响

液相产物类别	I	II	III	IV
$\dfrac{\partial Y}{\partial P}$	≈ 0	≈ 0	>0	>0
$\dfrac{\partial^2 Y}{\partial \varepsilon^2}$	>0	<0	>0	<0

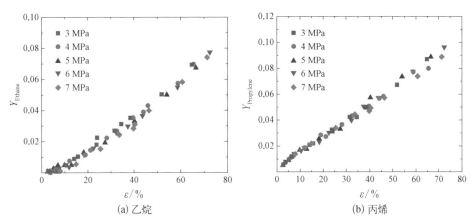

图 4.7　不同压力下乙烷和丙烯质量分数随裂解率的变化

类别 I：压力影响不显著，而有 $\dfrac{\partial^2 Y}{\partial \varepsilon^2} > 0$，即随着裂解率升高产物生成加速。

该类产物由芳香烃、环烯烃和多烯烃组成，如图 4.8 所示，苯和甲苯即为典型的该类产物。类型 I 液相产物的不饱和度为 2 及以上。在热裂解反应的初期，类型 I 液相产物缓慢增长，但达到一定裂解率后，其质量分数增长率骤增，因此为典型的二次反应产物。

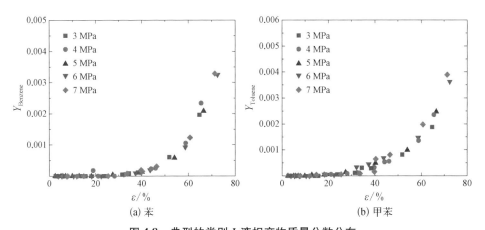

图 4.8　典型的类别 I 液相产物质量分数分布

类别 II：压力影响不显著，有 $\dfrac{\partial^2 Y}{\partial \varepsilon^2} < 0$，即随着裂解率升高，产物生成速率逐渐减慢，甚至出现负增长。类别 II 液相产物由 $C_5 - C_{10}$ 的 1-烯烃组成，不饱和度为 1。图 4.9 展示了典型类别 II 液相产物 1-庚烯和 1-辛烯的质

量分数分布。类别 II 液相产物为典型的一次反应产物,但在高裂解率下,该类液相产物被作为二次反应中的反应物消耗,生成速率降低,甚至出现质量分数的下降。

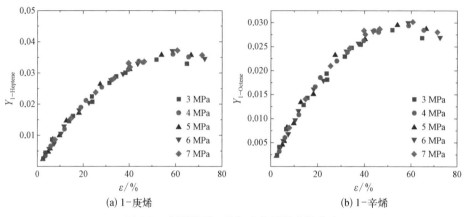

图 4.9 典型类别 II 液相产物质量分数分布

类别 III:压力显著增强了产物生成,有 $\dfrac{\partial^2 Y}{\partial \varepsilon^2} > 0$。类别 III 液相产物由环烷烃及其环状同分异构体组成,不饱和度为 1。图 4.10 展示了典型类别 III 液相产物环戊烷等的质量分数分布。与类别 I 液相产物类似,类别 III 液相产物的质量分数在低裂解率时增长慢,而随着裂解率升高逐渐增长加快。但相比类别 I 产物,类别 III 产物的质量分数增长更为平缓。

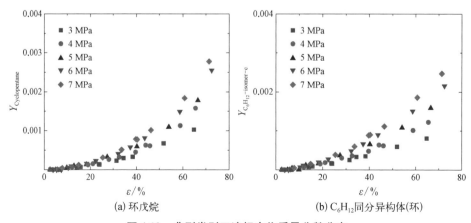

图 4.10 典型类别 III 液相产物质量分数分布

类别Ⅳ：压力显著增强了产物生成，有 $\dfrac{\partial^2 Y}{\partial \varepsilon^2} < 0$。类别Ⅳ液相产物由 C_5－C_9 饱和正构烷烃组成，不饱和度为 0。图 4.11 展示了典型类别Ⅳ液相产物正己烷和正辛烷的质量分数分布。类别Ⅳ液相产物是典型的一次反应产物，在二次反应中，该类产物被作为反应物消耗，使其质量分数相对裂解率的增长率降低。在本次实验中，未观测到类别Ⅳ液相产物像类别Ⅱ产物一样，在高裂解率下出现质量分数的下降。

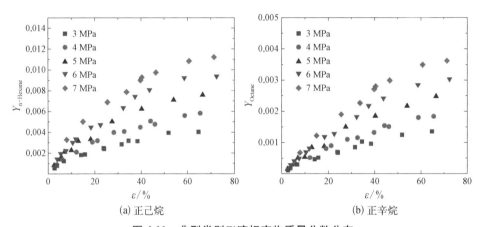

(a) 正己烷　　　　　　　　　　　　(b) 正辛烷

图 4.11　典型类别Ⅳ液相产物质量分数分布

4.2.2　正癸烷热裂解总包反应模型

正构烷烃的裂解机理主要为自由基引发的链式反应，其过程包括链引发、链增长和链终止，其反应历程可表示如下：

链引发：
$$M \rightarrow R' \cdot + R'' \cdot \tag{4.3}$$

链增长：
$$H \cdot + RH \rightarrow H_2 + R \tag{4.4}$$

链终止：
$$R_1 \cdot + R_2 \cdot \rightarrow 产物 \tag{4.5}$$

已有学者使用包含一系列自由基反应的方程来描述烷烃的热裂解反应，但是这些详细机理或者简化的总包反应包含成百上千的物质和化学反应步骤，给实际的工程计算带来了困难。已有研究显示，在低度热裂解时，正构烷烃裂解的主要产物为正构烷烃和正烯烃，且裂解产物之间成比例分布。裂解度较低时，认为反应主要为一次反应，在一定工况范围内，裂解产物摩尔比例随压力和温度的的变化不大,因此可以使用成比例化学反应机理(proportional production distribution chemical model, PPD Model)来构建正构烷烃的热裂解反应模型,使其能应用到实际工程计算中。本实验中热裂解率较低,属于轻度热裂解,因此可尝试使用 PPD 反应机理来构建燃料的裂解反应模型,用于计算冷却通道内燃料的热裂解反应。

如图 4.12 所示,随着热裂解率上升,正丁烷生成率随之上升,且近似为线性上升,即正丁烷生成率与正癸烷裂解率的比值保持为常数。而甲烷在裂解率低于 12% 时,其生成率变化基本呈线性,而当裂解率大于 12% 时,生成率大于沿线性变化的值。高碳液体产物生成率也有类似分布规律(图 4.13),当裂解率低于 12% 时,相对正癸烷裂解率,1 -戊烯、1 -己烯及 1 -辛烯的生成率保持线性变化,而当裂解率较高时,三种产物生成率均比沿线性变化的拟合值低。其他气相和

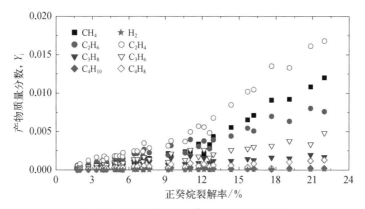

图 4.12 不同裂解率下气相产物质量分数

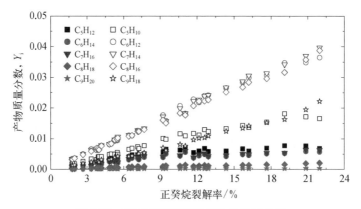

图 4.13 不同裂解率下液相产物质量分数

液相产物的生成率有类似分布。由此可以推断,在本实验中,低热裂解率时(小于 12%),由于温度较低,且停留时间较短,热裂解反应主要为一次反应,二次反应基本可以忽略,所以产物的生成率随着裂解率的上升也上升,且保持线性增长,即产物之间总是按照一定比例生成。

由上分析知,在低裂解率(小于 12%)时,正癸烷的裂解反应满足 PPD 反应机理,即生成物中各产物所占质量分数保持不变。因此,按照 PPD 反应机理,由实验数据计算出正癸烷各裂解产物所占的平均质量分数值,再根据质量守恒定理,计算得到超临界压力下正癸烷一步总体热裂解化学反应模型,如式(4.6)所示。该反应模型适用于压力范围为 3～6 MPa,裂解率低于 12% 的正癸烷热裂解反应。

$$
\begin{aligned}
C_{10}H_{22} \longrightarrow &\ 0.022\,6H_2 + 0.201\,6CH_4 + 0.227\,2C_2H_4 + 0.150\,3C_2H_6 \\
&+ 0.065\,6C_3H_6 + 0.042\,3C_3H_8 + 0.015\,5C_4H_8 + 0.005\,4C_4H_{10} \\
&+ 0.198\,2C_5H_{10} + 0.111\,9C_5H_{12} + 0.301\,2C_6H_{12} + 0.069\,7C_6H_{14} \\
&+ 0.249\,2C_7H_{14} + 0.064\,4C_7H_{16} + 0.217\,3C_8H_{16} + 0.012\,5C_8H_{18} \\
&+ 0.081\,0C_9H_{18} + 0.003\,7C_9H_{20}
\end{aligned}
\tag{4.6}
$$

反应速率由 Arrhenius 方程确定:

$$
k = A\exp\left(-\frac{E_a}{RT}\right)
\tag{4.7}
$$

式中,k 是反应速率;A 是指前因子;T 是反应温度;E_a 是活化能;R 是通用气体常数。该模型活化能 $E_a = 263.7\ \text{kJ/mol}$,指前因子 $A = 1.6 \times 10^{15}\ \text{s}^{-1}$。

当裂解率高于 12% 时,采用基于 PPD 假设的总包反应模型会产生较大的计算误差,此时,热裂解反应模型必须考虑二次反应的影响,该部分内容将在第 4.4 节中详细介绍。

4.3　超临界压力吸热型碳氢燃料热裂解实验研究结果

本节以第 3 章所述的 EHF－Ⅰ吸热型碳氢燃料作为研究对象,开展工程燃料的流动热裂解研究[12]。由于流体向上流动换热时会受到浮升力影响,有可能使传热发生恶化并影响温度分布,不利于准确获得热裂解规律。因此,本书主要研究向下流动过程中的热裂解规律。依据实际的超燃冲压发动机再生冷却系统的典型工作条件,实验工况的进口流体温度为 300℃,压力范围是 3~5 MPa,质量流量范围是 2~5.5 kg/h。首先通过实验测量气相和液相的生成规律,建立低裂解率下的总包热裂解反应模型,并分析热裂解和对流换热的耦合影响规律。

4.3.1 吸热型碳氢燃料热裂解产物生成规律

出口温度越高意味着更大的热流密度与更高的壁温分布,所以产气率随着反应温度的升高急剧升高,如图 4.14 所示,也说明热裂解的反应速率随温度升高而增大。在出口温度相同时,产气率随着流量增大或压力降低而减小,这和反应的驻留时间有关。若质量流量越大,则流速越快,流体在高温区域的驻留时间变短,因此反应的程度降低,产气率减小;当压力降低时,流体的密度增大,所以在相同质量流量的条件下流体的流速更大,也会使得产气率下降。

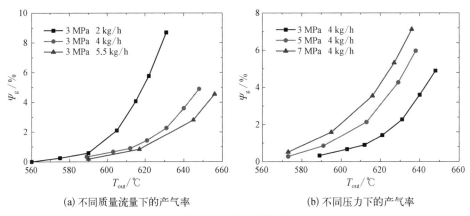

(a) 不同质量流量下的产气率　　　　　(b) 不同压力下的产气率

图 4.14　产气率分布

产气率和裂解率大致为线性关系。更大的裂解率意味着反应程度更为充分,所以会产生更多的裂解气,如图 4.15 所示。

根据组分单相质量分数对应裂解率 ε 的关系,研究表明,可将裂解产物大致分为三种类型。

分子量最轻的甲烷和乙烷两种烷烃为 I 型,这种类型的产物单相质量分数基本为常数,与反应温度、压力、质量流量或裂解率无关,如图 4.16 所示。这两种烷烃也是裂解气的主要成分,共计占裂解气质量的 50% 左右。这两种小分子

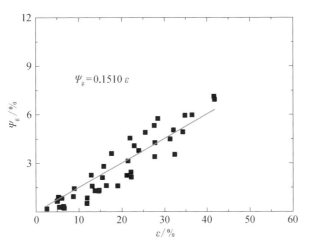

图 4.15　产气率与裂解率关系

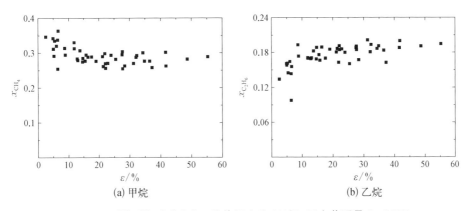

(a) 甲烷　　　　　　　　　　　　　(b) 乙烷

图 4.16　Ⅰ 型热裂解产物(进口流体温度为 300℃,压力范围是 3~5 MPa,
质量流量范围是 2~5.5 kg/h)

烷烃是热裂解过程中一系列复杂反应的最终产物,各种因素对其产量的影响互相补偿制约,因此最终导致其比例变化不大。

正丁烷和正戊烷等分子量中等的中间产物为 Ⅱ 型,这种类型的产物单相质量分数规律较为复杂,与压力、裂解率等因素都有关,如图 4.17 所示。它们既是大分子裂解成较小分子的直接产物,也能继续发生二次反应生成分子量更小的物质。当压力升高时,由于密度的降低,流速升高,驻留时间减少,因此同样的裂解率实际对应了更高的反应温度,这使得二次反应增多,有更多的烷烃转化为烯烃,所以 Ⅱ 型的产物中烷烃在高压下更少而烯烃更多。

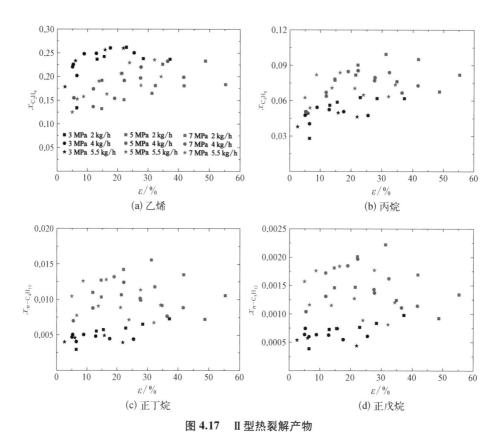

图 4.17　Ⅱ 型热裂解产物

丙烯、1-壬烯、甲苯等产物为 Ⅲ 型,这一类物质的单相质量分数基本只和裂解率相关,而和压力、流量等关系不大,如图 4.18 所示。这种类型的产物主要为烯烃,在裂解率较低的条件下其含量很少,对产气率的影响也不大。

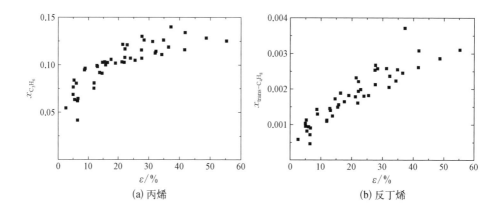

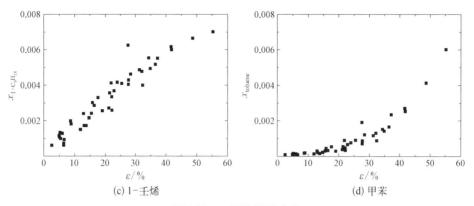

(c) 1-壬烯

(d) 甲苯

图 4.18　III 型热裂解产物

4.3.2　吸热型碳氢燃料热裂解总包反应模型

当裂解率相对较低时($\varepsilon < 25\%$)，质量分数基本和 ε 呈线性关系，因此在较低裂解率下可以建立等比例化学反应模型；在较高裂解时，质量分数偏离线性关系。

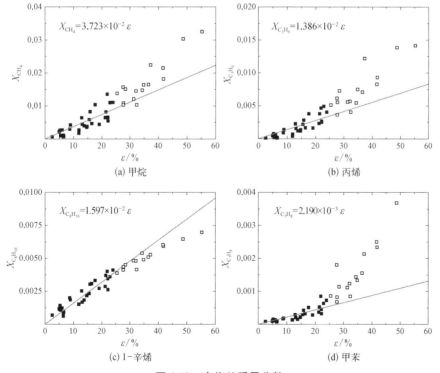

(a) 甲烷

(b) 丙烯

(c) 1-辛烯

(d) 甲苯

图 4.19　产物总质量分数

由实验数据拟合得到的等比例化学反应模型(PPD 模型)为

$$
\begin{aligned}
C_{12.01}H_{23.09} \rightarrow\ & 0.390\,9CH_4 + 0.134\,2C_2H_6 + 0.173\,4C_2H_4 \\
& + 0.032\,93C_3H_8 + 0.055\,46C_3H_6 + 0.003\,605C_4H_{10} \\
& + 0.009\,996C_4H_8 + 0.000\,331\,8C_5H_{12} + 0.007\,932C_4H_6 \\
& + 0.003\,999C_7H_8 + 0.023\,95C_8H_{16} + 0.020\,45C_9H_{18} \\
& + 0.015\,55C_{10}H_{20} + C_{10.12}H_{18.21}
\end{aligned}
\tag{4.8}
$$

这里正丁烷和异丁烷被合并为 C_4H_{10}，反正异顺丁烯被合并为 C_4H_8。最后一项 $C_{10.12}H_{18.21}$ 代表液相产物中未被测量的部分，$C_{12.01}H_{23.09}$ 为反应物吸热型碳氢燃料 EHF - I 的替代分子式。事实上 $C_{10.12}H_{18.21}$ 所含质量占总生成物的大部分，这部分裂解液成分过于复杂，难以一一进行测定。生成物中包含了几乎所有的气相产物。这个反应模型为总包反应机理模型，在裂解率相对较低时(<25%)适用。当裂解率较大时，发生更多的二次反应，因此如 1-辛烯等大分子产物的含量相对于线性关系偏小，而小分子如甲烷、丙烯等含量相对于线性关系偏大。

由实验的驻留时间可以确定反应速率，从而拟合得到指前因子 $A = 1.6 \times 10^{15}\ s^{-1}$，活化能 $E_a = 256\ kJ \cdot mol^{-1}$。

采用总包反应模型和新的反应速率相关系数进行了数值计算。图 4.20 给出计算和实验得到的裂解率随出口温度的变化关系，在较低的裂解率时(<25%)，计算所得结果和实验相差较小，但是在裂解率较高时，CFD 计算结果误差较大。

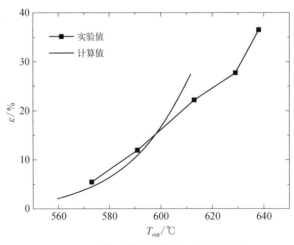

图 4.20　裂解率的计算值与实验值对比

4.3.3　热裂解与对流换热的耦合影响特性

热裂解发生时,一方面由于裂解吸热带来额外的化学热沉影响对流换热,另一方面热裂解使得流体的混合物热物性发生改变,所以热裂解耦合条件下的对流换热是一个受多因素耦合影响的过程。图 4.21 为压力 3 MPa、进口温度 300℃、进口 $Re=2500$,较低热流密度未发生热裂解条件下的对流换热特性。壁温在进口段迅速上升,之后流体温度持续升高、壁温也随之升高。随着流体温度逐渐升高,定压比热容迅速增大,因此对流换热系数增大。当流体温度达到准临界温度后,流体进入类气态区,此时流体的热物性表现类似气体,具有较低的密度、热导率和定压比热容,所以对流换热能力降低,壁温开始显著升高。进口段 Nu 迅速下降,是由于进口热边界层增厚的影响。进口段之后,当流体截面平均温度小于准临界温度时,三个不同热流密度对应的 Nu 均沿程有一定上升,且热流密度越高,Nu 越大,这是因为流体的截面平均温度越接近准临界温度,定压比热容越大,对流换热越强。当流体温度高于准临界温度后,温度越高,Nu 越低,这是由于流体进入类气态区,对流换热减弱。

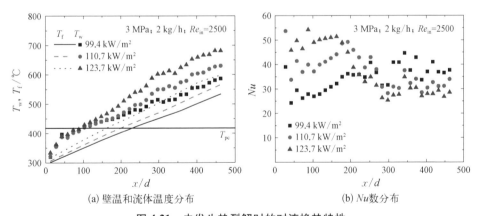

(a) 壁温和流体温度分布　　　　(b) Nu 数分布

图 4.21　未发生热裂解时的对流换热特性

与热裂解相耦合的对流换热情况有所不同,图 4.22 是发生热裂解时的对流换热特性。这里的最低热流密度工况正是图 4.21 中最高热流密度工况。当热流密度由 123.7 kW/m² 升高到 127.4 kW/m² 时,出口流体温度由 590℃升高到 605℃,并且产气率由 0%升高到 2.1%,说明 EHF－Ⅰ燃料在出口流体温度超过约 600℃时开始明显产生裂解气。热流密度在 127.4 ~ 158.6 kW/m² 范围内存在热裂解反应,在管道的进口段($x/d<50$),由于热边界层增厚、换热 Nu 降低;之后,在 $x/d=50~150$,随着管道截面流体平均温度不断趋近准临界温度,热物性

的变化使换热增强;在管道的后半部分,Nu 总体保持比较大(相比于热流密度为 $127.4\,\text{kW/m}^2$),这可能是热裂解所带来的额外化学热沉的作用。热流密度进一步升高,更多的裂解气产生,产气率随之升高,此时管道内发生如图 4.23 所示的热裂解。碳氢燃料在裂解温度 T_{crack} 以上发生裂解,截面 A 为流体温度低于裂解温度的情况,流体中尚未发生热裂解。由于热边界层的存在,壁面具有最高的温度,所以随着流体温度的升高,壁面首先达到裂解温度,如截面 B 所示。此时近壁面的薄层内开始发生热裂解,这部分热裂解提供了额外的化学热沉,因此对流换热能力增强。

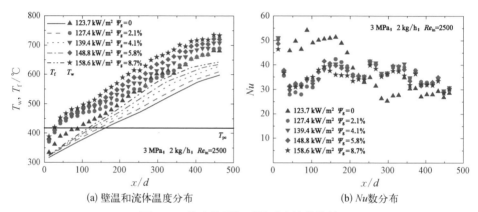

(a) 壁温和流体温度分布   (b) Nu 数分布

图 4.22　发生热裂解时的对流换热特性

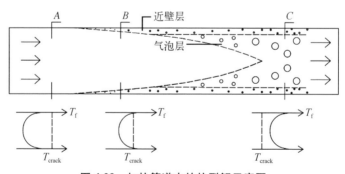

图 4.23　加热管道内的热裂解示意图

当温度继续升高时,情况变得较为复杂。一方面有更多的流体达到裂解温度开始发生热裂解,裂解气产生的气泡层也逐渐增厚向管中心发展,热裂解产生更多的化学热沉会强化换热;另一方面,增厚的气泡层具有较低的热导率、比热容等,这表现为额外的热阻层,使得对流换热减弱。图 4.22(b) 显示在有裂解气产生以后,Nu 数随着热流密度升高有所降低,在同一热流密度下沿流向也有一定的降低,说明裂解气的气泡层带来的额外热阻此时占据了主要的作用,使得综合对流换热系数下降。这部分对应截面 B 至 C。

下面讨论压力和质量流量在热裂解耦合条件下对流动换热的影响。图 4.24 给出不同压力和质量流量条件下,管道截面流体平均温度、壁面温度和 Nu 分布的比较。对比质量流量同为 3.8 kg/h 的工况,更高的压力 5 MPa 下流体具有更大的密度,所以在同样的质量流量下具有更低的流速,因而驻留时间更长,裂解率和产气率更高,这也使得热裂解产生更多化学热沉;但是,更强的热裂解产生的裂解气如前所述会阻碍换热,并且压力更大时准临界温度附近的定压比热容峰值显著降低,这都会对换热产生负面影响。实验结果表明,在压力升高时壁温更高,压力升高的综合结果使对流换热变弱。对比两个 5 MPa 压力的工况,不同的质量流量条件下几乎具有相同的壁温,这是因为一方面更大的质量流量下驻留时间变短,裂解率和产气率下降,化学热沉减少;另一方面更大质量流量意味着更大的 Re,对流换热加强。其综合效果为质量流量大时对流换热会有所增强。

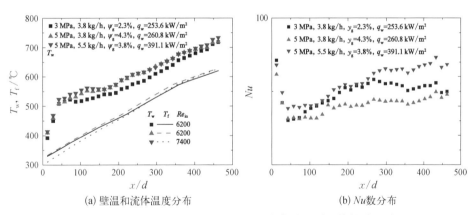

(a) 壁温和流体温度分布　　　　　　(b) Nu 数分布

图 4.24　压力和质量流量对热裂解耦合条件下对流换热的影响

4.4　超临界压力正癸烷热裂解微分变化学计量系数总包模型

相比详细机理和集总反应机理,总包反应机理使用一步反应描述整个热裂解过程,大大简化了计算量。Ward 等[3]提出了等比例化学反应模型(proportional product distribution, PPD)概念,指出在低裂解率下,由于产物质量分数与裂解率基本呈线性关系,因此可以使用一个一步反应描述热裂解。本章所建立的模型均为基于 PPD 假设的总包反应模型。

然而,在较高裂解率工况下,二次反应增多,热裂解主要产物质量分数与裂解率之间不再呈正比例关系。PPD 机理无法对中高裂解率下的热裂解进行准确模拟,因此目前一般将其用于计算中高裂解率下的碳氢燃料流动换热,而不用于计算产物分布。有一些工作试图对 PPD 模型进行改进,这些改进模型主要在一次反应的基础上引入附加的数个二次反应。这些修正模型较为有效地减小了计算得到的高裂解率工况下的产物分布误差,但引入了多步反应描述裂解。并且,这些模型通常与集总反应类似,将多个独立产物处理为一种简化产物,因此无法描述被简化产物的分布。

本节介绍了一种构建超临界压力碳氢燃料热裂解的总包反应模型的新方法。用一系列微元总包反应来描述不同裂解率下的微元热裂解反应过程,引入裂解率的函数来表示总包反应中的化学计量系数。以正癸烷为例,建立了微分变化学计量系数总包模型,并基于该模型进行了热裂解 CFD 模拟和实验验证[10, 11, 13, 14]。

4.4.1 微分变化学计量系数总包反应模型简介

基于 PPD 假设的总包模型的特征在于产物质量分数与裂解率之间满足如下方程:

$$Y_i = \frac{\nu_i M_i}{M_{C_{10}H_{22}}} \cdot \varepsilon \tag{4.9}$$

其中,M 为分子量。PPD 模型的基本形式为

$$C_{10}H_{22} \longrightarrow \sum_i \nu_i P_i \tag{4.10}$$

随着裂解率的增加,在二次反应影响下,产物质量分数与裂解率之间偏离正比例关系。以甲烷为例进行分析。$d\varepsilon$ 是一个无限小量,整个热裂解反应可以视为由无限个连续的微元反应组成,每步反应都使得工质的裂解率增长 $d\varepsilon$。若使用式(4.10)形式的一步反应分别描述工质从裂解率 ε_1 发展到 $\varepsilon_1 + d\varepsilon$,以及从裂解率 ε_2 发展到 $\varepsilon_2 + d\varepsilon$ 的两个微元反应,那么显然,不同的裂解率下产物质量分数关于裂解率增长率不同,两个微元反应的化学计量系数应不同。然而,在现有的总包反应机理中,ν_i 被限定为常数,使得这些模型无法对高裂解率下的热裂解进行准确描述,如图 4.25 所示。

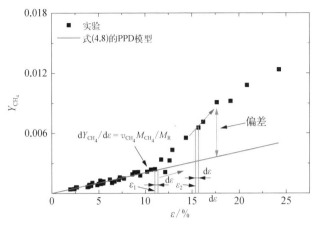

图 4.25　实验与 PPD 模型模拟得到的正癸烷热裂解产物 CH₄ 质量分数对比

　　各产物质量分数与正癸烷裂解率之间具有强相关性,以甲烷为例,如图 4.26 所示,可采用一个连续可导函数来描述其质量分数与裂解率之间的关系。$v_i^\Delta(\varepsilon)$ 是关于裂解率 ε 的连续可导函数。

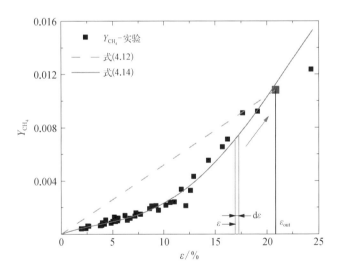

图 4.26　微分变化学计量系数总包反应机理模型的意义

$$\frac{\mathrm{d}Y_i}{\mathrm{d}\varepsilon} = \frac{\nu_i^\Delta(\varepsilon)M_i}{M_{C_{10}H_{22}}} \tag{4.11}$$

将整个热裂解视为由无限个微元反应组成,那么可以得到如下形式的总包反应模型:

$$d\varepsilon C_{10}H_{22} \rightarrow d\varepsilon \Big[\sum_i \nu_i^\Delta(\varepsilon) P_i \Big] \tag{4.12}$$

其中, $\nu_i^\Delta(\varepsilon)$ 代表每个微元总包反应的化学计量系数。该式的意义为: 设初始条件下有 1 mol 正癸烷工质, 经过一段反应后 $\varepsilon(\text{mol})$ 已经发生裂解, 若此时裂解反应继续进行一无限小步, 有 $d\varepsilon(\text{mol})$ 正癸烷发生裂解, 即为该微元过程的总包模型。

描述正癸烷裂解时, $\nu_i^\Delta(\varepsilon)$ 是随着裂解率的变化而变化的, 因此可以解决常规总包模型在高裂解条件下出现的预测误差。

若将热裂解反应视为一个整体, 同样可以建立从起点至终点的一步模型:

$$C_{10}H_{22} \rightarrow \sum_i \nu_i(\varepsilon_{\text{end}}) P_i \tag{4.13}$$

通用形式如下: $\nu_i(\varepsilon)$ 为整体裂解反应的化学反应计量系数, 是裂解率的函数。$\nu_i(\varepsilon)$ 在数学上与产物 i 的选择性相等。

$$C_{10}H_{22} \rightarrow \sum_i \nu_i(\varepsilon) P_i \tag{4.14}$$

$\nu_i^\Delta(\varepsilon)$ 与 $\nu_i(\varepsilon)$ 有如下数学关系:

根据定义, 在任意裂解率 ε 下, 产物的质量分数显然可求出如下:

$$Y_i = \frac{\nu_i(\varepsilon) M_i}{M_{C_{10}H_{22}}} \cdot \varepsilon = \frac{M_i}{M_{C_{10}H_{22}}} \cdot \int_0^\varepsilon \nu_i^\Delta(\varepsilon) d\varepsilon \tag{4.15}$$

也就是

$$\nu_i(\varepsilon) \cdot \varepsilon = \int_0^\varepsilon \nu_i^\Delta(\varepsilon) d\varepsilon \tag{4.16}$$

对两侧同时进行微分, 有式(4.9), 即 $\nu_i^\Delta(\varepsilon)$ 是 $\nu_i(\varepsilon)$ 的微分形式。

$$\nu_i(\varepsilon) + \varepsilon \cdot \frac{d[\nu_i(\varepsilon)]}{d\varepsilon} = \nu_i^\Delta(\varepsilon) \tag{4.17}$$

由此可以讨论式(4.12)和式(4.14)之间的关系, 将式(4.12)两侧进行积分, 有

$$\Big(\int_0^\varepsilon d\varepsilon \Big) C_{10}H_{22} \rightarrow \sum_i \Big(\int_0^\varepsilon \nu_i^\Delta(\varepsilon) d\varepsilon \Big) P_i \tag{4.18}$$

进而有

$$\varepsilon C_{10}H_{22} = \sum_i \nu_i(\varepsilon) \varepsilon P_i \tag{4.19}$$

将其两端消去裂解率 ε, 即式(4.14)的形式。

　　微分总包反应模型中的 $\nu_i(\varepsilon)$ 可以通过实验获得。为了便于计算 $\nu_i(\varepsilon)$ 的导数,一个简便的处理方法是将 $\nu_i(\varepsilon)$ 的函数表示为多项式形式,并通过最小二乘拟合得到其表达式,进而通过求导运算得到 $\nu_i^\Delta(\varepsilon)$。正癸烷微分总包反应模型的具体系数可参看文献[10]。

　　基于微分总包反应模型的计算的主要产物组分结果,以及采用文献[3]和[8]中的模型计算结果与实验的对比如图 4.27 所示。可以看出,文献[3]和[8]中的模型显然只能预测较低裂解率工况,而在较高裂解率下得到的产物质量分数均偏离实验数据。微分模型则可以准确预测较低裂解率工况和高裂解率工况。C_5H_{10} 和 C_7H_{14} 等分子较大的烯烃类产物,在二次反应的作用下也发生裂解,其相对裂解率的质量分数增长率变小甚至变为负值,对比常规的总包反应模型均无法预测,而微分总包模型可以准确预测出来。

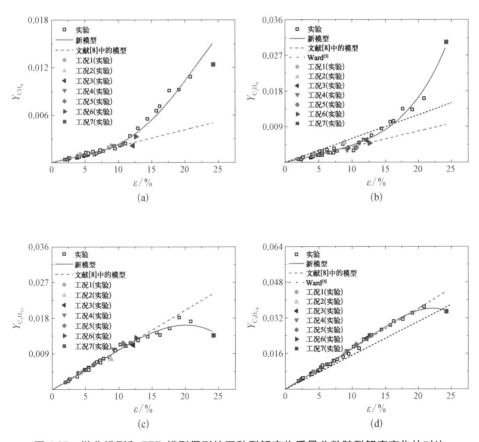

图 4.27 微分模型和 **PPD** 模型得到的四种裂解产物质量分数随裂解率变化的对比

4.4.2 基于压力修正的热裂解微分模型

式(4.11)给出了常压下以正癸烷为范例的碳氢燃料热裂解产物质量分数与微分化学计量系数之间的关系。在不考虑压力影响时,产物质量分数是裂解率的一元连续可导函数,因此该式成立。但由 4.2 节可知,这一函数关系在考虑压力影响时变为产物质量分数与裂解率、压力的二元函数关系。考虑到在一般工程应用中,碳氢燃料热裂解的压力恒定,只在工况变化时发生变化,随后又进入稳定状态。因此可将式(4.11)调整后转化为

$$\frac{\partial Y_i(\varepsilon, P)}{\partial \varepsilon} = \frac{\nu_i^{\Delta}(\varepsilon, P) M_i}{M_{C_{10}H_{22}}} \tag{4.20}$$

偏微分关系表征,在工况压力确定后,产物质量分数与裂解率之间仍满足一元连续可导函数关系。

考虑压力影响的热裂解微分机理的基本函数表达式为

$$d\varepsilon C_{10}H_{22} \rightarrow d\varepsilon \left[\sum_i \nu_i^{\Delta}(\varepsilon, P) X_i \right] \tag{4.21}$$

其积分形式为

$$C_{10}H_{22} = \sum_i \nu_i(\varepsilon, P) X_i \tag{4.22}$$

式(4.21)与(4.22)中各参数含义可对比 4.4.1。

表达某种碳氢燃料热裂解特性的是 $\nu_i^{\Delta}(\varepsilon, P)$,需通过实验数据计算求得。经过对实验数据的拟合,得到正癸烷热裂解产物质量分数与裂解率、压力之间的函数关系表达式如下:

$$Y_i(\varepsilon, P) = (a_i\varepsilon + b_i\varepsilon^2 + c_i\varepsilon^{d_i}) \ln(P)^{e_i} \tag{4.23}$$

其中,$a \sim e$ 均为拟合系数,根据裂解产物不同,系数值不同。

进而,有

$$\nu_i^{\Delta}(\varepsilon, P) = \frac{(a_i + 2b_i\varepsilon + c_id_i\varepsilon^{d_i-1}) \ln(P)^{e_i} \cdot M_{C_{10}H_{22}}}{M_i} \tag{4.24}$$

这就是考虑压力修正的正癸烷热裂解微分模型的基本函数表达式的微分形式。式中,$a_i + 2b_i\varepsilon + c_id_i\varepsilon^{d_i-1}$ 为二次反应修正项;$\ln(P)^{e_i}$ 为压力修正项。

在二次反应修正项 $a_i + 2b_i\varepsilon + c_i d_i \varepsilon^{d_i-1}$ 中，a_i 为表征产物裂解初始选择性的参数。

构建了 38 组分（含正癸烷本身）的考虑压力修正的正癸烷热裂解微分模型。针对各裂解产物的拟合系数见表 4.2。该模型适用于压力 3~7 MPa，裂解率 0~75% 范围。

表 4.2　超临界压力正癸烷热裂解微分模型拟合参数表

i	分子式	产　物	a	b	c	d	e
1	H_2	Hydrogen	0.000 6	−0.000 3	0.001 6	2.5	−0.860 0
2	CH_4	Methane	0.038 5	0.054 4	0	2.3	−0.550 0
3	C_2H_6	Ethane	0.042 5	0	0.078 0	1.6	0
4	C_2H_4	Ethylene	0.067 7	0.289 2	−0.133 9	4	−0.820 0
5	C_3H_8	Propane	0.011 9	0.061 4	−0.053 1	3	0.830 4
6	C_3H_6	Propylene	0.167 1	−0.219 8	0.204 7	2.5	0
7	C_4H_{10}	n-Butane	0.000 8	0.011 0	−0.010 3	3	1.523 9
8	C_4H_8	C_4H_8-isomers	0.114 4	−0.011 2	0	2	0.199 9
9	C_4H_6	1,3-Butadiene	0	0	0.014 1	2.333 1	−1.273 4
10	C_5H_{12}	n-Pentane	0.018 5	−0.021 5	0.011 2	3	1.665 3
11	C_5H_{10}	C_5H_{10}-isomers	0.001 1	0.006 2	0.005 8	3	0.682 2
12	C_5H_{10}	1-Pentene	0.081 2	−0.006 8	−0.026 4	3	0
13	C_5H_8	C_5H_8-isomers	0.001 6	−0.003 8	0.041 3	3	−0.255 8
14	C_5H_{10}	Cyclopentane	0.000 2	0.000 8	0.001 8	3	1.248 7
15	C_6H_{10}	C_6H_{10}-isomers	0	0	0.004 5	2.281 5	−0.238 4
16	C_6H_{12}	1-Hexene	0.118 6	−0.057 6	−0.032 9	3	0.068 6
17	C_6H_{14}	n-Hexane	0.011 4	−0.014 8	0.007 6	3	1.833 3
18	C_6H_{12}	C_6H_{12}-isomers	0.000 7	0.007 7	0.002 5	3	0.630 7
19	C_6H_{12}	C_6H_{12}-isomers-c	0.000 1	0.001 9	−0.000 4	3	1.603 1
20	C_6H_8	C_6H_8-isomers	0	0	0.013 2	3.750 1	−0.296 6
21	C_6H_6	Benzene	0	0	0.024 6	5.667 4	−0.211 1
22	C_6H_{10}	Cyclohexene	0	0	0.007 8	2.635 2	0.320 9
23	C_7H_{14}	1-Heptene	0.112 3	−0.082 9	−0.010 8	3	0.088 0
24	C_7H_{16}	Heptane	0.012 0	−0.017 8	0.008 8	3	1.919 4
25	C_7H_{14}	C_7H_{14}-isomers	0.000 2	0.005 9	−0.003 0	3	1.072 9
26	C_9H_{16}	C_9H_{16}-isomers	0	0	0.001 5	2.083 8	0.958 7

（续表）

i	分子式	产　物	a	b	c	d	e
27	C_7H_{14}	C_7H_{14}-isomers-c	0.000 3	0.001 0	0	2	1.749 5
28	C_7H_{12}	C_7H_{12}-isomers-c	0.000 1	0.001 7	0.009 8	3	0.768 5
29	C_7H_8	Toluene	0	0	0.009 1	3.767 9	0.590 2
30	C_8H_{16}	1-Octene	0.101 8	−0.090 6	0	2	0.103 9
31	C_8H_{18}	Octane	0.002 6	−0.001 3	−0.000 2	3	1.796 1
32	C_8H_{16}	C_8H_{16}-isomers	0.000 1	0.002	−0.001 6	3	2.169 2
33	C_8H_{14}	C_8H_{14}-isomers-c	0	0	0.000 9	2.481 8	1.218 4
34	C_8H_{10}	Ethylbenzene	0	0	0.001 5	4.175 6	0.789 4
35	C_9H_{18}	1-Nonene	0.038 4	−0.030 3	−0.003 6	3	0.004 7
36	C_9H_{20}	Nonane	0.000 2	−0.000 1	−0.000 1	3	3.277 2
37	$C_{10}H_{20}$	$C_{10}H_{20}$-isomers	0.005 4	−0.000 1	−0.004 7	3	0.339 3

将该微分模型应用到 CFD 数值模拟计算中,得到的产物组分计算结果与实验结果对比如图 4.28 所示。

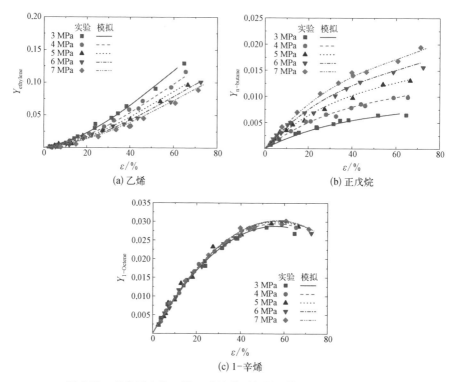

图 4.28　考虑压力修正的正癸烷热裂解微分模型 CFD 计算结果

可见,在适用范围内,考虑压力修正的正癸烷热裂解微分模型能很好预测不同压力下的正癸烷热裂解产物分布。

将考虑压力修正的正癸烷热裂解微分模型与文献[10]中的模型进行比较(图 4.29),可见文献[10]中的未考虑压力修正的模型只能应用于较小的压力范围。在压力变化范围较大的情况下,采用考虑压力修正的微分模型能够对正癸烷热裂解产物分布进行更加准确的预测。

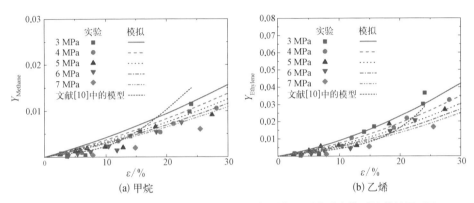

图 4.29　考虑压力修正的正癸烷热裂解微分模型与文献[1]中模型计算结果对比

本章介绍的热裂解微分模型的构建方法是一种普遍适用的模型构建方法。对于任意一种碳氢燃料的热裂解,只要其产物质量分数与裂解率、压力满足确定的函数关系,就可以基于实验数据对模型进行构建。模型系数由热裂解实验确定,因此,构建的热裂解模型的适用范围就是可信实验数据的覆盖范围。

参考文献

[1] Jackson T A, Eklund D R, Fink A J. High speed propulsion: Performance advantage of advanced materials[J]. Journal of Materials Science, 2004, 39(19): 5905 – 5913.

[2] Edwards T. Cracking and deposition behavior of supercritical hydrocarbon aviation fuels[J]. Combustion Science and Technology, 2006, 178(1 – 3): 307 – 334.

[3] Ward T, Ervin J S, Striebich R C, et al. Simulations of flowing mildly-cracked normal alkanes incorporating proportional product distributions[J]. Journal of Propulsion and Power, 2004, 20(3): 394 – 402.

[4] Zhu Y H, Peng W, Xu R N, et al. Review on active thermal protection and its heat transfer for airbreathing hypersonic vehicles[J]. Chinese Journal of Aeronautics, 2018, 31(10): 1929 – 1953.

[5] 刘波. 超临界压力流体在圆管内对流换热及热裂解研究[D].北京:清华大学,2013.

[6] 严俊杰. 超临界压力流体湍流换热机理及热裂解研究[D].北京:清华大学,2018.

[7] 赵然. 超临界压力碳氢燃料流动与传热不稳定性及热裂解研究[D]. 北京：清华大学,2018.

[8] Zhu Y H, Liu B, Jiang P X. Experimental and numerical investigations on n-decane thermal cracking at supercritical pressures in a vertical tube[J]. Energy & Fuels, 2013, 28(1): 466 – 474.

[9] Zhu Y H, Yan S, Zhao R, et al. Experimental investigation of flow coking and coke deposition of supercritical hydrocarbon fuels in porous media[J]. Energy & Fuels, 2018, 32 (3): 2941 – 2948.

[10] Jiang P X, Wang Y S, Zhu Y H. Differential global reaction model with variable stoichiometric coefficients for thermal cracking of n-decane at supercritical pressures[J]. Energy & Fuels, 2019, 33: 7244 – 7256.

[11] Wang Y S, Jiang P X, Zhu Y H. A novel global reaction modeling approach considering the effects of pressure on pyrolysis of n-decane at supercritical pressures[J]. Fuel, 2021, 287: 119416.

[12] Jiang P X, Yan J J, Yan S, et al. Thermal cracking and heat transfer of hydrocarbon fuels at supercritical pressures in vertical tubes[J]. Heat Transfer Engineering, 2019, 40(5 – 6): 437 – 449.

[13] Wang Y S, Cheng Y X, Li M H, et al. Experimental and theoretical modeling of the effects of pressure and secondary reactions on pyrolysis of JP – 10 at supercritical pressures[J]. Fuel, 2021,306: 121737.

[14] Wang Y S, Cheng Y X, Li M H, et al. Online measurement of mean residence time of supercritical-pressure fluid with/without chemical reaction in pipe flow: A particle image statistics method considering optical distortion and radial uneven distribution of tracer particles[J]. Chemical Engineering Science, 2022, 258: 117772.

第5章

亚声速条件下气膜冷却

气膜冷却的研究开始于20世纪40年代,最早应用于解决飞机机翼的加热除冰技术[1],后来被逐渐应用于燃气轮机(尤其是航空涡轮发动机)高温叶片以及航空航天领域其他高温表面的冷却。气膜冷却能够把高温燃气和受热壁面有效隔离,以此来保护受热壁面。自20世纪70年代以来,气膜冷却就作为航空燃气轮机的一种冷却方法,并逐渐成为一种常用并且行之有效的冷却方式,被广泛应用于燃气轮机中冷却热负荷较高的热端部件。常见热端部件包括燃烧室(航空发动机中还常用于加力燃烧室和喷管等)、叶片(静叶和动叶)、叶栅侧壁等。提高燃气轮机透平的进口温度能够提高燃气轮机的热循环效率,增大单位体积的输出功率,对于航空发动机,还能在推重比的提升以及耗油率的降低方面做出贡献。然而,随着燃气轮机中透平部件的入口温度不断增加,燃烧室、透平叶片等部件所承受的热负荷也相应地节节攀升。特别是透平叶片,作为燃气透平中热应力最大、同时也是承受温度最高的部件,其所面临的工作环境相当恶劣,气膜冷却依然是有效的冷却方法。

通常从流动和传热两个方面来分析气膜冷却的优劣程度,而影响这两方面的因素主要可以归结为几何因素和流动因素。因此,近几十年的气膜冷却研究也基本上是围绕这两大因素展开。气膜冷却根据主流速度的不同可以分为亚声速气膜冷却和超声速气膜冷却,亚声速气膜冷却常见于燃气轮机燃烧室、叶片、叶栅侧壁等,是目前应用最广泛的气膜冷却技术。本章介绍亚声速气膜冷却方面的研究成果。

5.1 气膜冷却基本原理及流动模型

气膜冷却的基本原理是指沿壁面切线方向或以一定的入射角射入冷却气

体,形成一层贴近受保护壁面的缓冲冷却气膜,用以将壁面与高温气体环境隔离,从而对壁面进行有效热防护和化学防护(图5.1)。

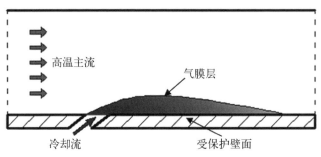

图5.1　气膜冷却示意图

5.1.1　基本参数

影响气膜冷却流动和传热的因素大致可分为几何参数和流动参数[2],几何参数具体包括:气膜孔、受保护壁面和主流通道的几何特征;流动参数包括:密度比、速度比、吹风比、动量比,以及主流的湍流度和旋转的影响等,见表5.1。

表5.1　影响气膜冷却流动和传热的因素

孔的几何参数	主流道参数	主流/冷却剂参数
气膜孔的形状	叶片上气膜孔的位置	吹风比
倾斜角	主流道表面的弯曲	动量比
复合角	壁面粗糙度,等	密度比
孔的间距		主流的湍流参数
孔的长度		主流马赫数
孔排的布置		非稳态主流
新型气膜出口,等		旋转,等

在对气膜冷却的研究中,经常用到的反映气膜冷却规律的参数是吹风比 M,其定义为

$$M = \frac{\rho_c u_c}{\rho_\infty u_\infty} \tag{5.1}$$

式中,ρ 为密度,单位为 kg/m^3;u 为速度,单位为 m/s;下标 c 表示冷却流体参数;

下标∞ 表示主流参数。

气膜冷却的效果可以用绝热气膜冷却效率来描述。绝热气膜冷却效率是一个无量纲温差比值的量,定义为

$$\eta = \frac{T_\infty - T_{aw}}{T_\infty - T_c} \tag{5.2}$$

式中,T_{aw} 为绝热壁面温度,T_c 为冷却流体入口温度,T_∞ 为主流温度,单位均为 K。当壁面温度等于冷却气体的温度时,η 等于 1,即壁面完全被冷却气体保护;而当壁面温度等于主流气体的温度时,η 等于 0,即壁面完全暴露在主流高温气体中,没有得到保护。对气膜冷却效率沿展向进行统计平均,可以从一定程度上反映出气膜冷却的整体效果,本章分析主要采用展向平均冷却效率进行分析。

5.1.2 气膜冷却的流动模式

目前,先进燃气轮机叶片内部多采用多路蜿蜒冷却通道的设计,冷却空气从压气机引出,导入涡轮叶片的内部通道,利用温度相对较低的空气在叶片内部对流换热带走一部分热量,这些空气再从叶片表面气膜孔喷出形成气膜冷却,从而达到对叶片的有效热防护(图 5.2)。

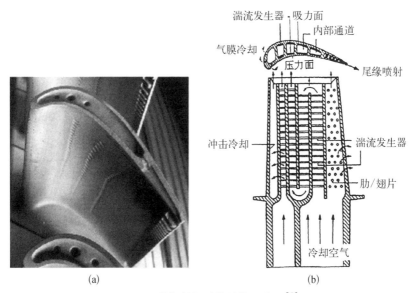

(a)   (b)

图 5.2 燃气轮机叶片结构示意图[3]

若冷却流体在叶片内部通道中流动,当经过开有气膜孔的位置时,一小部分流体将通过气膜孔喷出形成气膜,另外一部分冷却气体则继续流向通道的下游,见图5.3。由于冷却流体通道内的流速较大,同时冷却流体在通道内受到其他因素的影响将形成复杂的流动结构,这必将对气膜出流产生影响。考虑到实际情况中,主流(高温气体)的流动方向为轴向,而叶片内部的冷却气体流动方向为径向,因而主流和冷却流通道内的流动可以基本上简化成一个"交叉流动"的模型。

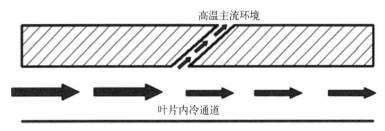

图 5.3　冷却流体的流动示意图

然而,为了简化研究,目前采用较多的是压力仓模型(图5.4):该模型将冷却流通道简化为冷却流体储存仓,其中的冷却流体近乎滞止。将内部冷却通道抽象成压力仓模型,忽略内部冷却通道中冷却流体流动状态的影响,虽然可以得到一个高度简化的模型,降低研究的难度,但这和实际情况不相符合,不能完全反映真实状态下复杂的边界条件。

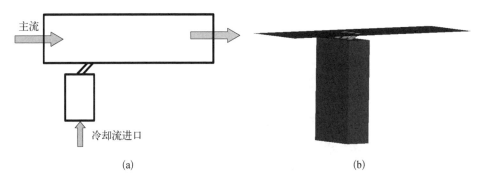

图 5.4　压力仓模型示意

因此,本章首先基于与工作叶片表面气膜相近的"主流—冷却流—交叉流动"模型,介绍相应的实验研究和数值模拟工作,分析不同冷却流体入口条件对气膜冷却的影响,随后介绍内部通道加肋以及曲面结构等因素对气膜出流的影

响机理和规律、内部通道流动传热与外部气膜冷却的耦合传热规律和多排孔气
膜冷却特性等。

5.2 冷却流体入口条件对基本孔型气膜冷却影响机理研究

本节介绍冷却流入口条件对基本孔型气膜冷却影响机理的实验研究工作[4-7],实验台如图 5.5 所示,主要分为两个回路,一路为主流高温气体回路,另一路为冷却流体回路。主流气体由离心式风机提供,风机出来的气体进入电加热器装置,经加热后达到实验需要的温度,再经整流稳定段进入实验段;冷却流气体则由压缩机提供,压缩机提供的气体进入压力罐中稳压后,再通过管路引至实验段。

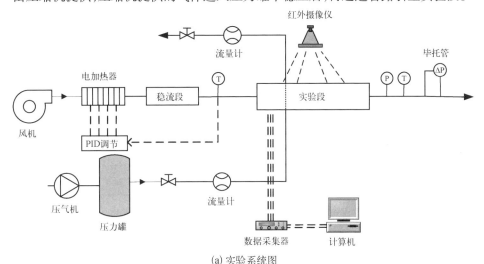

(a) 实验系统图

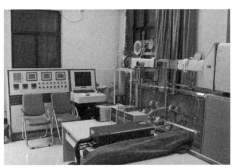

(b) 实验台本体　　　　　　　　　(c) 数据采集控制系统

图 5.5　气膜冷却实验系统

研究中分别考虑了圆孔、扇形孔、开槽孔三种结构(图5.6),对每一种孔型都分别考虑了压力仓模型(图5.4)和交叉流模型(图5.7)两种结构。

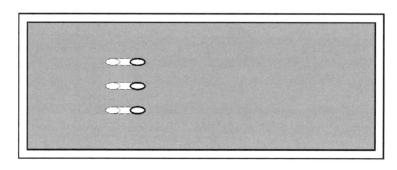

(a) 气膜孔板

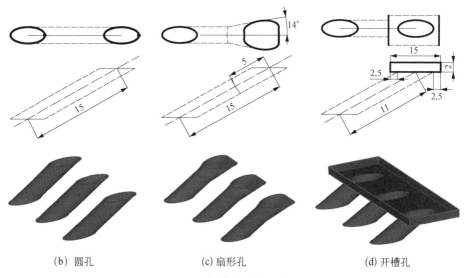

(b) 圆孔　　　　　　　(c) 扇形孔　　　　　　　(d) 开槽孔

图5.6　气膜孔结构示意图

气膜孔板的总长为 260 mm,宽度为 80 mm。气膜孔孔径为 5 mm,长径比 $L/D=3$,孔间距 $S/D=3$,与流动方向成30°角倾斜。为了分析绝热壁面冷却效率,实验段气膜孔板采用导热系数低的胶木板加工而成。实验过程中,主流的速度通过毕托管测量得到,冷却流通道中的速度通过测量冷却流的流量计算得到,流量计选用精度为 0.5% 的热式气体质量流量计。主流的温度通过在实验段进口的位置布置四线制热电阻温度计测量,测温精度为±0.2℃。冷却流的温度在冷却流通道进口的位置布置 T 型 I 级热电偶进行测量,测温精度为±0.2℃。受保护气膜孔板壁面的温度通过红外热像仪测量得到,采用美国 FLIR 公司生产的

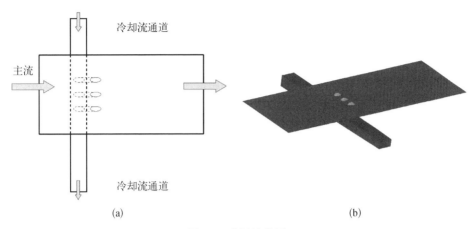

冷却流通道

主流

冷却流通道

(a)　　　　　　　　　　　　(b)

图 5.7　交叉流模型

科研型 A40M 红外热像仪,测量最大误差为±2℃或 2%,为了获得较高的测温精度,实验前在气膜孔板上喷涂亚光黑漆,增大表面的黑度,经测量黑度为 0.90 ~ 0.92。

实验中,主流的流速设计为 40 m/s,主流进口温度为 80℃。为了研究不同吹风比下的气膜冷却规律,通过调节冷却流的流量来得到不同的吹风比,冷却流的进口温度为室温(约 21℃),对于交叉流模型,冷却流通道进口截面尺寸为 15 mm×20 mm,进口速度设计为 20 m/s ($Re = 22\,500$)。

5.2.1　圆孔结构气膜冷却

图 5.8 和图 5.9 给出了实验测量获得的圆孔气膜冷却效率以及受保护壁面

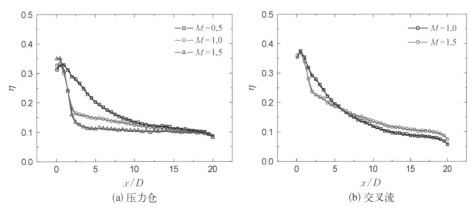

(a) 压力仓　　　　　　　　　　(b) 交叉流

图 5.8　圆孔压力仓模型气膜冷却效率分布

温度分布情况。结果表明:对于压力仓模型,吹风比从 0.5 增大到 1.5 时,冷却效率下降,气膜覆盖效果变差,主要是由于随着吹风比的增大,气膜出流的动量变大,冷却气体将穿透流体边界层进入主流气体中;对于交叉流模型,吹风比从 1.0 增大到 1.5 时,近孔区域冷却效率有一定下降。对比压力仓模型,在相同的吹风比情况下,交叉流模型具有更好的冷却效果(图 5.10)。

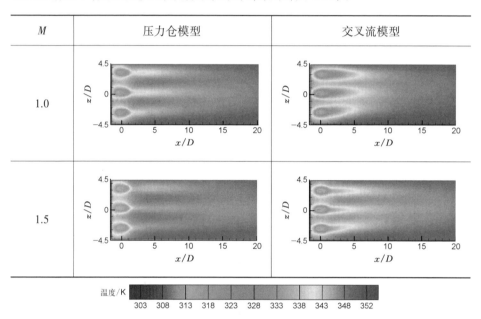

图 5.9　圆孔结构受保护壁面实验测量温度分布

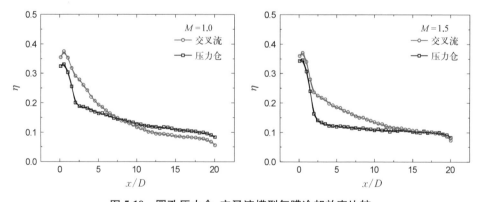

图 5.10　圆孔压力仓、交叉流模型气膜冷却效率比较

为了深入分析流动和传热机理,对其开展数值模拟研究。计算表明:随着吹风比的增大,压力仓模型中气膜出流和主流相互作用形成的反向对旋涡结构

使气膜脱离壁面的效应进一步增强,所以气膜的覆盖效果变差。而对于交叉流模型,冷却通道内的流动将使冷却气体在气膜孔内呈单方向旋转,进而使气膜出流和主流相互作用后不会形成规整的反向对旋涡结构,气膜贴壁性效果增强,从而使交叉流模型的冷却效果比压力仓模型要好(图5.11)。

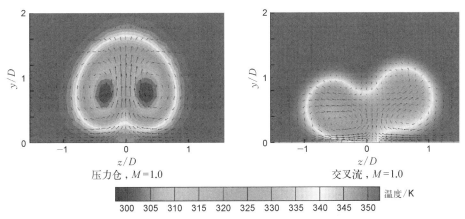

图 5.11　圆孔结构主流通道截面温度、速度分布数值模拟结果($x/D=6$)

5.2.2　扇形孔结构气膜冷却

图 5.12 和图 5.13 给出了实验测量获得的扇形孔气膜冷却效率以及受保护壁面温度分布情况。结果表明:对于压力仓模型,吹风比从 0.5 增大到 1.5 时,冷却效率增大,气膜覆盖效果变好。原因在于扇形孔的出口面积比圆孔的大,当吹风比从 0.5 增大到 1.5 时,气膜出流速度绝对值增量并不大,气膜出流的动量

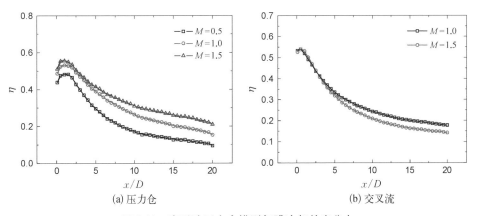

图 5.12　扇形孔压力仓模型气膜冷却效率分布

还不足以穿透流体边界层进入主流气体中,气膜出流贴壁性较好。而吹风比的增大相当于冷却气体流量增多,有更多的冷却气体能保护壁面,从而使扇形孔的冷却效果随吹风比增大而增大。对于交叉流模型,吹风比从 1.0 增大到 1.5 时,冷却效率有一定的增大。对比压力仓模型,在相同的吹风比情况下,交叉流模型的冷却效果和覆盖效果都不如压力仓模型(图 5.14)。

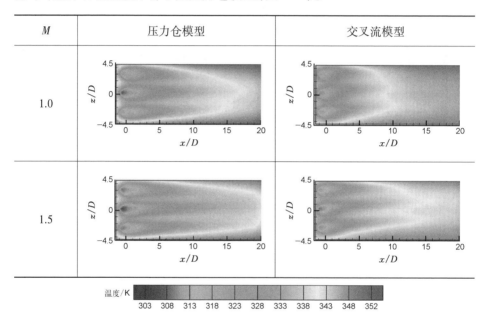

图 5.13　扇形孔受保护壁面实验测量温度分布

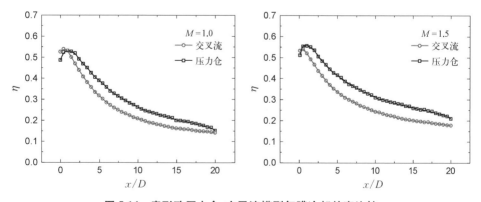

图 5.14　扇形孔压力仓、交叉流模型气膜冷却效率比较

相应的数值模拟结果表明:对于扇形孔结构,由于出口面积变大,在和圆孔结构相同的吹风比情况下,其气膜出流的速度更低,气膜出流可以获得更好的贴

壁性以及更广的覆盖面积,从而整体上表现出比圆孔结构更好的冷却效果,但是由于扇形孔气膜出流展开的范围较广,从而导致气膜边界层的厚度较薄,因此对于扇形孔的交叉流结构,在受到冷却流通道内流动的作用时,局部将出现主流击穿冷却气膜层的现象(图 5.15),从而使扇形孔交叉流模型的冷却效果反而不如压力仓模型。

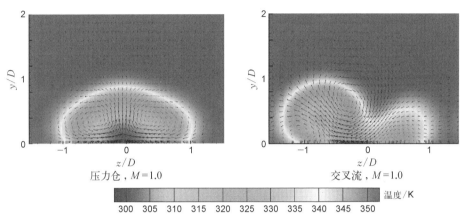

压力仓 , $M=1.0$ 　　　　交叉流 , $M=1.0$

温度/K

300 305 310 315 320 325 330 335 340 345 350

图 5.15 扇形孔结构主流通道截面温度、速度分布数值模拟结果($x/D=6$)

5.2.3 开槽孔结构气膜冷却

图 5.16 和图 5.17 给出了实验测量获得的开槽孔气膜冷却效率以及受保护壁面温度分布情况。结果表明:对于压力仓模型,吹风比从 0.5 增大到 1.5 时,冷却效率下降,壁面平均冷却效率下降,但是下降的幅度不像圆孔结构那样明显。这是由于对于开槽孔,横向槽改变了气膜出流的贴壁性能与扩散性能,气膜脱离壁面的作用受到了一定程度的抑制,所以在吹风比为 1.0 和 1.5 时,其冷却效果与 0.5 时的差别不大。与圆孔结构比较,开槽孔冷却气体从气膜孔出来后,由于横向槽的存在,相当于冷却气体出流面积突扩,从而使冷却气体的动量降低,冷却气体向主流气体的穿透作用减弱,同时还受到主流的压制作用,具有更好的贴壁性。这种效应在气膜出口附近表现得最为明显,该部分区域气膜冷却效率比圆孔结构的高。对于交叉流模型,吹风比从 1.0 增大到 1.5 时,冷却效率有一定增加。对比压力仓模型,在相同的吹风比情况下,由于受冷却流通道内流动的影响,交叉流模型中气膜出流具有更好的侧向展开作用,同时在沉槽中,由于主流速度较低,这种侧向展开作用将进一步加强,因而整体表现出比压力仓模型更好的冷却效果(图 5.18)。

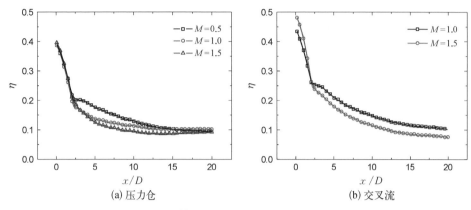

(a) 压力仓　　　　　　　　　　(b) 交叉流

图 5.16　开槽孔压力仓模型气膜冷却效率分布

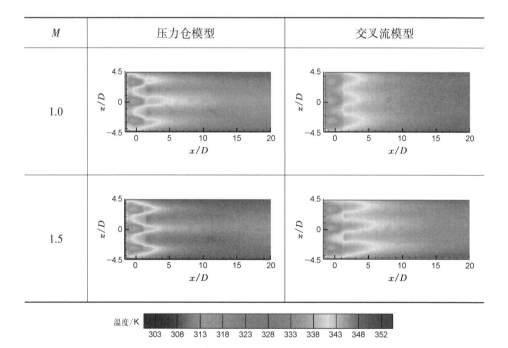

图 5.17　开槽孔受保护壁面实验测量温度分布

　　相应的数值模拟计算表明:由于横向槽对气膜出流的扩散作用,开槽孔气膜结构比圆孔结构的气膜出流贴壁性有一定的改善(图 5.19)。但总体而言,开槽孔结构表现出来的规律和圆孔结构较为相似,原因在于实验中研究的开槽孔结构其槽的深度较浅,横向槽对气膜冷却的影响有限,因而表现出和圆孔结构相似的规律。

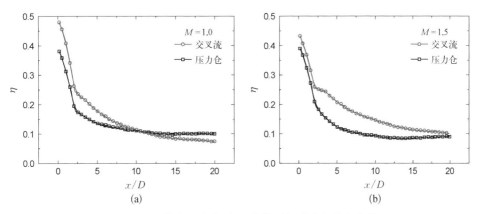

图 5.18　开槽孔压力仓、交叉流模型气膜冷却效率比较

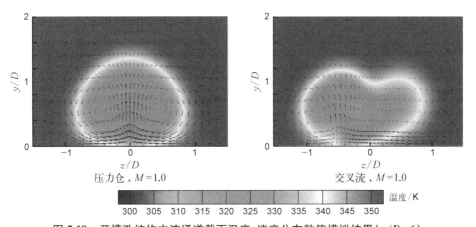

图 5.19　开槽孔结构主流通道截面温度、速度分布数值模拟结果（$x/D=6$）

5.3　内部通道流动对气膜冷却影响规律的数值模拟

本节针对内部通道流动对气膜冷却影响规律开展数值模拟研究,分析了内部通道加肋、曲面等因素对气膜冷却的影响[8-11]。

5.3.1　内部通道加肋对气膜冷却影响的数值模拟研究

在透平叶片的内部冷却通道里,带有气膜孔的壁面往往是带肋的,由于肋的扰动和形成的二次流对气膜孔的出流必将产生一定的影响。但是对这方面的研究还开展得比较少,本节重点介绍冷却流通道内加肋对气膜冷却的影响特性。

计算模型如图 5.20 所示,分别为压力仓模型和交叉流模型,同时分别考虑冷却流通道内带肋和不带肋的情况,其中肋片分别考虑了直肋和 60°V 型肋(肋片与中心线的夹角为 60°)两种情况。

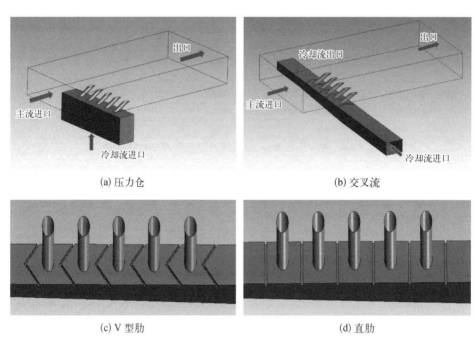

(a) 压力仓   (b) 交叉流

(c) V 型肋   (d) 直肋

图 5.20 带肋计算模型示意图

由图 5.21 可知,吹风比 0.5 时,交叉流和内部通道是否带肋对气膜冷却效率的影响很小。但在吹风比 1.0 时,交叉流对气膜出流影响明显,冷却流通道内部

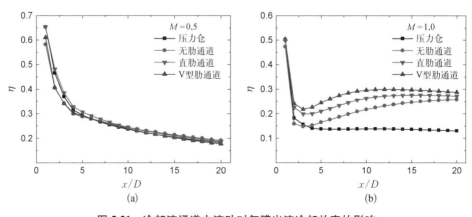

(a)   (b)

图 5.21 冷却流通道内流动对气膜出流冷却效率的影响

流动使气膜冷却效率高于没有内部流动(压力仓模型)的冷却效率,而且冷却流通道内加肋条件下的冷却效果明显提高,其中 V 型肋效果更好。

图 5.22 示出了气膜出流和主流气体相互掺混的截面速度、温度分布图。吹风比为 0.5 时,对于压力仓模型,气膜出流的动量不大,因而具有较好的贴壁性,尽管考虑交叉流以及加肋的影响时,气膜出流和主流相互作用的反向对旋涡结构发生改变,从而使气膜出流覆盖受保护壁面不再具有对称性,但综合体现出来的横向平均冷却效果差别并不大。而吹风比为 1.0 时,对于压力仓模型,气膜出流的动量增大,气膜出流在反向对旋涡的作用下脱离壁面,壁面冷却效率下降,而

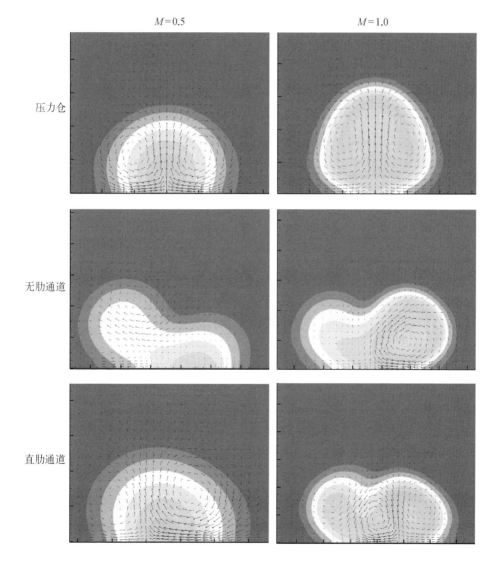

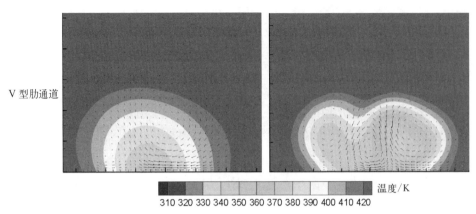

V 型肋通道

温度/K

310 320 330 340 350 360 370 380 390 400 410 420

图 5.22　气膜出流和主流气体作用处截面速度、温度分布图($x/D=10$)

考虑交叉流以及加肋的影响的时候,由于反向对旋涡结构发生改变,气膜出流脱离壁面的作用被遏制,气膜出流的贴壁性效果提高,壁面冷却效率有较大的改善。

如图 5.23 所示,对于压力仓模型,吹风比 0.5 时的冷却效率比吹风比 1.0 时

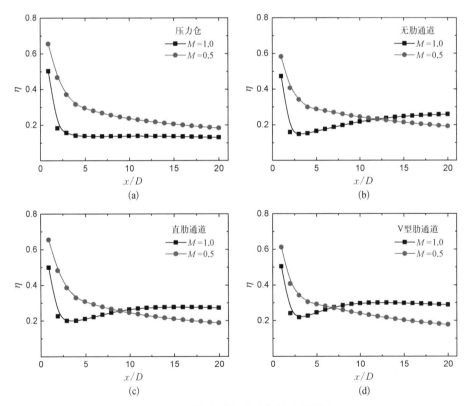

(a)

(b)

(c)

(d)

图 5.23　吹风比对气膜冷却效率的影响

的高。而对于交叉流模型,在离气膜孔比较近的区域,吹风比 0.5 情况下的气膜冷却效果要好于吹风比 1.0 的情况,而随着冷却气膜向下游的发展,吹风比 1.0 情况下的气膜冷却渐渐超过吹风比 0.5 的情况。

综合比较发现,冷却流通道内布置 V 型肋片对气膜冷却的影响更大,采用 V 型肋片能获得更好的冷却性能。图 5.24 所示为气膜孔出口处气膜孔与孔轴相垂直截面上的速度矢量分布。可以发现,对于压力仓模型,无论是吹风比 0.5 还是吹风比 1.0 的情况,气膜孔出口处将产生一个反向涡对,该反向涡对在离开气膜孔后和主流相互作用,进一步发展产生反向对旋涡结构。而对于交叉流模型而言,对于光滑通道,无论是吹风比 0.5 还是吹风比 1.0 的工况,气膜孔出口处只出现了一个强度、区域均更大的旋涡。对于直肋或者 V 型肋片,吹风比 0.5 的情况气膜孔出口处只出现了一个强度、区域均更大的旋涡。吹风比 1.0 的情况气膜孔出口处除了出现了一个强度、区域均更大的旋涡,同时还将包括一个强度很弱的小涡结构。结合主流通道中冷却流和主流作用后形成的涡结构,可以分析得到主流和冷却流之间形成的反向对旋涡结构,一方面与主流和冷却流的相互作用有关,另一方面很大程度上也取决于气膜孔中冷却流自身的速度分布结构。

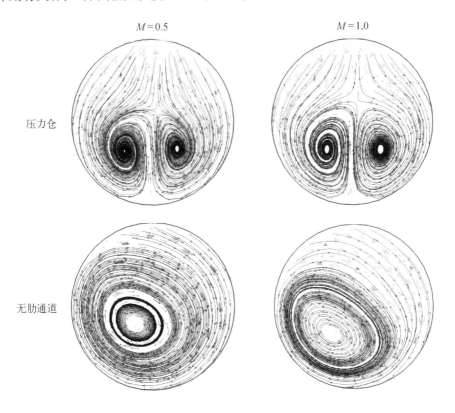

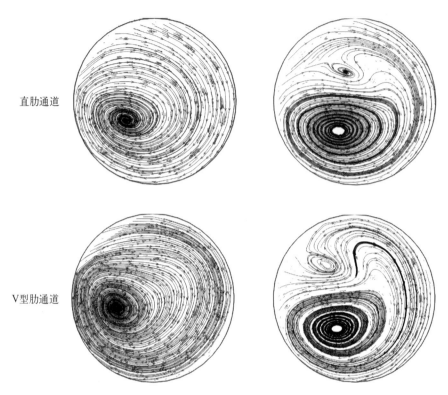

直肋通道

V型肋通道

图 5.24　气膜孔内速度分布图

5.3.2　内部通道对气膜冷却影响的大涡模拟研究

由于气膜冷却中冷热射流相互作用形成了复杂的动态三维非均匀湍流场,采用 RANS 湍流模型由于其内在的平均作用决定了其无法准确模拟气膜冷却流场,因而采用湍流各向异性的计算模型来分析气膜冷却有可能得到更加精确的结果,通过得到细致的流场结构有利于进一步理解气膜冷却的相关物理本质。本节介绍冷却流通道内流动对气膜冷却影响的大涡模拟研究。

计算模型如图 5.25 所示,分别考虑主流和冷却流呈交叉流动的情况以及压力仓的情况。气膜孔孔径为 12.7 mm,长径比 $L/D = 1.75$,气膜孔倾斜角度为 35°,整个计算域长度为 310 mm,宽度为 38.1 mm。对于交叉流模型,冷却流通道截面尺寸为 38.1 mm×38.1 mm。

图 5.26 为压力仓模型的计算结果和实验结果的比较,分别比较了气膜孔下游中心线上气膜冷却效率的分布以及截面的横向冷却效率分布。结果表明,大

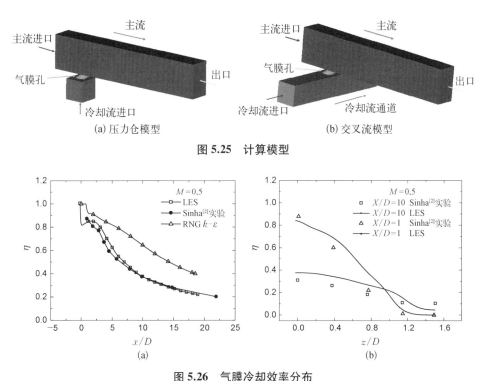

(a) 压力仓模型　　　　　　(b) 交叉流模型

图 5.25　计算模型

图 5.26　气膜冷却效率分布

涡模拟计算结果与实验结果吻合较好。

图 5.27 为受保护壁面横向平均冷却效率的分布。对比交叉流模型和压力仓模型的结果可以发现：吹风比为 0.5 时，交叉流模型和压力仓模型的横向平均冷却效率两者差别不大，而吹风比为 1.0 时，交叉流模型的横向平均冷却效率比压力仓模型的大，这与前面的实验和计算结果相同。

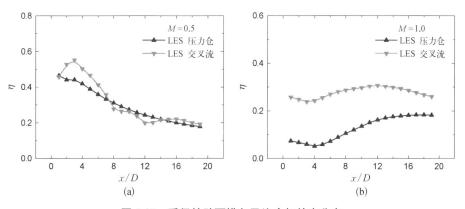

图 5.27　受保护壁面横向平均冷却效率分布

尽管吹风比为 0.5 的情况下，压力仓模型和交叉流模型的平均冷却效率差别不大，但是气膜出流的分布还是受到冷却流通道内部流动较大的影响。图 5.28 给出了在气膜孔下游 $x/D = 1.75$ 截面上的气膜出流和主流气体相互掺混的速度、温度统计平均结果的分布图。可以看出，对于压力仓模型，气膜出流和主流相互掺混会形成规整的反向对旋涡结构，而对于交叉流模型，由于受到冷却流通道内流速的影响，气膜出流的反向对旋涡结构被破坏，气膜出流覆盖受保护壁面不再具有对称性。同时可以发现，吹风比 0.5 的情况下，压力仓模型和交叉流模型中气膜覆盖壁面的范围差别不是太大，但是对于吹风比 1.0 的情况，交叉流模型中气膜明显具有更好的贴壁性效果，因而其冷却效率也更高。

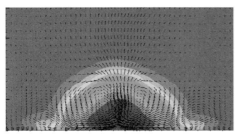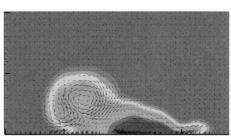

(a) 压力仓，$M = 0.5$ (b) 交叉流，$M = 0.5$

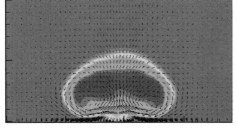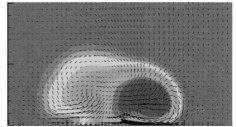

(c) 压力仓，$M = 1.0$ (d) 交叉流，$M = 1.0$

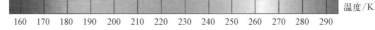

温度/K

160 170 180 190 200 210 220 230 240 250 260 270 280 290

图 5.28 截面温度和速度分布（$x/D = 1.75$）

气膜孔出口处的速度分布情况直接影响着气膜冷却的效率，图 5.29 为压力仓模型和交叉流模型的气膜出口处的速度分布。左图为出口 y 方向即垂直出口截面方向的无量纲速度分布图（$\overline{u_y}/\overline{u_{y平均}}$），右图为出口截面 x-z 向速度矢量分布。

对于左图的 y 向速度分布，其本质就是气膜出口的无量纲流量分布。可以看出，对于压力仓模型，在气膜孔的下缘侧，存在一个流量集中的区域，这部分流

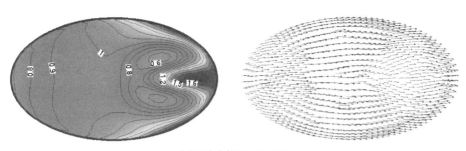

(a) 压力仓模型，$M = 0.5$

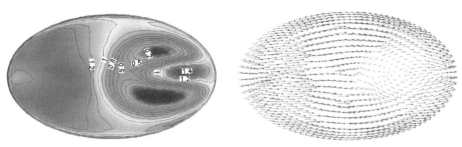

(b) 压力仓模型，$M = 1.0$

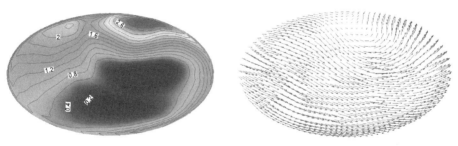

(c) 交叉流模型，$M = 0.5$

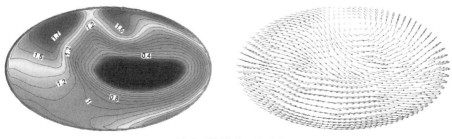

(d) 交叉流模型，$M = 1.0$

图 5.29　气膜孔出口无量纲流量和速度矢量

量将形成局部集中喷注现象,它将对气膜孔上游区域冷却流体产生抬升的作用,使冷却流体脱离壁面。而对于交叉流模型,气膜孔出口下缘处不存在流量集中的区域,而在气膜孔侧边出现流量集中的区域,这部分流量集中区域形成的局部喷注现象由于出现在气膜孔侧边缘,不会对气膜孔上游区域的流体产生抬升作用。因而,交叉流模型的冷却效果比压力仓模型整体上要好。从右侧的 x-z 向速度矢量分布图还可以看出,对于压力仓模型,x 向的速度分量明显高于 z 向的速度分量,整体表现为向气膜孔下游区域流动占优。而对于交叉流模型,可以发现在气膜孔出口处,z 方向的速度在一定区域也明显体现出来,整体上尽管还是 x 向速度占优,但是由于其具有较明显的 z 向扩散的速度分量,从而使气膜出流具有更好的展向铺展作用,其平铺面积更广,气膜覆盖区域更大。

5.3.3 曲面对气膜冷却的影响研究

上述研究表明气膜孔的入口条件对平板气膜冷却的流场和冷却效果均有显著的影响,由于实际燃气轮机叶片为曲面结构,因此曲面对气膜冷却的影响也是需要重点考虑的因素之一。本小节数值研究了冷却流内部通道流动对曲面气膜冷却效果的影响,考虑了四种不同的孔型以及三种冷流方向(冷却流和主流呈顺流、逆流以及交叉流),计算模型以及不同孔型如 5.30、图 5.31 所示。

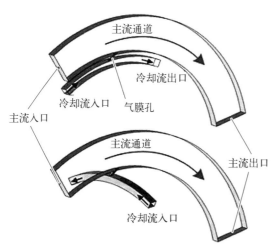

图 5.30　数值计算的物理模型

(上图:冷流和主流方向相同;
下图:冷流和主流流向相互垂直)

相比于普通圆柱孔,扩散孔出口流速较低使得脱离壁面的趋势较弱,且气膜的分布较广,因此三种扩散孔均能使气膜孔下游的一段距离内壁面的冷却效果得到明显改善。一般地,带有横向扩散的几何特性的气膜孔能提供较理想的气膜覆盖,如侧扩孔和圆锥孔。对于所考虑的四种孔形,侧扩孔的表现最好,圆锥孔次之,前扩孔再次,如图 5.32 所示。

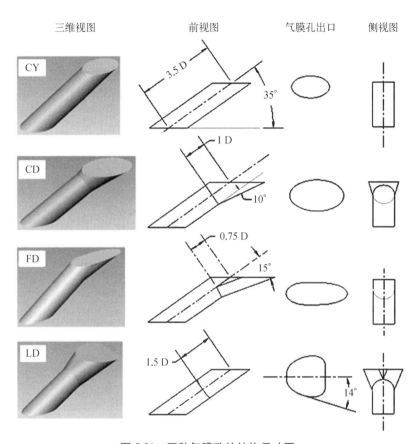

图 5.31 四种气膜孔的结构尺寸图

（CY—圆柱孔；CD—圆锥孔；FD—前扩孔；LD—侧扩孔）

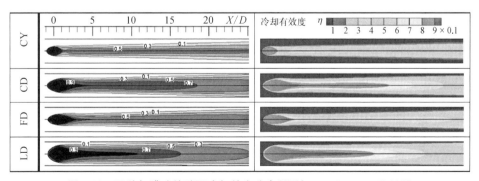

图 5.32 四种气膜孔的壁面冷却效率分布（顺流、$M=1$、$Re_{hc}=63\,000$）

 冷却流和主流方向的不同布置导致了气膜孔下游区域的冷却效果差异，图 5.33 比较了所考虑的三种流动方向对于气膜冷却效果的影响（其中 Cr 表示交叉流，Co 表示顺流，Re 表示逆流）。对于普通的圆柱孔，有 $\bar{\eta}_{\mathrm{Cr}} > \bar{\eta}_{\mathrm{Co}} > \bar{\eta}_{\mathrm{Re}}$，同平面上的趋势一致。扩散孔的冷却效果对冷流相对方向改变敏感程度要弱于圆

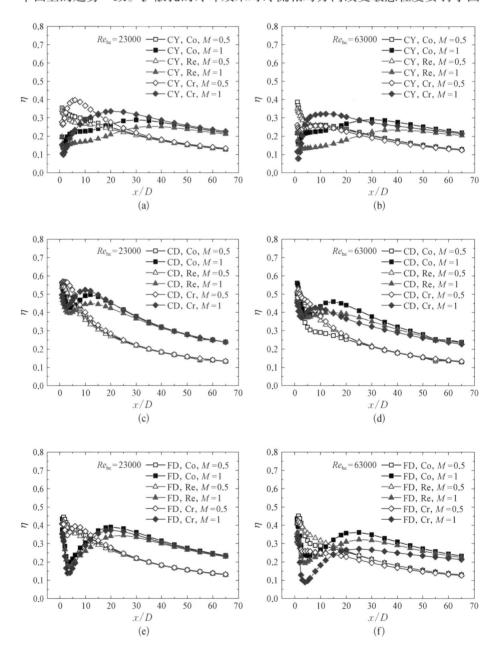

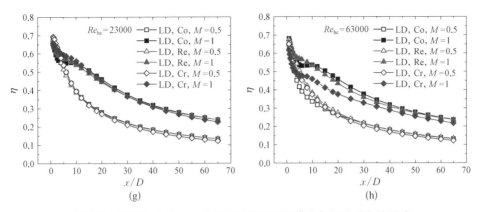

（g）　　　　　　　　　　　　　　　　　（h）

图 5.33　冷流和主流方向夹角对四种孔型气膜冷却平均效率的影响

柱孔，只在大吹风比、高 Re_{hc} 的时候才受到较明显的影响。对于三种扩散孔，在所考虑的最大吹风比和最高 Re_{hc} 情况下（$M=1$、$Re_{\mathrm{hc}}=63\,000$），交叉流情况的冷却效果最差，有 $\bar{\eta}_{\mathrm{Co}} > \bar{\eta}_{\mathrm{Re}} > \bar{\eta}_{\mathrm{Cr}}$，这和圆柱孔截然不同，原因在于对于能改善横向扩散的扩散孔，冷却通道中冷流速度提高后，"交叉流"工况导致气膜分叉，高温主流被卷吸入壁面附近，恶化了冷却保护（图 5.34）。

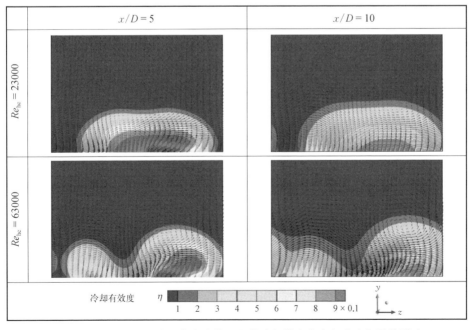

图 5.34　$\mathbf{Re}_{hc}$ 对侧扩孔垂直主流截面上的冷却效率分布和速度矢量的影响

（交叉流，$M=1$）

孔的形状很大程度上决定了冷气流喷出后的流动特性,因而主导了吹风比的影响。对于圆柱孔和前扩孔,在孔下游附近 $\bar{\eta}_{M=1} < \bar{\eta}_{M=0.5}$,远离气膜孔区域 $\bar{\eta}_{M=1} > \bar{\eta}_{M=0.5}$;对于圆锥孔和侧扩孔,基本上 $\bar{\eta}_{M=1} > \bar{\eta}_{M=0.5}$。

总的来说,曲面上扩散孔气膜冷却受孔入口条件的影响小于圆柱孔,仅当吹风比较大和内部冷却通道内冷却流速度提高时影响较显著。但必须注意到,对于"交叉流"的内部冷却流道设计,当冷却流的速度较大时,圆柱孔气膜冷却趋向于提供更好的保护效果,但扩散孔则恰好相反。

5.4 内部通道流动传热与外部气膜冷却的耦合传热研究

气膜冷却热端部件的结构一般比较复杂,在内部冷却通道内不仅存在很多扰流肋以增大换热效果,而且冷流体流道与燃气流道间存在气膜孔相连通。在已有的研究过程中,一般很少考虑气膜冷却中固体壁面导热的情况。本节针对考虑壁面导热的带肋气膜冷却平板通道开展研究,实验中采用液晶技术进行温度测量,同时利用 CFD 软件对实验模型进行了数值模拟,研究不同壁面导热系数对气膜冷却效果的影响规律[12-14]。

图 5.35 为实验系统图。整个实验系统由实验件、两个体积流量计、电加热器、冷却器、压气机和风机等组成。

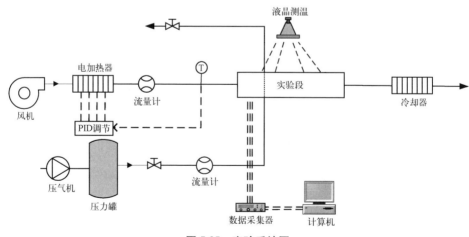

图 5.35　实验系统图

图 5.36 为实验件组装图,实验区域大小为 50 mm×15 mm×15 mm,由有机玻

璃制成。热空气流经气膜冷却平板上表面,冷空气流经气膜冷却平板下表面,热空气和冷空气流动方向是交错的。由不锈钢1Cr18Ni9Ti制成的带45°肋的2 mm厚气膜冷却平板,肋横截面尺寸为1 mm×1 mm,肋间距为10 mm,在肋中间开有直径为1 mm的45°通孔(图5.37)。

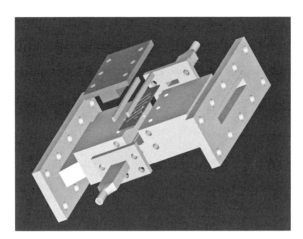

图 5.36　实验件组装图

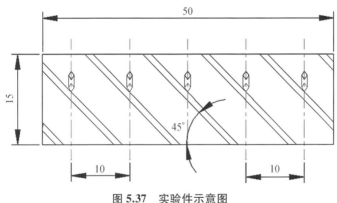

图 5.37　实验件示意图

实验中,采用液晶技术测量气膜冷却平板表面温度。液晶均匀地喷涂在气膜冷却平板热表面(热空气与气膜冷却平板交界面)。液晶的可测温度范围为20~50℃,随着温度的升高,颜色变化为:无色—红色—绿色—蓝色—无色。

分别采用了SST $k-\omega$ 湍流模型和RNG $k-\varepsilon$ 湍流模型对实验模型进行了数值模拟研究。模拟结果与实验结果对比表明,采用SST $k-\omega$ 和RNG $k-\varepsilon$ 湍流模型均可以对一侧面带 45°肋的气膜冷却平板矩形通道进行比较准确的数值模拟,如图 5.38 所示。其中,SST $k-\omega$ 湍流模型的数值模拟结果与实验结果符合较好,表面平均温度随 Re 增大而降低,数值模拟结果与实验结果之间的差距小于 8%。

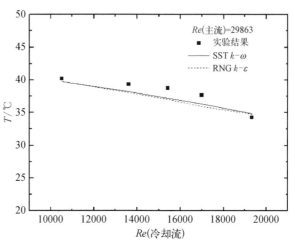

图 5.38　数值模型验证结果

如图 5.39 所示,气膜冷却平板壁面温度沿主流热空气流动方向降低,气膜孔下游的温度低于上游。此外,随着冷却通道内流体雷诺数的增加,平板壁面各部分的温度均有所降低,表明增大冷却流通道中流体的雷诺数可以加强冷却效果。

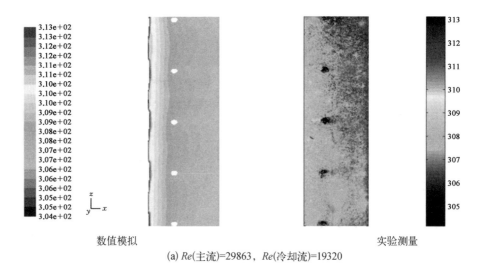

(a) Re(主流)=29863,Re(冷却流)=19320

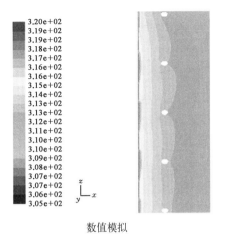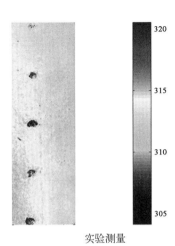

数值模拟　　　　　　　　　　　　　　　　　　实验测量

(b) Re(主流)=29863，Re(冷却流)=10522

图 5.39　气膜冷却平板壁面温度分布(单位: K)

图 5.40 给出了不同固体导热系数以及不同冷流体速度条件下平板的气膜冷却效率分布。结果表明,气膜孔冷却气体出流对低导热系数气膜冷却平板表面冷却效率的影响大于对高导热系数平板的影响,原因在于气膜冷却平板的温度分布是外部气膜冷却和内部通道对流换热耦合传热共同作用的结果,而平板固体导热能力决定了冷却通道内流体对流换热对受保护壁面温度的影响,随着导热系数的增大,内部通道对流换热的影响增强。整体来看,由于对流换热充分发挥了作用,具有大导热系数的气膜冷却平板冷却效果比小导热系数的气膜冷却平板冷却效果要好。

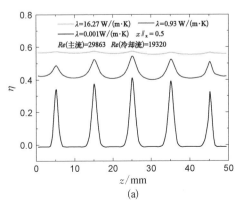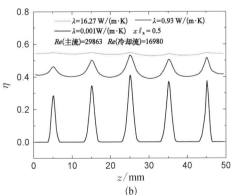

(a)　　　　　　　　　　　　　　　　　　　　(b)

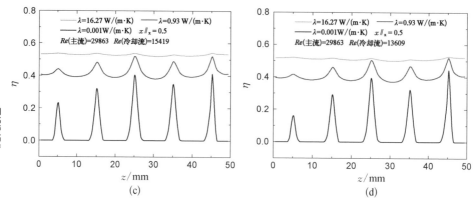

图 5.40　不同热导率和不同冷流体速度条件下气膜冷却效率比较

5.5　多排孔气膜冷却特性

实际应用中,通常采用多排气膜孔的结构。在多排气膜孔冷却结构中,不同几何参数、不同流动参数均会对冷却效率产生影响。本节介绍多排气膜孔不同排列方式对冷却效果的影响规律[15]。

实验研究的多排气膜孔冷却结构如图 5.41 所示。其中,平板之间的孔排距用 S 表示,孔间距用 P 表示,孔直径用 D 表示,以下结果的孔直径为 5 mm。本节主要研究吹风比、孔排距和孔间距等对多排气膜孔结构冷却效率的影响特性。

图 5.41　多排气膜孔板实物图

5.5.1　冷却效率随吹风比的变化特性

多排气膜孔冷却效率如图 5.42 所示。与单排气膜孔冷却相对比,多排气膜孔结构的冷却效率在沿主流通道气流的方向出现了多个峰值,这是由于多排气膜冷却结构在每一排气膜孔的位置,冷却气流刚刚流出,对平板的覆盖效果和冷却效果皆较好,冷却效率较大。因此,多排气膜孔结构的冷却效果比单排结构有显著的提高,冷却效率的峰值和平均冷却效率均优于采用单排气膜孔结构时的冷却效果。

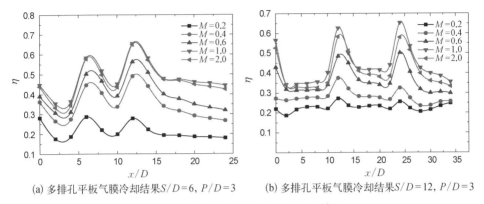

(a) 多排孔平板气膜冷却结果 $S/D=6$, $P/D=3$　　(b) 多排孔平板气膜冷却结果 $S/D=12$, $P/D=3$

图 5.42　冷却效率随吹风比的变化情况

　　实验结果表明,与单排气膜孔类似,在雷诺数一定的情况下,吹风比较低时吹风比的增加有利于冷却效率的提升;而在吹风比较高时,吹风比的增大不但不能有效增加冷却效率,反而使冷却效率减小,被保护壁面的冷却效果变差。

　　红外热像仪测量的平板壁面温度场云图如图 5.43 所示。在 $M=0.2$ 的时候,冷却气流对平板壁面的覆盖情况十分不好,这也导致了该工况下的冷却效果差,冷却效率也最低。随着吹风比的增加,冷却气流对被保护壁面的覆盖面积越来越大,因而壁面的冷却效果也越来越好。在 $M=1.0$ 的时候,冷却气流的覆盖

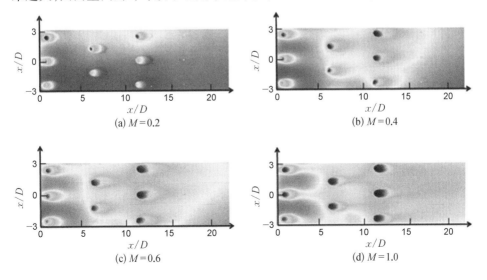

(a) $M=0.2$　　　　　　　　　　　　(b) $M=0.4$

(c) $M=0.6$　　　　　　　　　　　　(d) $M=1.0$

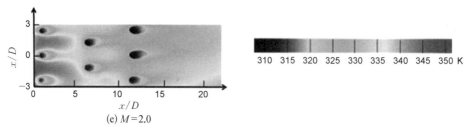

(e) $M = 2.0$

图 5.43　平板壁面温度场($S/D = 12$，$P/D = 3$)

面积达到最大,冷却效果也在该工况下达到最佳。而后随着吹风比继续增大,如吹风比 $M = 2.0$ 时,冷却气流对平板壁面的覆盖面积反而有所减小,冷却效果比起 $M = 1.0$ 的时候还略有不及,因而冷却效率也有所减小。

5.5.2　孔排距对冷却效率的影响

对于多排气膜孔冷却,除了气膜孔间距之外,还需要考虑气膜孔之间的排距。气膜孔的孔排距指的是相邻两排气膜孔之间的垂直距离。不同孔排距平板气膜冷却效率随孔排距的变化情况和分布规律如图 5.44 所示。随着孔排距的增大,冷却效率相应地明显减小。这是因为随着孔排距的增大,气膜孔排列变得稀疏,气膜在平板壁面上的覆盖面积和贴合情况都变差。

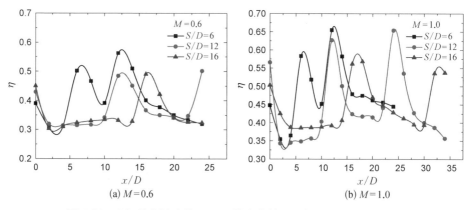

图 5.44　冷却效率随孔排距 S/D 的变化情况(孔间距均为 $P/D = 3$)

5.5.3　多排气膜孔冷却效率叠加模型

大量的实验研究和理论分析表明,多排孔结构的冷却效率与单排气膜孔结构的冷却效率有着内在的联系。Sellers[16] 在 20 世纪 60 年代,依据两维缝隙冷

却的特征,给出了一种可以用于冷却效率叠加的计算公式,如下所示:

$$\eta = \eta_1 + \eta_2(1 - \eta_1) + \cdots + \eta_n(1 - \eta_1)(1 - \eta_2)\cdots(1 - \eta_{n-1}) \quad (5.3)$$

其中,η_i 代表的是第 i 排的气膜孔结构在单独进行冷却时在确定的测量点所生成的相应冷却效率,例如 η_3 代表的是只有第三排气膜孔工作时,在某一计算点形成的气膜冷却效率。但是,这一叠加关系式是通过对 2D 气膜缝喷射的实验结果推导出来的,且没有考虑上下游喷射之间的相互干扰和影响,通常用该公式叠加计算出来的结果小于真实的实验值[17]。

基于多排气膜孔结构冷却效率的实验结果,对 Sellers 提出的公式进行修正,得到如下叠加关系式:

$$\eta = a\eta_1 + b\eta_2(1 - \eta_1) + c\eta_3(1 - \eta_1)(1 - \eta_2) \quad (5.4)$$

其中,a、b、c 是与吹风比有关的三个系数,与多排气膜孔的结构和气流参数有关。在本实验范围内拟合的函数关系式如下:

$$a = 1.42 - 2.8M + 6.76M^2 - 2.41M^3 \quad (5.5)$$

$$b = -0.04 + 5.54M - 7.13M^2 + 2.27M^3 \quad (5.6)$$

$$c = -0.31 + 5.33M - 6.26M^2 + 1.93M^3 \quad (5.7)$$

图 5.45 给出了由上述叠加关系式获得的数据与实验数据的对比。吹风比较小时,叠加关系式与实验结果的一致性较好,而随着吹风比的增加,气体流动更加复杂,不确定性增加,使得计算值(叠加关系式)与实验结果的偏差有所增大。

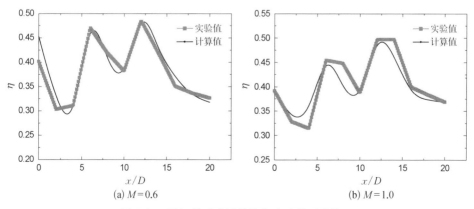

图 5.45　叠加关系式计算值与实验值对比情况

参考文献

[1] Wieghardt K. Hot air discharge for deicing[R]. AAF Translation, No. F‑TS‑919RE, 1946.

[2] Sinha A K, Bogard D G, Crawford M E. Film-cooling effectiveness downstream of a single row of holes with variable density ratio[J]. Journal of Turbomachinery, 1991, 113(3): 442‑449.

[3] Han J C, Dutta S, Ekkad S. Gas turbine heat transfer and cooling technology[M]. Boca Raton: CRC Press, 2012.

[4] Peng W, Jiang P X. Experimental and numerical study of film cooling with internal coolant cross-flow effects[J]. Experimental Heat Transfer, 2012, 25(4): 282‑300.

[5] 彭威. 亚音速和超音速条件下气膜冷却的流动和传热机理研究[D]. 北京:清华大学,2010.

[6] Sun X K, Zhao G, Jiang P X, et al. Influence of hole geometry on film cooling effectiveness for a constant exit flow area[J]. Applied Thermal Engineering, 2018, 130: 1404‑1415.

[7] 孙小凯,彭威,姜培学. 定出流面积条件下气膜冷却孔型的研究[J]. 工程热物理学报, 2016,37(08): 1711‑1716.

[8] Peng W, Sun X K, Jiang P X, et al. Effect of ribbed and smooth coolant cross-flow channel on film cooling[J]. Nuclear Engineering and Design, 2017, 316: 186‑197.

[9] 彭威,姜培学. 冷却流通道内流动对气膜冷却影响的大涡模拟研究[J]. 工程热物理学报,2010,31(8): 1359‑1362.

[10] Peng W, Jiang P X. Large-eddy simulation of film cooling with internal coolant crossflow effects[J]. Journal of Propulsion and Power, 2012, 28(1): 160‑169.

[11] 王扬平. 燃气轮机叶片气膜冷却和内部冷却的基础研究[D]. 北京:清华大学, 2006.

[12] Lu B, Peng W, Jiang P X, et al. Experimental and numerical study of the effect of conjugate heat transfer on film cooling[J]. Experimental Heat Transfer, 2017, 30(4): 355‑368.

[13] 卢犇. 带肋通道内对流换热及气膜冷却的实验研究与数值模拟[D]. 北京:清华大学, 2005.

[14] 彭威,姜培学. 耦合传热和冷却流通道流动对气膜冷却的影响[J]. 工程热物理学报, 2009,30(10): 1720‑1722.

[15] 蒋兴文. 平板气膜冷却的传热特性研究[D]. 北京:清华大学, 2015.

[16] Sellers Jr J P. Gaseous film cooling with multiple injection stations[J]. AIAA Journal, 1963, 1(9): 2154‑2156.

[17] 朱惠人,郭涛,许都纯. 双排簸箕形孔气膜冷却效率及其叠加算法[J]. 航空动力学报, 2006(5): 814‑819.

第6章

超声速条件下气膜冷却

气膜冷却除了用于燃气轮机高温叶片的冷却,由于其结构简单、冷却效果好等特点,也被纳入航空发动机尾喷管冷却、火箭发动机高温部件冷却、高超声速飞行器热端部件冷却的考虑范围。在这些应用场合,如高温透平叶片尾部、航空发动机和火箭发动机喷管、超燃冲压发动机燃烧室等位置,主流速度可达超声速。由于超声速条件下需要考虑气体的可压缩性,同时超声速流场中常伴随着激波的作用,而激波的入射对气膜保护层将产生影响,因而超声速气膜冷却和亚声速气膜冷却的机理存在较大的差异,不能把亚声速气膜冷却得到的研究结果简单外推到超声速气膜冷却情况,针对超声速气膜冷却的研究也就变得很有必要。

相比亚声速气膜冷却,对超声速气膜冷却的研究相对偏少。已有的研究表明,超声速条件下的气膜冷却效果要优于亚声速气膜冷却[1]。在超声速情况下,气膜冷却可以有效保护受热壁面,降低壁面热流密度,主流和冷却流之间的相互掺混也较弱,能够获得更好的效果。另外,在冷却气体沿壁面切向方向喷入时,超声速气膜冷却还能起到降低壁面摩擦阻力等作用[2],从而提供一定的推力,改善发动机的性能。但是在这些超声速气膜冷却的应用中,往往会产生激波串,激波的入射将使局部壁面热流密度进一步增大,对气膜冷却效果产生破坏作用。

6.1 超声速条件下二维缝槽结构气膜冷却基本规律

典型的超声速气膜冷却模型为如图6.1所示的二维缝槽结构,高温主流气体从主流通道的进口以超声速流入,冷却流气体从后台阶处沿着与主流道平行方向同样以超声速喷入,形成对下壁面的气膜冷却。

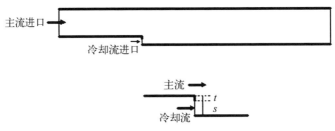

图 6.1　超声速气膜冷却模型

与亚声速气膜冷却不同,超声速气膜冷却效率的定义一般采用恢复温度,定义如下:

$$\eta = \frac{T_{r\infty} - T_{aw}}{T_{r\infty} - T_{rc}}$$

（6.1）

式中,T_{aw}为绝热壁面温度,$T_{r\infty}$、T_{rc}分别为主流和冷却流进口恢复温度,单位均为 K。定义如下:

$$T_{r\infty} = T_{\infty}\left(1 + r\frac{\gamma - 1}{2}Ma_{\infty}^2\right)$$

（6.2）

$$T_{rc} = T_c\left(1 + r\frac{\gamma - 1}{2}Ma_c^2\right)$$

（6.3）

式中,T_c为入口冷却剂静温,T_{∞}为主流静温,单位均为 K;Ma_{∞}为主流入口马赫数;Ma_c为冷却流入口马赫数。

已有研究表明,超声速气膜冷却效率能整理成 x/Ms 的关联式(M 为吹风比)。本节采用数值模拟的方法研究了在保持主流进口湍流度5%不变的条件下,通过改变冷却气体进口高度和进口流速而保持冷却气体质量流量不变,分析了冷却流进口高度 $s =$ 3、4、5、6、7、8(mm) 等多种情况下的超声速气膜冷却效率。

对于超声速气膜冷却的数值模拟研究,数值计算模型尤其是湍流模型的选择对计算结果影响较大。为了选择合理的湍流模型,针对 Juhany 等[3]的实验研究,分别采用了 SA、RNG $k-\varepsilon$、SST $k-\omega$ 等湍流模型对其进行计算模拟。计算模型采用理想气体模型,考虑流体变物性的影响,流体的物性利用 NIST 物性程序计算得到。采用耦合隐式求解器进行稳态计算,动量方程、能量方程及湍流方程中的对流项都采用二阶 UPWIND 格式离散,各量的残差小于 10^{-3}。计算结果见图 6.2,表明采用 SST $k-\omega$ 湍流模型的计算结果更接近实验结果。因此,在本章后续数值计算中,均采用 SST $k-\omega$ 湍流模型开展数值模拟研究。

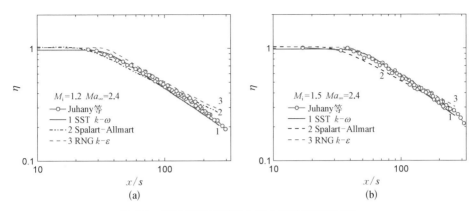

图 6.2　不同湍流模型和文献中实验结果的对比

针对改变冷却气体进口高度和进口流速而保持冷却气体质量流量不变的数值模拟研究,计算结果表明,在相同的冷却气体质量流量下,超声速冷却效率相近。通过在对数坐标中进行线性拟合,得到超声速气膜冷却效率的表达式 (6.4),经与已有实验数据[3]比较(图 6.3),两者能较好地吻合。

$$\eta = 15.0\left(\frac{x}{Ms}\right)^{-0.665} \tag{6.4}$$

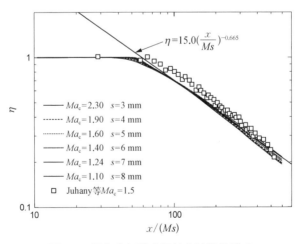

图 6.3　超声速气膜冷却效率计算关联式

已有关于超声速气膜冷却的研究主要集中于对一些基本参数的影响规律的研究,如对进口马赫数、温度比、流量等的影响。而对实际超声速气膜冷却应用场合的一些重要的参数(如湍流度、曲面结构、喷管中流体加速、冷却气体种类等)的影响较少,本节介绍主流加速、曲面效应、入口湍流度以及冷却气体种类对气膜冷却影响规律的研究工作[4]。

6.1.1　主流加速的影响

考虑主流通道有一定扩张角使得主流气体处于加速运动的状况,如图 6.4 所示。主流加速情况的压力分布、流场、温度场与不加速条件下的结果存在较大差异(图 6.5)。

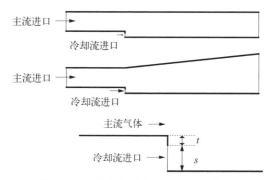

图 6.4　超声速气膜冷却主流加速模型

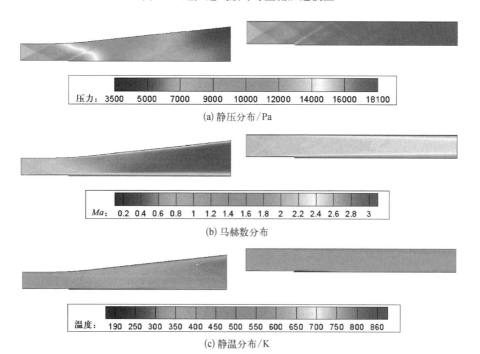

(a) 静压分布/Pa

(b) 马赫数分布

(c) 静温分布/K

图 6.5　主流加速与不加速条件下压力、马赫数和温度的比较

如图 6.6 所示,当流道有一定扩张角使得主流存在加速时,超声速气膜冷却效率比主流不加速时的气膜冷却效率高,而且这种趋势越往下游越明显。造成这种现象的原因主要有两方面:一方面是气体可压缩性的影响,在主流加速的情况下,随着沿程马赫数的增加,气体的可压缩性表现得更加明显,这对超声速气膜冷却效率下降有补偿作用[5];另一方面,在主流存在加速的情况下,冷却气体边界层内的湍流强度比主流不加速情况下要小(图 6.7),使得主流高温气体与冷却流气体混合的程度减弱,冷却效率下降更慢。

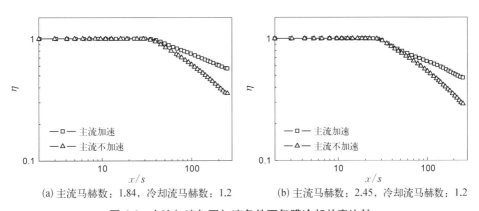

(a) 主流马赫数:1.84,冷却流马赫数:1.2　　　(b) 主流马赫数:2.45,冷却流马赫数:1.2

图 6.6　主流加速与不加速条件下气膜冷却效率比较

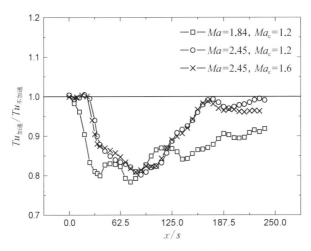

图 6.7　边界层内湍流强度比较

6.1.2　曲面效应的影响

已有研究考虑的模型多是一个直通道的超声速缝槽气膜冷却结构,而对实际中可能遇到的弯曲壁面情况的报道则不多。本节对直通道和弯曲通道两种不同几何形状中的二维平行缝槽形式的超声速气膜冷却进行了数值模拟(图 6.8),分析了有、无斜激波入射冷却层条件下的冷却效果。

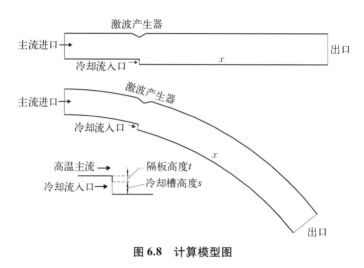

图 6.8　计算模型图

在所研究的条件下,当没有激波产生器时,弯曲通道上气膜冷却的效果要好于直通道,这与亚声速下的结论一致,主要是由于在凸面的情况下,剪切力受到了抑制,压力梯度使冷却气流紧贴在壁面,因而具有比平面上更好的冷却效果;而在有激波产生器的时候,弯曲通道上的气膜冷却效果反而不如直通道。从图 6.9 中可

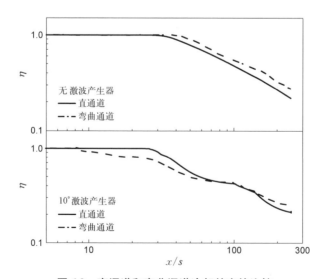

图 6.9　直通道和弯曲通道冷却效率的比较

以看出,在有激波产生器的时候,弯曲通道受保护的壁面冷却效率比直通道中提前下降。主要原因是在曲面上激波的作用使冷却流更容易在壁面上产生分离(图 6.10),从而更早地与高温主流混合,出现了弯曲通道冷却流与高温主流的掺混较直通道提前的现象,从而使弯曲通道受保护的壁面冷却效率比直通道中提前下降。

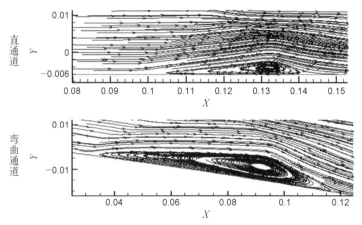

图 6.10　冷却边界层局部速度分布矢量图(有激波作用)

6.1.3　主流进口湍流度的影响

主流进口湍流度对超声速气膜冷却效率有较大影响。随着主流进口湍流度的增大,超声速气膜冷却效率下降。但是当主流进口湍流度超过一定的程度后,继续增大主流进口湍流度,超声速气膜冷却效率的下降趋势减缓(图 6.11)。这主要

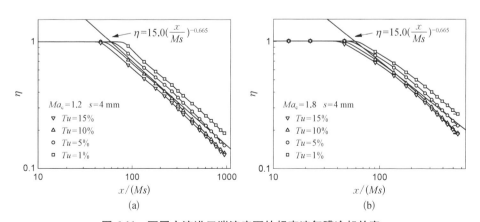

图 6.11　不同主流进口湍流度下的超声速气膜冷却效率

是由于湍流耗散性的影响,主流进口湍流度越高,沿程衰减越快。如图 6.12 所示,当进口湍流度超过 10%后,离主流进口不远的一段距离后,主流湍流度将基本相同。因而,继续增大主流进口湍流度,超声速气膜冷却效率的减弱趋势不再明显。

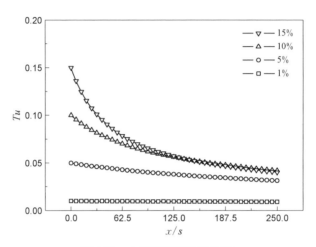

图 6.12　主流湍流度沿程分布

随着冷却流进口马赫数的增大,主流进口湍流度的影响减弱。一方面随着冷却流马赫数的增大,冷却流的动量相应增大,即冷却流抵抗干扰的能力增强,所以主流的湍流度对其的影响减弱;另一方面,当冷却流平行于主流方向喷射时,随着冷却流进口马赫数增大,主流和冷却流之间的相对速度差减少,主流对冷却流的影响区域也相应减少。图 6.13 给出了冷却流进口高度 s 为 8 mm 时,

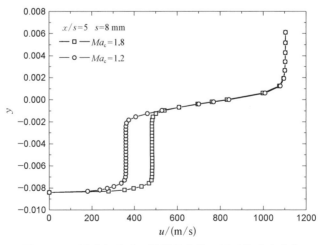

图 6.13　不同冷却流进口马赫数条件下近壁处速度分布

距冷却流进口 $x/s=5$ 处的截面速度分布。当冷却流入口马赫数较大时,冷却流边界层受主流的影响更小。所以,随着冷却流进口马赫数的增大,由主流和冷却流本身速度差引起的相互剪切的能力减弱,从而也能减少了它们相互作用的湍动能,进而冷却流和主流的相互掺混也相应减弱。

随着冷却流进口高度的增加,冷却气体边界层变厚,主流穿透冷却气体边界层影响受保护壁面的能力变弱,主流进口湍流度对超声速气膜冷却效率的影响也相应减弱。

6.1.4 冷却气体种类的影响

在相同进口马赫数的情况下,不同冷却流气体的冷却效果不同,如图 6.14 所示,无论是有激波入射还是无激波的情况,在相同的冷却流进口马赫数条件下,氦气表现出最好的冷却性能,其次为甲烷,氮气和空气的冷却性能几乎相同。主要原因在于,在相同进口马赫数条件下氦气的热容值最大。

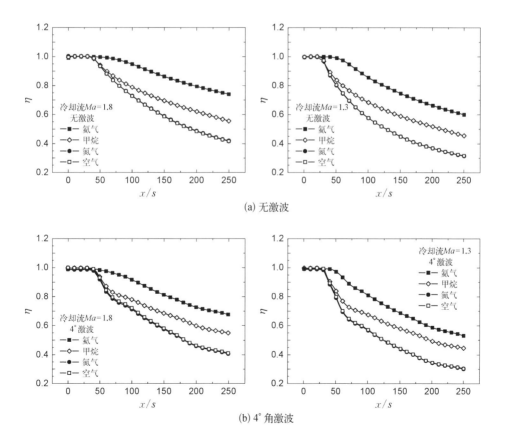

(a) 无激波

(b) 4° 角激波

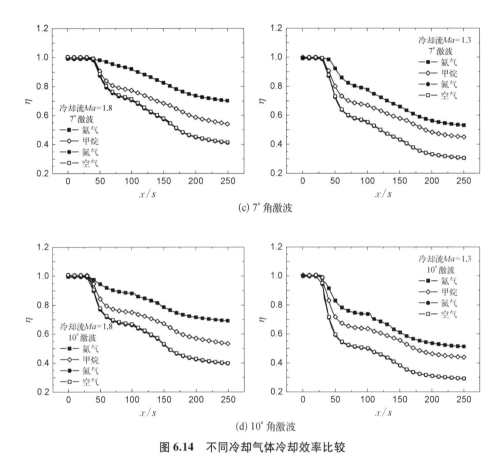

图 6.14　不同冷却气体冷却效率比较

　　然而,从图 6.14 和图 6.22 中也可以看出,分子量轻的气体更易受到激波的作用,氢气在受到激波入射的干扰表现最为强烈: 即使在 4°角和 7°角激波入射时,其气膜冷却效率在整个区域都比无激波入射时要低。对于分子量小的冷却气体,即使在强度不大的激波入射下,激波也能明显地加强冷却流和主流的掺混。

6.2　激波对二维缝槽结构超声速气膜冷却的影响

　　已有对于超声速气膜冷却受激波影响的研究,证明了激波入射对超声速气膜冷却的保护效果将造成影响,但是在激波对气膜保护的破坏机理、破坏区域等方面的认识上还存有一定的分歧。

　　本节针对激波与超声速气膜冷却的相互作用,开展了相应的实验研究和数值模拟[6-10]。在斜激波射入气膜层对气膜冷却效果的影响研究中,通常在主流通道的上壁面加入一个楔形的激波诱发体来产生入射激波,如图 6.15 所示。主流以超声速绕流过激波产生器后,流动方向被迫改变,引发斜激波,并横贯主流通道,入射下壁面,对超声速气膜冷却产生影响。

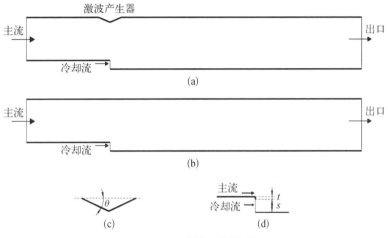

图 6.15　激波入射模型

6.2.1　激波对气膜冷却影响的实验研究

　　实验系统采用小型超声速风洞,包括气源系统、风洞系统、实验段等。实验系统图和实验台照片如图 6.16 所示。

　　实验段截面尺寸为 34.5 mm×20 mm(高×宽),长 200 mm(图 6.17 和图 6.18)。实验中,主流马赫数为 3.2,总温为 398 K,总压为 0.48 MPa,冷却流总温为 336 K,冷

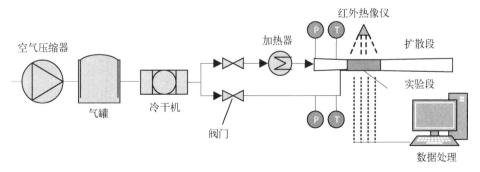

图 6.16 实验系统图

却流的马赫数根据不同的 Laval 喷管段确定,分别研究了冷却流入口马赫数为 1.2 和 1.5 两种工况。采用红外热像仪对被保护壁面的表面温度进行测量。

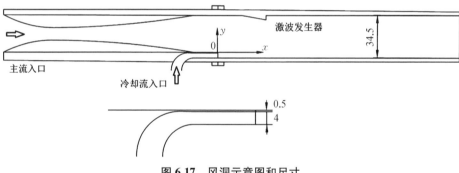

图 6.17 风洞示意图和尺寸

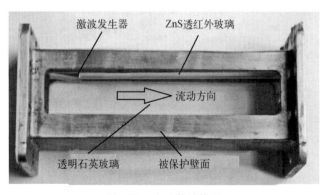

图 6.18 实验段结构图

冷却流马赫数分别为 1.2、1.5 工况下不同激波强度的气膜冷却效率如图 6.19 所示。对于 $Ma_c = 1.2$ 工况,当无斜激波入射时,在距冷却流体入口 $x/s = 30$ 处,气膜冷却效率开始下降,主要是由于主流与冷却流的掺混;对 4° 楔形激波发生器工况,超声速气膜冷却效率比无激波工况下降了 7.2%,对 7° 楔形激波发生器工况,超声速气膜冷却效率比无激波工况下降了 13.3%,而对 10° 楔形激波发生器工况,超声速气膜冷却效率比无激波工况下降了 22.6%。

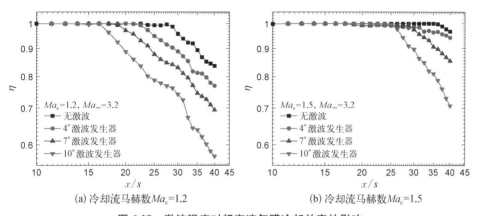

(a) 冷却流马赫数 $Ma_c = 1.2$　　　　　　　(b) 冷却流马赫数 $Ma_c = 1.5$

图 6.19　激波强度对超声速气膜冷却效率的影响

从图 6.20 中可以发现,对于 $Ma_c = 1.5$ 无激波工况,在本实验所能测量到的范围内,冷却效率基本上没有下降,即实现了对壁面完全防护;而对 $Ma_c = 1.2$ 工况,超声速气膜冷却效率在距冷却流体入口 $x/s = 30$ 处开始下降。对比超声速气膜冷却效率可以发现,在距冷却流体入口 $x/s = 30$ 处,对冷却流马赫数 $Ma_c = 1.5$ 工况,超声速气膜冷却效率要比冷却流马赫数 $Ma_c = 1.2$ 工况下高 5.1%;对

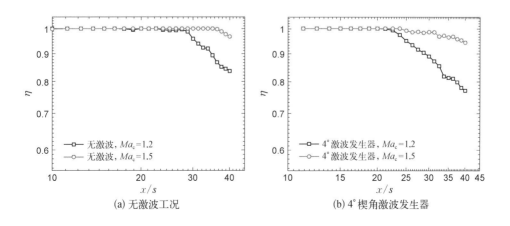

(a) 无激波工况　　　　　　　　　　　(b) 4° 楔角激波发生器

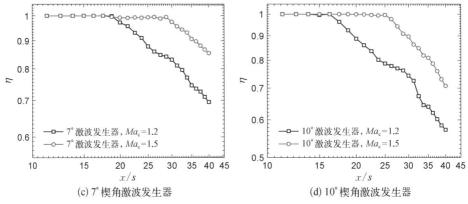

(c) 7°楔角激波发生器   (d) 10°楔角激波发生器

图 6.20   冷却流马赫数对超声速气膜冷却效率的影响

4°楔角激波发生器工况,冷却效率要高 10.8%;对 7°楔角激波发生器工况,冷却效率要高 17.3%;而对 10°楔角激波发生器工况,冷却效率要高 20.8%。结果表明,在较强激波强度情况下,采用较大的冷却流马赫数能够取得更好的冷却效果。

6.2.2   激波对气膜冷却的作用机理

由于实验只能观测到受保护壁面的温度分布等参数,对主流和冷却流的具体作用细节过程无法完全呈现,因此采用数值模拟的方法对激波对气膜冷却造成的破坏效应机理开展了研究。为了进一步验证数值计算模型,分别采用了 SA、RNG $k-\varepsilon$、SST $k-\omega$ 等湍流模型对开展的实验进行了计算分析,计算模型采用理想气体模型,考虑流体变物性的影响,流体的物性利用 NIST 物性程序计算得到。采用耦合隐式求解器进行稳态计算,动量方程、能量方程以及湍流方程中的对流项都采用二阶 UPWIND 格式离散,各量的残差小于 10^{-3}。计算结果见图 6.21,与前述研究相同,可以发现采用 SST $k-\omega$ 湍流模型得到的计算结果更接近实验结果。

针对激波与气膜冷却的相互作用,分别采用空气、氮气、甲烷、氦气四种不同的气体研究了不同激波强度入射下超声速气膜冷却情况。受保护壁面的冷却效率的分布如图 6.22 所示,在激波的入射时,几种冷却气体的气膜冷却效率均下降,且入射的激波强度越大,冷却效率下降越多。不同冷却气体受激波的作用规律分布较为相似:4°角激波入射的时候,在激波作用区域,气膜冷却效率下降,随后再回升到和无激波作用时的状态;在 7°角激波入射的时候,下降区域略有变大;而在 10°角激波入射的时候,气膜冷却效率下降最明显,尽管在激波区后有一定的回升,但是总体区域的气膜冷却效率比无激波入射时要小。

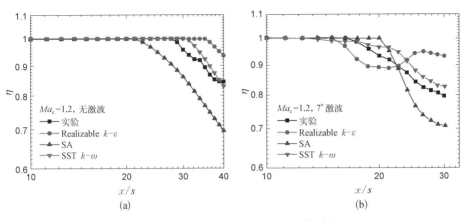

图 **6.21** 不同湍流模型和实验结果的对比

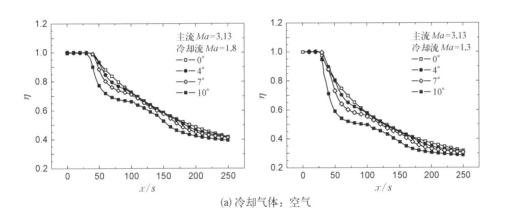

(a) 冷却气体：空气

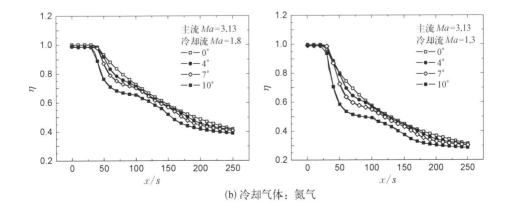

(b) 冷却气体：氮气

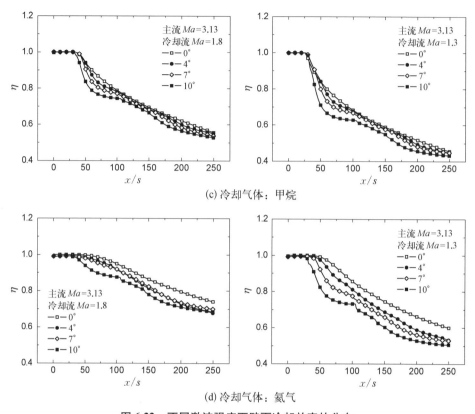

(c) 冷却气体：甲烷

(d) 冷却气体：氢气

图 6.22　不同激波强度下壁面冷却效率的分布

　　研究表明，激波对气膜冷却的破坏作用的一个重要机理是：当激波入射时，激波作用区域流体压力急剧升高，从而导致流体速度下降，马赫数降低。并且当入射激波强度越大时，马赫数下降越多，下降区域越大(图 6.23)。

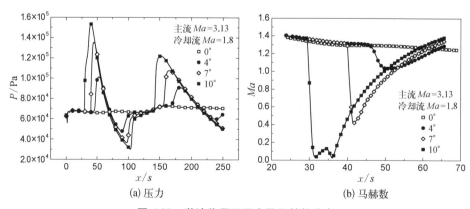

(a) 压力

(b) 马赫数

图 6.23　激波作用下压力及马赫数分布

超声速气膜冷却效率与主流和冷却流入口恢复温度、壁面温度有关,在主流和冷却流入口条件确定的情况下,超声速气膜冷却效率的变化主要与壁面的温度有关。在超声速流动中,壁面的绝热温度表示为

$$T_{aw} = T_{oe}\left(r + \frac{1 - r}{1 + \dfrac{\gamma - 1}{2}Ma^2} \right) \tag{6.5}$$

式中,T_{aw} 为绝热壁面温度,T_{oe} 为边界流体总温,单位均为 K;γ 为绝热指数;r 为恢复常数;Ma 为近壁区马赫数。在其他条件不变的情况下,如果马赫数下降,则绝热壁面温度升高,冷却效率下降,而且马赫数下降越多,绝热壁面温度升高越多,从而导致超声速气膜冷却效率下降也越多。

研究还表明,激波对超声速气膜冷却的破坏作用还存在另一方面的作用机理,即激波加强了冷却流和主流的掺混[7, 8]。对于气膜冷却而言,其冷却效率很大程度上取决于主流气体和冷却流气体的掺混:如果主流高温气体和冷却流气体掺混强烈,则有更多的高温气体进入到气膜边界层内,气膜温度逐渐升高,气膜冷却效率下降(图 6.24)。

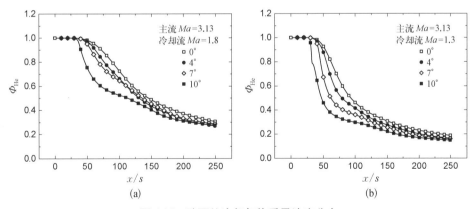

图 6.24　壁面处冷却气体质量浓度分布

在强度不大的激波作用下,当冷却气体分子量比较大时,激波对主流和冷却流的掺混作用的加强表现并不明显;而在强激波入射时,即使是分子量较大的冷却气体,激波加强冷却流和主流的掺混作用也会表现得较明显。此时在激波作用区域出现明显的涡结构,导致冷却流在此区域减速,斜向上绕过涡结构,加强了冷却流与主流的掺混,气膜边界层温度将升高,从而导致壁面冷却效率下降,如图 6.25 所示。

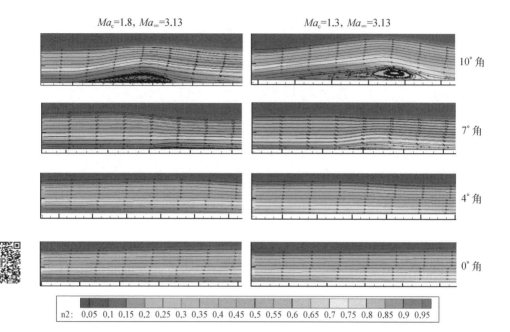

$Ma_c=1.8$, $Ma_\infty=3.13$　　　　$Ma_c=1.3$, $Ma_\infty=3.13$

10° 角

7° 角

4° 角

0° 角

n2: 0.05 0.1 0.15 0.2 0.25 0.3 0.35 0.4 0.45 0.5 0.55 0.6 0.65 0.7 0.75 0.8 0.85 0.9 0.95

图 6.25　激波作用区域的流场结构和冷却气体质量浓度分布图

激波加强冷却流和主流相互掺混的强烈程度也可以从其相互作用区域的湍动能反映出来,图 6.26 为冷却流边界层内湍动能沿程的分布情况。和压力分布相类似,在有激波入射的地方,湍动能增大,随后再下降。这也进一步表明在激波作用区域,流场的掺混强度比没有激波作用时更加强烈。

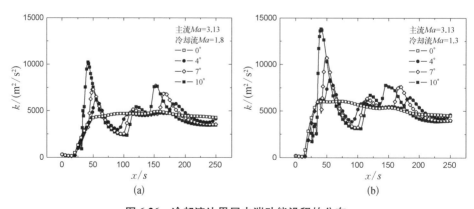

图 6.26　冷却流边界层内湍动能沿程的分布

6.2.3　激波作用位置的影响

在实际应用场合,激波的入射位置也不是确定的,激波入射超声速气膜冷却的不同区域时作用规律可能会有区别。

通常按照超声速气膜冷却边界层流场特性,可以将超声速气膜冷却边界层分为上游核心保护区、中游掺混区域以及下游充分发展区域(图 6.27)。由于气膜边界层不同区域的流场特征存在明显差别,因此激波作用在气膜边界层不同区域造成的影响也将不同。

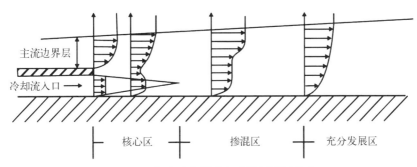

图 6.27　超声速气膜冷却边界层区域分布

由于不同激波入射位置不仅会对气膜冷却局部冷却效率产生影响,也会对激波作用区域后部以及整体冷却效率产生不同的影响结果,本节针对气膜边界层的三个区域,采用三种不同的激波入射位置模型研究了激波作用不同区域造成的影响,计算模型见图 6.28。

在相同冷却流马赫数和激波发生器角度下,不同位置的楔形激波发生器工况下的超声速气膜冷却效率如图 6.29 所示。从图中可以看出,当激波发生器角度为 4° 时,在激波作用区域之外,不同位置的激波发生器对超声速气膜冷却效率的影响不大,随着激波在流场中的反射,上游和中游区域位置的激波发生器诱导的激波会对下游造成影响,但是整体来说,在非激波入射区域,超声速气膜冷却效率区别不大。但是当激波强度增大时,特别是 10° 楔角激波发生器工况,在上游区域位置的激波不但对激波入射区域的气膜冷却效率产生了较大破坏效果,在激波作用区域后部的气膜冷却效率也要低于中下游位置的激波所对应的冷却效率。

10° 楔角激波发生器下超声速气膜冷却流场和流线图如图 6.30 所示。当激波发生器位于上游区域时,斜激波入射会形成一个局部高压区,并形成一个较强的涡结构,在流场中,这个涡结构相当于一个障碍,冷却流体流经这个涡结构

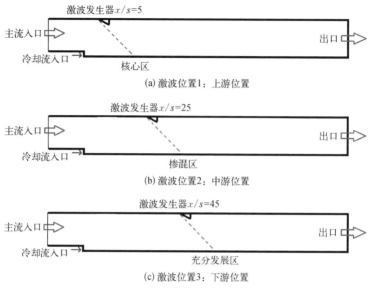

图 6.28　不同位置的激波计算模型

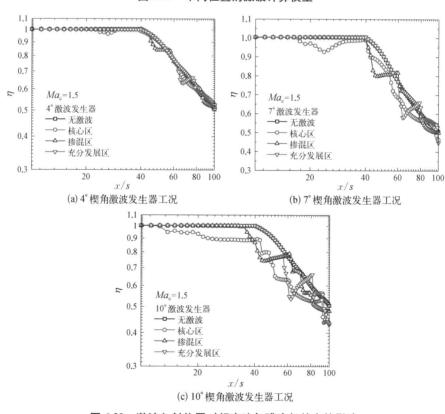

图 6.29　激波入射位置对超声速气膜冷却效率的影响

时,需要从上方绕过,从而增强了主流和冷却流之间的掺混,因此当激波入射在上游区域时,冷却气膜层就与主流较强掺混,冷却气膜层温度升高,导致超声速气膜冷却效率降低,同时导致在中下游区域冷却效率降低。对于激波作用于中游和下游区域,形成的分离涡结构明显变小,造成的影响也减弱。

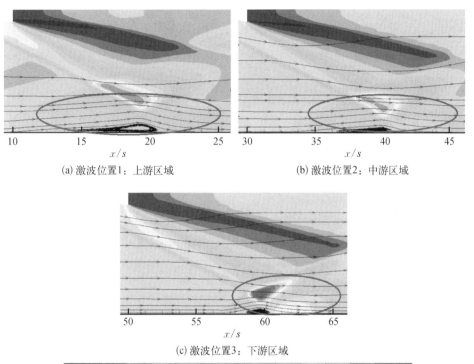

(a) 激波位置1:上游区域　　　　　　　　　(b) 激波位置2:中游区域

(c) 激波位置3:下游区域

压力/Pa　4000　6000　8000　10000　12000　14000　16000　18000　20000　22000　24000　26000　28000　30000

图 6.30　不同激波位置处激波入射流场($Ma_c = 1.5$)

激波作用区域 y 方向的冷却流马赫数分布如图 6.31 所示。由于冷却流马赫数要低于主流马赫数,随着流动的充分发展,在下游区域的局部马赫数要大于在上游区域的局部马赫数,抵御激波作用的能力增强。因此,当激波发生器位于上游区域时,造成的影响要大于下游区域的影响。

6.2.4　激波作用的三维效应

目前已有的研究大多数是基于二维缝槽模型,研究二维激波对超声速气膜冷却的影响。但是在实际情况中,在超声速气膜冷却流场中,沿着通道展向激波可能并不是完全贯通流场的情况。已有的观点普遍认为相比于通道展向未完全

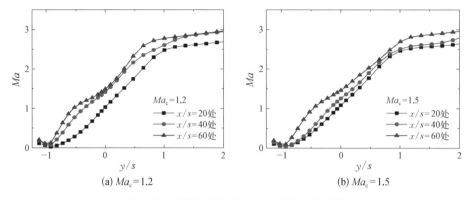

图 6.31　激波作用区域 y 方向冷却流马赫数

贯通的激波而言,通道展向完全贯通的激波对超声速气膜冷却效率的破坏效果更大。但是在实际情况下,可能并非如此。

本节研究了不同宽度的激波发生器的影响,并对比无激波作用和激波完全贯通通道展向情况下的流场和温度场,并分析气膜冷却效率,以对比完全贯通的激波和非完全贯通的激波对超声速气膜冷却造成的区别。此外,还研究了不同强度的激波以及不同冷却流马赫数的影响。

本节所采用的计算模型及尺寸如图 6.32 所示。为了考虑激波未完全贯通

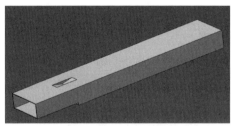

(a) 激波发生器宽度为10 mm

(b) 激波发生器宽度为20 mm

(c) 激波发生器宽度为30 mm

(d) 激波发生器宽度为50 mm
(激波完全贯通通道展向)

图 6.32　无激波及不同宽度激波发生器计算模型

通道展向的工况,共研究了四种不同宽度的激波发生器,分别为 10 mm、20 mm、30 mm 和 50 mm。其中,50 mm 宽度激波发生器与流场宽度相同,即为通道展向完全贯通激波。

超声速气膜冷却效率分布云图如图 6.33 所示。从图中可以看出,对激波发生器宽度为 50 mm 的工况,即激波完全贯通的工况,冷却效率在展向方向分布均匀,但是当激波发生器并非完全贯通时,冷却效率分布不均匀。

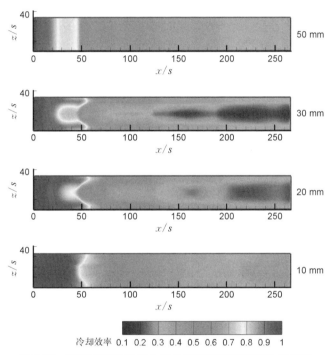

图 6.33　不同宽度激波发生器作用下超声速气膜冷却效率

在中心线处不同宽度激波发生器产生的激波对超声速气膜冷却效率的影响如图 6.34 所示。从图中可以看出,在上游区域位置,激波发生器为 10 mm 宽度的工况下冷却效率最高,其次是宽度为 20 mm 和 30 mm 的激波发生器,而激波发生器宽度为 50 mm 时,即激波完全贯通时,冷却效率最差。但是,对中下游区域位置冷却效率分析,却发现规律与上游区域不同。仍然是激波发生器宽度为 10 mm 工况下超声速气膜冷却效率最好,而接下来是激波发生器宽度为 50 mm 和 20 mm 工况,激波发生器宽度为 30 mm 时冷却效率最差。

通过上游区域和下游区域位置的温度、流场以及压力分布云图(图 6.35 和

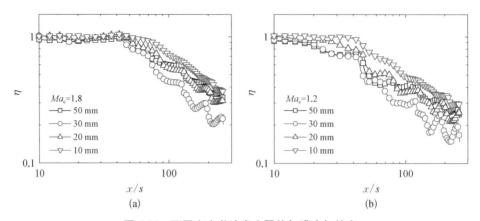

图 6.34   不同宽度激波发生器的气膜冷却效率

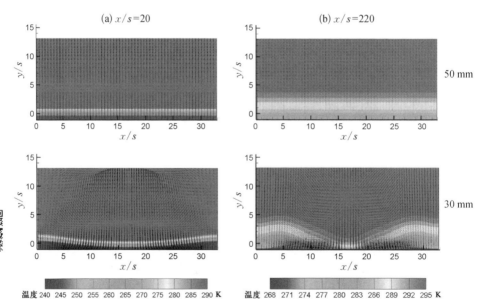

图 6.35   温度和速度分布云图(在 $x/s=220$ 处,激波发生器楔角 $10°$)

图 6.36)分析表明:对 50 mm 宽度的激波发生器,无论是在上游位置还是在下游位置,边界层内温度分布都很均匀。但是,对于激波发生器宽度为 30 mm 工况,边界层内的温度、压力分布非常不均匀。非贯通激波的入射形成不均匀压力分布,导致形成展向二次流;展向二次流的作用导致高温主流被卷入冷却气膜层,使冷却气膜层变薄,并增强了冷却流和主流之间的掺混,从而导致超声速气膜冷却效率下降[10]。

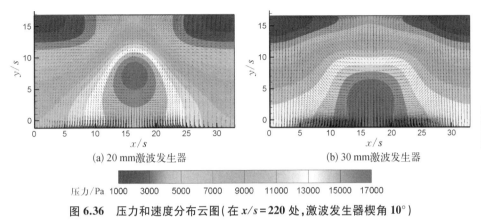

(a) 20 mm激波发生器　　　　　　　　(b) 30 mm激波发生器

压力/Pa　1000　3000　5000　7000　9000　11000　13000　15000　17000

图 6.36　压力和速度分布云图(在 $x/s=220$ 处,激波发生器楔角 $10°$)

6.3　抑制激波作用的方法

由前面的分析和讨论可知,激波的入射将破坏超声速气膜冷却效果,主要作用机理在于:一方面,激波的入射使冷却气体边界层内压力升高,从而导致边界层流速下降,进而影响壁面绝热温度;另一方面,在强激波的入射下,主流和冷却流气体的掺混也被增强。其中,第一个机理是激波作用的本身呈现的热力学特性,不易改变。因此,怎样减少激波作用下主流和冷却流的掺混作用是抑制激波破坏作用的重要努力方向。本节针对该方向开展研究,分析了开孔壁面、冷却流入口条件、冷却流分段注入的影响[11-13]。

6.3.1　开孔壁面的影响

在激波入射时,冷却气膜边界层内速度降低,边界层内速度分离,出现涡结构,边界层变厚。上游冷却流气体绕过涡结构向下游流动,因此将具有向上的速度分量,与主流的掺混必然加强(图 6.37)。

通过合理的设计,激波作用形成的这种涡结构以及边界层变厚的效应减弱,如图 6.38 所示,采用在激波作用区域开孔的结构可以有效减弱涡结构的作用。本节研究考虑了多种开孔壁面的结构(图 6.39)。

图 6.40 为采用开孔壁面后的超声速气膜冷却效率与不开孔壁面的比较。可以发现:采用开孔壁面后,在激波的作用下,超声速气膜冷却效率在激波作用

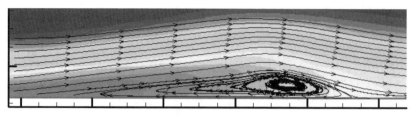

图 6.37　激波入射区域流场结构

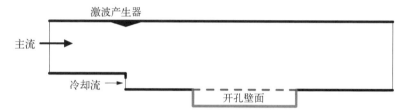

图 6.38　壁面开孔的超声速气膜冷却模型

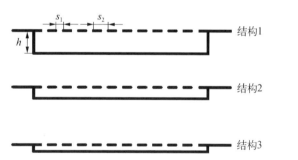

图 6.39　不同槽深的开孔壁面结构

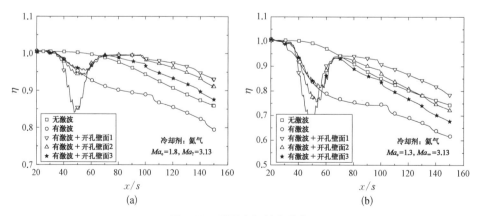

(a)　　　　　　　　　　　　(b)

图 6.40　壁面冷却效率分布

后相对不开孔的壁面有明显的回升,回升后的冷却效率甚至比没有激波作用的工况还要高。由此可见,采用开孔壁面能有效地抑制激波对超声速气膜冷却的破坏作用。

图 6.41 和图 6.42 为壁面开孔区域的速度分布图以及开孔壁面每个孔的流体流量分布情况,从开孔槽道里面的流场结构分析可以看出:在开孔区靠近上游的区域,冷却气膜边界层里的流体往槽道结构里面流,而在开孔区下游区域,槽道里面的流体通过孔往外流动,保护下游的壁面,这将减少主流和冷却流的掺混程度,从而也能有效地抑制激波对壁面冷却效果的破坏。

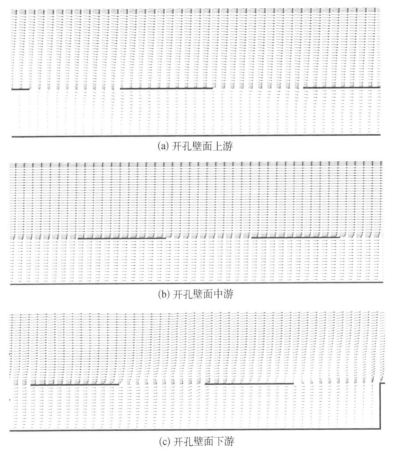

(a) 开孔壁面上游

(b) 开孔壁面中游

(c) 开孔壁面下游

图 6.41   壁面开孔的结构内流场分布

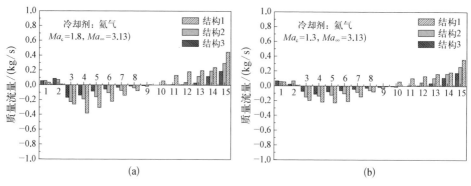

图 6.42　开孔壁面出孔隙间流体流量分布

6.3.2　冷却流入口条件的影响

在超声速气膜冷却的实际应用场合,由于种种限制,有些场合改变被保护壁面结构的方法可能无法实现,此时,若需要获取尽量好的冷却效果,只能通过其他的方式来实现。另外,在实际应用中,能用于冷却的气体总量是一定的。基于这样的考虑,在相同的冷却剂流量条件下,若改变冷却流入口高度,则需要改变冷却流的马赫数。例如,提高冷却流入口高度时,则需要降低冷却流入口马赫数。

本节通过数值模拟的方法研究了在保持冷却流流量相同的条件下,通过改变冷却流入口高度(同时改变冷却流入口马赫数)来获取更好的冷却效果,研究了三种冷却流入口高度,分别为 $s=3$ mm、$s=6$ mm 和 $s=9$ mm。

研究结果表明(图 6.43):在无激波入射以及在激波强度较小(激波发生器角度为 4°)时,不同冷却流入口高度对被保护壁面压力分布影响不大。若激波强度为中等强度(激波发生器角度为 7°)以及激波强度较强(激波发生器角度为 10°),当冷却流入口高度较低时,由于斜激波入射导致的压力升高的最大值要更大,但是压力升高的区域相对来说较窄。总体来说,在激波入射时,冷却流入口高度越大,局部压力增加较低,但是相应的压力升高的范围也更大。

对比冷却效率(图 6.44)可以发现:在无激波作用和激波强度较弱时,不同冷却流入口高度冷却效率基本相同,即在无激波作用时,气膜冷却效率的主要影响因素是冷却流流量。当激波强度较大,冷却流进口缝槽高度为 6 mm 时,气膜冷却效果相对较好,其次为 6 mm 和 9 mm 的情况,降低冷却气体喷射缝槽高度而增大冷却流马赫数有利于超声速气膜冷却。

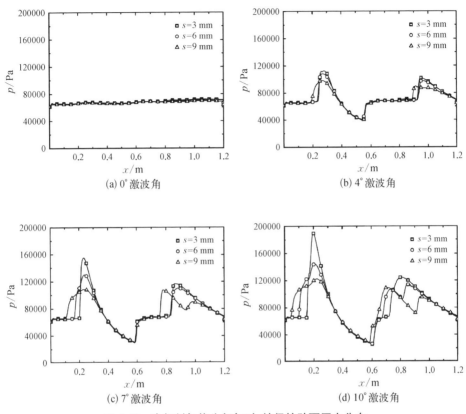

图 6.43　冷却剂气体为氦气时,被保护壁面压力分布

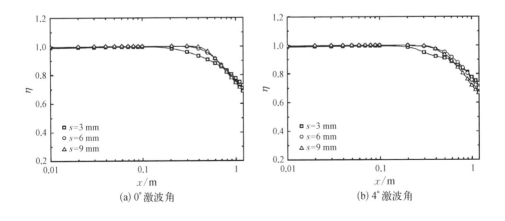

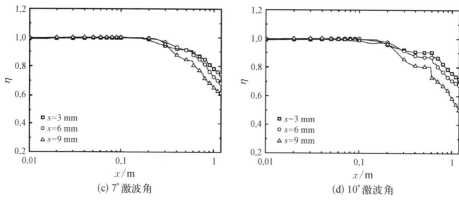

(c) 7°激波角　　　　　　　　(d) 10°激波角

图6.44　冷却剂气体为氦气时气膜冷却效率分布

原因主要在于在保持冷却气体喷射流量不变的前提下,降低冷却气体喷射缝槽的高度则会增大冷却气体的喷射马赫数,也即冷却气膜层中流体的速度增大,冷却流的动量相应增大(图6.45),即冷却流抵抗干扰的能力增强,所以激波对其入射的影响作用将减弱。在冷却流入口高度较大时,由于强激波的入射会形成一个较大的回旋涡,影响超声速气膜冷却效率;而冷却流高度较小时,涡结构较小,对气膜冷却效率影响较小(图6.46)。

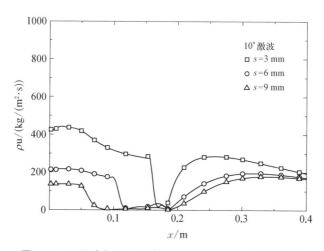

图6.45　不同冷却流入口高度工况下边界层内动量分布

6.3.3　冷却流分段注入

目前已有的研究大多是基于冷却流从单个入口进入流场的情况,本节针对了冷却流分段注入的结构,在冷却流质量流量一定时,比较冷却流单股注入与分

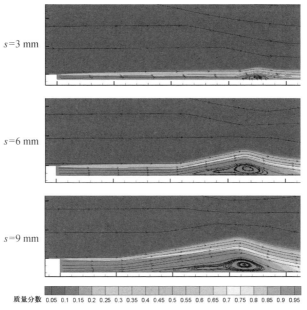

图 6.46　冷却工质为氦气时流场以及边界层内质量分数分布

段注入的气膜冷却效率,分析冷却流分段注入对超声速气膜冷却的影响。

　　本节采用三种激波发生器位置,分别对应激波入射到两股冷却流入口之间和激波入射到第二个冷却流入口后方,其中第三种情况下激波入射位置更偏向下游。三种激波发生器位置的研究模型如图 6.47 所示。冷却流单股注入时,激波发生器位置与冷却流分段注入时相同。

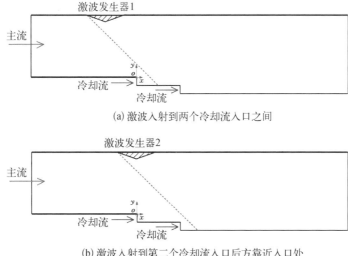

(a) 激波入射到两个冷却流入口之间

(b) 激波入射到第二个冷却流入口后方靠近入口处

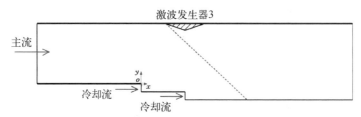

(c) 激波入射到第二个冷却流入口后方更靠近下游处

图 6.47　三种激波入射位置的冷却流分段注入研究模型

　　研究结果(图 6.48)表明：当激波入射到两个冷却流入口之间时,分段注入与单个注入相比,虽然第一段被保护壁面气膜冷却效率较低,但是第二段更长的被保护壁面气膜冷却效率明显提升,有利于整个中下游壁面的热防护,因此整体上来说分段注入可以较好地提升气膜冷却效果。

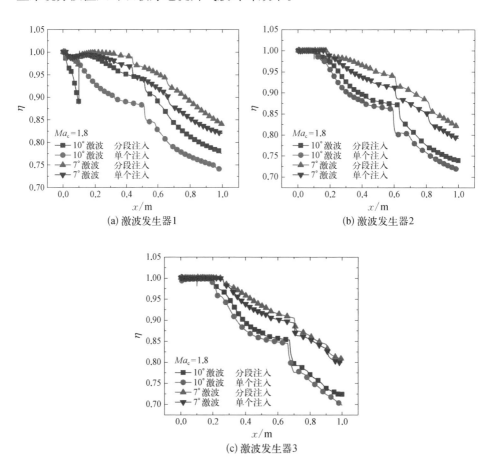

图 6.48　不同激波入射位置下气膜冷却效率分布

当激波入射到第二个冷却流入口后方不远处时,分段注入相比单个注入有一定优势,但是优势相对减弱。当激波入射到第二个冷却流入口后方更趋向下游的位置时,分段注入与单个注入的被保护壁面处温度分布及气膜冷却效率更加接近,分段注入的优势进一步减少。

原因主要在于激波入射会强化局部主流与冷却流的掺混,破坏冷却效果。当激波入射到两个冷却流入口之间时,只有部分冷却流经历了激波的局部强化掺混作用,另一部分冷却流在激波入射位置之后才进入流场,因此分段注入与单个注入相比可以显著提升中下游区域气膜冷却效果。当激波入射到第二个冷却流入口后方时,两股冷却流混合后一同经历激波的局部强化掺混作用,分段注入相比单个注入的优势减小。当激波入射位置越靠近下游时,分段注入的优势越小。

6.4　三维通孔结构超声速气膜冷却

在燃气轮机叶片的中尾部及尾喷管中,主流气体也可能达到超声速,气膜冷却作为这些部件的主要冷却方式,在实际应用中需要综合叶片强度、内流道设计以及加工方式等多方面考虑,二维的缝槽结构往往难以在工程实际中具体应用,真实发动机的透平叶片通常使用的是气膜孔排。其中,广泛采用的是通孔结构的孔型。与缝槽的二维平行剪切流不同,通孔气膜冷却中发生的自由剪切流动类型为三维交叉流。后者显著区别于前者,相应的流动结构更为复杂。种类繁多的相干结构(涡)使得气膜冷却中出现的激波-冷却结构相互作用也更为复杂。

流场中的强剪切和激波对通孔结构超声速气膜冷却的模拟计算提出了更高的要求。传统的 RANS 模拟对冷却效率的预测往往呈现较大的偏差,而大涡模拟(LES)被证明是准确模拟这一过程的一个有效方法。LES 只对各向同性的小尺度湍流进行模化,因此对自由剪切湍流的准确刻画要好于 RANS。相较于DNS,LES 需要的网格数也大幅度减少,计算能力的发展使得工程上大规模使用LES 成为可能。

本节湍流模拟采用 LES 方法进行,计算域如图 6.49 所示。研究对象为单排倾斜通孔,通过周期性条件简化计算域。主流通道内为逐渐发展的旺盛湍流,冷却射流进口为层流流态。上下边界均为壁面,以保留通道内激波的反射,直接解析湍流边界层而不采用任何壁函数。计算网格采用结构化贴体网格,第一层壁网格均保证 $y^+ < 1$。

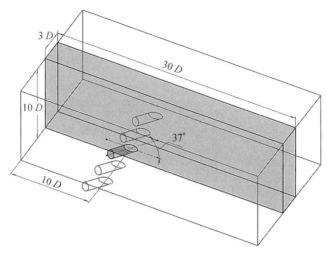

图 6.49　计算域示意图

6.4.1　典型流动特征

在通孔结构气膜冷却中可能出现的相干结构主要有：射流迎风侧的剪切层涡（shear-layer vortices on the windward side）、肾形涡对（counter-rotating vortex pairs，CVPs）、马蹄涡（horseshoe vortices）、尾迹涡（wake vortices）和发卡涡（hairpin vortices）。图 6.50 展示了一个单排通孔结构气膜冷却典型的流动和温

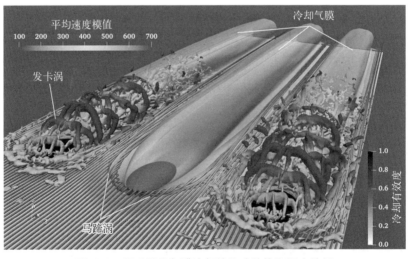

图 6.50　通孔结构气膜冷却的流动结构和温度特征

度特征。从图中可以明显看出,冷却射流入射诱发了气膜孔上游的流动分离,因此产生了射流两侧的马蹄涡;马蹄涡随着主流和二次流的掺混在下游逐渐发展。如图 6.50 所示,射流和主流的流动混合过程可以明显区分为近场区域和远场区域,前者由发卡涡主导。值得注意的是,只有在三维流场中才能识别出发卡涡;发卡涡在相应二维截面上的投影分别与肾形涡对和剪切层涡极为相似。

　　主流和射流的掺混过程中,热能的输运主要依靠湍流脉动运动而非平均运动。图 6.51 展示了某一流向截面上气膜的动量和能量交换,根据流动的对称性分别展示一半:左侧为无量纲流向平均速度 $\langle u \rangle / u_\infty$ 的云图,矢量代表截面内的平均速度矢分量 $(\langle w \rangle, \langle v \rangle)$;右侧为无量纲恢复温度 θ_r 的云图,矢量代表截面内的脉动温度输运分量 $(\langle w'T' \rangle, \langle w'T' \rangle)$。其中,左图可以明显观测到马蹄涡和肾形涡对,两者主导了射流和主流间的动量掺混。右图的能量交换显著快于左图的动量交换:高温主流迅速加热冷却气流,恢复温度呈现出与平均速度相异的分布形式,局部的强梯度区域不再是马蹄涡和肾形涡发生的位置,而是与高脉动热流的区域基本一致。这说明相较于相干结构主导的流动掺混,热能的传递主要依靠湍流脉动输运:能否准确刻画这一特性是高精度模拟通孔结构超声速气膜冷却过程的关键所在。

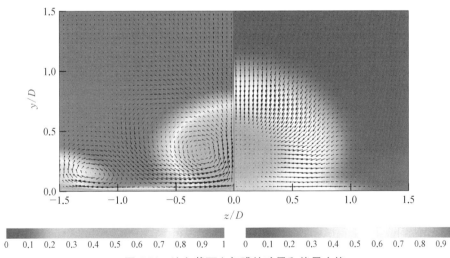

图 6.51　流向截面上气膜的动量和能量交换

　　流场内的脉动热流矢量与统计平均温度梯度呈现强烈的非线性关系,如图 6.52 所示。三个方向上不同分量的这一关系差异较大,各向异性显著。此外,从图中可以明显观察到普遍的逆梯度现象,这说明脉动热流不满足类似宏观傅里叶

导热定律的梯度规律。然而,目前几乎所有的 RANS 均采用这样的线性模化方式:

$$-\langle u_i'T' \rangle = C \cdot \langle T \rangle_{,i} \qquad (6.6)$$

即使认为上式中常数 C 在不同方向具有不同数值,线性关系依然与实际流体表现差异甚大,如图 6.52 中的黑线所示。因此,在强剪切交叉流的超声速湍流模拟中,RANS 的这种线性模化方法必然会造成计算误差。

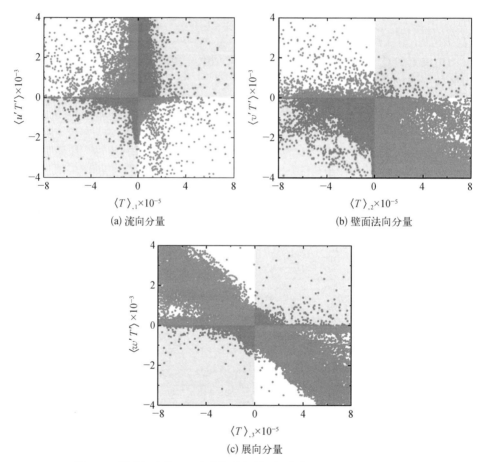

(a) 流向分量   (b) 壁面法向分量

(c) 展向分量

图 6.52 湍流温度输运(脉动热流矢量)与统计平均温度梯度的关系

6.4.2 激波形态及其对冷却效率分布的影响

通孔结构超声速气膜冷却中存在的波系结构更为复杂,在不同区域以不同的作用机理影响气膜的冷却特性。图 6.53 展示了普遍存在的几类激波:射流过膨胀后在下游形成的马赫盘,气膜孔出流位置附近因流动分离和流动偏折产生的分离激波和弓形激波,以及分离激波和弓形激波在主流区域汇聚形成的斜激波在通道顶部的反射波等。超声速气膜冷却中出现的这些波系结构可以分为三类:激波生成、激波反射和激波吸收,分别为图 6.53 中的 a 区、b 区和 c 区。

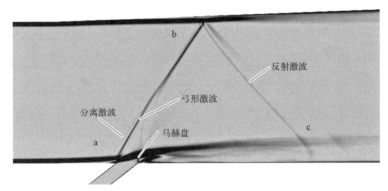

图 6.53　超/高超声速交叉流的典型波系结构:激波生成、激波反射和激波吸收

激波生成区域中,冷却射流的注入生成了分离激波和弓形激波两道斜激波,促进了冷却气膜的展向覆盖和贴壁;分离激波和弓形激波汇聚形成的入射斜激波在通道顶部发生典型的激波-边界层相互作用区域,诱发了边界层分离,发生激波反射产生强度减弱的反射波;激波经历多次反射后强度逐渐,在最后一次相互作用中被吸收。即使是激波吸收这种弱相互作用,依然会引发射流轨迹的抬升和衰减指数(reduce index)的振荡,见图 6.54。图中衰减指数的定义为

$$b = \frac{\mathrm{d}\ln \eta}{\mathrm{d}\ln x} \tag{6.7}$$

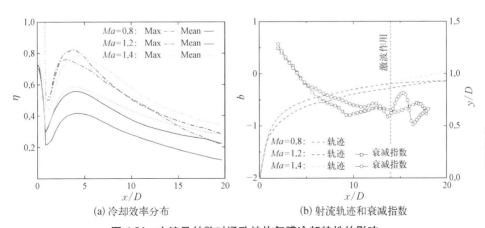

(a) 冷却效率分布　　　　(b) 射流轨迹和衰减指数

图 6.54　主流马赫数对通孔结构气膜冷却特性的影响

图 6.54(a)中展示的为冷却效率沿流向的分布变化,其中主流马赫数为 1.2 和 1.4 的工况对应的冷却效率的衰减指数展示在图 6.54(b)中。二维狭缝结构的衰减指数一般为常数,而图中通孔结构的衰减指数在靠近气膜孔的区域明显表现出变化性。在靠近气膜孔的区域,不同主流马赫数的超声速工况下衰减指数近似重合;在远离气膜孔的区域,当存在斜激波入射时,主流马赫数为 1.4 时衰减指数出现振荡。斜激波入射的影响也体现在 6.54(b)中对应射流轨迹的抬升上。

参考文献

[1] Aupoix B, Mignosi A, Viala S, et al. Experimental and numerical study of supersonic film cooling[J]. AIAA Journal, 1998, 36(6): 915 - 923.

[2] Keller M A, Kloker M J. Direct numerical simulation of foreign-gas film cooling in supersonic boundary-layer flow[J]. AIAA Journal, 2017, 55(1): 99 - 111.

[3] Juhany K A, Hunt M L, Sivo J M. Influence of injectant Mach number and temperature on supersonic film cooling[J]. Journal of Thermophysics and Heat Transfer, 1994, 8(1): 59 - 67.

[4] 彭威. 亚音速和超音速条件下气膜冷却的流动和传热机理研究[D]. 北京: 清华大学, 2010.

[5] Schuchkin V, Osipov M, Shyy W, et al. Mixing and film cooling in supersonic duct flows [J]. International Journal of Heat and Mass Transfer, 2002, 45(22): 4451 - 4461.

[6] 孙小凯. 激波作用下超声速主流与壁面气膜相互作用机理研究[D]. 北京: 清华大学, 2019.

[7] Peng W, Jiang P X. Influence of shock waves on supersonic film cooling[J]. Journal of Spacecraft and Rockets, 2009, 46(1): 67 - 73.

[8] Ni H, Jiang P X, Peng W, et al. An innovative design for measuring the enhanced mixing effect of a shock wave on supersonic film cooling[J]. International Communications in Heat and Mass Transfer, 2021, 122: 105132.

[9] Sun X K, Ni H, Peng W, et al. Influence of shock wave impinging region on supersonic film cooling[J]. Chinese Journal of Aeronautics, 2021, 34(5): 452 - 465.

[10] Peng W, Sun X K, Jiang P X, et al. Effect of continuous or discrete shock wave generators on supersonic film cooling[J]. International Journal of Heat and Mass Transfer, 2017, 108: 770 - 783.

[11] Peng W, Jiang P X. Effect of shock waves on supersonic film cooling with a slotted wall[J]. Applied Thermal Engineering, 2014, 62(1): 187 - 196.

[12] Peng W, Sun X K, Jiang P X. Effect of coolant inlet conditions on supersonic film cooling [J]. Journal of Spacecraft and Rockets, 2015, 52(5): 1456 - 1464.

[13] Ni H, Wang M J, Jiang P X, et al. A numerical study of segmented cooling-stream injection in supersonic film cooling[J]. Chinese Journal of Aeronautics, 2022, 35(6): 156 - 171.

第7章

发汗冷却原理及高温高热流热防护

随着空天技术的不断进步,受热部件的热流密度或所处的环境温度越来越高,对高温工作部件所使用的材料和性能要求越来越高,当飞行马赫数为 8 时,超燃冲压发动机内主流总温超过 3 000 K,当飞行器的飞行马赫数为 10 时,来流总温高达 3 900 K。发汗冷却最早于 20 世纪 40 年代被提出[1],其最大冷却能力可达 $6×10^7$ ~ $1.4×10^9$ W/m^2[2],被视为最有希望用于高超声速飞行器推进系统的热防护手段之一,此外,发汗冷却也是解决高超声速飞行器红外隐身问题的重要手段之一。发汗冷却(transpiration cooling)也被称为发散冷却(effusion cooling)或全覆盖气膜冷却(full-coverage film cooling)。本书认为发汗冷却就是气膜冷却孔径极小、孔分布极其密集的极限形式,对这几种不同称谓统一归为发汗冷却。

7.1 发汗冷却基本原理和概念

图 7.1 给出了发汗冷却保护受热壁面的示意图。发汗冷却的基本原理包括两部分: 第一部分是在多孔介质微孔内,利用多孔介质内部比表面积大的特点,冷却流体与固体骨架间发生强烈热交换,带走热量;另一部分是注入的冷却介质在固体表面增厚边界层,阻绝传热。与膜冷却相比,发汗冷却的表面气膜的贴合效果更好。其中,以气体作为冷却介质的被称为单相发汗冷却,以液体作为冷却剂并伴随相变吸热过程的称为相变发汗冷却,发汗冷却可以看作是气膜冷却的极限情况。

在发汗冷却中,多孔材料是发汗冷却中冷却流体的重要载体,多孔材料的主要特性包括微孔结构、导热率、结构强度、加工工艺、耐热性、成本和制造周期等,多孔材料的上述特性将直接影响发汗冷却效果以及应用潜力。目前常见的发汗

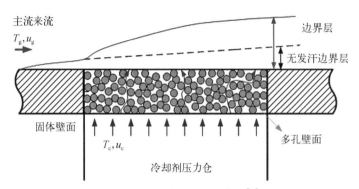

图 7.1 发汗冷却原理示意图[3]

冷却多孔材料包括烧结多孔材料、层板材料、陶瓷基复合材料和自发汗材料。

在发汗冷却中,通常采用注入率来衡量冷却流体的注入量大小,常用字母 F 表示。冷却流体注入率的定义是冷却流体和主流在单位面积上的质量流量的比值,表征的是冷却流体的注入量的大小。注入率的具体定义公式为

$$F = \frac{\rho_c u_c}{\rho_\infty u_\infty} \tag{7.1}$$

式中,ρ 为密度,单位为 kg/m^3;u 为速度,单位为 m/s;下标 c 表示冷却流体参数;下标 ∞ 表示主流参数。

发汗冷却效率 η 表征的是冷却程度的大小,其定义是实际的壁面温度降低程度与理想的温度降低程度的比值,发汗冷却效率的具体定义公式为

$$\eta = \frac{T_{aw} - T_w}{T_{aw} - T_c} \tag{7.2}$$

式中,T_w 为冷却后的壁面温度;T_c 为入口冷却剂温度;T_{aw} 为绝热壁面温度,即壁面在没有任何冷却流体注入时($F=0$)的壁面温度;单位均为 K。当主流为亚声速气流,且壁面保温措施良好时,绝热壁面温度近似采用主流总温 T_∞ 计算:

$$T_{aw} = T_\infty \tag{7.3}$$

当主流为超声速气流时,绝热壁面温度略小于主流总温。超声速主流下的绝热壁面温度可以用恢复温度来近似计算:

$$T_{aw} = T_g \left(1 + r \frac{\gamma - 1}{2} Ma^2 \right) \tag{7.4}$$

式中，T_g 为超声速主流的静温，单位为 K；r 为恢复系数；γ 为主流气体的比热比；Ma 为主流马赫数。

7.2　单相气体的发汗冷却

7.2.1　单相气体发汗冷却实验研究系统

本章中发汗冷却实验系统为本团队所搭建的最大主流速度 60 m/s，最大加热功率 60 kW 的风洞实验台，如图 7.2 所示[3]。主流气体由离心风机供气，通过进入扩张段平稳减速，后经过蜂窝状整流栅进入加热段，加热段通过测温热电阻及 PID 调节系统控制加热功率，精确控制流经实验段的主流温度。加热后的空气经过蜂窝状整流栅、双层整流网后进入实验段。冷却气体由空压机提供，经过过滤管段进入气体质量流量计，随后进入冷却剂压力仓，在仓内压力驱动下，由金属颗粒烧结多孔平板表面出流，对高温侧壁面进行发汗冷却，随后与主流掺混后一并排出系统。

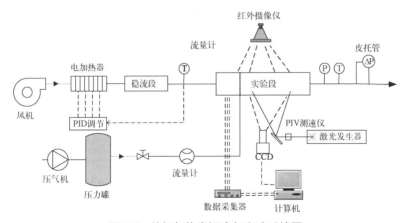

图 7.2　单相气体发汗冷却实验系统图

实验中主流动、静压通过放置于实验段上游位置处的皮托管测量，并计算得到气体流速。实验段两侧面和顶部分别开设观测窗口，利用纹影仪、粒子图像测速（particle image velocimetry，PIV）进行流场测量，利用高精度红外热成像仪进行多孔平板表面温度测量。

本节实验中研究了包括 90 μm 不锈钢烧结多孔板、40 μm 不锈钢烧结多孔板、90 μm 青铜烧结多孔板、40 μm 青铜烧结多孔板在内的 4 块板件，发汗部分平板尺寸为 $A = 120$ mm×50 mm，厚度 $\delta = 5$ mm，图 7.3 所示为实验件实物图[4]。

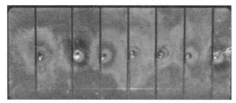

| (a) 青铜烧结多孔板 | (b) 不锈钢烧结多孔板 |

图 7.3　实验件照片

图 7.4 给出了不同烧结多孔平板的扫描电镜图片。90 μm 青铜烧结多孔板的颗粒球形度非常好,粒径分布比较均匀,40 μm 青铜烧结多孔板颗粒球形度一般,粒径分布不均匀。不锈钢烧结多孔板由于加工时所需的熔融温度较高,因此多孔介质颗粒的球形度较差,颗粒基本呈现块状形貌。

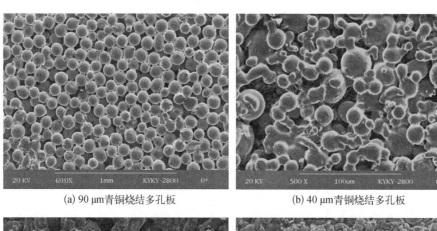

| (a) 90 μm青铜烧结多孔板 | (b) 40 μm青铜烧结多孔板 |

| (c) 90 μm不锈钢烧结多孔板 | (d) 90 μm不锈钢烧结多孔板 |

图 7.4　实验件扫描电镜照片

实验件孔隙率及孔径分布使用压汞仪测量得到。如图 7.5 和表 7.1 所示，90 μm 不锈钢烧结多孔板、40 μm 不锈钢烧结多孔板、90 μm 青铜烧结多孔板及 40 μm 青铜烧结多孔板中，孔隙当量直径分别为 20 μm、9 μm、26 μm 和 7 μm。不同的多孔板件中，即使颗粒直径相同，其孔径分布也并不完全相同。

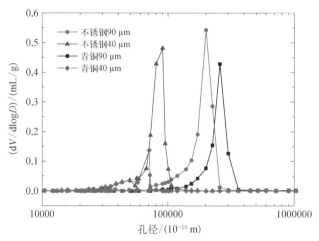

图 7.5　烧结多孔平板的孔径分布

表 7.1　烧结多孔平板孔隙率及孔径分布

实验段	材料	颗粒直径 d_p/μm	孔隙率 ε	测量孔隙当量直径 d_h/μm
1	不锈钢	90	36.7%	20
2	不锈钢	40	33.2%	9
3	青铜	90	37.3%	26
4	青铜	40	32.4%	7

7.2.2　烧结多孔平板发汗冷却规律

单相气体发汗冷却的研究最早开展、成果最为丰富，其规律目前已掌握得比较全面。已有的单相气体的发汗冷却研究通常将实际形状复杂的研究对象简化为平板结构，以烧结金属颗粒作为发汗冷却材料，不同温度的空气分别作为主流和冷却流体，其中，烧结多孔的孔隙水力当量直径 d_h 可由颗粒直径 d_p 和孔隙率 ε 计算得到

$$d_h = \frac{2d_p\varepsilon}{3(1-\varepsilon)} \tag{7.5}$$

式中，d_h 为孔隙水力当量直径，单位为 m；d_p 为烧结颗粒直径，单位为 m；ε 为孔隙率。

当冷却剂和高温主流均为空气时，在高温主流的加热作用下，红外热像仪测得的烧结多孔介质平板壁面温度分布如图 7.6 所示。多孔板前沿位置，冷却流体累计的注入量较少，形成的边界层较薄，且与主流掺混作用较强烈，因此温度较之下游区域高。随流动向下游发展，注入冷却剂累计流量逐渐升高，冷却剂边界层累积效应明显，边界层增厚削弱了主流向多孔板的热传递。中下游区域，壁面温度沿主流流动方向（简称流向）及垂直主流流动方向（简称横向）都均匀分布。

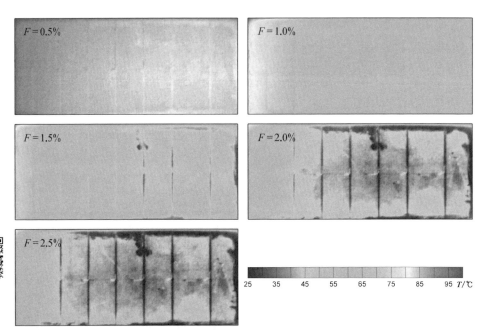

图 7.6　90 μm 不锈钢烧结多孔板壁面温度分布（$u_\infty = 30$ m/s，$T_\infty = 100$℃）

如图 7.7 所示，当多孔介质平板厚度、孔隙率和颗粒直径保持不变时，随注入率增大，多孔板整体区域的壁面温度明显下降，相应地，冷却效率得到显著提高。这一方面是由于注入率增大，冷却流体通过孔隙结构时速度增大，强化了冷却剂与固体骨架之间的换热；另一方面，冷却剂发汗形成的冷却气膜边界层随注入率的增大而增厚，对高温热流的阻隔作用逐渐增强。但在注入率较大时，冷却效率的增长幅度趋缓，这说明发汗冷却的冷却效率随注入率变化单调上升且存在极大值。

在相同注入率条件下，压降随颗粒直径的减小而显著升高。但随着颗粒直径的减小，多孔壁面内冷却气体与颗粒之间的换热面积增大、对流换热增强，因

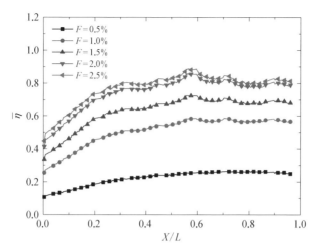

图 7.7　注入率对不锈钢烧结多孔板横向平均冷却效率的影响

此壁面单位体积发汗冷却效率随多孔颗粒直径减小而逐渐升高,如图 7.8 所示。此外,由于加工等原因,多孔介质平板内出现局部堵塞或者局部缺陷等非均匀结构,壁面温度分布在局部区域出现较明显的非均匀分布,在实际应用中,这些结构上的瑕疵可能会导致传热恶化现象,因此在设计加工时应当注意。

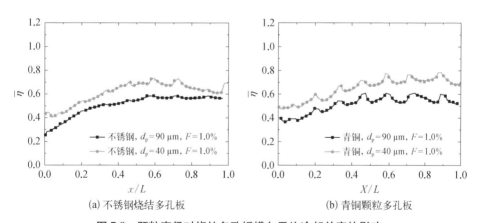

图 7.8　颗粒直径对烧结多孔板横向平均冷却效率的影响

在相同颗粒直径、相同的注入率条件下,不同导热系数材料多孔介质平板的横向平均冷却效率的对比如图 7.9 所示。由于青铜多孔骨架的等效固体导热系数高于不锈钢多孔板,因此,在多孔板的前缘和尾缘位置,青铜多孔介质板的温度变化比较平缓,温度梯度小于不锈钢烧结多孔实验件,整个平板表面的温度分布沿流向也更加均匀,材料的热应力更低。

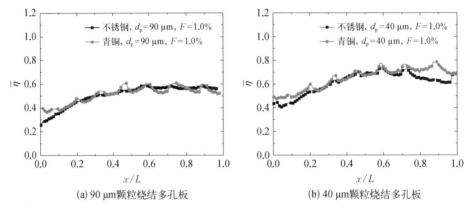

(a) 90 μm 颗粒烧结多孔板　　　　　　　(b) 40 μm 颗粒烧结多孔板

图 7.9　固体骨架热导率对烧结多孔板横向平均冷却效率的影响

在航天热防护中,热流密度大、气流温度高。高温带来的主流密度变化、多孔壁面的局部非热平衡效应等也会对冷却效果产生影响。以青铜颗粒烧结多孔平板发汗冷却为例,主流和冷却介质均为空气。在保证主流风速相同时,主流温度变化带来的最显著变化即为主流密度的变化。随着主流温度的升高,主流流体密度迅速降低,在相同的注入率条件下,冷却流体注入速度降低,多孔内部对流传热的效应减弱,冷却效率降低,如图 7.10 所示。另一方面,当维持冷却流体注入的温度和速度不变,主流风速不变,即在相同速度比条件下,仅调节加热功率实现不同的主流温度时,得到横向平均冷却效率如图 7.11 所示。不同的主流温度下,工况参数会出现显著差异,在表 7.2 中列出。冷却剂注入参数一定时,主流温度越高,主流密度降低,密度比增大,冷却气体抬升主流热气体,增厚边界层的作用更加明显,有

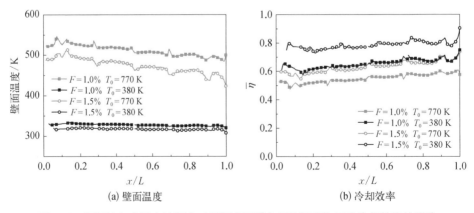

(a) 壁面温度　　　　　　　　　　　(b) 冷却效率

图 7.10　相同注入率下主流温度对平板表面横向平均温度和平均冷却效率的影响

($V_\infty = 32 \text{ m/s}, d_p = 600 \text{ μm}$)

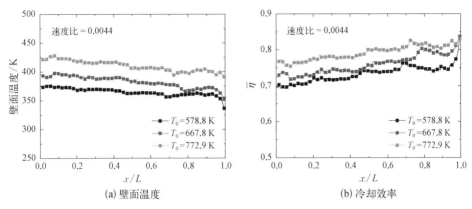

图 7.11　主流温度对平板表面横向平均温度(a)和平均冷却效率(b)的
影响($u_{\infty} = 32 \text{ m/s}$，$q_v = 72 \text{ SLPM}^*$，$d_p = 600 \text{ μm}$)

利于边界层的发展,同时注入率也会随密度比增大,虽然壁面温度绝对值随主流温度升高,但冷却效率却单调增大。

表 7.2　不同主流温度下密度比

速度比	主流温度/K	密度比	主流静压/Pa	冷却流静压/MPa
	578.8	5.8	100 090	0.302
0.004	667.5	6.9	100 060	0.304
	770.5	7.9	100 020	0.304

7.2.3　微直多孔平板的发汗冷却规律

微直金属多孔板的孔隙结构参数可以灵活调整,孔径大小、方向一致,分布均匀,能形成畅通无阻的冷却剂通道,孔隙之间相互独立,能够避免局部过热的扩散与恶化。本节介绍微直多孔平板的发汗冷却流动换热特性[3]。图 7.12 所示为实验中采用的 120 mm×50 mm×5 mm 不锈钢微直多孔平板,以叉排排列方式密布有 450 个直径 $d = 1$ mm 的微直小孔,横向及主流流动方向孔排之间的间距为 $p = 3d$,等效孔隙率 $\varepsilon = 9\%$。使用 PIV 和红外热像仪分别进行速度场和温度场的测量。

发汗冷却速度场测量实验中,主流与冷却气体均为室温空气,主流流速 $V_{\infty} = 30$ m/s,$T_{\infty} = T_c = 20℃$,注入率为 $F = 1\% \sim 2.5\%$。图 7.13 所示为微直多孔

---

* SLPM：standard liters per minute。

(a) $d = 1$ mm微直多孔不锈钢板   (b) 涂黑处理后的实验段

图7.12　实验段照片

PIV示踪粒子分布图　　　　　　　　　　处理得到的速度矢量图

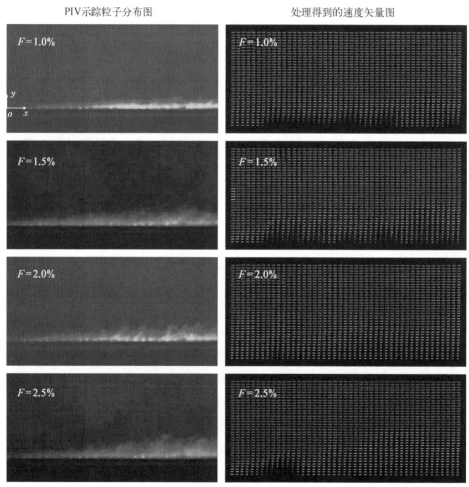

图7.13　微细多孔不锈钢板不同注入率下流向中截面速度分布（$V_\infty = 30$ m/s，$T_\infty = T_c = 20℃$）

平板上方主流流动方向截面的 PIV 示踪粒子分布图及处理后的速度矢量图(图中速度矢量的长短和颜色均代表速度大小),图中原点坐标为微直多孔平板第一排微直孔位置,主流流动方向自左向右。从图 7.13 左栏所示的示踪粒子分布图可以直观地分辨出主流与冷却流的分界。在实验的所有注入率条件下,平板前缘附近由于冷却剂累计注入量较小以及主流的剪切和掺混作用,冷却气体所形成的气膜较薄,沿主流方向向下游发展过程中,随着冷却剂由沿程的孔排不断注入,边界层逐渐累积而增厚,主流与冷却剂的边界界线逐渐增高。相比于上游区域,增厚的冷却气膜可以更好地隔绝高温主流与壁面之间的热传递,使得壁面温度沿流向逐渐降低。

不同注入率下,多孔平板中心线上沿程 $x/L=0.05$、0.15、0.3 及 0.5 位置处(L 为多孔平板的长度)主流方向的速度分量分布如图 7.14,随注入率的增大,近壁区流体速度梯度逐渐减小,边界层厚度随注入率的增大而单调增加。与气膜冷却在高吹风比条件下冷却效率下降不同,发汗冷却中,由于表面孔隙所占的面积大大增加,因此冷却剂在微直多孔平板表面出流速度较小,携带动量低,与主流之间掺混作用也较弱,能够始终贴附于受保护壁面,形成较为均匀的气膜结构。

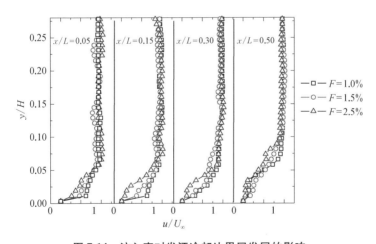

图 7.14　注入率对发汗冷却边界层发展的影响

微直多孔发汗冷却传热实验中,采用 $u_\infty = 30$ m/s, $T_\infty = 100℃$ 的主流空气,冷却效率结果如图 7.15 所示,一方面,与烧结多孔发汗冷却相似,平板前缘冷却剂注入量小,边界层较薄,因此未能对相应位置处的壁面形成充分保护,前缘高温区域面积较大,另一方面,不同于烧结多孔发汗冷却,微直多孔平板实验件的前缘和尾缘以及两侧边缘多孔更为稀疏,与四周导热更强,造成平板四周温度偏高。在小注入率条件下,冷却效率较低的区域集中在平板的前缘、尾缘位置以及平板两侧狭窄边缘位置处,随注入率逐渐增大,微直多孔平板中下游位置处较高冷却效率的区域扩大,冷却效率也显著提升,平板前缘的高温区域减小。

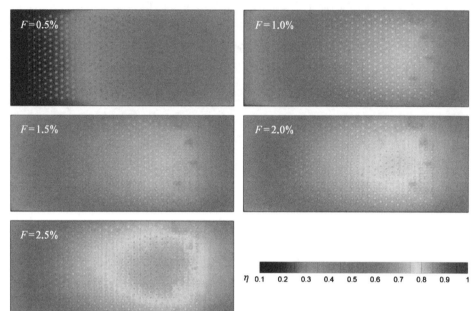

图 7.15 微直多孔板壁面冷却效率分布(孔径 1 mm, $u_\infty = 30$ m/s, $T_\infty = 100\,^{\circ}\mathrm{C}$)

微直多孔平板横向平均壁温及横向平均冷却效率如图 7.16 所示,与烧结多孔平板发汗冷却的冷却特性类似,微直多孔平板的发汗冷却效率随注入率增大而单调升高。一方面是由于冷却流体通过微直孔隙结构时速度增大,强化了冷却剂与固体骨架之间的换热;另一方面,冷却剂发汗形成的冷却气膜边界层随注入率的增大而增厚,对高温热流的阻隔作用逐渐增强。但随着注入率逐渐增大,壁温的降低幅度随之减小,微直多孔平板的发汗冷却效率随着注入率的增加逐渐趋于上限。

图 7.17 给出了注入率为 $F=0.5\%$、1.0% 及 2.0% 时,微直多孔不锈钢平板及 $d_p=90\ \mu\mathrm{m}$、$d_p=40\ \mu\mathrm{m}$ 不锈钢烧结多孔平板的横向平均壁面温度和冷却效率分布。与烧结多孔介质平板相比,微直多孔平板的等效孔隙率较小,且孔隙结构为均一的微细直通道,流体相与固体相之间的有效换热面积大大降低,多孔平板内部对流换热效果劣于烧结多孔结构。在注入率较小时,由于冷却流的出流速度更高,气膜的覆盖作用更明显,中下游冷却效果较优,甚至超过了烧结多孔平板。

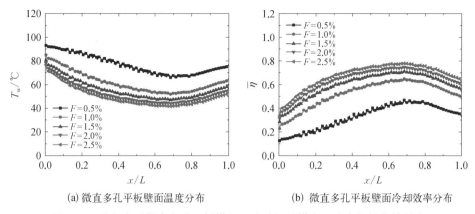

(a) 微直多孔平板壁面温度分布　　　(b) 微直多孔平板壁面冷却效率分布

图 7.16　注入率对微直多孔平板横向平均壁温及横向平均冷却效率的影响

而随着注入率增大,主流和冷却剂之间相互掺混随注入率的增大而增强,气膜覆盖性能变差,微直多孔平板的冷却效率逐渐低于烧结多孔平板。可以预计,随着微直多孔平板孔径减小、孔隙率增大,其发汗冷却效果将进一步改善。

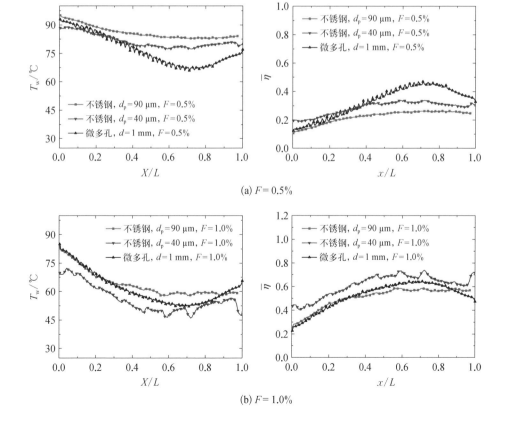

(a) $F = 0.5\%$

(b) $F = 1.0\%$

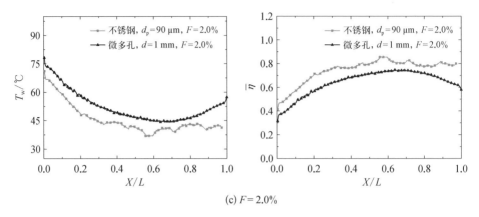

(c) $F=2.0\%$

图 7.17　微直多孔平板与烧结多孔平板壁面温度与冷却效率对比

7.2.4　烧结多孔头锥的发汗冷却

在高速飞行中,飞行器头锥所承受的热流密度大,冷却难度高,是发汗冷却应用的主要部位之一。本节的实验研究基于如图 7.18 所示简化的二维钝体头锥模型[5]。当采用空气作为冷却介质进行发汗冷却时,实验系统管路与 7.2.1 中的实验系统相似,当研究其他不同种类异质气体作为冷却剂的发汗冷却规律时,关闭空气冷却管路阀门,采用气瓶供气,作为冷却剂的异质气体(氮气、二氧化碳、氦气或氩气)通过质量流量计后流入冷却剂回路。

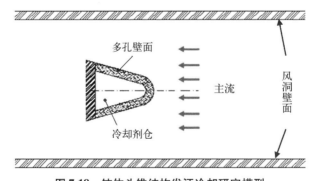

图 7.18　钝体头锥结构发汗冷却研究模型

图 7.19(a)所示为钢基粉末颗粒烧结而成的钝体头锥实验件,在沿主流流动方向上,实验件保持了头锥的曲面形貌特征,而在高度方向上,各个几何尺寸均保持一致。该实验件采用颗粒直径为 $d_p=25\ \mu m$ 的不锈钢粉末烧结而成。经压汞仪测量得到内部孔隙率约为 $\varepsilon=42.8\%$。头锥多孔壁面的有效发汗区域尺

寸为 $A = 80.5$ mm×38.5 mm，壁面厚度 $\delta = 4.5$ mm，鼻锥头部外表面的曲率半径 $R = 8.72$ mm，圆弧段所对应的扩张角为 75°× 2。头锥背面及上下两端连接致密钢板，顶端致密钢板开孔，冷却气体由焊接在板上、内径为 $D = 6$ mm 的不锈钢细管注入冷却气腔内。如图 7.19(b) 所示，头锥实验件放置在矩形主流通道的正中位置，上下表面均与主流通道上下内表面紧密接触。

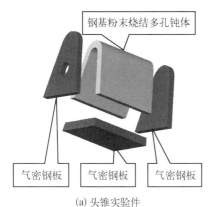 

(a) 头锥实验件　　　　　　　　　　　　(b) 实验件安装示意

图 7.19　钝体头锥发汗冷却实验段

头锥表面温度分布及各处气体温度测量采用 T 型热电偶。烧结多孔平板表面热电偶的布置方式如图 7.20 所示，热电偶丝点焊于头锥中截面 $S/R = 0$、0.58、1.18、2.13、3.1、4 处的多孔壁面上。S 为由头锥滞止点开始沿头锥表面的曲线距

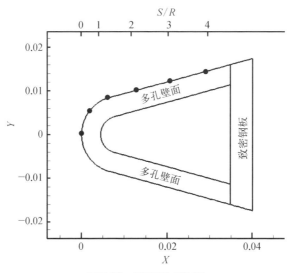

图 7.20　温度测点位置

离,R 为头部圆弧段头锥外表面的曲率半径。下文的分析中均采用无量纲长度 S/R 作为横坐标。

在 $T_\infty = 420\text{K}$、$Re = 10^4$ 的高温空气作用下,沿头锥表面由滞止点位置起,发汗冷却的冷却效率分布呈现出先增大后减小的趋势,如图 7.21 所示。头锥表面滞止点处的发汗冷却效率低主要由两方面因素引起:一方面,滞止点位于钝体头锥的圆弧段,该位置处多孔壁面外表面积相对内表面积较大,在相同的冷却剂腔内部压力驱动下,冷却剂注入率沿多孔内表面均匀分布,较大的外表面积使得该处的冷却剂质量流量较低;另一方面,来流的冲击作用使得头锥外表面压力出现滞止点位置较高、沿下游逐渐降低的不均匀分布,这也使得冷却剂分布不均匀,滞止点的高压区冷却剂难以流出,且该位置处形成的冷却气膜由于主流的冲击作用被压缩减薄,不利于隔绝高温主流带来的热量,冷却效果较差。

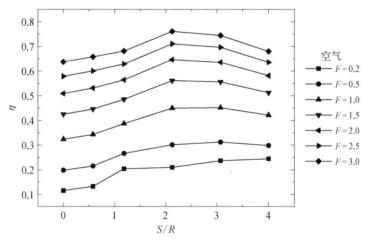

图 7.21　空气作为冷却剂头锥表面局部冷却效率分布($T_\infty = 425$ K, $Re_\infty = 10^4$)

从滞止点至头锥直板段,主流冲击头锥攻角逐渐减小,主流对边界层破坏作用减弱,且随着沿程冷却剂的不断注入,边界层增厚,壁面温度下降,冷却效率增大。接近尾部背板位置附近时的温度上升是由于固体骨架导热以及流通面积减小引起的主流加速造成的。随着注入率的提高,与平板发汗冷却相似,钝体头锥发汗冷却表面各测点的温度单调降低,相应的冷却效率单调增大,但增长幅度渐缓。

头锥发汗冷却的壁面温度分布受冷却剂的流量分布和表面边界层的发展所影响,实际应用工况设计发汗冷却结构时,应考虑冷却剂分布不均的情况。可通过改变孔隙率、颗粒直径以及合理设计冷却剂腔内通道的方式调节冷却剂局部注入量,使得冷却剂的分布更加符合热环境的需要,着重考虑提高滞止点位置的冷却效率。

高温主流环境中的发汗冷却研究表明,影响冷却效率的主要因素有:主流参数、冷却剂气体种类、热物性等。在亚声速范围内,当主流雷诺数增大时,如图7.22 所示,头锥表面冷却效率逐渐下降,一方面,主流外掠头锥表面速度增大,强化了主流与多孔壁面之间的换热;另一方面,主流雷诺数增大增强了高温主流与沿头锥表面出流的冷却剂之间的相互作用,抑制了贴附于头锥表面的冷却气膜对壁面的有效保护。冷却效率随主流雷诺数的增大而减小,但下降幅度逐渐趋缓。相比之下,主流温度对于冷却效率的影响不显著,基本可以忽略。对于超声速下的规律可参考 8.1 节超声速曲面结构发汗冷却规律。

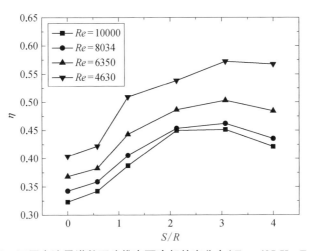

图 7.22　不同主流雷诺数下头锥表面冷却效率分布(T_∞ =425 K, F =1%)

对于亚声速主流中的钝体头锥,采用不同的工质发汗冷却时,冷却效率如图7.23 所示,其冷却能力依次为: $\eta_{He} > \eta_{空气} \approx \eta_{N_2} > \eta_{CO_2} > \eta_{Ar}$。将钝体头锥壁面冷却至相同温度,氦气的质量流量仅为空气的 1/3。氮气与空气的成分及物性较类似,在相同的主流工况下,氮气发汗冷却冷却效率分布与空气大抵相同。相比之下,氩气的冷却效果最差。二氧化碳对钝体头锥的冷却效果则介于空气和氩气之间,各种冷却气体随注入率增加其变化趋势相同。

不同气体的冷却效率不同主要由两方面因素决定:一方面是气体密度,氦气的密度较低,在相同的注入率条件下,氦气的体积流量和注入速度为空气的 7倍,注入速度更快,能够强化多孔壁面内固体骨架与冷却流体之间的换热,更加

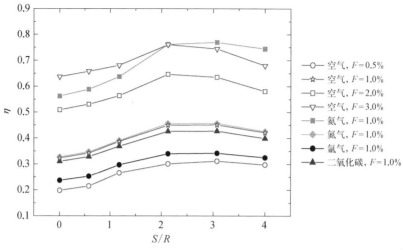

图7.23 不同气体作为冷却剂的壁温和局部冷却效率分布($T_\infty = 425$ K, $Re_\infty = 10^4$)

有效地带走固体骨架热量。此外,由于较高的冷却剂出流速度,氦气发汗冷却工况下边界层沿头锥壁面增厚现象更为明显,因而可以更好地隔绝高温主流对壁面的加热作用。氩气的分子量最大,注入速度最低,冷却效果最差;另一方面,不同冷却剂冷却效果的优劣与其热容量的高低成正比,如表7.3所示,在相同注入率(即相同质量流量)条件下,由于氦气的比热容远大于其他冷却气体,当其注入多孔介质骨架并从受保护壁面发汗溢出时,吸收并带走热量的能力也最强,因此具有最高的冷却效率分布。

表7.3 不同冷却气体热容量比较

冷 却 剂	热容量/[mJ/(s·k)]	冷 却 剂	热容量/[mJ/(s·k)]
	$F = 1.0\%$		$F = 1.0\%$
空气	140.20	氩气	71.20
氦气	688.90	二氧化碳	116.80
氮气	143.86		

不同冷却气体比热容和分子量的差别造成了发汗冷却特性的差异,最终导致了不同冷却效果。以空气冷却效果为基准,不同气体冷却效率分布云图的对比如图7.24所示,当分子量较大的氩气、二氧化碳或氮气作为冷却剂时,头锥尾部下游主流区域由于受到来自上游的冷却剂影响,所形成的低温区面积小、温度与主流相差不大。而氦气发汗冷却工况下,沿头锥表面温度边界层最厚,头锥尾

部下游低温区域延伸出较长距离,且仍具有一定的冷却效率,多孔壁面低温区面积最大,冷却效率明显高于其他气体。可以推知,在实际应用中,若采用氦气进行发汗冷却,头锥下游的部件(如导弹红外窗口等)仍可以获得一定程度的热防护。

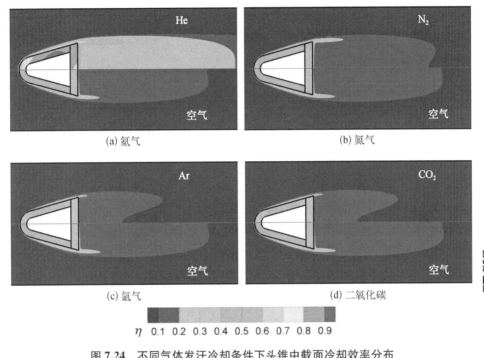

(a) 氦气　　　　　　　　　　　　　(b) 氮气

(c) 氩气　　　　　　　　　　　　　(d) 二氧化碳

η　0.1　0.2　0.3　0.4　0.5　0.6　0.7　0.8　0.9

图 7.24　不同气体发汗冷却条件下头锥中截面冷却效率分布
$(T_\infty = 425\ \mathrm{K},\ Re_\infty = 10^4,\ F = 1\%)$

7.2.5　3D 打印多孔平板的发汗冷却

应用于发汗冷却的传统多孔材料,尤其是常见的烧结金属颗粒多孔材料的强度较低,这也是制约发汗冷却大规模应用的原因之一。金属 3D 打印是采用逐层堆叠的方式进行制造部件,材料消耗较少,时间效率较高,可以制造具有复杂孔隙结构的多孔材料,实现冷却性能和力学性能的优化。但是 3D 打印的问题在于难以打印 100 μm 以下孔径的金属多孔结构。本节介绍通过选区激光融化(selective laser melting, SLM)金属 3D 打印技术,制造带有加强筋结构的垂直微孔型多孔平板的发汗冷却性能[6]。如图 7.25 所示,其中加强筋部分等效于微孔被堵塞,其所占比例用堵塞率 BR 表示,BR 越大,加强筋越密集,堵塞率 BR 可用下式计算:

$$BR = \frac{\delta_1}{\delta_1 + \delta_2} \tag{7.6}$$

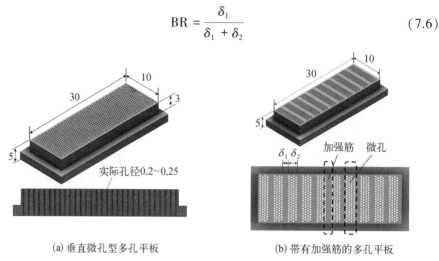

(a) 垂直微孔型多孔平板   (b) 带有加强筋的多孔平板

图 7.25　金属 3D 打印制造的几种不同结构多孔平板(单位: mm)

通过 3D 打印技术在多孔平板中制造实心的加强筋结构,可以大幅提高多孔结构力学强度,同时冷却效率并不会因为微孔的数目减少而大幅度削弱。与传统的烧结多孔平板的发汗冷却效率相比,当注入率较小时,加强筋堵塞率 BR 对于冷却效率的影响不大。如图 7.26 所示,由于 3D 打印多孔平板的导热效果较好,冷却效率分布更加均匀,3D 打印多孔平板前端冷却效率甚至会略高于烧结多孔平板。当注入率较大时,多孔平板的表面温度会随着加强筋堵塞率 BR 的增加而略微升高,冷却效率则有所下降,在多孔平板的前半部分,BR = 0 的多孔平板冷却效率略高于带有加强筋的多孔平板。但是所有的多孔平板表面的温度分布和冷却效率分布都较为均匀。对于加强筋堵塞率高达 60% 的多孔平板,多孔平板表面的加强筋区域没有出现条纹状的局部高温区。

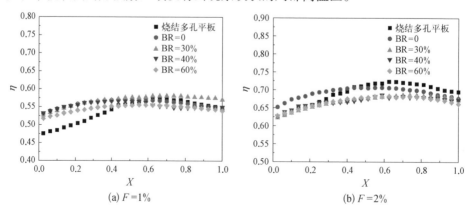

(a) $F = 1\%$ (b) $F = 2\%$

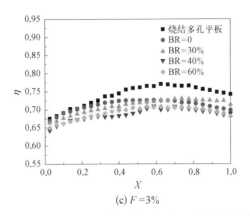

(c) $F = 3\%$

图 7.26　不同加强筋堵塞率的多孔平板表面冷却效率沿程分布

随着堵塞率 BR 的增加,加强筋的占比增加,微孔的数量减少,在相同注入率条件下,单个微孔中冷却流体的流动速度增加。微孔内的流动速度的增加将使得微孔内的对流换热增强,部分抵消了堵塞率 BR 增大时多孔平板内部的换热面积减小所带来的负面影响。同时,从上游的微孔流出的冷却流体所形成的保护气膜覆盖在了下游的加强筋表面,使得加强筋也被完好地冷却。随着堵塞率 BR 的增加,虽然冷却流体从单个微孔中流出的速度增快,但是由于总的质量流量一样,因此气膜厚度变化不大。整体来看,加强筋从 0%增加到 60%时,3D 打印多孔平板的发汗冷却效率变化并不大。

与此同时,带有加强筋的金属 3D 打印多孔材料的力学性能大大提升。图7.27 为不同试样的拉伸应力应变曲线,图中所有的试样均采用相同的镍铬合金

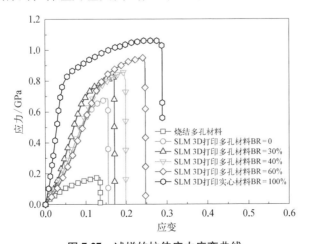

图 7.27　试样的拉伸应力应变曲线

为原材料制造。采用最大抗拉强度(ultimate tensile strength, UTS)来作为衡量材料力学性能的评判指标,SLM 金属 3D 打印材料的拉伸力学性能明显优于传统的烧结多孔材料,随着加强筋堵塞率的增加,材料的力学性能显著提升。BR = 60%的 SLM 金属 3D 打印多孔材料的最大抗拉强度已经和 SLM 金属 3D 打印实心材料的十分接近。表 7.4 详细列出了不同材料的最大抗拉强度值。带有 60% 加强筋的多孔材料的最大抗拉强度是传统烧结多孔材料的 5.4 倍。带有加强筋的多孔材料与原有的传统烧结多孔材料相比,在发汗冷却效率没有受到明显影响的同时,在力学性能上得到了显著的提升。

表 7.4 不同结构及制造工艺的镍铬合金 UTS 值

试样编号	制造工艺	结　　构	BR	UTS/GPa
a	SLM 3D 打印	多孔结构	0	0.685
b	SLM 3D 打印	多孔结构	30%	0.822
c	SLM 3D 打印	多孔结构	40%	0.855
d	SLM 3D 打印	多孔结构	60%	0.950
e	金属颗粒烧结	多孔结构	—	0.175
f[7]	SLM 3D 打印	实心结构	100%	1.065
g[8]	SLM 3D 打印	实心结构	100%	1.140

7.3　发汗冷却数值计算

在对多孔介质区内传热过程的数值研究中,根据固体相与流体相是否具有相同的温度,可分为局部热平衡模型和局部非热平衡模型两大类;按照模拟区域的不同,又可以分为将主流影响简化为热端边界条件而只考虑多孔区域传热传质的模型,以及将主流区和多孔介质区综合考虑进行耦合求解的发汗冷却模型。

只考虑多孔区域的发汗冷却数值模拟,多采用基于局部非热平衡模型的一维简化能量方程,将高温侧主流的影响抽象为施加于热端边界的第二类或第三类边界条件进行求解。而在将主流区和多孔介质区进行耦合求解的发汗冷却模型中,绝大多数研究采用热平衡假设对多孔区的能量传递进行描述,并考虑耦合边界上由于冷却剂发汗作用而产生的传热传质。

7.3.1　数值计算基本模型介绍

1. 多孔介质内的流动模型

多孔介质中的流动通常用 Darcy 定律描述,其宏观表达式为

$$v = -\frac{K}{\mu}\nabla p \tag{7.7}$$

式中,v 为流体流动速度,单位为 m/s;μ 为流体动力黏度,单位为 Pa·s;K 为多孔介质渗透率,单位为达西(D);∇p 为压力梯度,单位为 Pa/m。

渗透率的定义由 Darcy 定律给出,渗透率没有一般性公式,但针对具有内部结构规律的某些具体多孔介质而言,仍有一些经验公式可以借鉴。如 Ergun[9] 1952 年基于颗粒堆积床提出的渗透率公式:

$$K = \frac{d_{\mathrm{p}}^2 \cdot \varepsilon^3}{150(1-\varepsilon)^2} \tag{7.8}$$

式中,d_{p} 为堆积颗粒直径,单位为 m;ε 为孔隙率。

Nield 和 Bejan[10] 提出的同样基于颗粒堆积床的 Carman – Kozeny 公式:

$$K = \frac{d_{\mathrm{p}}^2 \cdot \varepsilon^3}{180(1-\varepsilon)^2} \tag{7.9}$$

Darcy 定律适用于描述低雷诺数情况下,对于多孔介质内流体的高速流动、多相流动、可压缩流体以及非均质流体等情况,在 Darcy 定律的基础上,Forchheimer 指出当基于颗粒直径的雷诺数大于 1 时,由于惯性力作用的增强,压力梯度除用来克服流动阻力外,还要用于克服与速度平方项成正比的惯性力的影响,从而得到 Darcy – Forchheimer 方程:

$$\nabla p = -\frac{\mu}{K}v - c_F K^{\frac{1}{2}}\rho_f |v|v \tag{7.10}$$

除惯性作用外,Brinkman 在考虑不可渗透边界条件的情况时,在 Darcy 模型中引入了黏性耗散项 $\mu\nabla^2 v$,用于描述孔隙率较高时,多孔介质内部颗粒对流体产生的曳力。Vafai 和 Tien[11] 首次提出了同时考虑流体的流动惯性和黏性耗散综合作用、稳态不可压缩流体的 Darcy 模型修正公式,即实际应用中经常采用的 Darcy – Forchheimer – Brinkman 公式:

$$\nabla p = -\frac{\mu}{K}v - c_F K^{\frac{1}{2}}\rho_f |v|v - \mu\nabla^2 v \tag{7.11}$$

式中,ρ_f 为流体密度,单位为 kg/m^3。

以上两式中 c_F 为惯性常数(即为 F),可由经验关联式得到,如 Ergun[9] 提出的经验关联式:

$$F = \frac{1.75}{\sqrt{150}\,\varepsilon^{3/2}} \tag{7.12}$$

2. 对流换热局部热平衡模型

局部热平衡模型即假设在多孔区域内固体骨架与流体温度处处相等 $T_f = T_s$,因此无内热源的多孔区内传热特性可以采用单能方程进行描述:

$$\frac{\partial}{\partial t}\left[\rho_f c_{pf}\varepsilon + \rho_s c_{ps}(1-\varepsilon)\right]T + \nabla(\rho_f c_{pf} u T) = \nabla(\lambda_{\text{eff}} \nabla T) \tag{7.13}$$

式中,c_{pf} 为冷却剂比热容,c_{ps} 为固体比热容,单位为 $J/(kg \cdot K)$;λ_{eff} 为等效热导率,单位为 $J/(m \cdot K)$,表示流体相与固体相通过将各自的热导率按一定形式折算成多孔介质区的等效热导率而对能量传递施加影响:

$$\lambda_{\text{eff}} = \lambda_{s,\text{eff}} + \lambda_{f,\text{eff}} \tag{7.14}$$

式中,$\lambda_{s,\text{eff}}$ 为固体相等效热导率;$\lambda_{f,\text{eff}}$ 为流体相等效热导率。通常采用如下公式计算:

$$\lambda_{s,\text{eff}} = (1-\varepsilon)\lambda_s \tag{7.15}$$

$$\lambda_{f,\text{eff}} = \varepsilon\lambda_f + \lambda_d \tag{7.16}$$

式中,λ_s 为固体材料热导率;λ_f 为流体热导率;λ_d 为热弥散导热系数,可采用下式进行计算:

$$\lambda_d = C\rho_f c_{pf} d_p U_p (1-\varepsilon) \tag{7.17}$$

$$C = 1.60\left[Re_p \cdot Pr_f \cdot (1-\varepsilon)\right]^{-0.8282} \tag{7.18}$$

式中,U_p 为孔隙内速度,单位为 m/s。

局部热平衡模型在求解多孔介质内自然对流问题中得到了广泛应用。当流体流动速度缓慢,多孔介质内流体与固体换热充分时,基本可以认为流体与固体温度一致,采用热平衡模型大大简化了计算且保证了计算的准确性。但当多孔介质区域内存在内热源、边界条件急剧变化引起的瞬态传热过程或流体与固体相之间的导热系数相差较大且固体骨架与流体之间的温度不同,采用局部热平衡模型分析多孔介质内的传热特性会带来较大误差。

3. 对流换热局部非热平衡模型

局部非热平衡模型则认为流体相与固体相温度不同 $T_f \neq T_s$，因此需针对固体和流体两相分别建立能量方程。

固体能量方程：

$$\frac{\partial}{\partial t}\left[\rho_s c_{ps}(1-\varepsilon)T_s\right] = \nabla(\lambda_{s,\,eff}\nabla T_s) - h_v(T_s - T_f) \tag{7.19}$$

流体能量方程：

$$\frac{\partial}{\partial t}(\rho_f c_{pf}\varepsilon T_f) + \nabla(\rho_f c_{pf}u T_f) = \nabla(\lambda_{f,\,eff}\nabla T_f) + h_v(T_s - T_f) \tag{7.20}$$

式中，h_v 为流体相与固体相之间的体积对流换热系数，$h_v = h_{sf}a_{sf}$，h_{sf} 为固体骨架与流体之间的对流换热系数，单位为 $J/(m^2 \cdot K)$，a_{sf} 为多孔介质比表面积。对于多孔介质中体积对流换热系数，目前使用较多的经验关联式如下。

Achenbach[12]：

$$h_{sf} = \left[(1.18Re^{0.58})^4 + (0.23Re_h^{0.75})^4\right]^{1/4} \tag{7.21}$$

Dixon 和 Cresswell[13]：

$$Nu_{sf} = \frac{0.255}{\varepsilon}Pr^{1/3}Re^{2/3} \tag{7.22}$$

Amiri 和 Vafai[14]：

$$h_{sf} = (2 + 1.1Pr^{1/3}Re^{0.6})\lambda_f/d_p \tag{7.23}$$

当气体流经微细多孔介质出现的微尺度效应时，需要采用努森数修正的微多孔介质的对流换热努塞尔数，具体见 7.3.2 节。

4. 发汗冷却非热平衡模型的边界条件

通过对不同冷端边界条件下非热平衡发汗冷却模型进行计算，并与实验数据对比，得出采用式(7.24)和式(7.25)作为冷端边界条件的模型能够很好地描述发汗冷却过程中的温度分布规律[15]：

$$\lambda_{s,\,eff}\frac{\partial T_s}{\partial y}\bigg|_{y=0^+} = h_c(T_{s,y=0} - T_c) \tag{7.24}$$

$$h_c(T_{s,\,y=0} - T_c) = (\rho U C_p)_f(T_{f,y=0} - T_c) \tag{7.25}$$

式中, h_c 为冷端冲击冷却对流换热系数, 单位为 $J/(m^2 \cdot K)$; T_c 为冷却剂远端温度。

对于热端边界条件, 研究表明, 当冷却流体与固体骨架之间发生强烈的热交换时, 多孔内部接近热平衡状态, 主流传入的热流 q 在两相间按照二者的导热系数之比进行分配, 如下式所示[16]:

$$h_g(T_g - T_s) = q_s + q_f = \lambda_{s,\,eff} \frac{\partial T_s}{\partial y} + \lambda_{f,\,eff} \frac{\partial T_f}{\partial y}$$

$$\frac{q_f}{q_s} = \frac{\varepsilon \lambda_f}{(1 - \varepsilon) \lambda_s} \tag{7.26}$$

式中, h_g 为固体骨架表面热交换系数, 单位为 $J/(m^2 \cdot K)$; T_g 为热端热流体温度; q_f 为传入流体相热流; q_s 为传入固体相热流, 单位为 J/m^2。

非热平衡状态下, 流体在多孔介质内换热并不充分, 两相存在温差, 热端边界的热流分配机制更为复杂, 对于主流区域与多孔介质区域耦合的发汗冷却非热平衡模拟, 最一般的情况, 假设热流密度在交界面上按比例 γ 分配给多孔的固相与流体相, 以保证热流密度连续, 可采用下式的耦合边界条件:

$$\begin{cases} T_{f,\infty} = \varepsilon T_{f,\,p} + (1 - \varepsilon) T_{s,\,p} \\ q_\infty = q_s + q_f = \lambda_{s,\,eff} \dfrac{\partial T_s}{\partial y} \bigg|_{y=0^-} + \lambda_{f,\,eff} \dfrac{\partial T_f}{\partial y} \bigg|_{y=0^-} \\ \dfrac{q_f}{q_\infty} = \gamma \end{cases} \tag{7.27}$$

式中, $T_{f,\infty}$ 为来流总温; $T_{f,\,p}$ 为热端多孔流体相温度; $T_{f,\,s}$ 为热端多孔固体相温度; q_∞ 为传入总热流, 单位为 J/m^2。

其中热流密度分配比 γ 受到流固两相的导热系数比 κ 的限制, 导热系数比 κ 的定义有:

$$\kappa = \frac{\lambda_{f,\,eff}}{\lambda_{s,\,eff}} \tag{7.28}$$

对于一般的烧结金属颗粒平板发汗冷却, 导热系数比为 $10^{-2} \sim 10^{-3}$ 量级, 此时, 流体相分配到的热流极少, 可近似认为热流密度比 γ 为 0, 热流完全分配到固体中。边界条件可以简化为

$$\begin{cases} T_{f,\infty} = \varepsilon_w T_{f,p} + (1 - \varepsilon_w) T_{s,p} \\ q_\infty = q_s = k_{s,eff} \dfrac{\partial T_s}{\partial y}\bigg|_{y=0^-} \\ \dfrac{q_f}{q_\infty} = 0 \end{cases} \tag{7.29}$$

7.3.2　微细多孔结构内流动换热

在发汗冷却中,微细多孔结构的孔隙尺寸往往只有微米量级,流体在其中进行剧烈的对流换热,流体可压缩性、速度滑移、温度跳跃对微细多孔介质内流动与换热的影响不可忽略。气体在微尺度中的流动可以用稀薄气体方法来处理。根据气体分子的平均自由程长度与所研究的流动传热问题中物体的特征尺寸之间比值努森数 Kn 的大小,可以将气体在微通道里的流动分为 4 个区域:连续介质区($Kn \leqslant 0.01$),温度跳跃与速度滑移区($0.01 < Kn \leqslant 0.1$),过渡区($0.1 < Kn \leqslant 10$)和自由分子区($Kn > 10$)。在温度跳跃与速度滑移区内,气体分子之间的碰撞频率比与物体表面之间的碰撞频率高许多,稀薄气体效应已经不能再忽略。此时,在气体区域内仍采用 Navier - Stokes 方程和 Fourier 定律,但边界条件需要考虑气体与固体交界处的速度滑移和温度跳跃。本节从发汗冷却研究的实际应用出发,需要考虑可压缩性、速度滑移和温度跳跃对微细多孔介质内部流体的流动与换热规律的影响[17]。

1. 微尺度效应对微细多孔结构内流动的影响

研究表明,液体在当量直径大于 1 μm 的微细尺度通道的流动规律与常规通道流动规律相同,不存在微尺度效应的影响。对于空气,图 7.28 给出了空气流过微细多孔结构的不考虑可压缩性影响的摩擦因子 f'_e、考虑可压缩性影响的摩擦因子 f_e 及经验关联式的比较结果。其中不考虑可压缩性影响的摩擦因子 f'_e 是对于流体流过微细多孔介质整体流动特性的反应,即涵盖了可压缩性、速度滑移及粗糙度等因素的影响。考虑可压缩性影响的摩擦因子 f_e 反映了除气体可压缩性外的其他因素(速度滑移等)对于空气流过微细多孔介质阻力的影响。f'_e、f_e 及与之对比的经验关联式分别如下:

$$f'_e = \frac{\varepsilon^3}{1 - \varepsilon} \frac{\rho_f d_p}{3M^2} \frac{\Delta p}{L} \tag{7.30}$$

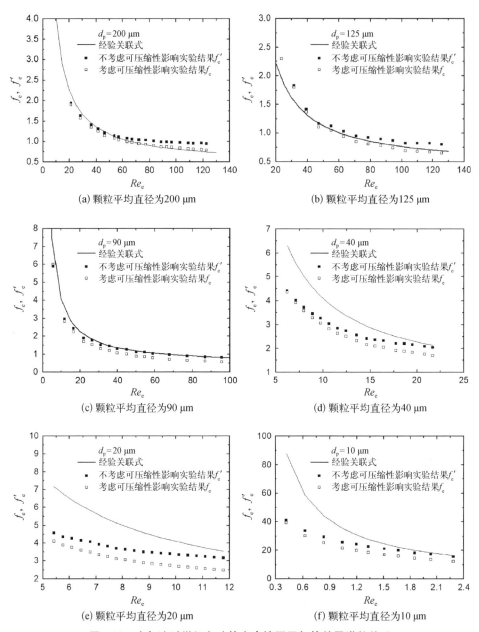

图7.28　空气流过微细多孔管中摩擦因子与等效雷诺数关系

$$f_e = \frac{\varepsilon^3}{1-\varepsilon} \frac{\rho_f d_p}{3M^2} \frac{P_i - P_o}{L} \frac{P_i + P_o}{2P_i} = \frac{\varepsilon^3}{1-\varepsilon} \frac{\rho_f d_p}{3M^2 L} \frac{P_i^2 - P_o^2}{2P_i} \tag{7.31}$$

式(7.32)所示的经验关联式由 Aerov 和 Tojec[18] 提出:

$$f_e = \frac{36.4}{Re_e} + 0.45 \quad (Re_e < 2\,000) \tag{7.32}$$

其中,多孔介质中的等效雷诺数 Re_e 定义为

$$Re_e = \frac{2Md_p}{3\mu_f(1 - \varepsilon)} \tag{7.33}$$

式(7.5)~式(7.8)中, $M = \rho u$ 为单位流通面积上的质量流量,单位为 kg/(m² · s); d_p 为微细多孔介质中固体颗粒的平均直径,单位为 m; ε 为多孔介质的孔隙率; Δp 为实验段两端压差,单位为 Pa; P_i 为实验段进口压力,单位为 Pa; P_o 为实验段出口压力,单位为 Pa; L 为多孔介质的长度,单位为 m; ρ_f 为流体进口温度和进出口压力平均值确定的流体密度,单位为 kg/m³; μ_f 为流体进口温度和进出口压力平均值确定的动力黏度,单位为 kg/(m · s);下标 f 表示流体(fluid);p 表示颗粒(particle);o 表示出口(out);i 表示入口(in)。

可以看出,平均颗粒直径为 200 μm 和 125 μm 的微细多孔介质,除气体可压缩性之外的其他因素(如速度滑移)对流动阻力的影响不大,而气体可压缩性对气体的流动有比较大的影响,会使流动阻力增大,且该影响随速度的增大而增强。在颗粒直径为 90 μm 的微细多孔介质中,出口努森数虽然较小,然而在微多孔介质中,由于多孔介质复杂的结构导致流道非常不规则,流道中很多区域的特征长度都小于孔隙平均直径,因此局部努森数较大;另一方面,微多孔介质中固体壁面面积很大,流体在壁面处的速度滑移导致了微尺度效应的较早出现。因此当微细多孔介质的颗粒直径小于 90 μm 时,空气在其中的流动需要考虑速度滑移的影响。颗粒直径越小,微尺度效应越显著。

空气的分子平均自由程可以用下式表示:

$$\lambda = \frac{\mu}{\bar{p}} \sqrt{\frac{\pi RT}{2}} \tag{7.34}$$

式中, $\bar{p}$ 表示进出口平均压力,单位为 Pa; R 为气体常数,单位为 J/(kg · K)。

对于平均颗粒直径小于 90 μm 的微细多孔介质,随着进口速度的增加,进口压力和平均压力逐渐增大,空气的分子平均自由程减小,努森数随之减小。因此,随着进口速度的增加,稀薄气体效应的影响逐渐减弱。

图 7.29 表示努森数随雷诺数变化关系图。从图中可以看出,努森数随雷诺数变化十分显著。对于平均颗粒直径小于 40 μm 的微细多孔介质,努森数

全部大于 0.003,且随着雷诺数的减小明显增大,导致在低流速条件下速度滑移的影响非常大。在微多孔介质的流动中,努森数对于摩擦因子的影响十分显著。

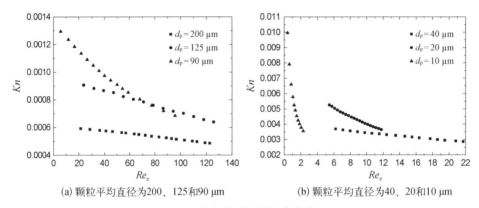

(a) 颗粒平均直径为200、125和90 μm   (b) 颗粒平均直径为40、20和10 μm

图 7.29   努森数随雷诺数变化关系

由实验测得的不同流速下不同的压力结果,可以分析得到不考虑可压缩性影响的渗透率 K' 和惯性常数 F',以及考虑可压缩性影响的渗透率 K 和惯性常数 F。与摩擦因子 f_e 及 f'_e 类似,不考虑可压缩性影响的渗透率 K' 和惯性常数 F' 是对于流体流过微细多孔介质整体流动特性的描述,而考虑可压缩性影响的渗透率 K 和惯性常数 F 则反映了去除可压缩性的影响时,微多孔介质中的流动特性,其与大尺度多孔介质中渗透率和惯性常数的差异主要体现了由于速度滑移引起的流动特性的改变。

不考虑可压缩性影响的渗透率 K' 和惯性常数 F' 的拟合关联式如下所示:

$$K' = \frac{d_{\mathrm{p}}^2 \varepsilon^3}{163.8 \left(1 - \varepsilon\right)^2}(1 + 313\,\overline{Kn})$$

$$F' = \frac{1.35}{\sqrt{163.8}\,\varepsilon^{3/2}}(1 + 1.38 \times 10^{15} \cdot \overline{Kn}^6) \tag{7.35}$$

考虑可压缩性影响的渗透率 K 和惯性常数 F 的拟合关联式为

$$K = \frac{d_{\mathrm{p}}^2 \varepsilon^3}{163.8 \left(1 - \varepsilon\right)^2}(1 + 443\,\overline{Kn})$$

$$F = \frac{1.35}{\sqrt{163.8}\,\varepsilon^{3/2}}(1 + 3.39 \times 10^5 \cdot \overline{Kn}^{1.9}) \tag{7.36}$$

2. 微尺度效应对微细多孔结构内换热的影响

速度滑移和温度跳跃同样会影响微细烧结多孔固体骨架与流体之间的对流换热系数和 Nu 数规律。通过对表 7.5 中的几种不同尺寸烧结多孔样品进行对流换热测试,固体骨架与流体之间的 Nu 数如图 7.30 所示,图中各种形状的空心点表示 Kunii 等[19] 和 Nagata 等[20] 研究的颗粒直径在 110~1 020 μm 不同材料微细颗粒内部对流换热 Nu 数,实心点表示本团队研究获得的颗粒直径分别为 200 μm、125 μm、90 μm、40 μm、20 μm 和 10 μm 的微细多孔介质内对流换热 Nu 数[17]。

表 7.5　烧结微细多孔介质实验段几何尺寸

实验段	平均颗粒 直径 d_p/μm	孔隙率 ε	孔隙当量直径 d_h/μm	Kn 数(压力为 1.01×10^5 Pa 空气)
1	200	0.42	97	0.73×10^{-3}
2	125	0.4	56	1.26×10^{-3}
3	90	0.39	38	1.83×10^{-3}
4	40	0.38	16	4.28×10^{-3}
5	20	0.36	7.5	0.009 3
6	10	0.34	3.4	0.020 4

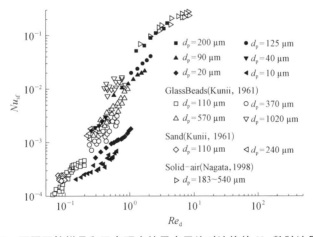

图 7.30　不同颗粒样品和已有研究结果中平均对流换热 Nu 数随流量变化

微细多孔介质内部对流换热 Nu 数随着颗粒直径和孔隙率的减小而减小。空气流过颗粒平均直径小于 125 μm 的微细多孔介质实验段时,出口努森数 Kn 属于流动滑移与温度跳跃区($0.001 < Kn < 0.1$),速度的滑移使边壁处流体流速增大,利于换热;而温度跳跃相当于热阻的影响,不利于换热,换热性能受到两者的

共同作用。在颗粒平均直径 $40\sim200~\mu m$ 范围内,微尺度效应并不明显,多孔介质对流换热 Nu_{sf} 数主要与雷诺数 Re_d 和孔隙率 ε 有关。基于实验数据,Nu_{sf} 数与 Re_d 数、孔隙率 ε 及普朗特数 Pr 的关系可以用拟合经验关联式近似表示:

$$Nu_{sf} = (0.86 - 4.93\varepsilon + 7.08\varepsilon^2)Re_d^{1.15}Pr^{1/3} \tag{7.37}$$

图 7.31 给出了实验平均对流换热 Nu 数与拟合关联式结果的比较。从图中可见,对于颗粒直径在 $40\sim200~\mu m$ 范围的多孔样品,拟合关联式得到的结果与实验结果符合很好,最大偏离为 14%,该拟合关联式对于不考虑微尺度影响的微细多孔介质内对流换热问题具有较高的精度。

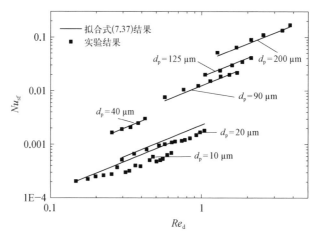

图 7.31　不同颗粒样品实验求得平均对流换热努塞尔数与拟合关联式结果比较

然而,当微细多孔介质颗粒平均直径小于 $40~\mu m$ 时,空气流过微细多孔介质内对流换热与常规尺度颗粒内对流换热出现偏离,随着颗粒直径的减小,微尺度效应逐渐增大,需要考虑速度滑移和温度跳跃的影响。在式(7.37)的基础上考虑微尺度效应影响,结合出口压力下的 Kn 数,可将对流换热 Nu 数用下式近似表示:

$$Nu_{sf} = \frac{(0.86 - 4.93\varepsilon + 7.08\varepsilon^2)}{1 + 48Kn}Re_d^{\frac{1.15}{1+24Kn}}Pr^{1/3} \tag{7.38}$$

图 7.32 给出了 $10\sim200~\mu m$ 不同颗粒样品的对流换热实验 Nu 数、不考虑微尺度效应拟合关联式(7.37)和考虑微尺度效应拟合关联式(7.38)结果的比较。对于 $40\sim200~\mu m$ 颗粒样品,考虑微尺度效应拟合公式比不考虑微尺度效应公式结果略小,考虑微尺度效应影响拟合关联式得到的结果与实验结果最大偏离为

22%。对于 40 μm 以下颗粒样品,考虑微尺度效应影响拟合式得到的结果与实验结果符合很好,最大偏离为 21%,能够更好地计算微尺度影响下微细多孔介质内对流换热问题。

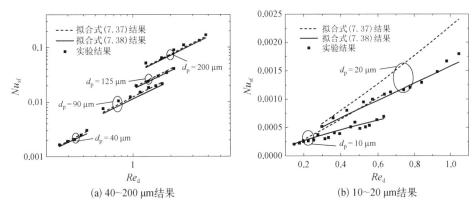

(a) 40~200 μm 结果　　　　　　(b) 10~20 μm 结果

图 7.32　不同颗粒样品实验求得平均对流换热 *Nu* 数与拟合关联式结果比较

7.3.3　发汗冷却的数值模拟

1. 单层多孔发汗冷却

本节根据前述的发汗冷却非热平衡模型开展数值模拟[3],采用的计算模型为如图 7.33 所示的矩形发汗冷却多孔介质层,长 $L = 60$ mm,厚度 $\delta = 5$ mm。在计算区域入口边界,远场温度为 T_c 的冷却流体以 u_c 的速度进入计算区域,与冷端固体骨架存在对流换热系数为 h_c 的冲击冷却。在多孔介质层的出口,计算区域的热端边界受到热流密度 $q(x)$ 的加热,以模拟高温主流区域与多孔壁面之间的热交换。计算区域左右两侧为绝热不可穿透的壁面边界。考虑了不可压缩流体物性在 300~1 500 K 温度区间的物性变化,采用商业软件 FLUENT 6.3 提供的求解器并通过用户自定义接口编写 UDF 程序完成计算。

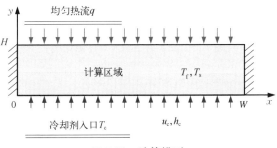

图 7.33　计算模型

将数值模型的计算结果与本团队前期实验结果[21]进行对比,验证采用的模型如图 7.34 所示,计算工况如下：流体为水,多孔介质为青铜颗粒堆积床,颗粒直径 $d_p = 0.605$ mm,孔隙率 $\varepsilon = 0.40$,固体骨架热导率 $\lambda_s = 54$ W/(m·K),冷却流体雷诺数分别为 $Re_D = 2\ 788$ 和 $Re_D = 3\ 484$。

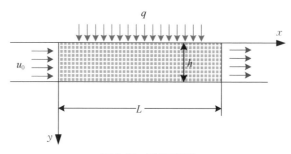

图 7.34 验证模型

计算得到的壁面处的局部对流换热系数与实验结果对比如图 7.35 所示,本节所述的非热平衡数学模型计算值与实验结果符合较好,从而验证了该数学模型的可靠性。

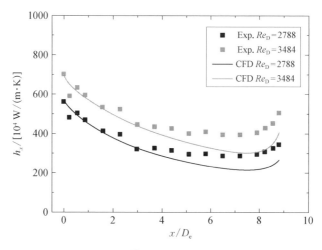

图 7.35 计算结果与实验结果比较

数值模拟结果表明,当使用青铜等热导率较高的多孔结构固体骨架时,流体相和固体相沿流动方向温度梯度小,固体骨架和流体的温度分布平缓,当使用热导率较低的陶瓷骨架时,热侧固体骨架不能将在热端边界处获得的热量有效的传递至内部,如图 7.36 所示。因此,对高热导率多孔层而言,颗粒直径和孔隙率的减小,以及流固相间体积对流换热系数、多孔层厚度、注入率以及冷端边界对流换热系数增大,都倾向于减小多孔介质层内流固相间的温差。而对于陶瓷等低热导率多孔层,无论影响因素如何改变,热端边界受热载荷影响区域内的非热平衡效应均十分显著,而在靠近冷却流体侧 $y/\delta<0.8$ 的绝大部分多孔层内,两相温度基本保持与进口流体温度相同,各影响因素在此区域的影响可忽略不计。多孔受热壁面的温度梯度较大,这也成为制约陶瓷发汗冷却结构应用的因素之一。

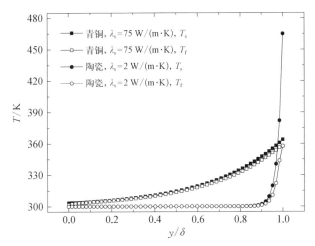

图 7.36　固体骨架热导率对多孔结构内部温度分布的影响

($d_p = 100\ \mu m$, $\varepsilon = 0.3$, $q = 2\times10^6\ W/m^2$, $G = 2\ kg/s$, $\delta = 5\ mm$)

以青铜作为多孔介质固体骨架材料,定义基准工况参数见表 7.6。

表 7.6　基准模型参数

颗粒直径:	$d_p = 100\ \mu m$
孔隙率:	$\varepsilon = 0.3$
热端边界热流密度:	$q = 2\times10^6\ W/m^2$
冷却剂质量流量:	$G = 2\ kg/s$
多孔介质层厚度:	$\delta = 5\ mm$
冷端边界对流换热强度:	$R_h = h_c/\rho u c_p = 0.5$
流固相间对流换热系数:	$h_{sf} = (2 + 1.1Pr^{1/3}Re^{0.6})\lambda_f/d_p$
冷却剂远场温度:	$T_c = 300\ K$

分别改变各个参数以分析各因素对发汗冷却的影响规律。结果表明,不同颗粒直径条件下两相的温度分布如图 7.37 所示,随颗粒直径的减小,流固间对

流换热系数及有效换热面积增大,强化了多孔介质内的对流换热,多孔介质固体骨架温度沿多孔介质层厚度方向有一定程度的降低。流体与固体骨架之间的温差减小,非热平衡效应也随颗粒直径的减小而弱化。

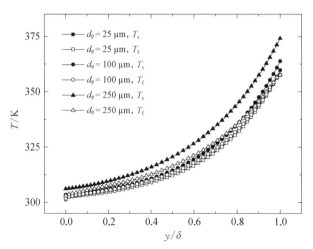

图 7.37   颗粒直径对多孔结构内部温度分布的影响

改变冷端边界对流换热系数,多孔内部温度分布如图 7.38 所示,计算包括 $R_h = 0$、0.5 和 1 三种不同的冷端对流换热强度。$R_h = 0$ 即冷端边界绝热,冷却流体进口温度即为其远场温度。$R_h = 1$ 时,冷端边界处固体相和流体相温度相等。当多孔介质层厚度较厚($\delta = 5$ mm)时,如图 7.38(a)所示,冷端边界对流换热的变化对两相温度分布影响不大,影响区域仅局限于冷端区域附近 $y/\delta < 0.05$ 极薄的多孔介质层内。而当多孔介质层厚度减小($\delta = 1$ mm)时,冷端边界处对流换

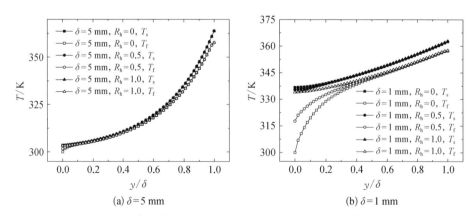

图 7.38   冷侧对流换热系数对多孔结构内部温度分布的影响

热强度对计算区域温度场分布的影响变得十分显著,如图 7.38(b)所示,随对流换热强度减小,流体与多孔固体骨架在入口处换热减弱,相应区域内固体骨架温度略有上升,流体相温度减小,冷端边界附近流体温度梯度逐渐增大,影响区域也逐渐向热端边界扩展,同时在冷端边界附近的多孔介质层内非热平衡效应越来越明显。

固体骨架与流体之间的对流换热系数会直接影响多孔介质局部非热平衡模型结果。对流换热系数的大小决定了固体骨架与流体之间的温差。从图 7.39 中可以看出,当对流换热系数 h_{sf} 较大,即数值模拟所使用的 h_{sf} 比公式(7.23)计算所得的 h_{sf_Vafai} 大一个数量级时,在整个计算区域内,除冷端边界附近由于冲击冷却造成的微小温差以外,其他区域固体与流体之间不存在温差,非热平衡效应弱化,可用局部热平衡模型来简化计算。当对流换热系数较小,固体骨架与流体之间存在一定温差且该温差随冷却流体向下游发展逐渐增大,当 h_{sf} 为 h_{sf_Vafai} 的十分之一时,由于固体和流体相之间换热减弱,等量的冷却剂不能较好地将固体骨架热量吸收并随流动转移,会造成固体骨架和流体温度均升高,在整个计算区域内两相之间温差明显,并在热端边界达到最大值。

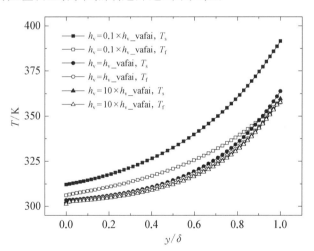

图 7.39 流固相间对流换热系数对多孔结构内部温度分布的影响

改变注入率的结果如图 7.40 所示,当注入率较小时,流体注入速度较低,在冷端边界处冲击冷却的换热量较小,冷端固体骨架不能被有效地冷却,在冷侧边界附近流体与固体骨架之间的温差较大。随流动向下游区域发展,流量较小的冷却剂被高温固体骨架迅速加热,两相间温差逐步缩小。而随着注入率增大,在整个流动方向固体骨架及流体温度均明显降低。流体与固体间存在温差的区域由冷端边界附近转移至多孔介质层的下游后半段,但温差极小几乎可忽略。随着注入率的进一步增大,整个区域可逐渐接近热平衡状态,冷却剂流量的增大对固体骨架冷却效果的改善逐渐减小,与实验结果相似。

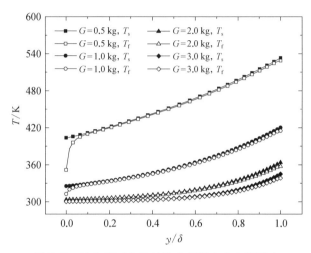

图7.40 注入率对多孔结构内部温度分布的影响

多孔介质孔隙率变化通过改变等效固体热导率以及流固两相有效换热面积,从而影响温度分布曲线的形态。如图 7.41 所示,随孔隙率增大,流固相间有效传热面积减小,两相之间换热减弱,而有效导热系数随孔隙率的增大而减小,固体骨架不能较好地将热端表面接收到的热量传递到多孔介质内部,致使热端边界附近

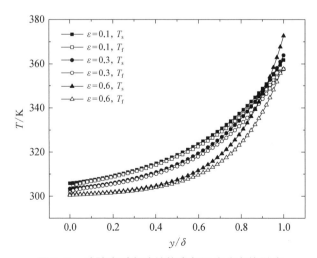

图7.41 孔隙率对多孔结构内部温度分布的影响

区域两相温度梯度较大。这两方面因素使得两相之间温差随孔隙率的增大而增大,非热平衡效应随之增强,固体骨架温度在热端边界附近区域有较明显升高。

多孔厚度的影响如图 7.42 所示,当多孔介质层厚度较小时,温度沿流动方向分布较为均匀,由于冷却流体流经多孔介质距离短,与固体骨架之间换热不充分,非热平衡效应显著。随着多孔层增厚,除热端边界外,流固两相温度均下降,冷侧边界附近固体相和流体相温度分布更加平缓,逐渐接近冷却剂入口温度,而两相温度升高的区域逐渐向热端边界转移,同时非热平衡效应减弱。

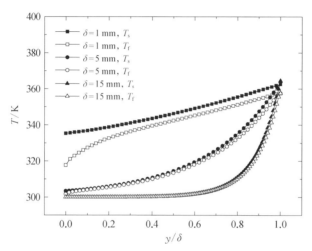

图 7.42　多孔层厚度对多孔结构内部温度分布的影响

2. 双层多孔发汗冷却

实际飞行器热防护系统中,常使用高熔点陶瓷材料覆盖在耐热合金部件表面作为耐热涂层。针对由孔隙率不同或热导率不同的多孔介质层结合而成的双层多孔模型,采用上述模型进行数值模拟,分析热端多孔骨架热导率及孔隙率的影响。具体模型的特性参数如表 7.7 所示。

表 7.7　双层模型特性参数

计算模型	几何条件	物理模型简图
固体骨架热导率变化($\varepsilon = 0.3$)		
No.1	$0.003 < y < 0.005$ $\lambda_{s1} = 2 \text{ W}/(\text{m} \cdot \text{K})$ 其他,$\lambda_{s2} = 75 \text{ W}/(\text{m} \cdot \text{K})$	$\lambda_{s1} = 2 \text{ W}/(\text{m·K})$ $\lambda_{s2} = 75 \text{ W}/(\text{m·K})$

（续表）

计算模型	几何条件	物理模型简图
No.2	$0.003<y<0.005$ $\lambda_{s1}=20$ W/(m·K) 其他,$\lambda_{s2}=75$ W/(m·K)	$\lambda_{s1}=20$ W/(m·K) $\lambda_{s2}=75$ W/(m·K)
No.3	$0<y<0.005$ $\lambda_s=75$ W/(m·K)	$\lambda_s=75$ W/(m·K)
多孔介质孔隙率变化　[$\lambda_s=75$ W/(m·K)]		
No.4	$0.003<y<0.005$ $\varepsilon_1=0.1$ 其他,$\varepsilon_2=0.3$	$\varepsilon_1=0.1$ $\varepsilon_2=0.3$
No.5	$0.003<y<0.005$ $\varepsilon_1=0.6$ 其他,$\varepsilon_2=0.3$	$\varepsilon_1=0.6$ $\varepsilon_2=0.3$
No.6	$0<y<0.005$ $\varepsilon=0.3$	$\varepsilon=0.3$

双层模型中,冷端为青铜多孔介质层不变[$\lambda_{s2}=75$ W/(m·K),$\varepsilon_2=0.3$],其余参数与表 7.6 中一致。热端多孔介质层孔隙率的变化对整个多孔区域的温度分布趋势影响如图 7.43 所示,当热端孔隙率增大时,固体骨架等效导热系数下降,热量向多孔介质内部传递减弱,温度曲线下凹更加明显,热端多孔层内固体骨架温度升高,固体相和流体相的温度梯度均明显增大,非热平衡效应显著。热端材料热导率的影响如图 7.44 所示,热端材料热导率的减小增大了热边界附近区域的温度梯度,使得固体骨架表面温度急剧升高,这虽然更好地保护了内部多孔区域,但临近热端边界薄层内较高的温度梯度所引起的热应力将不容忽视。

3. 局部高热流密度及堵塞情况

除热端边界均匀热流密度工况外,在实际应用中,还需要考虑可能出现的局部大热流密度工况及堵塞工况[22]。通过数值模拟将热端中部 1/10 的区域热流密度提高 5 倍,不同热端多孔孔隙率下,多孔介质层内各个位置的温度分布如图 7.45 所示。热端边界 $y/\delta=1$ 处,固体骨架因加热而出现温度升高的区域与局部

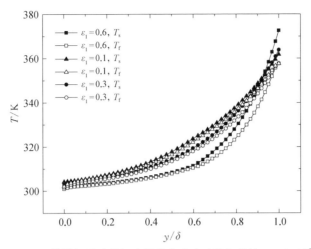

图 7.43 固体骨架及流体温度沿流向分布（均匀热流 $q_0 = 2 \times 10^6$）

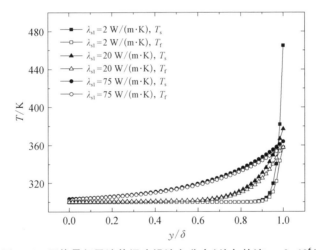

图 7.44 固体骨架及流体温度沿流向分布（均匀热流 $q = 2 \times 10^6$）

大热流载荷区域相对应,随着热量向多孔介质层内部进一步传递,受热端边界局部大热流影响而温度升高的区域逐渐扩大,非均匀边界条件在多孔介质高度方向以及横向上同时对固体骨架的温度分布产生影响。此外,随热端孔隙率增大,固体等效热导率减小,局部大热流的影响深度也随之减弱。在热端边界 $y/\delta = 1$处,大孔隙率模型具有最高的固体骨架温度,而在多孔介质层中部和冷端边界位置处,大孔隙率模型的温度更低。热端多孔介质层孔隙率的增大可以将热端边界局部大热流造成的影响局限在高度方向上靠近热端边界的较小区域内。

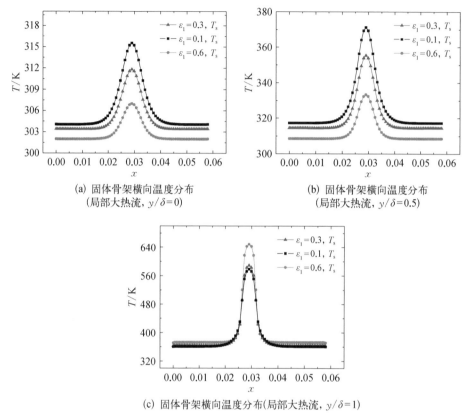

(a) 固体骨架横向温度分布
(局部大热流, $y/\delta=0$)

(b) 固体骨架横向温度分布
(局部大热流, $y/\delta=0.5$)

(c) 固体骨架横向温度分布(局部大热流, $y/\delta=1$)

图 7.45 热端多孔介质层孔隙率变化对温度场的影响

局部大热流条件下,不同热端多孔热导率下的温度分布如图 7.46 所示,热端多孔介质层热导率的减小使得热端边界热载荷局部增大的影响深度急剧减弱,当热端材料的热导率为 $\lambda_{s1}=2\ \text{W}/(\text{m}\cdot\text{K})$ 时,多孔区域中部位置 $y/\delta=0.5$ 处固体骨架温度沿横向处处相等,已基本不受热边界条件的影响。然而低导热材料在热端边界 $y/\delta=1$ 处的局部温度上升最高,即出现相同局部大热流加热时,热端材料为陶瓷时的局部温度升高量要远高于青铜材料。尽管陶瓷材料的极限耐热温度比青铜材料高约 1 500 K,但若局部热流增大到一定程度,表面覆盖陶瓷层的双层模型可能比覆盖青铜介质的双层模型更早到达烧毁温度。因此,合理选择双层模型中热端材料的孔隙率及热导率,可有效控制局部边界条件变化的影响深度及整个多孔区域内的温度分布,从而进一步控制发汗冷却效果。

类似于局部热流密度增大,当固体骨架发生局部堵塞时,堵塞区域无冷却流体通过,也会造成局部温度骤升,严重时由于局部堵塞造成的温度升高区域还会

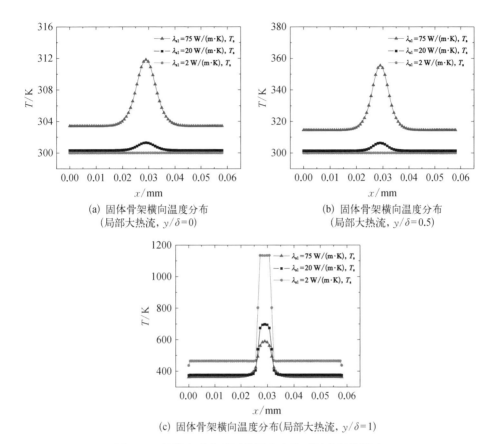

(a) 固体骨架横向温度分布
(局部大热流, $y/\delta=0$)

(b) 固体骨架横向温度分布
(局部大热流, $y/\delta=0.5$)

(c) 固体骨架横向温度分布(局部大热流, $y/\delta=1$)

图 7.46　热端多孔介质层热导率变化对温度场的影响

逐渐扩大,甚至造成整个固体骨架烧毁。通过构建如表 7.8 所示的四种不同位置局部堵塞模型,采用前述非均匀热流加热(堵塞位置局部热流密度较大),数值模拟局部堵塞情况下的发汗冷却效果。

表 7.8　固体骨架局部堵塞模型的特性参数

计算模型	几何条件	物理模型简图
	有陶瓷层	$0.004<y<0.005$, $\lambda_{s1}=2\,\mathrm{W/(m\cdot K)}$ $0.0<y<0.004$, $\lambda_{s2}=75\,\mathrm{W/(m\cdot K)}$	
No.7	$0.004<y<0.005$, $0.027<x<0.031$ $\varepsilon=0.05$ 其他, $\varepsilon=0.3$	青铜　　局部堵塞　　陶瓷

（续表）

计算模型	几何条件	物理模型简图
No.8	$0.003<y<0.004$，$0.027<x<0.031$ $\varepsilon=0.05$ 其他，$\varepsilon=0.3$	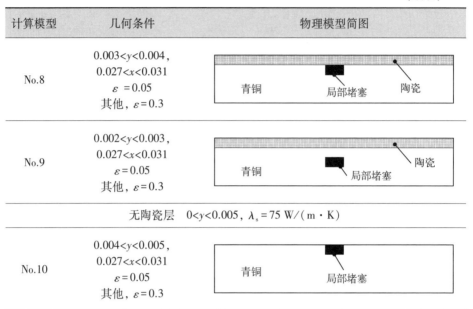
No.9	$0.002<y<0.003$，$0.027<x<0.031$ $\varepsilon=0.05$ 其他，$\varepsilon=0.3$	
无陶瓷层　$0<y<0.005$，$\lambda_s=75\ \mathrm{W/(m\cdot K)}$		
No.10	$0.004<y<0.005$，$0.027<x<0.031$ $\varepsilon=0.05$ 其他，$\varepsilon=0.3$	

当固体骨架局部堵塞发生在热端陶瓷层时,由于受到热端边界热流直接加热,且堵塞位置处无冷却流体带走热量,堵塞区域温度急剧上升至1 200 K。但由于陶瓷层热导率较小,使得受影响而形成的高温区域仅局限于该层内而未向多孔内部区域扩展,如图7.47(a)所示。当堵塞位置位于青铜多孔介质层时,随着堵塞位置逐渐由热端向冷端边界移动,局部堵塞造成的影响越来越小,如图7.47(b)和(c)所示,一方面由于堵塞位置处于多孔介质内部,未受到边界热流的直接加热,周围非堵塞区域冷却流体绕流带来的对流换热能有效降低堵塞区域的温度;另一方面随着冷却介质绕开堵塞区域向下游流动,在其背部位置处存

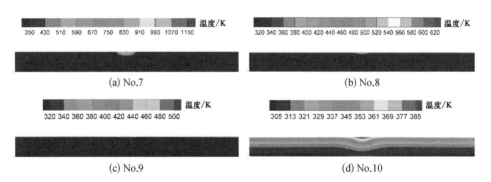

图 7.47　不同位置固体骨架发生局部堵塞时的温度分布

在横向扩散,也使得冷却剂在热边界处仍有较为均匀的分布,从而令整个多孔区域所受的影响逐步减低。同时,如图 7.47(d),青铜单层多孔介质模型热端边界堵塞时,虽然其影响范围几乎贯穿整个计算区域,但青铜良好的导热性能使得堵塞位置处的温度不至于过高。

针对可能出现的局部热流密度较大或局部堵塞,通过改变局部孔隙率的方法改变流动阻力,可以使得冷却剂流量在热载荷高的区域局部增大,增强流固两相换热,提升冷却效果。此外,直接在冷端相应位置处局部增大冷却剂注入率,也可改善由于热端边界条件的非均匀分布而造成的传热恶化现象。如图 7.48所示,当冷端边界冷却剂的局部注入率与热端边界局部热流密度增大相同倍数时,即可有效改善固体骨架温度的局部飞升以及温度分布不均匀现象。

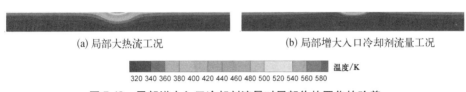

(a) 局部大热流工况　　　　　　　　　　(b) 局部增大入口冷却剂流量工况

温度/K
320 340 360 380 400 420 440 460 480 500 520 540 560 580

图 7.48　局部增大入口冷却剂流量对局部传热恶化的改善

参考文献

[1] Pol D, Wheeler H L. Experimental study of cooling by injection of a fluid through a porous material[J]. Journal of the Aeronautical Sciences, 1948, 15(9): 509 - 521.

[2] Yanovski L S. Physical basis of transpiration cooling for engines of flying apparatus (in Russian)[M]. Moscow: MAI Press, 1996.

[3] 刘元清. 发汗冷却基础问题的实验研究和数值模拟[D]. 北京: 清华大学,2010.

[4] Liu Y Q, Jiang P X, Xiong Y B, et al. Experimental and numerical investigation of transpiration cooling for sintered porous flat plates[J]. Applied Thermal Engineering, 2013, 50(1): 997 - 1007.

[5] Liu Y Q , Jiang P X , Jin S S , et al. Transpiration cooling of a nose cone by various foreign gases[J]. International Journal of Heat and Mass Transfer, 2010, 53(23): 5364 - 5372.

[6] Huang G, Min Z, Yang L, et al. Transpiration cooling for additive manufactured porous plates with partition walls[J]. International Journal of Heat and Mass Transfer, 2018, 124: 1076 - 1087.

[7] Lu Y, Wu S, Gan Y, ct al. Study on the microstructure, mechanical property and residual stress of SLM inconel - 718 alloy manufactured by differing island scanning strategy[J]. Optics and Laser Technology, 2015, 75: 197 - 206.

[8] Amato K N, Gaytan S M, Murr L E, et al. Microstructures and mechanical behavior of inconel 718 fabricated by selective laser melting[J]. Acta Materialia, 2012, 60(5): 2229 -

2239.

[9] Ergun S. Fluid flow through packed columns[J]. Chemical Engineering Progress, 1952, 48 (2): 89 - 94.

[10] Nield D A, Bejan A. Convection in porous media[M]. New York: Springer-Verlag, 1998.

[11] Vafai K, Tien C L. Boundary and inertia effects on flow and heat transfer in porous media [J]. International Journal of Heat Mass Transfer, 1981, 24(2): 195 - 203.

[12] Achenbach E. Heat and flow characteristics of packed-beds[J]. Experimental Thermal and Fluid Science, 1995, 10(1): 17 - 27.

[13] Dixon A G, Gresswell D L. Theoretical prediction of effective heat transfer parameters in packed beds[J]. AIChE Journal, 1979, 25(4): 663 - 676.

[14] Amiri A, Vafai K. Analysis of dispersion effects and nonthermal equilibrium, non-Darcian, variable porosity incompressible-flow through porous-media[J]. International Journal of Heat Mass Transfer, 1994, 37(6): 939 - 954.

[15] 熊宴斌,姜培学,祝银海,等. 冷端边界条件对发汗冷却解析解的影响[J]. 清华大学学报: 自然科学版,2013,53(10): 1452 - 1458.

[16] 黄拯. 高温与超音速条件下发汗冷却基础问题研究[D]. 北京: 清华大学,2015.

[17] 胥蕊娜. 微细多孔结构内流动与换热研究[D]. 北京: 清华大学,2007.

[18] Aerov M E, Tojec O M. Hydraulic and thermal basis on the performance of apparatus with stationary and boiling granular layer (in Russian)[M]. Leningrad: Himia Press, 1968.

[19] Kunii D, Smith J M. Heat transfer characteristics of porous rocks: Ⅱ thermal conductivities of unconsolidated particles with flowing fluids[J]. AIChE Journal, 1961, 7: 29 - 34.

[20] Nagata K, Ohara H, Nakagome Y, et al. The heat transfer performance of a gas - solid contactor with regularly arranged baffle plates[J]. Powder Technology, 1998, 99: 302 - 307.

[21] Jiang P X, Ren Z P. Numerical investigation of forced convection heat transfer in porous media using a thermal non-equilibrium model[J]. International Journal of Heat and Fluid Flow, 2001, 22(1): 102 - 110.

[22] Liu Y Q, Xiong Y B, Jiang P X, et al. Effects of local geometry and boundary condition variations on transpiration cooling[J]. International Journal of Heat and Mass Transfer, 2013, 62: 362 - 372.

第 8 章

超声速条件下发汗冷却

对于应用于液体火箭发动机及高超声速飞行器中高温高速条件的发汗冷却,当主流达到超声速时,由于气体可压缩性的显著作用,动量方程和能量方程强烈耦合,不能把亚声速条件下得到的研究结果简单外推到超声速情况。同时平板表面由于发汗冷却的注入会使超声速主流边界层增厚,在多孔板前缘生成斜激波,使得超声速条件下的发汗冷却与亚声速条件下的有很大不同。

8.1 超声速条件下发汗冷却基本规律

8.1.1 超声速条件下发汗冷却实验研究系统

本节中的实验在本团队的超声速风洞实验系统中展开[1]。如图 8.1 所示,系统主要由气源部分和实验部分组成,空气由螺杆式压缩机驱动进入缓冲储气罐之后,经过过滤器及冷凝式空气干燥机进行除水、除尘、除油后进入实验系统。实验部分分为两路,第一路通过电加热器加热达到实验所需的温度,经整流栅整流、收缩段加速后进入拉瓦尔喷管段,加速到超声速进入实验段中,作为主流流体;另一路通过电磁阀、压力调节阀后进入到冷却剂压力仓中作为多孔平板的冷却流体。调整冷却流回路上的流量控制器,可以实现不同的冷却流体注入流量。主流和二次流在实验段混合后进入超声速扩散段,流动从超声速降低为亚声速,然后通过亚声速扩张段减速,最终排出到大气环境。

实验中主流总温由整流栅后方布置的铠装 T 型热电偶测量得到,并作为 PID 控制系统的反馈信号控制加热器的加热电压实现对主流气体温度的精确控制。主流总压 p_0 通过放置于稳定段的总压耙测量得到,实验段静压 p 通过在调试段壁面开测压孔得到。主流气体马赫数通过下式计算:

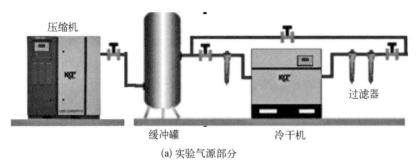

(a) 实验气源部分

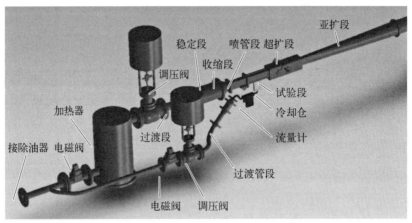

(b) 实验系统图

图 8.1　实验系统图

$$Ma = \left\{ \frac{2}{\gamma - 1} \left[\left(\frac{p_0}{p} \right)^{\frac{\gamma - 1}{\gamma}} - 1 \right] \right\}^{\frac{1}{2}} \tag{8.1}$$

红外热像仪经 T 型热电偶进行标定后,对多孔壁面温度进行测量。超声速平板发汗冷却的流场采用纹影系统观测。纹影系统利用光在被测流场中的折射率正比于当地的气体密度,反映出流场内的激波结构,系统的主要组成示意图如图 8.2 所示。

本章实验研究了 90 μm 不锈钢及青铜粉末烧结多孔平板,热端表面为 12 mm×50 mm,整体厚度 6 mm,实验件照片如图 8.3 所示。

多孔平板孔径分布及孔隙率通过压汞仪测量得到,如图 8.4 和表 8.1 所示,不锈钢多孔板中孔隙直径主要集中在 10 ~35 μm,其孔隙当量直径为 18.95 μm,烧结青铜粉末多孔板孔隙直径主要分布在 12 ~35 μm,其孔隙当量直径为 26.02 μm。

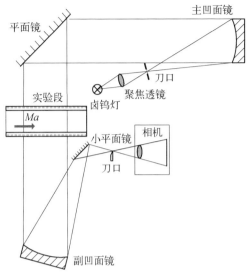

图 8.2　实验台纹影系统布置图示

(a) 青铜烧结多孔板　　　　　　　(b) 不锈钢烧结多孔板

图 8.3　实验件照片

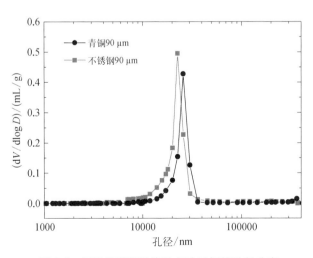

图 8.4　压汞仪测得的烧结多孔平板的孔径分布

表 8.1 实验段孔隙率及孔径分布

实验段	材 料	颗粒直径 $d_p/\mu m$	孔隙率 ε	孔隙当量直径 $d_h/\mu m$
No1	不锈钢	90	38.2%	18.95
No2	青铜	90	25.9%	26.02

8.1.2 平板结构发汗冷却实验研究

图 8.5 可以明显看出,当注入率保持较小时,多孔平板温度相对均匀;当注入率较大时,平板表面温度逐渐呈不均匀的变化,在平板下游接近后缘位置,冷却效率明显升高。在下游冷却效率随注入率的增大而明显升高,一方面是因为随着注入率的增加,边界层内冷却剂的累积效应更加明显,削弱了主流向多孔板的热传递;另一方面,如图 8.6 所示(进口方向射出的两道斜激波是加工尺寸误差产生的高低缝隙造成的干扰),二次流空气的注入会在壁面附近对主流流动产生干扰,从而在多孔板前缘处生成了一道前缘斜激波。斜激波后壁面压力突升,然后压力不断沿程下降直至平板后缘处恢复到激波前的水平,这种压力梯度的存在使得冷却流体更倾向于在多孔后半段出流。随着二次流注入流量的增加,对主流扰动增强,斜激波的强度逐渐增大,斜激波波后压力跳跃更大,从而使得更多的冷却流体从压力更小的后半段注入,这样会使得平板后段冷却效率随注入率增加变化更明显[2]。

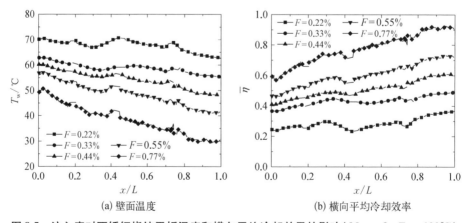

(a) 壁面温度　　　　　　　　(b) 横向平均冷却效率

图 8.5 注入率对不锈钢烧结平板温度和横向平均冷却效果的影响($Ma_\infty = 3$, $T_\infty = 100℃$)

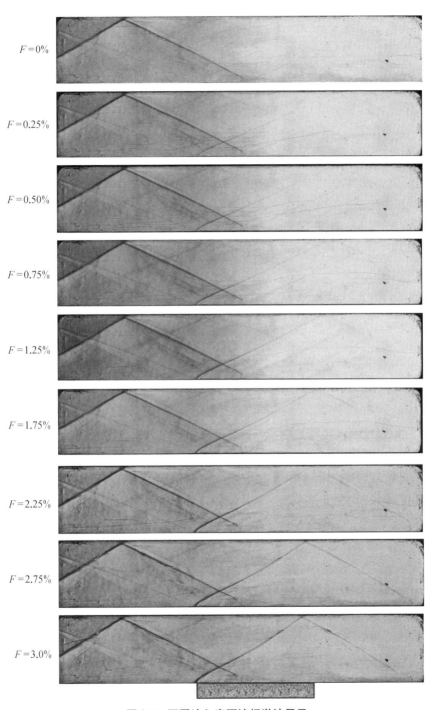

$F = 0\%$

$F = 0.25\%$

$F = 0.50\%$

$F = 0.75\%$

$F = 1.25\%$

$F = 1.75\%$

$F = 2.25\%$

$F = 2.75\%$

$F = 3.0\%$

图 8.6 不同注入率下流场激波显示

丝网多孔发汗冷却材料以金属丝网为原料,通过多层金属丝网轧制烧结而成,有非常好的渗透均匀性,较高的强度和刚度,非均匀烧结金属丝网结构如图8.7 所示,该材料由 15 层不同丝径的编织网轧制烧结而成。壁面表面积为 12 mm×50 mm,厚度 6 mm。

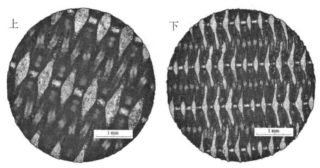

(a) 丝网上下表面微观显示

(b) 丝网板侧面图

图 8.7　丝网多孔板表面结构形貌

经压汞仪测量,该丝网多孔平板孔隙率为 30.0%,孔隙当量直径为 103.6 μm。经流动实验测量,丝网进出口压差随流量变化的曲线见图 8.8,渗透率为 $K = 5.13×10^{-11}$,惯性常数 $F = 0.33$。

在纹影实验中发现,丝网平板和烧结金属平板发汗流体注入对主流的影响规律较为一致,详细内容可见本节前文。超声速主流加热下,烧结丝网多孔介质平板壁面温度分布如图 8.9 和图 8.10 所示[1]。图中的三条颜色明显不同于周围壁温的高温区域为热电偶槽道位置。在整体平均温度范围来看,与烧结金属粉末多孔平板的发汗冷却规律相同,小注入率时丝网板壁面温度分布较均匀,随着注入率的增加,壁面温度逐渐下降,下游区域温度更低。但与烧结多孔平板相比,丝网表面温度分布受编织结构影响较大,经线两侧孔隙联通处冷却流体出流

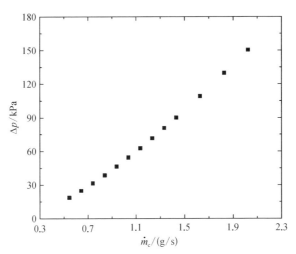

图 8.8 丝网板压降与空气流量的关系

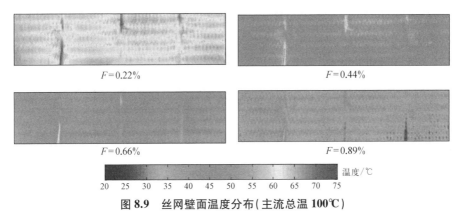

图 8.9 丝网壁面温度分布(主流总温 100℃)

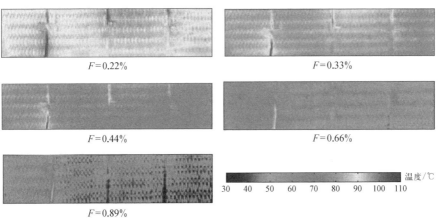

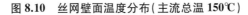

图 8.10 丝网壁面温度分布(主流总温 150℃)

较多,纬线丝密集接触的地方冷却流体流出较少,因此壁面温度随着壁面丝网表面的凹凸不平而波动。

将两种不同金属丝网平板和烧结多孔平板(1#丝网: $d_h = 24.8\ \mu m$, $\varepsilon = 11.8\%$,2#丝网: $d_h = 103.6\ \mu m$, $\varepsilon = 30.0\%$,烧结不锈钢粉末: $d_h = 18.95\ \mu m$, $\varepsilon = 38.2\%$)对比,不同主流温度及注入率下平均冷却效率如图 8.11 所示。三种材料均为钢基材料,具有相近的热导率,因此导致冷却效率不同的主要原因来自多孔内部的具体结构、孔隙当量直径以及孔隙率。对于丝网多孔介质,较大的孔隙率能够增强丝网多孔区域内流体与固体的对流换热,降低热端壁面温度,因此孔隙率越大壁面冷却效率越高。在孔隙率相差不大的情况下,丝网平板与烧结多孔平板的发汗冷却效率相近。

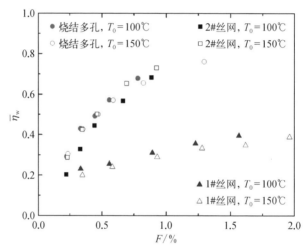

图 8.11 不同材料平均冷却效率随注入率变化规律

8.1.3 曲面结构发汗冷却规律

曲面结构处于超声速流动中,会因曲面钝体的存在而形成各式各样的激波结构,壁面形状与激波结构同时对发汗冷却产生影响,使得超声速主流条件下的曲面发汗冷却问题更加复杂[1]。

如图 8.12 所示的纹影图,由于曲面结构的存在,流场中会出现几道典型的激波结构:超声速主流绕过平板上的钝体前缘突起,会在前缘上游形成脱体激波;脱体激波后压力突跃上升,这一压力梯度通过壁面边界层内的亚声速区向激波上游传递,从而钝体前缘上游壁面附近的边界层分离,并在分离区形成一些漩涡,分离区的存在会阻碍来流,形成分离激波并使壁面压力增加;分离激波后分

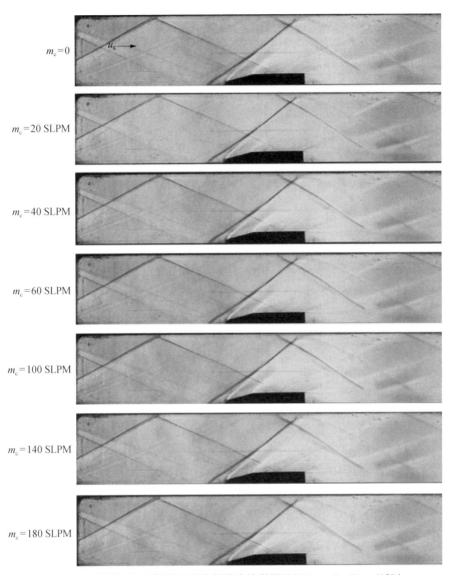

图 8.12　不同注入率条件下实验段激波纹影显示($Ma_\infty=3$, $T_\infty=40℃$)

离区上方的流动仍为超声速流,在楔形分离区与前缘交界处,由于流通面积的变化,会在前缘圆弧上形成压缩波;斜平面上方速度方向与斜平面平行,在斜平面与平直面的交界处,相当于超声速流动绕外折角的流动,会在交界处形成一系列的膨胀波,气流加速,密度和压强下降;同样在平直段尾端直角位置,也会形成膨胀波,但是由于该膨胀波处密度连续变化,且梯度不是特别大,因此并不明显。在脱体激波与通道上游壁面交界处,出现了脱体激波与反射激波相互交叉的现象。这是因为脱体激波入射在壁面上，引起的壁面压力变化剧烈，较大的逆压力梯度在边界层内亚声速区向上游传递，引起了入射点前端边界层局部分离，由于多孔板的存在对流场影响很大，因此造成的入射点前端分离区较大，分离区的存在会使得边界层增厚进而诱导产生第一道反射激波。在入射激波的入射点处，会引起边界层内流体的分离、再附，壁面附近流体流动方向不断变化会形成一个膨胀扇形波束，并汇聚成第二道反射激波。

在结构特征以及激波的共同作用下，曲面结构的温度云图以斜坡与平直段的交接线为界明显地分为两部分，如图 8.13 和图 8.14 所示。在此分界线前端部

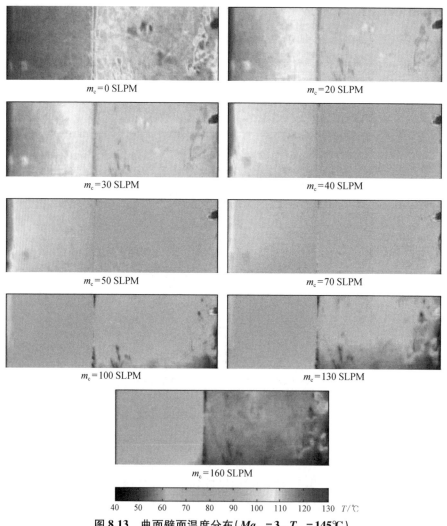

图 8.13　曲面壁面温度分布（$Ma_\infty = 3$，$T_\infty = 145℃$）

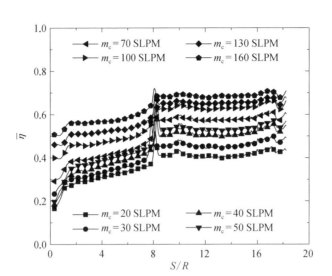

图 8.14　曲面横向冷却效率($Ma_\infty = 3$，$T_\infty = 145℃$，
S 为距前缘顶端距离，R 为头部圆弧半径)

分,壁面温度较高,尤其是前缘处的温度已经超过了超声速主流的壁面恢复温度,但由于冷却流体的注入,头部温度并没有达到主流总温。壁面温度从前缘处开始沿流动方向迅速下降,在前缘分离激波后的分离区,漩涡结构使得在多孔前缘处存在着逆压力梯度,冷却流体能较易的从钝体前缘流出多孔壁面从而进行冷却,因此斜平面上能明显观察到温度的大幅变化。紧随其后,在分离区上沿与多孔壁面交界处,上游的流体在这一壁面位置发生了流向的转变,正压梯度流体开始沿壁面向下游流动,因此在交界处出现了壁面驻点,降低了此处的二次流出流量,壁面温度的降低幅度减缓。在斜平面与平直面的交界处,温度存在一个宽度很窄的温度极小值范围,在平直面的绝大部分区域内,温度值较低,分布均匀且变化平缓。随着注入率的增大,壁面温度整体下降明显,但仍然存在分界线前半段温度梯度大,分界线后半段温度变化平缓的分布规律。

计算曲面多孔的冷却效率时,在无发汗冷却情况下,曲面前缘壁面温度可能会大于恢复温度,若采用恢复温度计算冷却效率,可能会导致在曲面前缘处计算的冷却效率小于 0,而采用主流总温进行冷却效率计算,不同主流总温的得到的冷却规律不同,不易推广。因此,常采用相对壁温变化率 E_t 来表征发汗冷却的效果,E_t 定义为发汗冷却壁温相对于无发汗冷却壁温的变化与无发汗冷却壁温之比:

$$E_t = \frac{T_w - T_{w0}}{T_{w0}} \tag{8.2}$$

式中，T_w 为发汗冷却下的壁面温度；T_{w0} 为无发汗冷却时的壁面温度，单位均为 K；E_t 是负值，E_t 值越低说明发汗冷却的效果越好。

8.2 超声速条件下外部激波对发汗冷却的影响

8.2.1 外部激波对发汗冷却的影响

斜激波入射到固体表面将引起边界层分离、壁面绝热温度升高等一系列效应。由此引起的压力损失和热负荷增加对机体的设计与冷却方式的选择带来新的挑战。本节主要介绍外部斜激波对发汗冷却的影响规律[3]。楔形激波发生器是常用的人为制造激波的结构，超声速主流遇到楔形片后，流动方向被迫发生改变，产生斜激波，可以人为控制楔形角度来调控斜激波强度（图 8.15）。

图 8.15 带楔形片实验段照片

通过改变激波发生器的角度 θ 可以诱导形成不同强度的斜激波，当角度 θ 越大，形成的斜激波强度越大，气体通过激波后的压力变化正比于楔角的角度 θ：

$$\frac{p_2 - p_1}{p_1} = \frac{\Delta p}{p} = \frac{\gamma Ma_1^2}{\sqrt{Ma_1^2 - 1}}\theta \tag{8.3}$$

式中，下标 1、2 分别表示激波前后参数；Ma 为气体流动马赫数；γ 为气体比热比。同时由楔形片诱导产生的斜激波与壁面的夹角称作激波角，用 β 表示。激波角 β 与楔角 θ 之间存在的关系如下式：

$$\tan\theta = 2\cot\beta\,\frac{Ma_1^2\sin^2\beta - 1}{Ma_1^2(\gamma + \cos 2\beta) + 2} \tag{8.4}$$

通过求解上述隐函数可以解出理论设计的楔角角度引起的斜激波激波角 β。结果列出在表 8.2 中。

表 8.2　激波角 β 值

激波发生器结构	楔角 θ	激波角 β
	6°	25.7
	8°	27.8
	10°	31

人为引入外部激波后,发汗冷却结构的流场如图 8.16 和图 8.17 所示,发汗冷却的主流和冷却流工质均为空气,通过楔形激波发生器来使超声速来流受楔角的阻碍作用产生一道斜激波,入射到多孔平板表面上。此时除了楔形激波发生器产生的斜激波,注入主流的低速冷却流气体,对超声速主流起阻碍作用,也会在多孔平板的起始位置诱导形成一道斜激波,且该斜激波的强度随冷却气体注入的增加而不断增强。同时,注入的冷却流流体会对在斜激波入射位置滞止的主流流体有一个很明显的推离多孔表面的作用。但当主流区域内的斜激波强度增大后,该推离激波滞止位置的效应减弱。

在有激波入射条件下,平板冷却效率均有不同程度的下降,且随着激波强度的增强,冷却效率被削弱的程度增大,如图 8.18 所示。在相同孔隙率条件下,多孔骨架材料的导热系数越高,多孔平板的等效热导率增大,激波入射引起的局部附加热流通过平板自身导热扩散至整个表面,使冷却效率的局部下降效应减弱,转变成冷却效率的整体下降。

8.2.2　外部激波影响发汗冷却的机制

图 8.19 为不同强度激波影响下,多孔壁面上的静压分布。无激波入射平板表面时,发汗二次流的注入使壁面附近流体压力升高。提高冷却流注入率,流体静压升高。沿主流流向,边界层不断增厚,流体静压逐渐降低。当有激波入射平

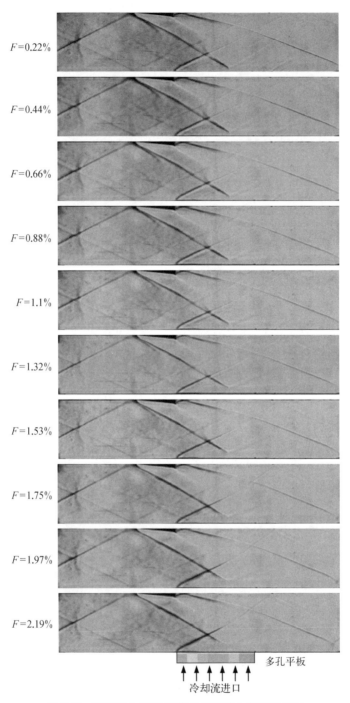

$F=0.22\%$

$F=0.44\%$

$F=0.66\%$

$F=0.88\%$

$F=1.1\%$

$F=1.32\%$

$F=1.53\%$

$F=1.75\%$

$F=1.97\%$

$F=2.19\%$

多孔平板

冷却流进口

图 8.16　不同注入率下 6°楔角斜激波入射流场显示

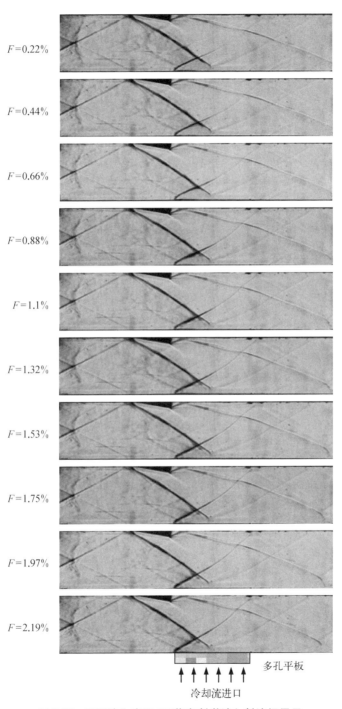

$F=0.22\%$

$F=0.44\%$

$F=0.66\%$

$F=0.88\%$

$F=1.1\%$

$F=1.32\%$

$F=1.53\%$

$F=1.75\%$

$F=1.97\%$

$F=2.19\%$

多孔平板

冷却流进口

图 8.17　不同注入率下 10°楔角斜激波入射流场显示

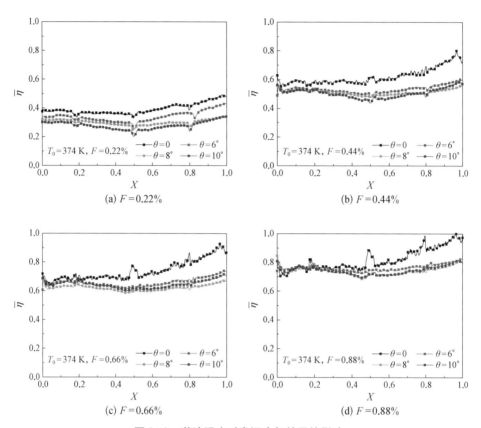

图 8.18 激波强度对发汗冷却效果的影响

板时,流体速度下降,流体静压升高,且随入射激波强度的提高,受影响区域增大,静压升高的幅度也越大。流体静压的升高使得静温增大。整体上,激波入射多孔平板表面后,流体压力高于无激波影响条件下的结果。对于发汗冷却效率中的主流恢复温度 T_r,可表示成与主流流体总温 T_∞ 之比:

$$\frac{T_r}{T_\infty} = \frac{1 + r\dfrac{\gamma - 1}{2}Ma^2}{1 + \dfrac{\gamma - 1}{2}Ma^2} = r \cdot \left(1 + \frac{\dfrac{1}{r} - 1}{1 + \dfrac{\gamma - 1}{2}Ma^2}\right) \quad (8.5)$$

式中,r 为空气的恢复系数,在湍流情况下可以近似认为 $r = Pr^{1/3}$。

在主流总温不变的情况下,壁面附近流体压力整体升高,流速降低,引起主流恢复温度升高,即绝热壁面温度升高,多孔壁面附近的冷却气体膜层温度明显升高,冷却效率整体下降。激波强度增加,冷却效率下降幅度提高。而随着冷却

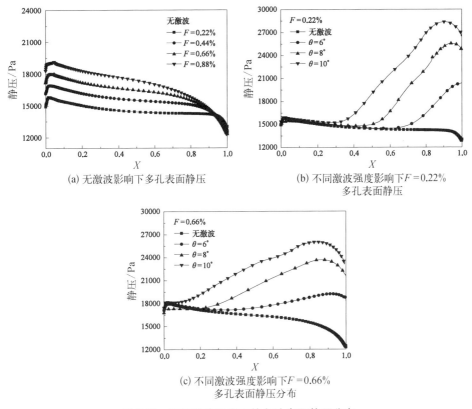

(a) 无激波影响下多孔表面静压

(b) 不同激波强度影响下 $F=0.22\%$
多孔表面静压

(c) 不同激波强度影响下 $F=0.66\%$
多孔表面静压分布

图 8.19　不同激波强度下的多孔表面静压分布

剂流量的增加,多孔表面的冷却气体膜层温度不断降低,激波引起的平板表面附加热流被增加的冷却气体带走。

另一方面,无激波入射平板表面时,冷却流体沿主流流向不断累积,边界层厚度不断增加。而当激波入射平板表面后,在入射位置下游,局部静压最高,阻碍了冷却流体的流出。边界层不再沿流向连续增厚,导致局部的冷却效率降低。随激波强度提高,局部静压升高,冷却流体越难流出,冷却效率下降幅度越大。如图 8.18 所示,在低注入率情况下,冷却效率的降低主要体现为整个平板表面效率的下降与激波入射位置后部效率的进一步降低。随着冷却剂注入率不断提高,非均匀分布的静压引起流体流向出口压力低的多孔区域前端,激波入射位置前部的整体冷却效率下降趋势减弱,激波入射位置的上游区域冷却效率不断恢复,越来越接近无激波影响情况,而在激波入射位置之后的下游区域,斜激波入射引起的冷却效率下降始终存在。当激波强度进一步增大,甚至引起边界层分离,边界层流体出现回流等现象。有激波入射的平板冷却效率沿流向的分布不再单调升高,中部区域冷却效率比前后部分冷却效率更低。且随着注入率的提高,中间激波入射位置的冷却效率一直相对较低。

综上所述,超声速发汗冷却条件下斜激波入射平板表面引起冷却效率下降的原因可以归纳为:斜激波入射引起壁面附近流体压力整体升高,流速降低,绝热壁面温度升高,从而引起表面冷却效率整体下降;入射位置局部静压最高,阻碍冷却流体出流,造成局部冷却效率进一步下降。

8.2.3 外部激波对不同冷却工质发汗冷却的影响

当采用不同种类冷却工质进行发汗冷却时,外部激波的引入对冷却效率的影响不同[4, 5],如图 8.20 所示。相同冷却剂注入率下氦气作为冷却剂时冷却效率远高于其他气体,激波入射带来的冷却效率下降幅度与空气接近,小于甲烷与二氧化碳等气体。二氧化碳与甲烷作为冷却剂时在激波入射位置局部冷却效率下降幅度极大,但在入射点的上游与下游冷却效率能得到恢复,甚至高于无激波冷却工况,且冷却效率下降的最大幅度明显高于氦气工况。

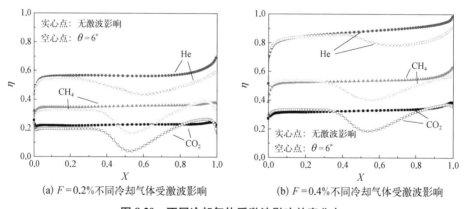

(a) $F = 0.2\%$ 不同冷却气体受激波影响   (b) $F = 0.4\%$ 不同冷却气体受激波影响

图 8.20   不同冷却气体受激波影响效率分布

在气膜冷却的研究中,激波造成效率下降的两个主要因素被认为是绝热壁温升高和激波引起冷却气体膜层与主流气体的掺混。对于氦气等小分子气体,其与主流空气的二元扩散系数更大,在激波影响下更易出现掺混而破坏表面的冷却效果。但在发汗冷却中,采用的冷却气体量非常少,在表面形成的冷却气体膜层非常薄,激波入射引起表面气膜脱离表面形成漩涡而增强掺混的效应很弱。相反,激波引起的压力变化对冷却效率的影响占主要作用。氦气的黏度最大,同时分子量小,多孔流速大,流动阻力大。在相同激波强度作用下,局部的静压升高幅度相同。氦气由于内部流动阻力大，多孔内的迁移效果小得多，局部冷却效率下降幅度小。而甲烷黏度相对较小，大量的甲烷冷却剂从入射点的上游与下游流出，造成激波入射位置局部流量很小，效率大幅下降，而在入射位置前后冷却效率下降幅度不大。

　　Kays 考虑二次流对黏性底层厚度的影响，利用雷诺类比得到发汗条件下的斯坦顿数关联式[6]，并引入主流气体与冷却流气体的定压比热容之比[7]，提出了下式用来计算异种气体发汗冷却：

$$\frac{St_g}{St_{g,0}} = \frac{b_h K^*}{e^{b_h K^*} - 1}, \quad K^* = \left(\frac{c_{p,\,c}}{c_{p,\,g}}\right)^{0.6} \tag{8.6}$$

其中，$b_h = F/St_{g,0}$，下标 0 表示无发汗冷却工况参数；$c_{p,\,c}$ 与 $c_{p,\,g}$ 分比为冷却流体与主流的定压比热容。

　　针对无发汗冷却时的表面传热斯坦顿数 $St_{g,0}$，可以采用计算单相流体管内对流换热努塞尔数的 Gnielinski 公式[8]。

$$St_{g,0} = \frac{h_{g,0}}{\rho_g c_{p,\,g} U_g} = \frac{Nu_{g,0}}{Re_g Pr_g} \tag{8.7}$$

$$Nu_{g,0} = \frac{(f/8)(Re_g - 1\,000) Pr}{1 + 12.7\sqrt{f/8}(Pr^{2/3} - 1)}, \quad f = (1.82 \log Re_g - 1.64)^{-2} \tag{8.8}$$

该式适用范围为 $2\,300 \leqslant Re \leqslant 10^6$，$0.7 \leqslant Pr \leqslant 120$。

　　在此基础上，借助于超声速下平板发汗冷却实验研究，可以理论分析并拟合得到超声速下异种气体发汗冷却的冷却效率公式。本节实验中多孔平板长度为 $l = 50$ mm，实验段主流水力直径 $D = 4A/P = 24$ mm，添加 $(d/l)^{2/3}$ 项修正长度的影响。代入冷却流注入率 F，可计算出发汗冷却工况与无发汗冷却工况的斯坦顿数之比。对于多孔介质而言，根据能量守恒定律，有发汗冷却条件下，主流对多孔平板的对流换热量等于冷却流体通过多孔介质区域带走的热量。在热平衡假设下，有

$$h_g(T_{r,\,g} - T_w) = \rho_c c_{p,\,c} v_c(T_w - T_{c,\,in}) \tag{8.9}$$

其中，h_g 为热端表面对流换热系数；$T_{r,g}$ 为主流恢复温度；T_w 为壁面温度；$T_{c,\,in}$ 为冷却剂入口温度，根据冷却效率的定义，可以得

$$\eta = \cfrac{1}{1 + \cfrac{K^*}{e^{b_h K^*} - 1}\cfrac{c_{p,\,g}}{c_{p,\,c}}} \tag{8.10}$$

　　将平板表面的冷却效率结果取整体平均,得到不同注入率下的表面平均发汗冷却效率。结果如图 8.21 所示,相比于早期冷却效率计算模型,该式对异种气体发汗冷却的冷却效率能做出较准确的估计。

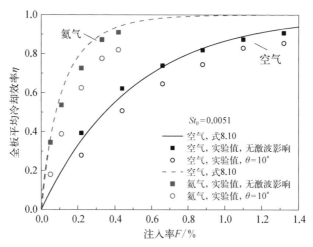

图 8.21　壁面冷却效率拟合关联式与实验值对比

8.3　超声速条件下发汗冷却与气膜冷却或逆喷的组合冷却

　　由 8.1.3 小节中的曲面结构发汗冷却可知,在超声速高温主流条件下,主流前缘滞止点区域,如飞行器头锥、喷油支板前缘等处的气动热流密度远高于其他区域,而发汗冷却的气膜累积效应无法使前缘的气膜增厚,且主流在滞止点压力升高,发汗冷却的冷却流体难以从前缘流出,因此常规发汗冷却下头锥和支板的前缘部分的温度远高于其他部分,较大的温度梯度还将引起局部热应力的问题。在这种情况下,发汗冷却和气膜/逆喷冷却相结合可以有更好的冷却效果。

　　本节以超燃冲压发动机喷油支板为例,为提高支板前缘冷却效率,在发汗冷却的基础上,在多孔支板的前缘设计气膜孔实现气膜冷却[9],或者通过设计狭缝实现逆喷冷却[10, 11],同时可将支板内部腔室用肋分为两个独立的部分,如

图 8.22 所示,其中 w 为狭缝宽度,下文讨论了取不同数值时的冷却效果。肋结构既有助于强化支板的力学性能,也能使进入到两个腔室的冷却流体实现独立控制,有助于冷却流体的精准分配。

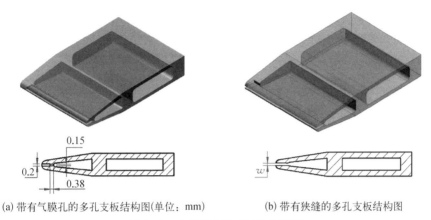

(a) 带有气膜孔的多孔支板结构图(单位：mm)　　　　(b) 带有狭缝的多孔支板结构图

图 8.22　支板组合冷却结构示意图

8.3.1　超声速主流下组合冷却流场

压缩空气作为冷却流体被注入多孔支板的两个腔室中,超声速气流中原多孔支板周围的激波分布情况如图 8.23 所示。超声速主流在多孔支板的钝体前缘附近形成了一道脱体弓形激波,该弓形激波随后经过风洞壁面和支板壁面进行了多次反射,形成反射激波。在多孔支板的倾斜肩部形成了一对斜激波,在多孔支板尾部形成了一对交叉的膨胀波。

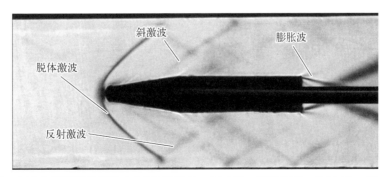

图 8.23　多孔支板周围的激波分布(前腔室 $P_f = 0.5$ MPa,后腔室 $P_b = 0.5$ MPa,$Ma_\infty = 2.8$)

当采用带气膜孔的多孔支板进行发汗和气膜组合冷却时,部分冷却流体会从前缘气膜孔中直接进入主流,如图 8.24 所示。但当冷却流体的注入压力增加时,流场中的激波分布没有明显的变化,发汗和气膜组合冷却的方式对于流场的影响较小。前缘气膜孔虽然有冷却流体流出,但是冷却流体从气膜孔中的出流速度不足以对脱体激波造成显著的影响。

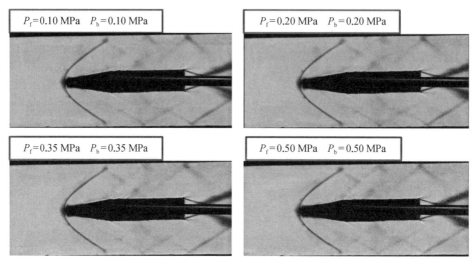

图 8.24   不同的冷却流体注入压力下气膜支板周围的激波分布

（$Ma_\infty = 2.8$，P_f 为前腔室压力，P_b 为后腔室压力）

相比之下,逆喷冷却对于流场有着较为明显的影响。部分冷却流体通过前缘狭缝直接逆喷进入主流中,狭缝的流动阻力远小于气膜孔,因此在同样的注入压力下逆喷的速度也更快。在有狭缝的多孔支板发汗冷却时,随着注入压力的提高,脱体弓形激波的位置发生了前移,脱体激波被推离,如图 8.25 所示。这使得等效驻点的位置前移,同时在激波和前缘之间形成了一层气膜,有利于前缘驻点区域的热防护。

发汗和逆喷组合冷却中,前缘的弓形激波会经历三种形态的变化,如图 8.26 所示。冷却流体的注入压力较小时,激波的轮廓清晰,激波分布和纯发汗冷却多孔支板一致。当冷却流体的注入压力逐渐升高时,弓形激波开始被削弱,轮廓逐渐变得模糊。当多孔支板前缘的狭缝进一步加宽,冷却流体的注入压力进一步升高时,脱体弓形激波会完全消失,脱体激波的消失将有利于减小气动阻力。

8.3.2   超声速主流下组合冷却的换热特性

在发汗冷却中,由于前缘的气动热流密度高,气膜厚度也较薄,普通支板的前缘部分的温度会明显高于其他区域。即使增加发汗冷却注入率,支板前缘部分依然难以被冷却。

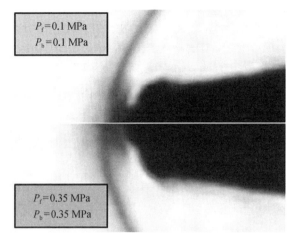

图 8.25　狭缝逆喷-发汗冷却支板激波推移纹影图($Ma_\infty = 2.8$,
P_f为前腔室压力,P_b为后腔室压力)

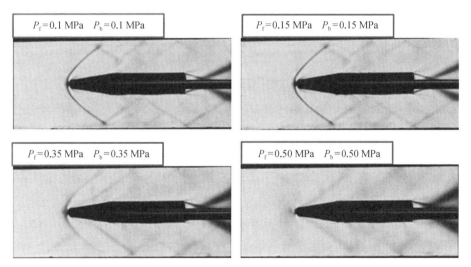

图 8.26　不同的冷却流体注入压力下狭缝支板周围的激波分布
($Ma_\infty = 2.8$,P_f为前腔室压力,P_b为后腔室压力)

　　超声速主流条件下发汗与气膜或逆喷的组合冷却方式效果如图 8.27 和图 8.28 所示。当注入压力较低时,由于冷却流体难以从气膜孔流出,气膜孔支板前缘的微槽道使得气动加热更强,气膜孔支板的前缘冷却效率反而略低于原多孔支板。随着注入压力的增大,气膜孔支板前缘的温度降低程度明显高于原多孔支板,冷却流体可以直接通过前缘的气膜孔直接对驻点区域进行冷却,同时在前缘区域形成保护气膜,前缘驻点区域的冷却效率在普通多孔支板的基础上得到

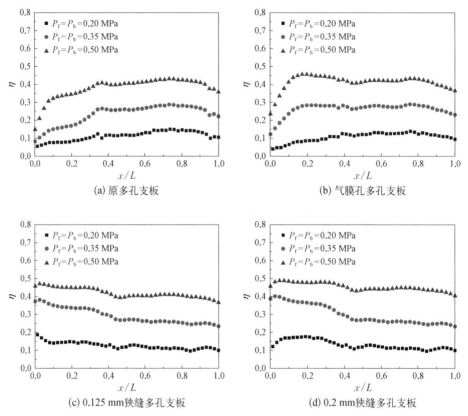

图 **8.27** 均匀压力注入时不同支板的表面沿程冷却效率分布($Ma_\infty = 2.8$，$T_\infty = 398.15\ \mathrm{K}$)

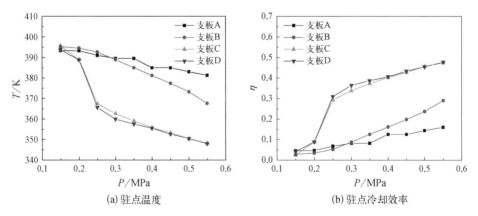

图 **8.28** 不同注入压力下支板驻点的温度和冷却效率(支板 **A**：原多孔支板，支板 **B**：气膜孔多孔支板，支板 **C**：0.125 mm 狭缝多孔支板，支板 **D**：0.2 mm 狭缝多孔支板，$Ma_\infty = 2.8$，$T_\infty = 398.15\ \mathrm{K}$)

了改善,但是效果不很明显。在相同的注入压力下,气膜孔支板的冷却流体消耗量略大于原多孔支板。

实验结果显示狭缝支板的前缘冷却效果更优。随着注入压力的提高,前缘的局部高温区会完全消失。多孔支板前端区域的温度甚至低于后端区域的温度。冷却流体沿着狭缝逆喷进入主流,直接对支板前缘区域进行冷却,使得弓形脱体激波推离前缘或者被削弱,并在高温主流和支板前缘表面形成保护气膜,使得前缘的气动加热降低,温度显著降低。

组合冷却的效率比单纯的发汗冷却高,但是在相同的冷却流体注入压力下,组合冷却的冷却剂流量也更大。冷却效果最好的狭缝支板,其冷却流体流量远比其他结构大,冷却流体在狭缝中的流动阻力比烧结多孔介质或气膜孔小,在相同的注入压力下更多的冷却流体从支板前缘的狭缝流出。发汗和逆喷组合冷却以冷却流量为代价来高效地冷却支板,因此需要在此基础上平衡冷却流量和冷却效率之间的关系。

当采用前后腔均匀压力的注入方式时,气膜孔多孔支板的前缘驻点区域依然冷却不足;狭缝多孔支板的前端冷却效率较高,后端的冷却效率较低。因此可

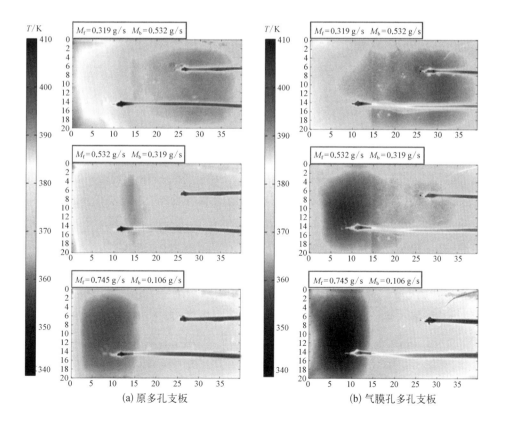

(a) 原多孔支板　　　　　　　　　　　(b) 气膜孔多孔支板

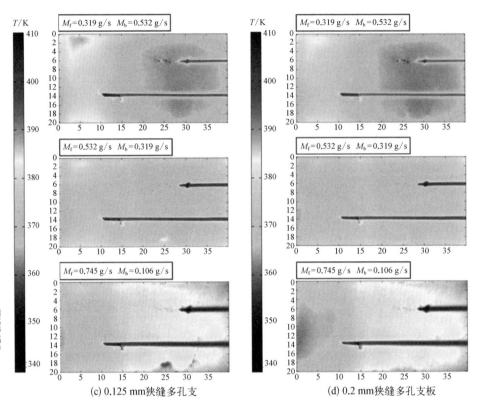

(c) 0.125 mm狭缝多孔支　　　　　　　(d) 0.2 mm狭缝多孔支板

图 8.29　非均匀压力注入时不同支板的表面温度分布

($Ma_\infty = 2.8$, $T_\infty = 398.15$ K, M_f 为前腔室冷却剂流量, M_b 为后腔室冷却剂流量)

以采用前后腔室非均匀的注入方式,将冷却流体按照一定的比例分配到多孔支板的前后两个独立腔室中,由于前端区域的气动加热比后端区域更加强烈,非均匀注入方式可以分配更多的冷却流体到多孔支板的前端区域,使得支板的前端区域得到更多的冷却。图 8.29 为不同的支板在非均匀注入方式下的表面温度分布(孔支板表面的两根较粗的线为热电偶引线)。对于普通多孔支板,无论如何增加前腔室的流量比例,其前缘区域的温度依然较高,特别是前缘驻点区域难以被冷却。采用发汗和气膜组合冷却的气膜孔支板前缘冷却效果较好,发汗和气膜组合冷却结合非均匀的注入方式使得支板的冷却效率提高,冷却效率和温度分布的均匀程度提高,但驻点区域仍然存在相对高温区。狭缝多孔支板可以通过调节前后腔的冷却流量比例可实现温度调节,发汗和逆喷组合冷却结合非均匀的注入方式使得支板的冷却效率提高,同时支板表面的冷却效率和温度分布较为均匀。前缘驻点区域不存在局部高温区,并且后端区域也得到了良好的冷却。

　　对于狭缝多孔支板的逆喷发汗冷却,缝宽作为重要的结构参数直接影响逆喷流量和冷却效果(表 8.3)。对于不同缝宽的多孔支板,前端区域的温度分布差异较大,而后端区域的温度分布较为接近。随着缝宽的增加,脱体激波到支板前缘的距离逐渐增加,脱体激波后的局部高温区离支板前缘越来越远,支板前缘的温度边界层越来越厚。激波后的高温区被推离并形成保护气膜层,支板的最高温度显著降低,且随着缝宽的增加,逆喷的百分比(逆喷流量所占总冷却流量的百分比)逐渐增加。因此通过调节狭缝的宽度,也可以实现冷却剂流量按需分配的效果。

表 8.3　不同缝宽的支板表面最高温度以及冷却流体流量
($Ma_\infty = 2.05$, $T_\infty = 1\,920$ K,冷却流体: 300 K 甲烷)

缝宽/mm	最高温度/K	冷却流量/[kg/(m·s)]	逆喷百分比/%
0	1 776.1	5.54	0.0
0.1	1 484.3	5.79	3.3
0.2	1 153.8	5.99	6.5
0.3	945.2	6.17	9.8
0.4	844.9	6.42	13.7
0.5	726.9	6.78	18.3

参考文献

[1] 熊宴斌. 超声速主流条件发汗冷却的流动和传热机理研究[D]. 北京: 清华大学, 2013.

[2] Huang Z, Zhu Y H, Xiong Y B, et al. Investigation of supersonic transpiration cooling through sintered metal porous flat plates[J]. Journal of Porous Media, 2015, 18(11): 1047 – 1057.

[3] Jiang P X, Liao Z Y, Huang Z, et al. Influence of shock waves on supersonic transpiration cooling[J]. International Journal of Heat and Mass Transfer, 2019, 129: 965 – 974.

[4] 黄拯. 高温与超音速条件下发汗冷却基础问题研究[D]. 北京: 清华大学, 2015.

[5] 黄拯,祝银海,熊宴斌,等. 激波对超音速平板发汗冷却的影响[J]. 工程热物理学报, 2014, 35(11): 2288 – 2293.

[6] Kays W M, Crawford M E, Weigand B. Convective heat and mass transfer[M]. New York: McGraw-Hill Education, 2012.

[7] Langener D T. A contribution to transpiration cooling for aerospace applications using CMC walls[D]. Stuttgart: University of Stuttgart, 2011.

[8] Incropera F P. Fundamentals of heat and mass transfer[M]. New York: John Wiley &

Sons, 2011.

[9] Jiang P X, Huang G, Zhu Y H, et al. Experimental investigation of combined transpiration and film cooling for sintered metal porous struts[J]. International Journal of Heat and Mass Transfer, 2017, 108: 232 - 243.

[10] Huang G, Zhu Y H, Liao Z Y, et al. Experimental study on combined cooling method for porous struts in supersonic flow [J]. ASME Journal of Heat Transfer, 2018, 140 (2): 022201.

[11] Huang G, Zhu Y H, Huang Z, et al. Investigation of combined transpiration and opposing jet cooling of sintered metal porous struts[J]. Heat Transfer Engineering, 2018, 39(7 - 8): 711 - 723.

第9章

相变与自抽吸发汗冷却

相变发汗冷却通常采用液态水作为冷却流体。液态水由于具有较大的汽化潜热,使得相变发汗冷却效率远高于气体单相发汗冷却效率;同时液态水无毒无害,易于输运和储存,采用液态水作为冷却流体的相变发汗冷却技术在航天热防护领域具有广阔的应用前景。但相变发汗冷却相较单相发汗冷却更难控制,会出现局部蒸汽堵塞、振荡和迟滞等现象。同时,受到树木蒸腾作用的启发,依靠液态水的毛细力,无须任何泵及控制单元的仿生树木蒸腾作用自抽吸及自适应发汗冷却系统,可以实现液态水的自动输运及自动控制,大大简化了冷却系统,使得相变发汗冷却系统的可靠性及流量控制的精确性提高。

9.1 相变发汗冷却

相变发汗冷却和单相气体发汗冷却的主要区别在于相变发汗冷却过程中由于存在液态水相变,大大增大了发汗冷却的换热能力和热沉,但产生的大量水蒸气,可能导致蒸汽堵塞、振荡和迟滞等不稳定现象的发生[1-3],整个过程涉及多孔流动与相变耦合的传热传质规律,比原有单相气体发汗冷却更为复杂。

9.1.1 相变发汗冷却实验研究系统

本章中的相变发汗冷却实验台为本团队所搭建的高温亚声速电加热风洞[4]。图 9.1 为实验系统示意图,实验系统主要包括气源部分、实验段部分、冷却流体供应部分和实验测量部分。室外的空气通过螺杆式压缩机压缩后进入到缓冲气罐中,保证压缩空气更加稳定地供应到下游。压缩空气随后通过冷冻式干燥机进行降温、干燥脱水和过滤除尘,经过电加热器加热成为高温主流,随后

通过整流和收缩段后加速进入到实验段。冷却工质液态水通过注射泵输送进入
多孔平板作为相变发汗冷却的冷却流体。

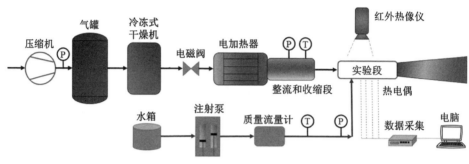

图 9.1　实验系统示意图

该风洞实验系统主流的最高温度可达 1 000 K,最大风速可达 65 m/s,风洞
实验段的主流总温由实验段入口处的 K 型铠装热电偶测量。在冷却流体供应
部分,液态水通过两个交替运行的注射泵实现恒定流量的输送,并在压力仓的入
口处布置 K 型铠装热电偶测量冷却流体温度。

图 9.2 为风洞实验段三维结构图。实验段框架采用耐高温合金制造。实验
段侧面安装石英玻璃用于观察风道内的情况,实验段顶部安装硒化锌玻璃作为
红外窗口。烧结多孔平板安装固定在压力仓中,在烧结多孔平板底部均匀焊有
4 个 K 型热电偶测量平板下表面温度。红外热像仪通过顶部的硒化锌红外玻璃
对多孔平板的表面温度进行整体测量。

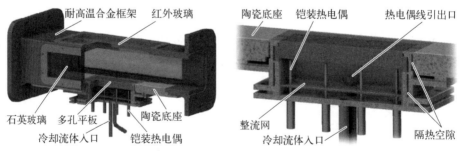

(a) 实验段整体部分　　　　　　　　　　　(b) 压力仓部分

图 9.2　实验段三维结构图

本节中多孔介质平板由三种不同直径的青铜颗粒烧结而成的,颗粒直径分
别为 90 μm、200 μm 和 600 μm。图 9.3 为烧结青铜多孔平板的实物照片以及具

体尺寸。图 9.4 为利用扫描电子显微镜(SEM)拍摄的颗粒直径为 200 μm 的烧结多孔平板表面显微图,可以看到青铜颗粒大小较为均匀,经过烧结后颗粒的球形度保持较好并且形成明显的粘接。在球形颗粒之间存在微小且扭曲的孔隙,冷却流体将通过这些微孔隙渗透过多孔平板进行发汗冷却。

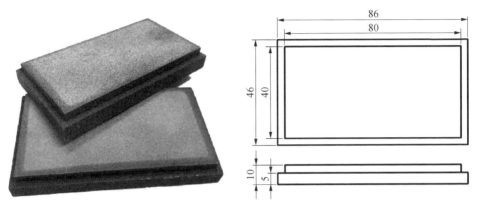

图 9.3　烧结青铜颗粒多孔介质平板实物照片及尺寸(单位:mm)

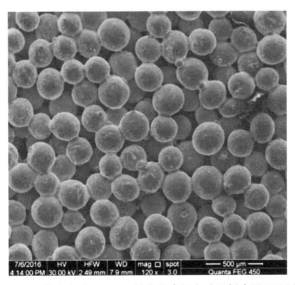

图 9.4　颗粒直径为 200 μm 的烧结青铜多孔平板表面 SEM 图

烧结多孔介质平板的孔隙率和平均孔径采用压汞仪测量得到,如表 9.1 所示。在烧结之前通过在模具中填充相同质量的青铜颗粒控制孔隙率保持一致,三种多孔平板的孔隙率均在 28% 左右,孔隙当量直径随着颗粒直径的增加而增加。

表 9.1 烧结多孔平板参数

材　　料	颗粒直径 $d_p/\mu m$	孔隙率 ε	孔隙当量直径 $d_h/\mu m$
青铜	90	28.4%	33.9
青铜	200	28.3%	84.6
青铜	600	28.1%	225.7

9.1.2 相变发汗冷却的蒸汽堵塞效应

在主流温度 800 K 下采用烧结青铜颗粒多孔平板进行的相变发汗冷却实验[1-4]结果显示,随液态水的注入,发汗冷却将经历三个不同的阶段。如图 9.5 所示,当注入量较少时,多孔平板的表面温度较高,但由于青铜的导热系数较大,多孔平板表面的温度分布较为均匀,此时液态水在压力仓内就发生充分的相变,相变后产生的蒸汽流过多孔介质平板,多孔板内不存在液态水。随着注入率增加,多孔平板表面的整体温度显著降低,但表面的温度分布开始不均匀,在多孔平板的下游区域出现明显的充分冷却区,液态水的相变发生在该区域的表面,其温度略低于 373 K。此时多孔平板的上游区域依然存在较为明显的相对高温区。在多孔平板尾部的充分冷却区域,相变发生在多孔平板上表面。在相对高温区域,相变仍然发生在压力仓内。随着液态水的注入率进一步增加,充分冷却区的面积越来越大,直到过量的冷却水使得整个多孔平板被充分冷却,相对高温区消失,表面温度分布均匀,液态水在多孔平板上表面发生相变,整个多孔平板表面温度会

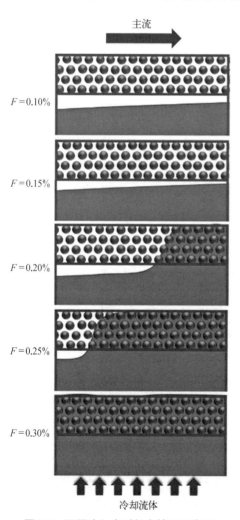

图 9.5　不同注入率时相变情况示意图

略低于 373 K。如果进一步提升液态水的注入率,液态水将会从多孔平板表面溢出,出现液态水浪费以及多孔平板的过度冷却。

上述过程的温度变化如图 9.6 所示,其中,T_{w_out} 为多孔平板上表面温度分布,T_{w_in} 为多孔平板下表面温度分布,T_f 为距离多孔平板下表面 1.5 mm 处压力仓内的流体温度。

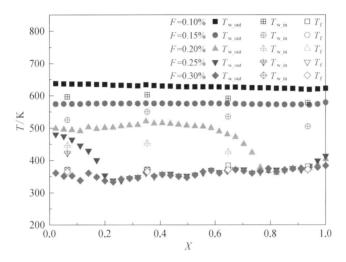

图 9.6　不同注入率下多孔平板上表面、底面及仓内流体温度分布
（$d_p = 600\ \mu m$, $T_\infty = 800\ K$, $Re = 45\ 000$）

在多孔平板表面温度分布不均匀的情况下,多孔平板前端充满了蒸汽,液态水倾向于流向后端,这种现象被称为相变发汗冷却的蒸汽堵塞效应。蒸汽堵塞效应可以通过达西定律来分析解释。根据达西定律,多孔介质中的流动压降 ΔP 为

$$\Delta P = \frac{\mu V L}{K} \tag{9.1}$$

式中,ΔP 为流体压降,单位为 Pa;μ 是流体黏度,单位为 kg/(m·s);V 是达西速度,单位为 m/s;L 是多孔介质的厚度,单位为 m;K 多孔介质的渗透率,单位为 m²,与多孔介质的颗粒直径和孔隙率有关。

单位质量流量的流体在流过单位厚度的多孔介质时的压降为

$$\overline{\Delta P} = \frac{\Delta P}{mL} = \frac{\nu}{K} \tag{9.2}$$

式中，$\overline{\Delta P}$ 为单位质量流量的流体流过单位厚度的多孔介质的压降，单位为 $1/s$；m 为流体质量，单位为 kg；$\nu = \mu/\rho$ 为流体的运动黏度，单位为 m^2/s。

相比之下，水蒸气在 475 K 时的运动黏度为 $3.54 \times 10^{-5} \ m^2/s$，液态水在 373 K 时的运动黏度为 $2.95 \times 10^{-7} \ m^2/s$。因此水蒸气的 $\overline{\Delta P}$ 远大于液态水的 $\overline{\Delta P}$（表 9.2）。由于表面气膜的累积效应，使得多孔平板前端的热流密度高于后端的热流密度，因此多孔平板的前端更容易发生相变产生水蒸气。一旦多孔平板前端产生水蒸气，由于水蒸气的 $\overline{\Delta P}$ 较大，使得在一定的压力差下水蒸气的质量流量较小，流动速度较慢，就像是水蒸气堵住了多孔平板前端一样，使得液态水更倾向于流向多孔平板的后端，于是造成蒸汽堵塞和温度分布非均匀的现象。

表 9.2　水蒸气和液态水在多孔平板中的 $\overline{\Delta P}$

流体种类	$d_p = 600 \ \mu m$	$d_p = 200 \ \mu m$	$d_p = 90 \ \mu m$
$\overline{\Delta P}_{水蒸气}/(1/s)$	3.43×10^5	3.00×10^6	1.46×10^7
$\overline{\Delta P}_{液态水}/(1/s)$	2.86×10^3	2.50×10^4	1.22×10^5

在烧结颗粒多孔介质中，颗粒直径直接影响多孔平板内部微通道的形状和大小，从而影响多孔平板的流动和传热特性。比较 600 μm 颗粒直径和 200 μm 颗粒直径的多孔平板发汗冷却效果，当液态水的注入率较小或较大时，相变完全发生在压力仓内或完全发生在表面，此时不同粒径多孔平板的表面温度分布和发汗冷却效率相似。当注入率处于中间范围时，相变有一部分发生在多孔区，由于渗透率和颗粒直径的平方成正比，随着颗粒直径的减小，蒸汽流动阻力较大，蒸汽堵塞效应相对更加明显。因此多孔平板表面温度分布更加不均匀，下游充分冷却区温度更低而上游相对高温区温度更高。但较小粒径的多孔平板内部的对流换热更加强烈，换热比表面积更大，冷却效率更好，前端的相对高温区随注入率的增大消失得更快，能够更早实现充分冷却（图 9.7）。

进一步减小颗粒直径到 90 μm 时，由于孔平板的内部孔隙更小，使得其蒸汽堵塞效应更加明显。即使在注入率很高的情况下，多孔平板表面温度仍然十分不均匀（图 9.8）。颗粒直径大小对于相变发汗冷却的影响规律是非线性的，较为复杂。实验结果显示，在本章的研究参数范围内，颗粒直径的较优值为 $d_p = 200 \ \mu m$，颗粒直径过大或过小会导致相变发汗冷却效率降低。

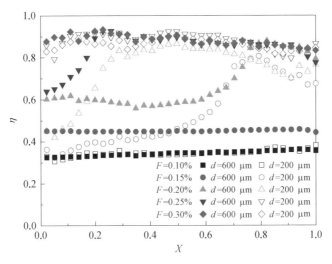

图 9.7 多孔平板发汗冷却效率分布($d_p = 200\ \mu m$，$d_p = 600\ \mu m$)

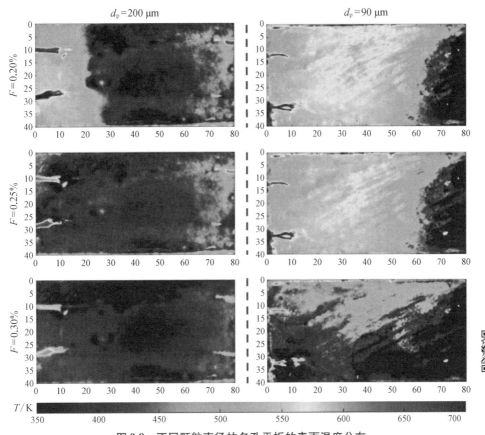

图 9.8 不同颗粒直径的多孔平板的表面温度分布

当蒸汽堵塞发生时,冷却流体的不合理分配导致了多孔内部局部过热,进而可能使材料被烧毁,为了避免这一问题,对发汗冷却区域进行合理的设计调控[5]。

当多孔板热端施加不均匀热流,发汗冷却极易出现蒸汽堵塞现象,如图9.9所示,图中白色箭头表示冷却流体的流动方向及流速相对大小,冷却剂流量 $m_0 = 0.5$ kg/(m^2·s),热流密度 q_0 从 1 MW/m^2 到 0.5 MW/m^2 沿流动方向线性变化,多孔出口压力 $p_{out,0} = 10$ kPa,孔隙率 $\varepsilon_0 = 0.32$。随着时间的推进,高热流一侧进入过热区,蒸汽区逐渐向多孔板内侧延伸,直到接触到冷却仓中,而低热流一侧仍处在饱和温度。冷却仓和多孔区域内部出现明显的横向流动,热流高的一侧冷却流体少,热流低的一侧冷却流体反而过余,多孔板内的局部温度在 50 s 后上升到 900 K 以上,并继续升高。

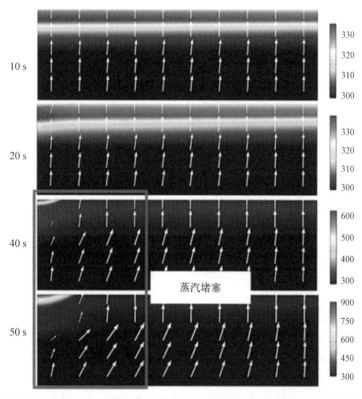

图 9.9　施加不均匀热流时,多孔和冷却仓内温度和质量流速分布规律

当高热流侧形成蒸汽时,多孔板热端出口处不同饱和度之间的流阻之差使得冷却流体形成了优势通道。通过将多孔结构与外部热流密度进行协调,可以

实现热端饱和度均匀分布,消除黏度差异,避免冷却流体的横向流动。对于热端边界处每一个给定的热流密度 q,气液两相的饱和度可以通过能量方程确定:

$$s_1 \propto \frac{qA - \dot{m}c_{p,1}(T_{sat} - T_{in})}{\dot{m}h_{fg}} \propto \frac{q}{\dot{m}} \tag{9.3}$$

为了在边界处获得恒定的饱和度分布,多孔板出口侧各处的质量流速 $\dot{m}$ 应与热流密度 q 成正比。当固定饱和度时,热端边界物性及压力几乎不变,质量流速 $\dot{m}$ 与渗透率 K 相对应。根据渗透率公式,可以反向计算出所需要的孔隙率或粒径梯度。以热流最低点的多孔参数为参考值,下标记作 0,则沿主流流动方向,边界位置 x 处应有如下关系:

$$\frac{q(x)}{q_0} = \begin{cases} \dfrac{\varepsilon_x^3}{(1 - \varepsilon_x)^2} \Big/ \dfrac{\varepsilon_0^3}{(1 - \varepsilon_0)^2} & \text{（多孔粒径不变）} \\[3mm] \dfrac{d_{p,x}}{d_{p,0}^2} & \text{（孔隙率不变）} \end{cases} \tag{9.4}$$

假定多孔粒径不变,可知为了维持饱和度均匀分布,热流密度越高,该处孔隙率应该设计得越大。利用该公式设计多孔结构孔隙率分布,最大孔隙率为 0.38,此时对应的稳态温度场分布如图 9.10(a) 所示。从图中可以看出,当孔隙率变化与热负荷满足上述关系时,蒸汽堵塞现象可以得到很好地消除,此时整个多孔区域最高温度降低到 335 K。尽管流场中横向流动没有完全消除,但当热流较大一侧产生蒸汽时,由于蒸汽在该侧的流道空间大,对应的流动阻力降低,因此可以有效避免蒸汽堵塞,实现冷却流体的较均衡分配。同时,假定多孔结构孔隙率不变,通过改变多孔粒径调节冷却剂流量与热流密度分布相匹配,对应多孔和冷却仓内稳态温度场分布如图 9.10(b) 所示。由于该情况与孔隙率的设计原则相同,因此所获得的温度场分布也几乎相同。可以证明按热流分布规律设计孔隙率或粒径是缓解蒸汽堵塞的有效方案。

除了对多孔结构进行设计外,也可以对冷却仓的结构进行合理设计,通过将冷却仓划分为不同腔室,对不同腔室注入不同流速的冷却流体,能够在不增加总用水量的情况下对较高热流的部位提供更多的冷却流体。如图 9.11(a) 所示,将腔室平均划分成两部分,两腔室的质量流速之比控制为 8:5,当整个冷却系统达到稳定后,由于多孔区域的横向流动受限,热端附近的质量流速没有明显的不均匀性。在两腔室的隔板附近,温度有一个较大的过渡区。将腔室进一步划

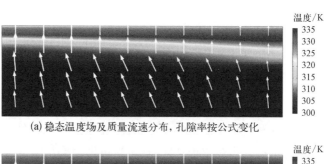

(a) 稳态温度场及质量流速分布, 孔隙率按公式变化

(b) 稳态温度场及质量流速分布, 粒径按公式变化

图 9.10　通过设计孔隙率或颗粒直径对于气体堵塞的消除作用

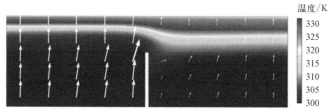

(a) 稳态温度场及质量流速分布(冷却仓分成2个腔室, 两腔室流速注入比为8∶5, 总流量不变)

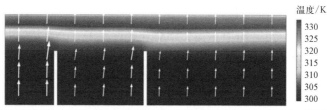

(b) 稳态温度场及质量流速分布(冷却仓分成3个腔室, 三腔室流速注入比为8∶6∶5, 总流量不变)

图 9.11　分腔室注入对蒸汽堵塞的消除效果

　　分为三个, 流速按 8∶6∶5 的比例注入, 温度分布如图 9.11(b)所示。温度和质量流速的分布更加均匀, 不同腔室间温度的过渡也更加平滑。

　　此外, 另一种消除蒸汽堵塞的方法是增加冷却流体的流速。蒸汽堵塞在冷却流体对热端冷却不足时发生, 因此一旦飞行器飞行过程中出现蒸汽堵塞, 若来不及改变多孔材料结构, 最快的解决方案就是向热端提供更多的冷却流体。在保持前述非均匀热流密度不变的情况下, 将冷却剂的质量流速在 10 s 内由

$0.5\ kg/(m^2\cdot s)$ 增加到 $0.55\ kg/(m^2\cdot s)$，多孔结构内不同位置温度和质量流速的动态变化过程如图 9.12 和图 9.13 所示，其中位置 A、B、C 和 D 分别对应多孔区域高热流侧热端出口、冷端进口、低热流侧热端出口和冷端进口。当质量流速增加从第 5 s 开始时，如图 9.12 所示，此时多孔区域内部流量和温度的不均匀性差异相对较小，多孔板中的蒸汽饱和度相对较低，高热流和低热流侧流阻差异并不显著，增大质量流速有效避免了两侧流动差异的进一步增加，抑制了蒸汽堵塞的发生。但是当推迟到第 15 s 开始增加质量流速时，如图 9.13 所示，此时高热流侧蒸汽堵塞现象已经较为明显，高热流侧热端出口位置 A 处的质量流速远低于其余位置，冷却液无法到达热流较高的一侧，质量流速的增加也无法消除蒸汽堵塞。在这种情况下，需要消耗更多的冷却流体以克服热端气堵产生的巨大流动阻力。因此实际飞行过程中，应当考虑瞬态效应和冷却延迟，避免因为冷却不及时而造成额外的冷却液消耗。

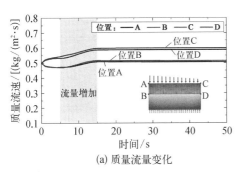
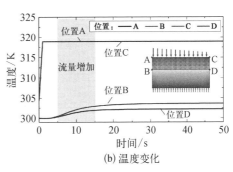

(a) 质量流量变化　　　　　　　　(b) 温度变化

图 9.12　增加冷却流体流速消除发汗冷却气体堵塞

[质量流速从 5 s 到 15 s 由 $0.5\ kg/(m^2\cdot s)$ 增加到 $0.55\ kg/(m^2\cdot s)$]

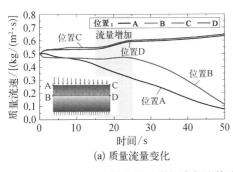
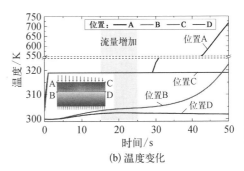

(a) 质量流量变化　　　　　　　　(b) 温度变化

图 9.13　增加冷却流体流速消除发汗冷却气体堵塞

[质量流速从 15 s 到 25 s 由 $0.5\ kg/(m^2\cdot s)$ 增加到 $0.55\ kg/(m^2\cdot s)$]

9.1.3 相变发汗冷却的迟滞现象

在实际应用中,除了相变发汗冷却效率以外,相变发汗冷却的速度也十分重要,这关系到受热表面能否快速地被充分冷却。如果相变发汗冷却速率过低,热表面还没来得及被冷却就会被高温环境烧蚀。

烧结多孔平板进行相变发汗冷却时,从开始注入液态水到多孔平板稳定地被冷却需要一定的时间,本节讨论相变发汗冷却的迟滞现象[1-4]。图 9.14 展示

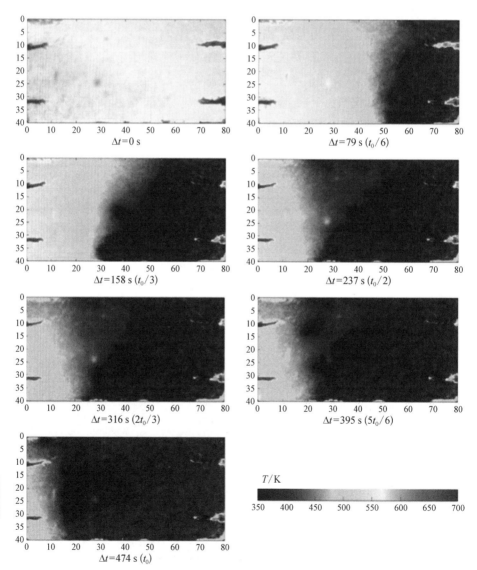

图 9.14 不同时刻的多孔平板表面温度分布($d_p = 600\ \mu m$, $F = 0.25\%$)

了液态水发汗冷却过程中多孔平板在不同时刻的表面温度分布。当冷却水注入压力仓内以后,多孔平板的后端区域首先被冷却,形成 373 K 左右的充分冷却区。随着冷却时间的推进,充分冷却区逐渐增大并向多孔平板的前端移动。

以多孔平板尾部出现 373 K 左右的充分冷却区时为起始时刻,到多孔平板达到该注入率下的稳定冷却效果所需的时间为总的迟滞时间。相变发汗冷却利用液态水作为冷却流体,由于液态水具有较大的汽化热,因此所需的流量较小。当液态水以恒定的速度输送时,输送速度也较小,从注入液态水到液态水充分冷却多孔平板需要较长的时间,因此造成迟滞。同时,蒸汽堵塞效应也会使得迟滞时间增长。

如图 9.15 所示,多孔平板的大部分区域在前半个迟滞周期内已经被充分冷却,迟滞主要发生在后半个迟滞周期内。当注入率增加时,液态水的注入速度增快,冷却过程缩短,相变发汗冷却迟滞时间显著地降低。当多孔平板的颗粒直径减小时,迟滞时间也会显著地降低。$d_p = 200\ \mu m$ 多孔平板相变发汗冷却迟滞时间不到 $d_p = 600\ \mu m$ 多孔平板的一半。当注入率相同时,冷却流体的注入速度相同。颗粒直径较小的多孔平板内部的对流换热更为强烈,能够更快地达到热平衡。

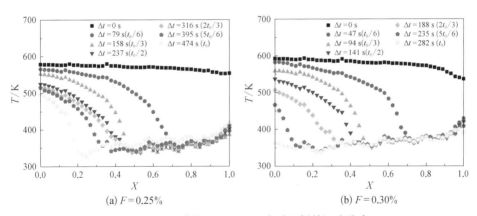

图 9.15　不同时刻 $d_p = 600\ \mu m$ 多孔平板的温度分布

在上述条件下,迟滞时间通常为几分钟,$d_p = 600\ \mu m$ 多孔平板在注入率 $F = 0.25\%$ 时的迟滞时间高达 $t_0 = 474$ s,$d_p = 200\ \mu m$ 时相同的注入率下仍需要迟滞时间 $t_0 = 204$ s。虽然相变发汗冷却效果较好,但是较长的迟滞时间不可忽视,在航天飞行器热防护领域,相变发汗冷却的迟滞现象将导致受热表面不能及时地冷却,可能导致受热表面的烧蚀。可以通过适当减小多孔材料孔隙直径的方法或者采用先大后小的非均匀冷却流量注入方法减小迟滞时间。

9.1.4 相变发汗冷却的振荡现象

多孔平板相变发汗冷却的过程中,某些工况下经过了较长时间,相变发汗冷却仍然达不到温度稳定,表面温度呈现一定周期的等幅振荡,本节讨论相变发汗冷却的振荡现象[4]。此时多孔平板表面尾部的充分冷却区和前端的相对高温区之间的分界线进行左右振荡,当振荡的周期和幅度变化较小时,相变发汗冷却被认为达到了准稳定状态。

准稳态振荡过程中会出现如图 9.16 的沿程温度分布。充分冷却区和相对高温区之间的分界线随时间左右移动,图中工况下的振荡周期为 103~109 s,远大于非稳定沸腾的周期,振荡幅度约为 $x/L = 0.2$。在振荡区域以外,尤其是多孔平板后端的充分冷却区,温度分布稳定。

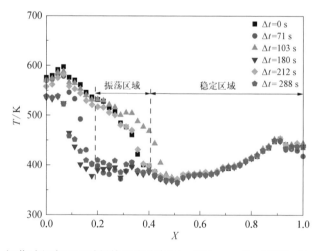

图 9.16 振荡过程中不同时刻的温度分布($d_p = 200\ \mu m$, $F = 0.20\%$, $T_\infty = 800\ K$)

取振荡区域中五个不同位置,其温度随着时间的波动如图 9.17 所示,温度的振荡幅度可达 150 K,且温度振荡幅度不会随时间衰减,相变发汗冷却难以稳定。

相变发汗冷却的振荡现象主要是由于压力仓内的蒸汽不能及时排出而引起的。在多孔平板前端的相对高温区,相变发生在多孔平板下方的薄层中,在平板前端的下方存在一个如图 9.18(a)所示的蒸汽包。由于沸腾较为剧烈,蒸汽包的界面十分不稳定。一些小液滴将从蒸汽包界面溅射到温度较高的多孔平板下表面。溅射到高温下表面的液滴将迅速蒸发并产生大体积的蒸汽。由于蒸汽难以快速从多孔板中流出,因此蒸汽包的体积将如图 9.18(b)所示突然变大。由

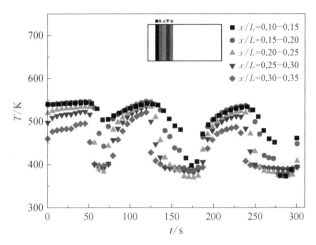

图9.17　多孔平板温度振荡区域中不同位置的温度波动($d_p = 200\ \mu m$，$F = 0.20\%$)

于图9.18(b)中较大蒸汽包的存在,蒸汽包上方的多孔平板的液态水供应不足,导致蒸汽包上端多孔平板中的液态水逐渐蒸发,相对高温区和充分冷却区的界

面如图9.18(c)所示向右移动。随着蒸汽包中水蒸气的逐渐排出,蒸汽包体积减小,相对高温区和充分冷却区的界面如图9.18(d)所示向左移动。蒸汽包的体积逐渐变小,最终回到如图9.18(a)所示的初始状态。

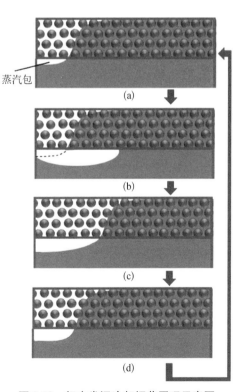

蒸汽包

(a)

(b)

(c)

(d)

图9.18　相变发汗冷却振荡原理示意图

当多孔平板的注入率降低后,蒸汽包的体积较大,缓冲能力增强。同时,小液滴也更加难以溅射到多孔平板下表面,振荡周期和振荡幅度均会显著地减小。而随着颗粒直径的增大,振荡幅度显著地减小,振荡周期略微增大。振荡幅度减小是由于体积较大的蒸汽包具有较大的缓冲能力,并且液滴溅射到下表面的概率更小。振荡周期略微增大是因为更大的颗粒直径使多孔平板的内部换热变差,导致振荡过程中液

态水的蒸干速度变慢,使得振荡周期增大。

烧结多孔平板的相变发汗的振荡现象难以避免,振荡幅度随着注入率的减小或颗粒直径的增大而减小,振荡周期随着注入率的减小或颗粒直径的减小而减小。和单相发汗冷却相比,相变发汗冷却较难达到绝对的稳定。

9.1.5 三重周期极小曲面构建发汗冷却载体及其发汗冷却性能

在不额外增加辅助控制系统的前提下(旨在控制热防护系统重量及避免高温环境下降低系统可靠性),优化发汗载体内的微细孔隙分布及流动参数,实现冷却流体在非均匀热负荷条件下的按需分配是改善蒸汽堵塞效应的关键。简言之,这样不仅有利于改善相变发汗冷却局部热负荷与冷却量匹配不佳的问题,也可以及时补充高热流密度区的冷却液体,使气液界面完全处于发汗载体内部,产生的蒸汽能尽快排出发汗载体,避免出现大面积蒸汽堵塞现象,从而大幅降低温度振荡幅度。因此,根据实际工况设计并制备连续变孔隙拓扑结构成为解决相变发汗冷却中蒸汽堵塞及温度振荡的有效途径。三重周期极小曲面(triply periodic minimal surface,TPMS)是基于数学方程构建多孔结构的孔隙骨架分界面,可以通过控制分界面方程的特征参数实现变孔隙结构设计,非常有希望应用于变孔隙发汗载体构建。本节介绍利用三重周期极小曲面构建发汗冷却结构及其性能[6-8]。

1. 三重周期极小曲面构建发汗冷却多孔结构(TPMS)

三重周期极小曲面是基于一系列一阶/二阶可导的三角函数 $F(x,y,z)$ 构造的,从而保证任何情况下孔隙-骨架分界面[特征方程为 $F(x,y,z)=0$]具有连续性和光滑性。W 型结构的界面方程为式(9.5),P 型结构的界面方程为式(9.6),D 型结构的界面方程为式(9.7),G 型结构的界面方程为式(9.8)。孔隙率、孔径和孔密度的定义分别为式(9.9)~式(9.11)。首先,提出空间曲面方程 $F(x,y,z)=0$ 来构造多孔结构的孔隙-骨架分界面,定义孔隙区域为 $F(x,y,z)>0$,固体骨架区域为 $F(x,y,z)<0$。其次,统计孔隙-骨架分界面方程特征参数 $[p=p(x,y,z)$ 和 $q=q(x,y,z)]$ 与孔隙结构参数(包含影响流动传热及结构强度的孔隙参数,如孔隙率、孔径和最小杆径)之间的定量关系,并建立分界面方程特征参数对孔隙结构参数的控制模型。最后,根据孔隙设计参数确定界面方程 $F(x,y,z)=0$ 中的特征参数。特别地,特征参数如果为常数得到均匀孔隙结构,如图 9.19(a)所示;特征参数如果按一定规律连续变化则得到渐变式的孔隙结构,如图 9.19(b)所示[6]。

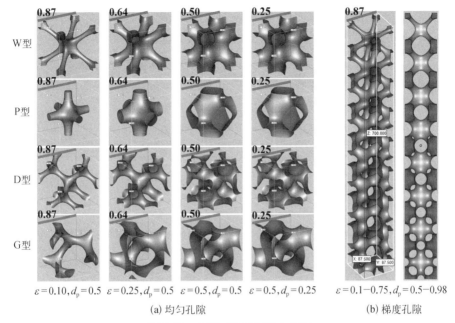

W型　　P型　　D型　　G型

$\varepsilon = 0.10, d_p = 0.5$　$\varepsilon = 0.25, d_p = 0.5$　$\varepsilon = 0.5, d_p = 0.5$　$\varepsilon = 0.5, d_p = 0.25$　　$\varepsilon = 0.1 - 0.75, d_p = 0.5 - 0.98$

(a) 均匀孔隙　　　　　　　　　　　　　　　(b) 梯度孔隙

图 9.19　典型三重周期极小曲面

$$10(\cos px\cos py + \cos py\cos pz + \cos pz\cos px) \tag{9.5}$$
$$- 5(\cos 2px + \cos 2py + \cos 2pz) + q = 0$$

$$10(\cos px + \cos py + \cos pz) \tag{9.6}$$
$$- 5.1(\cos px\cos py + \cos py\cos pz + \cos pz\cos px) + q = 0$$

$$10[\sin(px - \pi/4)\sin(py - \pi/4)\sin(pz - \pi/4)$$
$$+ \sin(px - \pi/4)\cos(py - \pi/4)\cos(px - \pi/4)$$
$$+ \cos(px - \pi/4)\sin(py - \pi/4)\cos(px - \pi/4) \tag{9.7}$$
$$+ \cos(px - \pi/4)\cos(py - \pi/4)\sin(px - \pi/4)]$$
$$- 0.7(\cos(4px) + \cos(4py) + \cos(4pz)) + q = 0$$

$$10(\cos px\sin py + \cos py\sin pz + \cos pz\sin py) - 0.5(\cos(2px)\cos(2py)$$
$$+ \cos(2py)\cos(2pz) + \cos(2pz)\cos(2px)) + q = 0$$
$$\tag{9.8}$$

$$\varepsilon = V_{pore}/(V_{pore} + V_{solid}) \tag{9.9}$$

$$d_p = 2 \cdot \sqrt[3]{3V_{pore}/(4\pi)} \tag{9.10}$$

$$PPI = N_{pore,i}/L \qquad (9.11)$$

式中,i,j,k,l,m,$n=0$,1;x,y,$z \in R^3$;ε 为孔隙率;d_p 为颗粒直径;PPI 为孔密度。

在设计时采用计算程序确定 TPMS 特征参数 p 和 q 比较复杂,且很耗时。为设计方便起见,基于大量的数据拟合了四种 TPMS 方程(W 型、P 型、D 型和 G型)特征参数 p 和 q 与孔隙率的关联式,如图 9.20 和式(9.12)~式(9.14)所示。

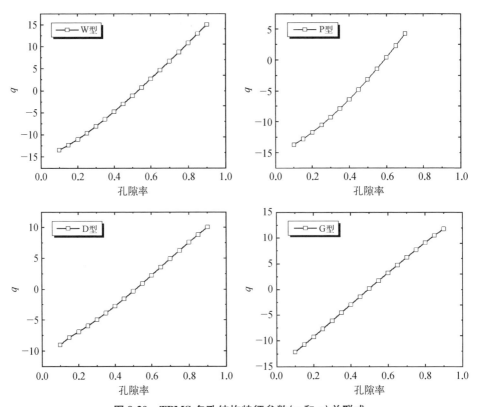

图 9.20　TPMS 多孔结构特征参数(p 和 q)关联式

$$\begin{cases} q = -16.24 + 24.08\varepsilon + 12.13\varepsilon^2, \text{ W 型}, 0.1 \leqslant \varepsilon \leqslant 0.9 \\ q = -15.51 + 15.35\varepsilon + 18.53\varepsilon^2, \text{ P 型}, 0.1 \leqslant \varepsilon \leqslant 0.7 \\ q = -10.87 + 18.27\varepsilon + 5.83\varepsilon^2, \text{ D 型}, 0.1 \leqslant \varepsilon \leqslant 0.9 \\ q = -15.59 + 32.67\varepsilon - 2.28\varepsilon^2, \text{ G 型}, 0.1 \leqslant \varepsilon \leqslant 0.9 \end{cases} \qquad (9.12)$$

$$p = PPI \cdot \pi/12.7 \qquad (9.13)$$

$$p = 2\sqrt[3]{6\varepsilon\pi^2}/d_{\mathrm{p}}(d_{\mathrm{p}}\colon \mathrm{mm}) \tag{9.14}$$

将该结构导出 STL 格式即可进行 3D 打印制备。现在比较常用的 3D 打印技术是选择区激光熔化技术和光固化技术,我们采用光固化技术制备了 TPMS 多孔结构,材料是耐高温树脂和 Al_2O_3 陶瓷,如图 9.21 所示。陶瓷 3D 打印(图 9.22)的优势在于质量较轻,耐高温性好。样品采用 LITHOZ CeraFab 7500 3D 打印机制作。陶瓷打印的主要工作参数是:3D 打印的分辨率为 50 μm,层厚度为 25 μm。与光固化制备耐高温树脂多孔结构不同的是,采用陶瓷 3D 打印时按照设计结构在制备好胚体后,还需在高温环境中进行烧结才能得到最终的产品。

 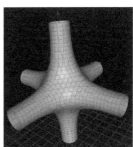

(a) 多孔介质样品　　　　　　　　　　　　　　　　(b) 孔隙单元示意图

图 9.21　耐高温树脂 3D 打印

图 9.22　陶瓷 3D 打印

2. TPMS 多孔结构强度及流动传热性能

本小节采用 SHIMADZU AGX－V 万能试验机进行拉伸实验与三点弯曲实

验,用来对比四种不同的 TPMS 多孔结构(W 型、P 型、D 型和 G 型)的强度。拉伸实验与弯曲实验的样品孔隙率为 0.442,孔密度为 52 PPI。拉伸实验样品的外形尺寸如图 9.23 所示,弯曲实验的外形尺寸为:长 65 mm,宽 10 mm,厚 5 mm。

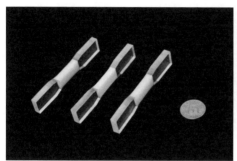 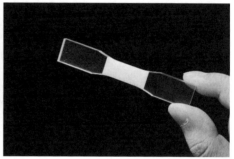

图 9.23   拉伸实验样品

拉伸实验的变形速率设置为 0.1 mm/min,弯曲实验的变形速率设置为 0.5 mm/min。进行弯曲测试前我们先对实验的可重复性进行了测试,两次相同结构(D 型)在同样的测试条件下得到的弯曲强度为 18.69 MPa 和 17.54 MPa,不确定度为 6.56%。五种结构(W 型、P 型、D 型、G 型和实心结构)的弯曲测试结果如表 9.3 所示。实现结果显示四种多孔结构的弯曲强度是 $\sigma_{b,G} > \sigma_{b,D} > \sigma_{b,W} > \sigma_{b,P}$。G 型多孔结构强度最高,且远远高于强度最低的 P 型结构。拉伸实验的测试结果也满足上述关系,W 型和 D 型结构的拉伸强度分别是 4.81 MPa 和 5.83 MPa。

表 9.3   弯曲测试结果 ($\varepsilon = 0.442$, 52 PPI)

样品	G 型 1	G 型 2	D 型	W 型	P 型	实心
σ_b/MPa	18.69	17.54	14.16	12.54	10.98	64.17

无论是拉伸实验还是弯曲实验,多孔介质样品承受载荷的均是固体骨架,其破坏往往是在承载能力最弱的环节。TPMS 多孔结构是由孔隙单元在 x、y、z 三个方向进行阵列获得的,具有明显的周期性。因此,可以通过对孔隙单元的结构特点分析其强度性能。以 P 型 TPMS 孔隙单元为例,沿 x 方向在一个孔隙单元内提取多个切片,如图 9.24 所示,红色部分为固体区域,绿色部分为孔隙区域。可以看到第 5 张切片的固体区域面积最小,承载能力最弱,在拉伸或弯曲过程中如果发生断裂,势必会在此位置处。

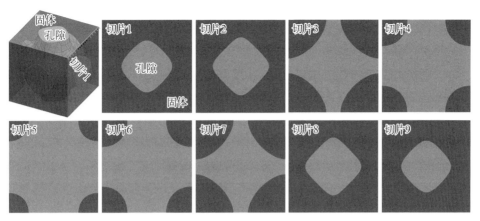

图 9.24　P 型孔隙单元切片

照此思路,统计了四种 TPMS 孔隙单元内 20 个位置的固体区域面积与横截面积之比 S_s/S_c,如图 9.25 所示。图 9.25 和实验测试采用的 TPMS 多孔结构的几何参数(孔隙度和孔密度)保持一致。根据图 9.25,P 型和 W 型结构的 S_s/S_c 值变化幅度非常显著。D 型和 G 型结构的 S_s/S_c 值在非常窄的范围内变化。显然,多孔结构将在有效承载面积最小的位置受损。

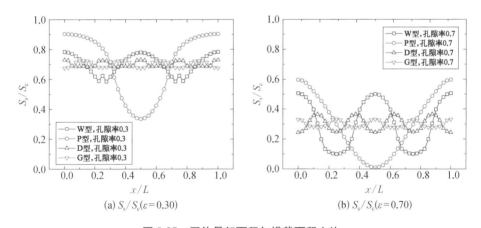

(a) $S_s/S_c (\varepsilon = 0.30)$　　　　(b) $S_s/S_c (\varepsilon = 0.70)$

图 9.25　固体骨架面积与横截面积之比

从计算结果中可以看出 P 型结构的压降最小,与相同水力直径的光滑圆管的压降非常接近。D 型结构的压降最大(Re_h 为 100 时,光滑圆管压降的 36 倍)。W 型和 G 型结构中的压降分别是光滑圆管中压降的 12 倍和 8 倍,其水力直径为 2.1 mm,Re_h 为 100。此外,TPMS 多孔结构的流动阻力与经典的颗粒堆积中的流动阻力相比,仅有 D 型结构的流动阻力高于欧根方程预测的颗粒堆积体系内的流动阻力。

Brinkman‑Forchheimer 扩展达西形式常用于描述 TPMS 多孔结构内的流动阻力,如式(9.15)所示,其中 d_h 为水力直径,C_μ 为黏度系数,C_i 为惯性系数。根据 CFD 计算结果确定 C_μ 和 C_i,如表9.4所示,其平均误差均在10%以内。

$$-\frac{\mathrm{d}p}{\mathrm{d}x} = C_\mu \frac{\mu u_D}{d_h^2} \cdot \frac{(1-\varepsilon)^2}{\varepsilon^3} + C_i \frac{\rho u_D^2}{d_h} \cdot \frac{1-\varepsilon}{\varepsilon^3} \qquad (9.15)$$

表9.4　流动阻力关联式系数

TPMS 类型	C_μ	C_i	Re_h	平均误差
W 型	85.32	2.09	11~112	8.13%
P 型	111.23	0.80	17~167	5.77%
D 型	203.07	3.27	10~103	6.27%
G 型	130.72	1.97	13~129	6.59%

从计算结果中可以看出,P 型多孔结构的对流传热系数 h_{sf} 最低,W 型多孔结构的对流传热系数 h_{sf} 最高。值得注意的是,P 型结构的对流传热系数 h_{sf} 与 Nu 数 Nu_{sf} 随 Re_h 的变化均较为平缓。理论研究表明对于某一圆管层流区的努赛尔数保持不变($Re_h<2\,300$)。P 型多孔结构中的流型与光滑圆管中的流型基本相似。在垂直于主流的方向上,分支中的流速非常缓慢。因此,P 型多孔结构的 h_{sf} 值随着 Re_h 的增加而略微增加。

本小节基于56个孔隙尺度的数值模拟计算结果,按照式(9.16)的形式,考虑孔隙率 ε(0.2~0.8)和水力直径雷诺数 Re_h(10~129)的影响,得到 W 型、P 型、D 型和 G 型的 Nu_{sf} 关联式。表9.5列出了 W 型、P 型、D 型和 G 型的 Nu_{sf} 关联式中的相关系数 a、b、c 和 d,拟合结果的误差均在10%以内。

$$Nu_{sf} = (a + b\varepsilon + c\varepsilon^2) \cdot Re_h^d \cdot Pr^{1/3} \qquad (9.16)$$

表9.5　对流传热系数关联式系数

TPMS 类型	a	b	c	d	平均误差
W 型	7.66	−18.48	19.75	0.29	6.22%
P 型	2.30	−8.30	16.07	0.17	8.33%
D 型	0.84	−2.30	3.36	0.72	7.75%
G 型	3.35	−7.83	7.67	0.44	3.14%

3. TPMS 多孔结构在发汗冷却中的应用

试验中采用的多孔平板样品上侧受热表面尺寸为 50 mm×20 mm, 下侧表面尺寸为 52 mm×22 mm, 厚度为 7 mm, 多孔平板离上表面 3 mm 处有一圈宽度为 1 mm 的台阶用以装配固定。

强烈的气动加热和激波等因素会导致复杂结构表面的热负荷极不均匀。除此之外, 发汗冷却的气膜累积效应使得多孔平板上游的保护气膜较薄, 导致上游部分的温度高于其他的部分, 较大的温度梯度将引起局部热应力, 使得发汗冷却系统的可靠性和使用寿命降低。为了使问题简单, 本小节对比了均匀/梯度孔隙多孔平板在超声速风洞的发汗冷却性能。表 9.6 给出了均匀/梯度孔隙多孔平板的发汗冷却实验的主要参数, 两种多孔平板仅有孔隙率不同, 梯度孔隙结构自上游至下游, 孔隙率由 0.45 逐渐减小至 0.25。

表 9.6 均匀/梯度孔隙的主要参数对比

TPMS 类型	孔隙类型	孔隙率	孔密度	冷却剂	Ma_∞	p_∞/MPa
W 型	均匀孔隙	0.35	94 PPI	水	2.8	0.46
W 型	梯度孔隙	0.25-0.45	94 PPI	水	2.8	0.46

图 9.26 为均匀孔隙和梯度孔隙多孔平板表面的温度分布。超声速主流的方向为从右到左, 主流总温为 420 K。图中右端为多孔平板的上游。随着冷却注入率的增大, 两种多孔平板的表面温度均显著降低。当注入率 $F=0.1\%$ 时, 均匀孔隙多孔结构表面温度的非均匀性比较明显, 上游气膜薄导致温度较高, 下游累积气膜增厚导致温度较低。梯度孔隙多孔结构上游的孔隙率较大, 流动阻力低, 更多的冷却剂被分配到上游, 导致上游的温度反而较下游的温度更低。当注入率增加到 $F=0.2\%$ 时, 梯度孔隙多孔结构的温度分布均匀性明显好于均匀孔隙多孔结构。随着注入率进一步提高至 $F=0.3\%$ 和 0.4%, 多孔平板表面大部分区域均为过冷水, 均匀/梯度孔隙表面温度分布都比较均匀。可以看出, 均匀孔隙多孔平板平均温度从上游至下游依次降低, 而梯度孔隙多孔平板表面温度分布较为均匀, 在非均匀热负荷下冷却剂分配较为合理。实验数据显示梯度孔隙多孔平板表面温度分布较为均匀, 在注入率较低的情况下尤为明显。梯度孔隙多孔结构在非均匀热负荷下冷却剂分配较为合理, 发汗冷却性能较高, 为调控非均匀热负荷下的发汗冷却过程提供了良好的解决方案。

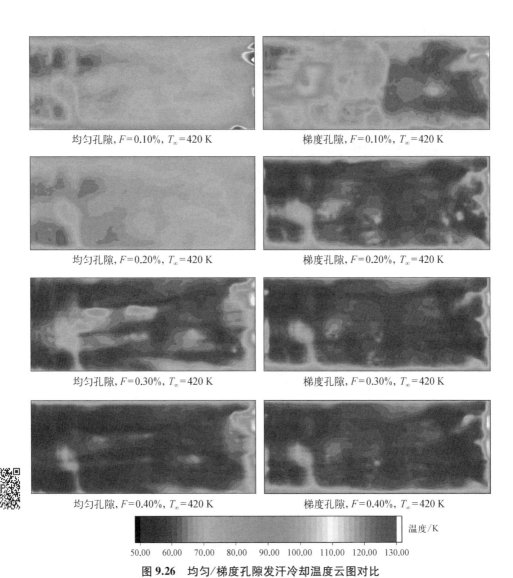

图 9.26　均匀/梯度孔隙发汗冷却温度云图对比

9.1.6　超声速高焓电弧风洞相变发汗冷却

本节介绍模拟实际飞行中超声速高焓热环境下的相变发汗冷却特性[9]，该试验在四川省绵阳市中国空气动力研究和发展中心的数十兆瓦级暂冲式高焓电弧风洞中进行，多孔平板发汗冷却试验件结构如图 9.27(a)所示，装配后的试验件实物如图 9.27(b)所示，试验件的整体尺寸为 140 mm×140 mm×43 mm，其中多孔平板的尺寸为 120 mm×120 mm×10 mm。

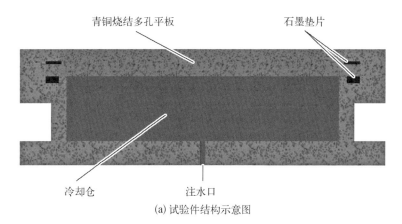

青铜烧结多孔平板　　石墨垫片

冷却仓　　注水口

(a) 试验件结构示意图

(b) 试验件实物

图 9.27　多孔平板相变发汗冷却试验件

烧结多孔平板采用的青铜颗粒直径约为 30 μm，孔隙率为 23.9%，平均孔隙直径为 7.8 μm，孔隙尺寸较为均匀，集中在 6~9 μm。试验过程中采用红外热像仪测量多孔平板表面的温度分布变化，多孔介质下方冷却仓内布置有温度测点和压力测点。

试验中的工况参数如表 9.7 所示。主流名义马赫数为 3.4，每个试验工况的试验时间为 150 s。试验中采用不同的攻角，随着多孔平板攻角的逐渐增大，多孔平板表面的热流密度和压力都逐渐升高。试验前通过标定确定多孔平板受热面的热流密度和压力分布，热流密度分布结果如图 9.28 所示，主流方向为从上到下。

表 9.7　多孔平板相变发汗冷却试验工况参数汇总

试验工况	主流焓值/(MJ/kg)	主流总温/K	弧室压力/MPa	主流流量/(kg/s)	电弧功率/MW	攻角/(°)	平均热流密度/(kW/m²)	平均表面压力/kPa
1	2.12	1 792	0.609 7	1.216	4.56	0	194.0	10.52
2						0	389.5	11.92
3	3.67	3 017	0.635 5	0.853	6.53	4	530.1	14.49
4						8	645.5	18.02

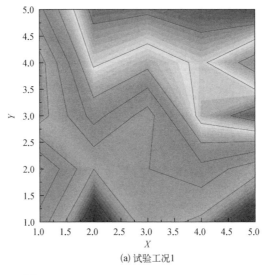

(a) 试验工况1

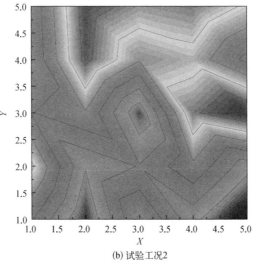

(b) 试验工况2

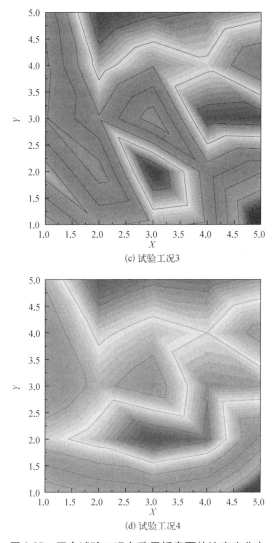

(c) 试验工况3

(d) 试验工况4

图 9.28　四个试验工况多孔平板表面热流密度分布

　　整个试验阶段,真空试验舱内压力为 400~600 Pa,低于水的三相点压力,该压力下水仅能以气态和固态存在。在点火前,没有高温主流加热的情况下液态水会迅速气化,同时向周围吸热,使得部分液态水结冰,如图 9.29 所示。

　　风洞点火后高温高速主流从喷管出口喷出,横掠多孔平板表面,发生强烈的对流换热。在高温主流的作用下,试验件表面附结的冰层迅速气化,发汗冷却开始作用。试验工况 1($T_0 = 1\ 792$ K, $Ma = 3.4$, 攻角 $\theta = 0°$, $\bar{q} = 194$ kW/m^2, $\dot{m} = 1.0$ g/s, $F = 0.10\%$)中试验件侧视与俯视照片如图 9.30 所示,超声速高温主流从

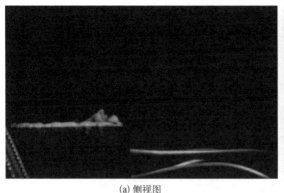 

(a) 侧视图   (b) 俯视图

图 9.29　试验件表面结冰现象照片

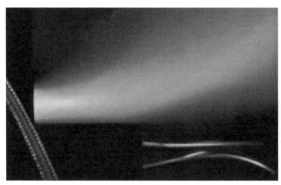 

(a) 侧视图   (b) 俯视图

图 9.30　试验工况 1 试验过程侧视及俯视照片

($T_0 = 1\,792$ K，$Ma = 3.4$，攻角 $\theta = 0°$，$\bar{q} = 194$ kW/m^2，$F = 0.10\%$，$t = 140$ s)

喷管喷出后迅速扩散，同时受浮升力影响存在上浮的趋势，主流经过试验件后迅速向上漂移，导致多孔平板表面压力和热流密度分布不均匀。

在无攻角的试验工况 1 和试验工况 2 下，试验前期平板相变发汗冷却效果较好，而随着高温主流对多孔平板的持续加热，出现蒸汽堵塞，局部温度升高。工况 1 中的多孔表面温度分布随时间的变化如图 9.31 所示。前 50 s 平板相变发汗冷却的冷却效果较好，多孔平板表面温度保持在 150℃以下。随着高温主流对多孔平板的持续加热，在多孔平板表面不均匀分布的热流密度和压力作用下，多孔平板右上角局部高热流区域率先气化，出现蒸汽堵塞。随后蒸汽堵塞区域逐渐扩大，多孔上游区域温度不断升高，在 150 s 时多孔上游的最高温度达到了约 360℃，而下游区域温度仍维持在 150℃之下，此时多孔平板表面的相变发汗冷却效果较不均匀。

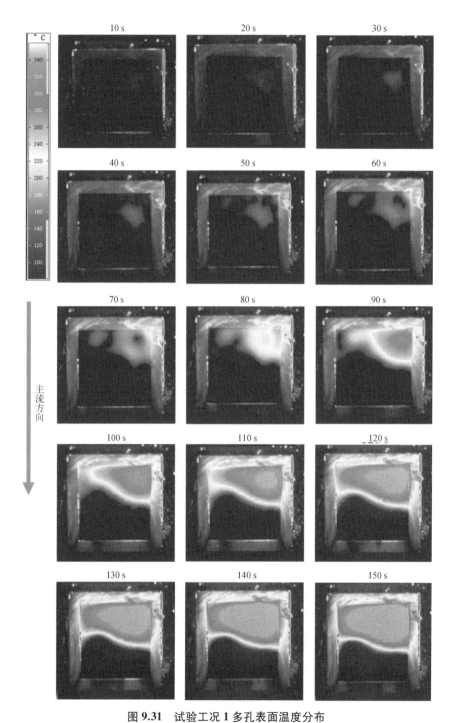

图 9.31　试验工况 1 多孔表面温度分布

（$T_0 = 1\,792\ \text{K}$，$Ma = 3.4$，攻角 $\theta = 0°$，$\bar{q} = 194\ \text{kW/m}^2$，$F = 0.10\%$）

　　该工况下模块内部的温度和压力变化如图 9.32 所示,由于模块热流密度和压力的不均匀分布,模块内部前端温度 T_1 比后端温度 T_2 增长更快,50 s 后 T_1 基本随模块内部压力对应的沸点温度变化。在模块上游区域出现蒸汽堵塞后,过热区逐步扩散,模块内部温度持续上升,80 s 左右两相区扩散至模块后端温度测点,后端温度 T_2 迅速上升,同时模块内部压力降低,对应沸点温度降低,试验件表面温度均匀性较差,模块内部压力波动较大。

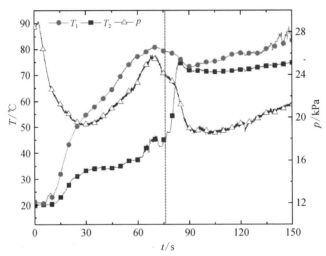

图 9.32　试验工况 1 试验件内部温度与压力变化

（$T_0 = 1\,792$ K, $Ma = 3.4$,攻角 $\theta = 0°$, $\bar{q} = 194$ kW/m², $F = 0.10\%$）

　　试验工况 3（$T_0 = 3\,017$ K, $Ma = 3.4$,攻角 $\theta = 4°$, $\bar{q} = 530$ kW/m², $\dot{m} = 3.0$ g/s, $F = 0.42\%$）下,试验模块的侧视和俯视照片如图 9.33 所示。由于多孔平板攻角的存在,对主流产生了更大的扰动,引发了一系列斜激波,激波系在侧视照片中清晰可见。

　　在有攻角的试验工况 3 和试验工况 4 中,多孔平板表面的整体冷却效果较好,表面平均温度较低。试验工况 4 中多孔平板表面温度分布如图 9.34 所示,仅在多孔平板下游的激波入射区域出现了局部的温度不均匀,激波入射后的局部高热流区域的温度比激波入射前高出约 20℃。而随着试验的进行,多孔平板的表面平均温度也仅从约 100℃升高至约 110℃,

　　试验工况 4 模块内部的温度和压力变化如图 9.35 所示,前 50 s 多孔平板相变发汗冷却试验件内前后温度测点同步增长,后续模块内部前端温度 T_1 比后端温度 T_2 增长稍快。同样也由于多孔介质的冷却水两相区逐渐从表面向内部扩

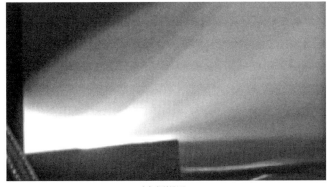

(a) 侧视图　　　　　　　　　　　　　　(b) 俯视图

图 9.33　试验工况 3 试验过程侧视及俯视照片

（$T_0 = 3\,017$ K，$Ma = 3.4$，攻角 $\theta = 4°$，$\bar{q} = 530$ kW/m^2，$F = 0.42\%$，$t = 80$ s）

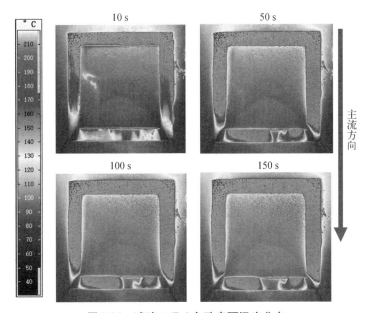

图 9.34　试验工况 4 多孔表面温度分布

（$T_0 = 3\,017$ K，$Ma = 3.4$，攻角 $\theta = 8°$，$\bar{q} = 645$ kW/m^2，$F = 0.42\%$）

散,冷却剂的渗流阻力逐渐增大,导致模块内部的压力逐渐上升,模块内部的温度随压力上升引起的沸点变化同步上升。

　　将试验工况 4 的冷却剂流量降低至与试验工况 2（攻角 $\theta = 0°$）一致,即 $\dot{m} = 2.0$ g/s,对应冷却水的注入率为 $F = 0.28\%$,试验过程中红外热像仪测量得到的多孔平板表面温度分布如图 9.36 所示。加热开始时,对应于标定热流密度分布

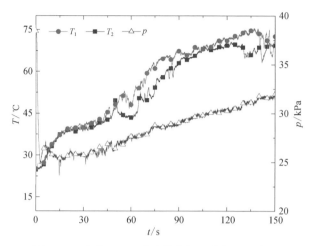

图 9.35　试验工况 4 试验件内部温度与压力变化

（ $T_0 = 3\,017\,\text{K}$, $Ma = 3.4$,攻角 $\theta = 8°$, $\bar{q} = 645\ \text{kW/m}^2$, $F = 0.42\%$ ）

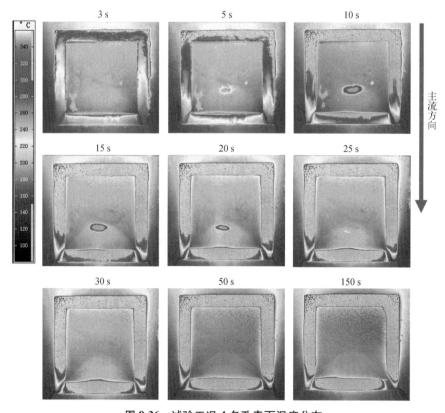

图 9.36　试验工况 4 多孔表面温度分布

（ $T_0 = 3\,017\,\text{K}$, $Ma = 3.4$,攻角 $\theta = 8°$, $\bar{q} = 645\ \text{kW/m}^2$, $F = 0.28\%$ ）

中的局部高热流区,平板下游出现局部热点,10 s 后局部过热区扩散至最大范围,随后在上游保护气膜的作用下逐渐缩小,在 30 s 时过热区域完全消失,发汗冷却效果良好。该工况下受热表面的总换热功率约为 7.53 kW,而对应冷却剂流量下,冷却水完全相变能带走的热量仅为 4.5 kW。试验当中还观察到多孔平板表面有液态水流出,冷却水没有完全相变,多孔表面的实际受热功率 < 4.5 kW,说明平板相变发汗冷却对热流密度的削减比例不低于 40%。达到稳定状态时,多孔平板表面的平均发汗冷却效率高达 0.97。

对于总温 $T_0 = 3\,017$ K、马赫数 $Ma = 3.4$ 主流条件,随着多孔平板攻角从 $\theta = 0°$ 上升至 $\theta = 8°$,多孔平板表面的平均热流密度上升了 66%,平均表面压力上升了 62%。在保持同样的冷却水流量时,有攻角的工况中冷却效果反而更好,表面温度更为均匀。具体攻角对平板相变发汗冷却的影响机制如图 9.37 所示。无

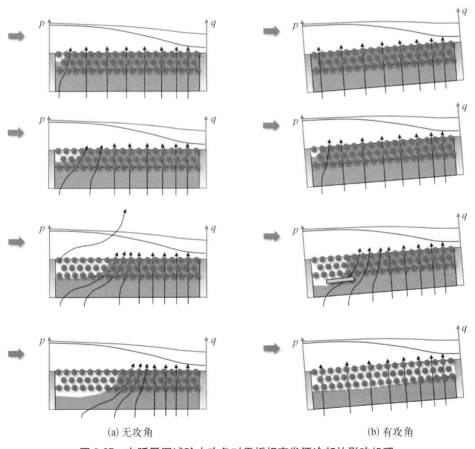

(a) 无攻角　　　　　　　　　　　　　(b) 有攻角

图 9.37　电弧风洞试验中攻角对平板相变发汗冷却的影响机理

攻角时的平板相变发汗冷却过程如图 9.37(a)，多孔平板前缘的热流密度和压力最高，因此在前缘区域最先出现局部过热蒸汽区，产生蒸汽堵塞，使得过热蒸汽区的冷却流量降低，形成恶性循环，导致过热蒸汽区域不断扩大，多孔平板表面温度不断上升。相对的，如图 9.37(b)，有攻角时，多孔平板表面压力进一步升高，在多孔平板表面不均匀的热流密度和压力分布作用下，同样会在前端出现过热蒸汽区，多孔平板的蒸汽区渗流阻力增大，过热蒸汽区逐渐向内部扩散。一旦过热蒸汽区扩散进入冷却仓后，由于流体在冷却仓内的流动阻力较小，冷却仓中的水蒸气会在浮升力的作用下向下游移动，液态水向上游移动，使得冷却剂分布较为均匀，因此实现了更为稳定高效的相变发汗冷却。

9.2   自抽吸发汗冷却

大自然中树木通过根系吸收土壤中的水分，通过树干和树杈中的木质部将水分输运到末端的树叶中，叶片的蒸腾作用提供强大的水分抽吸力。自抽吸及自适应发汗冷却系统是受树木蒸腾作用的启发设计的无须任何的泵及控制单元的发汗冷却系统，依靠液态流体的毛细力，可实现液态流体的自动输运及自动控制。基于此原理，仿生树木蒸腾作用的发汗冷却方法如图 9.38 所示[10]，采用堆积硅酸铝纤维来模拟树木的木质部，堆积硅酸铝纤维内部具有微细通道，可用于

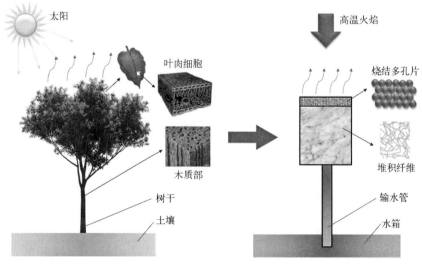

图 9.38   仿生树木蒸腾作用发汗冷却原理图

传输液态水,同时也可起到防止断流的作用。采用烧结青铜颗粒多孔片模仿树叶,提供毛细抽吸力,进行发汗冷却。

9.2.1　辐射加热自抽吸发汗冷却实验研究系统

本节实验在本团队搭建的辐射加热自抽吸发汗冷却实验系统上进行,分为低热流辐射实验系统和高热流辐射实验系统两部分[9]。其中,低热流实验系统辐照热流密度范围为 0.2～1.1 MW/m²。辐射加热实验平台主要包括氙灯、椭球面聚光镜、平面反射镜、水冷光闸、制冷风机和控制系统,如图 9.39(a)所示。球形氙灯通电后产生光源,经过椭球面聚光器增强后再经过平面镜反射汇聚在多孔平板表面,对多孔平板表面进行加热,可通过调节氙灯的输出电流控制氙灯的输出功率。图 9.39(b)为低热流辐射加热自抽吸发汗冷却实验系统的实际照片。

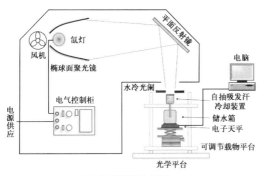

(a) 实验系统示意图　　　　　　　　　　(b) 实验系统照片

图 9.39　低热流辐射加热自抽吸发汗冷却实验平台($q=0.2～1.1$ MW/m²)

图 9.40 所示为高热流辐射加热自抽吸发汗冷却实验系统。图 9.40(a)为试验系统示意图,主要由氙灯光源、聚光镜、平面反射镜、光学积分器、风冷系统、水冷系统和控制系统组成,光学积分器采用圆锥形反射式积分器,代替水冷光闸起到控制光斑的作用。其辐照热流密度范围为 1.0～4.5 MW/m²,加热原理与低热流辐射实验系统相同。图 9.40(b)为高热流辐射加热自抽吸发汗冷却实验系统的实物图。

图 9.41 为自抽吸发汗冷却实验装置示意图,主要由自抽吸发汗冷却实验段、支架、烧杯和电子天平组成。烧结多孔平板样品由固定盖板安装在实验段的顶部,多孔平板内部的微纳多孔结构提供毛细抽吸力,保证自抽吸发汗冷却装置在辐射热流的作用下能够源源不断地补充冷却水。多孔平板样品下方的储水段中填充有硅酸铝纤维棉作为毛细储水层,防止自抽吸发汗冷却发生断流。实验中通过热电偶测量多孔平板表面的温度分布和冷却水的注入温度,通过电子天

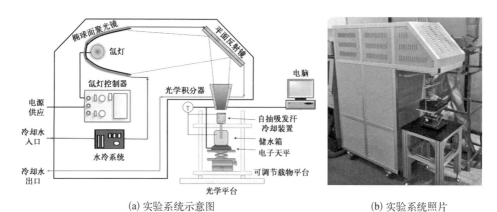

(a) 实验系统示意图　　　　　　　　　　(b) 实验系统照片

图 9.40　高热流辐射加热自抽吸发汗冷却实验平台 ($q = 1.0 \sim 4.5\ \text{MW/m}^2$)

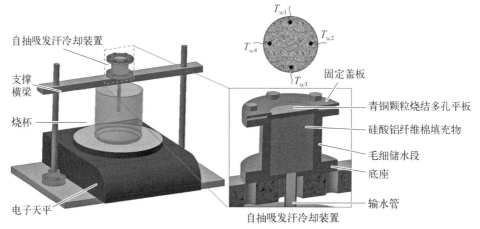

图 9.41　自抽吸发汗冷却实验装置结构图

平测量冷却水的质量变化,计算得出冷却水的抽吸速率。

9.2.2　仿生自抽吸及自适应外部发汗冷却研究

自抽吸及自适应发汗冷却系统可分为自抽吸外部发汗冷却系统和自抽吸内部发汗冷却系统。当多孔片被高温火焰加热时,冷却水流量逐渐升高并保持稳定。多孔片表面温度快速升高后一直稳定在 373 K 附近,且温度分布较为均匀,液态水在多孔片表面发生沸腾相变,所产生的水蒸气覆盖在多孔平板表面形成气膜,阻隔外部的高温气流,降低施加到多孔表面的有效热流密度(图 9.42)。自抽吸发汗冷却可以长时间地有效保护受热壁面[10-13]。

仿生自抽吸外部发汗冷却系统对不同的热流密度具有自适应的效果,可以

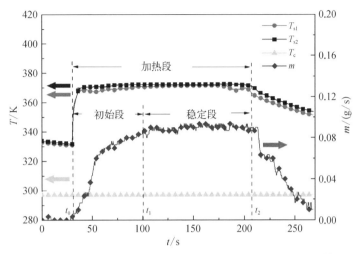

图 9.42 多孔片表面温度、水箱冷却流体温度及质量流量变化情况

根据外界热流密度的变化自适应地调节冷却水流量。在不同的热流密度下,冷却水的蒸发速率变化,毛细力随之发生变化,实现流量的自动调节,冷却水被源源不断地从水箱中抽吸到多孔表面,补充多孔片中蒸发损失的冷却水。热流密度越高,冷却水的质量流量越大,多孔表面的保护气膜越厚,而多孔片表面的温度不变,均保持在 373 K 附近,冷却系统具有良好的自适应特性(图 9.43)。

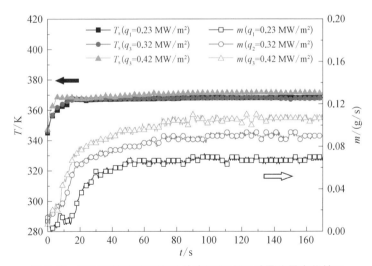

图 9.43 不同热流密度下多孔片表面温度及质量流量变化情况

与热流相比,抽吸高度对于冷却水流量的影响较小。但当抽吸的高度过高时,自抽吸将会失效,此时冷却水难以抽吸到多孔表面,多孔表面的温度将急剧升高。在发汗冷却的过程中,当多孔片被加热时,冷却水在多孔片表面蒸发,冷却水通过毛细力源源不断地被输送到多孔片表面,此时受力达到动态平衡。如图 9.44 所示,多孔片表面的毛细压 ΔP_{cap} 为主要的动力来源,而水分输运的过程中需要克服烧结多孔片中的流动压差 ΔP_{p}、填充纤维层中的流动压差 ΔP_{fib}、管道中的流动压差 ΔP_{f} 以及重力压差 ΔP_{G}。在系统稳定工作时,压力达到平衡,由于毛细压有限,为了确保系统可以正常工作,需要满足:

$$(\Delta P_{\text{cap}})_{\text{max}} \geqslant \Delta P_{\text{p}} + \Delta P_{\text{fib}} + \Delta P_{\text{f}} + \Delta P_{\text{G}} \tag{9.17}$$

图 9.44　自抽吸发汗冷却系统的压力平衡示意图

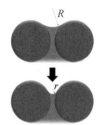

图 9.45　界面曲率变化

发汗冷却的自适应效果主要是由于毛细力具有一定的自适应性。当热流密度增大时,液态水的蒸发速率增大,界面曲率变大(图 9.45),使得毛细压增大,从而冷却水的流量增大,系统在新的热流密度下达到新的受力平衡和能量平衡。如果热流密度过大或者抽吸高度过高,最大的毛细压力 $(\Delta P_{\text{cap}})_{\text{max}}$ 将不足以克服流动阻力 ΔP_{p}、ΔP_{fib}、ΔP_{f} 和 ΔP_{G},最终导致冷却水难以抽吸到多孔表面,系统发生断流,冷却失效。

经受力分析推导,可以得到该自抽吸发汗冷却系统所能承受的最大热流密度为

$$q_{\text{flame}} \leqslant \frac{\rho \left(\dfrac{4\sigma\cos\theta}{0.41 d_{\text{p}}} - \rho g H \right) \cdot \left[(T_{\text{s}} - T_{\text{c}}) c + (1 - \alpha) \lambda \right]}{\beta \mu \left(\dfrac{L_{\text{p}}}{K_{\text{p}}} + \dfrac{L_{\text{fib}}}{K_{\text{fib}}} + \dfrac{32 L_{\text{pipe}}}{D^2} \right)} \tag{9.18}$$

同样地,可以推导得到该自抽吸发汗冷却系统的抽吸高度需要满足:

$$H \leqslant \frac{4\sigma\cos\theta}{0.41d_{\mathrm{p}}\rho g} - \frac{\beta\mu\left(\dfrac{L_{\mathrm{p}}}{K_{\mathrm{p}}} + \dfrac{L_{\mathrm{fib}}}{K_{\mathrm{fib}}} + \dfrac{32L_{\mathrm{pipe}}}{D^2}\right) \cdot q_{\mathrm{flame}}}{\rho^2 g\left[\left(T_{\mathrm{s}} - T_{\mathrm{c}}\right)c + \left(1-\alpha\right)\lambda\right]} \tag{9.19}$$

式中,θ 为多孔材料的接触角;σ 为水的表面张力系数,单位为 N/m;T_{s} 是多孔介质表面温度,单位为 K;T_{c} 是水箱中的液态水温度,单位为 K;c 是液态水的比热容,单位为 J/(kg·K);α 是表面蒸发的蒸汽中所夹带的小液滴百分比;λ 为相变潜热,单位为 J/kg;μ 流体黏度,单位为 kg/(m·s);β 是多孔表面所吸收的热流密度占输入热流百分比;d_{p} 为烧结颗粒的直径,单位为 m;K_{p} 为烧结多孔片渗透率,单位为 m²;L_{p} 为多孔介质厚度,单位为 m;L_{fib} 为压缩纤维层的厚度,单位为 m;K_{fib} 为压缩纤维渗透率,单位为 m²;L_{pipe} 为输水管的长度,单位为 m;D 为输水管的内径,单位为 m。

根据公式(9.18)和(9.19),采用表 9.8 中的相关参数对自抽吸发汗冷却进行理论计算,其中,L_{p},L_{fib},L_{pipe} 和 D 为实验结构的相关尺寸参数,T_{s} 和 T_{c} 在实验中通过热电偶测量得到,填充纤维层的渗透率 K_{fib} 通过实验测得,多孔片的渗透率 K_{p} 通过公式(7.8)计算得到。α 和 β 根据实验数据中火焰强度和冷却水流量的关系通过能量平衡计算得到。

表 9.8　仿生发汗冷却相关参数

参　数	数　值	参　数	数　值
σ	0.058 9 N/m	L_{fib}	30 mm
ρ	1 000 kg/m³	L_{pipe}	60 mm
K_{fib}	3.43×10⁻¹¹ m²	D	18 mm
T_{s}	373 K	c	4 200 J/(kg·K)
T_{c}	297 K	λ	2 260 000 J/kg
$\mu \mid_{T=373\,\mathrm{K}}$	0.000 3 Pa.s	α	0.8
$\mu \mid_{T=297\,\mathrm{K}}$	0.000 85 Pa.s	β	0.75
L_{p}	3 mm	g	9.8 m/s²

多孔片的颗粒直径和润湿性对于自抽吸发汗冷却具有显著的直接影响。最大毛细压力随着颗粒直径的降低而增加,但流动阻力也同时增加。因此颗粒直径过大或过小均不利于自抽吸发汗冷却系统。如图 9.46(a)所示,在一定的抽吸高度和接触角下($H=50$ mm, $\theta=45°$),当颗粒直径为 $d_{\mathrm{p}}=50$ μm 左右时系统

可承受的热流密度最大,接近 10 MW/m²,如图 9.46(b)所示,在一定的热流密度和接触角下($q_{flame}=4.5 \text{ MW/m}^2$,$\theta=45°$),当颗粒直径 $d_p>130 \text{ μm}$ 或 $d_p<8 \text{ μm}$ 时抽吸高度小于零,表示此时系统无法正常工作。因此,最优的颗粒直径要综合毛细力和流动阻力考虑,过大或过小均不利于自抽吸发汗冷却系统。

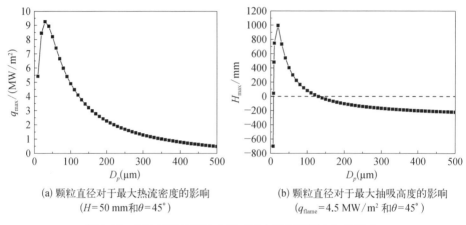

(a) 颗粒直径对于最大热流密度的影响　　　(b) 颗粒直径对于最大抽吸高度的影响
　　($H=50 \text{ mm}$ 和 $\theta=45°$)　　　　　　　($q_{flame}=4.5 \text{ MW/m}^2$ 和 $\theta=45°$)

图 9.46　多孔材料的颗粒直径对于自抽吸发汗冷却的影响

随着多孔片润湿性的增大,接触角减小,极限热流密度和极限抽吸高度均随之增大,如图 9.47 所示,这意味着亲水性更好的材料有利于提升自抽吸发汗冷却系统的性能。在一定的热流密度和颗粒直径下($q_{flame}=4.5 \text{ MW/m}^2$,$d_p=50 \text{ μm}$),当接触角 $\theta>70°$ 时,抽吸高度小于零,毛细力过小导致系统无法正常工作。因此通过增加材料的亲水性,可以使系统承受更高的热流密度和抽吸高度。

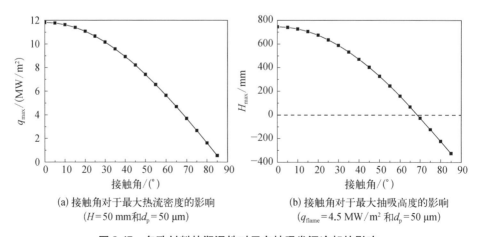

(a) 接触角对于最大热流密度的影响　　　　(b) 接触角对于最大抽吸高度的影响
　　($H=50 \text{ mm}$ 和 $d_p=50 \text{ μm}$)　　　　　　($q_{flame}=4.5 \text{ MW/m}^2$ 和 $d_p=50 \text{ μm}$)

图 9.47　多孔材料的润湿性对于自抽吸发汗冷却的影响

9.2.3　自抽吸自适应内部发汗冷却研究

自抽吸及自适应外部发汗冷却存在两个待解决的问题：多孔片直接暴露在外部环境中，使得发汗冷却容易受到环境因素的影响，例如局部高压或尘埃引起的堵塞；其次，多孔片表面温度过低，壁面被过度冷却，造成冷却水的浪费。因此，提出自抽吸自适应内部发汗冷却方法，即在多孔壁面表面安装带有翅片的盖板[12]，如图 9.48 所示，相变发汗发生在盖板内，减小了外界环境对发汗冷却的影响，增加了发汗冷却系统的独立性和可靠性。

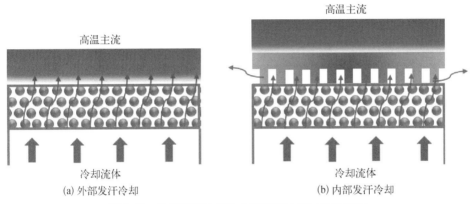

图 9.48　外部发汗冷却和内部发汗冷却对比示意图

图 9.49 为自抽吸内部发汗冷却的原理示意图。热量从铜盖板上表面通过微翅片传导到多孔片表面。翅片的末端和多孔片的表面紧密贴合。热量随后通过烧结金属颗粒传导到整个多孔片。冷却水流过多孔片内的通道并伴有强烈的对流换热，随后冷却水在多孔片表面蒸发，并吸收大量的热量。小部分蒸汽聚集在翅片底部难以排除，形成微小的蒸汽空穴。蒸汽产生后进入翅片之间的间隙

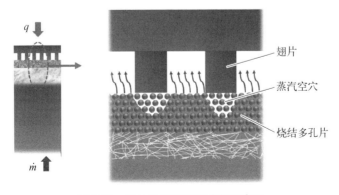

图 9.49　自抽吸内部发汗冷却示意图

中,通常蒸汽中会夹杂着部分没有相变的小液滴。进入翅片间隙的蒸汽随后和翅片进行强烈的换热,进行二次冷却,最后通过翅片之间的间隙排到环境中。

当施加热流密度以后,冷却水的流量迅速升高,铜盖板表面的温度也迅速升高,而多孔片表面的温度依然保持在 373 K 附近,如图 9.50 所示,$T_{w1} \sim T_{w4}$ 为盖板上表面温度,$T_{p1} \sim T_{p4}$ 为多孔板上表面温度,m 为冷却剂质量流量。在稳定之后,所有的温度和冷却流量均十分稳定,没有明显的波动。

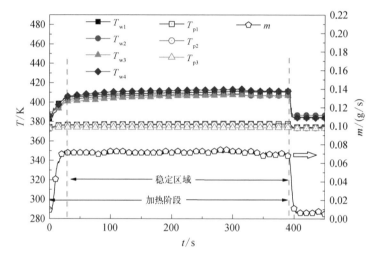

图 9.50　铜盖板表面温度、多孔片表面温度及冷却水流量随时间的变化
（$q = 0.63 \text{ MW/m}^2$, $H = 90 \text{ mm}$, $d_p = 100 \text{ μm}$）

自抽吸内部发汗冷却系统也具有自适应特性,可根据外部热流密度变化而自适应地调节冷却水流量。当热流密度变化时,冷却水的流量随着热流密度的增加而自动增加,保持稳定的冷却效果,多孔片表面的温度一直保持在 373 K 附近。铜盖板上表面的温度随着热流密度的增加而增加,充分利用了材料的耐热性能。

自抽吸内部发汗冷却和自抽吸外部发汗冷却相比,在同样的热流密度下,所消耗的冷却流量仅为外部发汗冷却的 30%～40%,流量对比如图 9.51 所示。对于外部发汗冷却而言,从多孔片表面喷出的蒸汽中夹带有部分未相变的微小液滴,这导致了冷却水的浪费。而内部发汗冷却的蒸汽在盖板内部的翅片间隙中进行二次冷却,同时夹带的液滴也充分地相变吸热,大大减小了耗水量。计算显示,在自抽吸内部发汗冷却中,大约 86% 的热量是通过多孔片表面的冷却水相变冷却带走,剩下大约 14% 的热量是通过翅片隙中蒸汽对流冷却带走。除使用翅

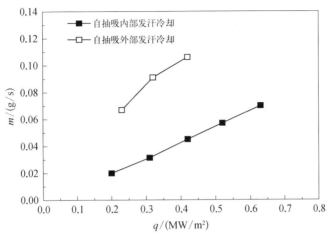

图 9.51　内部发汗冷却和外部发汗冷却的冷却水流量对比

片盖板外,在多孔平板表面覆盖大孔隙泡沫金属也能起到节省冷却剂、防止堵塞的作用[13]。

在实际应用中,飞行器表面的温度随着飞行速度的变化而变化,冷却系统需要根据外部热流密度的变化而实时地调节冷却水流量。热流密度以阶跃的方式变化时,自抽吸内部发汗冷却系统在没有任何控制单元的情况下,可自动地调节冷却水流量,与热流密度的变化保持同步,使得多孔片的温度维持恒定,同时节约了冷却水(图 9.52)。当该多孔模块被应用于高超声速飞行器热防护时,外部

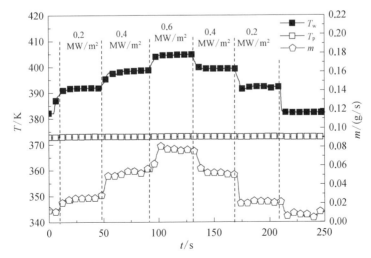

图 9.52　温度和冷却水流量对于热流密度的响应

热流密度的瞬变将对飞行器仓内的温度影响不大,仓内温度能被有效地维持在稳定的温度范围内,确保仓内器件及其他设备的安全稳定运行。

9.2.4 金属3D打印仿生自抽吸发汗冷却

自抽吸内部发汗系统的结构较为复杂,结构中包括翅片盖板、多孔片和输水通道等,同时在翅片和多孔片接触的地方存在接触热阻。为进一步简化系统结构,提高系统的可靠性,作者团队通过金属3D打印技术,制造一体化仿生发汗冷却模块[14],减小接触热阻,并在模块内部采用树形的分形输水通道。

3D打印发汗冷却模块从功能上包括三个部分: 冷却水入口段、树形分形通道和带有翅片的盖板(图9.53)。冷却水从底部进入以后,通过树形分形通道均匀地输送到整个受热表面。在树形通道的末端为微孔层,提供毛细力,将冷却水从水箱抽吸到微孔层进行发汗冷却。液态水在微孔层中吸热蒸发,所产生的蒸汽在微肋的间隙中进行二次对流换热。3D打印一体化模块中不存在接触热阻,蒸汽流动更加顺畅。

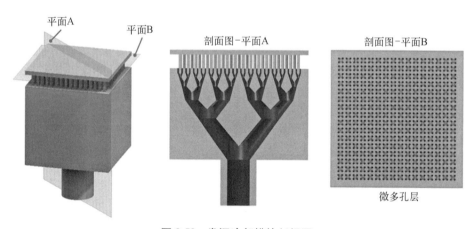

图9.53 发汗冷却模块剖视图

树形分形通道不仅可以均匀、低阻力地输送冷却水,同时其末端所产生的毛细力也是输水的动力来源。最重要的是,树形分形通道结构可以将流体以最小的阻力从主干通道输送到大面积的末端,每一级通道都分成四个更小的通道,直到通道均匀地布满整个受热面。两级通道之间的直径比为0.7~0.8,类似于动物血管系统和植物叶脉系统的分形直径比。由于目前金属3D打印技术的限制,微孔直径为200 μm。随着未来金属3D打印技术的发展,微孔打印精度将越来越高,可打印更加微小的孔径,使得毛细抽吸力更大。

图 9.54 是通过红外热像仪拍摄的发汗冷却模块侧面的温度分布。模块顶部的温度显著地高于其他区域的温度。微孔层区域的温度约为 373 K,接近于常压下水的沸点。温度的变化主要集中在翅片区域,温度梯度较大。顶部的温度取决于热流密度、翅片结构及材料导热系数,增加材料的导热系数将使得上表面的温度降低。与烧结多孔介质模块类似,在不同的热流密度下,微孔层的温度不受影响,始终保持在 373 K 附近,而顶部的盖板和翅片区域的温度则受热流密度影响较大,随着热流密度的升高,顶部盖板的温度及翅片的温度梯度增大。

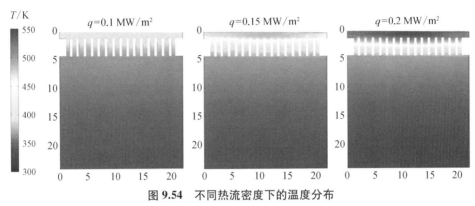

图 9.54 不同热流密度下的温度分布

3D 打印一体化模块同样可以快速精准地根据外部热流密度的变化进行冷却流量调节。当正弦变化的热流密度施加到仿生发汗冷却多孔模块的上表面时,冷却水的质量流量能够随着热流密度的变化而实时地自动地变化,并且冷却水流量的振荡周期和热流密度振荡周期相似。如图 9.55 所示,T_{top} 为多孔模块上表面的温度,T_{hole} 为微孔层的温度,T_{bottom} 为多孔模块底部的温度,微孔层的温度出现了微幅度的振荡,而模块底部的温度变化不大,外部热流密度的波动对于微孔层及其下方区域的温度影响较小。在没有任何额外的控制单元的情况下,冷却水的自动控制十分精确,微孔层的温度维持稳定,表现出较好的自适应特性。基于 3D 打印的仿生自抽吸及自适应发汗冷却模块的功能包括隔热、泵和自动控制。同时力学性能较好,不仅可以作为热结构,也可作为承力结构。

在实际应用中,飞行器的飞行角度会实时变化,需要在各种不同的倾角下满足冷却要求。3D 打印自抽吸内部发汗冷却模块对于倾角变化也有很好的适应能力,冷却效果受倾角的影响较小。当倾角从 0° 变化到 180° 时,多孔层的温度维持在 373 K 附近,同时冷却水的流量变化很小(图 9.56)。当 $\theta = 180°$ 时,多孔模块倒立,自抽吸发汗冷却依然能顺利进行。

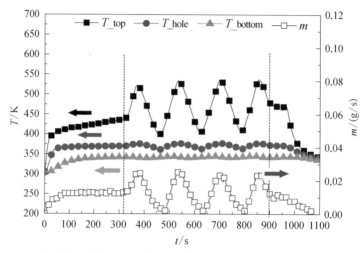

图9.55　热流密度正弦变化时温度和冷却流量的响应情况

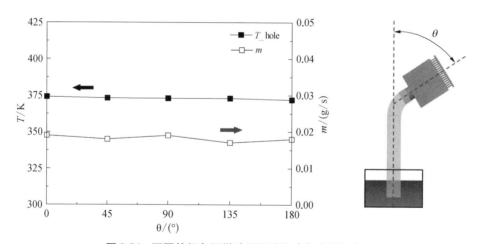

图9.56　不同的倾角下微孔层温度及冷却水流量变化

9.2.5　微纳多孔结构强化自抽吸发汗冷却

自抽吸发汗冷却系统可在毛细抽吸极限内自适应地调节冷却流量,实现对受热表面的有效冷却。但是能承受的极限热流密度有限,需要进一步提升系统的自抽吸性能以适用更为严苛的热环境。由前文可知,改善微多孔材料的润湿性是提高自抽吸发汗冷却极限冷却能力的有效方法。采用热化学生长法和热化学腐蚀法,可以在青铜颗粒烧结多孔平板样品上加工纳米表面结构,从而有效提高多孔材料润湿性能。热化学生长法基于ZnO纳米线生长工艺[15],在ZnO或

Zn 晶体种子层的基础上,通过溶液中 Zn 盐的水解得到 ZnO 的结晶成型,不断结晶沉积,最终在多孔颗粒表面实现 ZnO 纳米线表面结构。热化学腐蚀法则通过碱性氧化液直接在 Cu 基底材料上氧化出 Cu_2O 和 CuO 组成的纳米表面结构。

不同微纳米多孔加工工艺所制备的样品表面结构如图 9.57～图 9.59 所示,未处理样品的表面较为光滑,仅存在少量浅加工痕迹(宽度<100 nm);热化学生

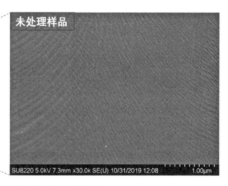

图 9.57 表面未处理样品表面结构表征照片

图 9.58 表面生长 ZnO 纳米线样品表面结构表征照片

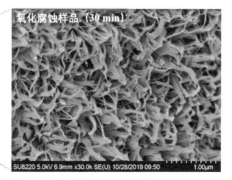

图 9.59 表面进行氧化腐蚀的样品表面结构表征($d_p = 300\ \mu m$)

长法生成的 ZnO 纳米线较为整齐和密集地生长在青铜颗粒表面,纳米线的直径为 40~100 nm;热化学腐蚀法在样品表面氧化腐蚀形成了叶片状的纳米结构,叶片的厚度<20 nm,宽度为 50~300 nm,长度为 500~1 000 nm。

通过高速摄影观测液滴在不同微纳多孔结构样品表面的铺展和浸润过程,可以定性比较不同微纳多孔结构样品的润湿性。如图 9.60 所示,未处理的原始多孔样品,液滴落至样品表面后迅速铺展,达到最大铺展直径后,液滴持续振荡,最终在样品表面形成稳定的静态接触角;对于表面生长 ZnO 纳米线阵列的多孔样品,液滴在样品表面铺展速度比未处理多孔样品更快,在随后在持续振荡中迅速浸入多孔介质内部。三种不同 Zn^{2+} 浓度溶液生长得到的 ZnO 纳米线表面上的液滴铺展过程都较为相似,其中采用 40 mM 浓度 Zn^{2+} 的溶液生长得到的 ZnO

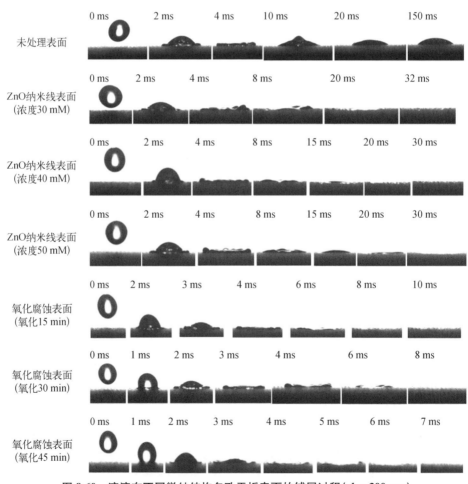

图 9.60　液滴在不同微纳结构多孔平板表面的铺展过程($d_p = 300\ \mu m$)

纳米线表面结构多孔样品的液滴浸润速度较快,润湿性更好。对于碱氧化腐蚀表面的多孔样品,液滴在样品表面的铺展速度与 ZnO 纳米线表面结构多孔样品相近,但液滴浸入氧化腐蚀样品内部的时间大大缩短。三种氧化时间的氧化腐蚀多孔样品的液滴浸润时间不相同,氧化时间越长的样品的液滴浸入时间越短。总体而言,对于青铜颗粒烧结多孔基底材料,采用热化学腐蚀法获得的微纳多孔结构样品润湿性最好。

微颗粒烧结多孔介质上加工纳米表面结构,可显著提升自抽吸发汗冷却系统的冷却能力。将优选参数后的不同微纳结构多孔平板样品在辐射加热实验台进行自抽吸发汗冷却实验对比,如表 9.9 所示,相比于未加工表面结构的原始多孔样品,颗粒直径为 100、300、600 μm 的 ZnO 纳米线表面结构多孔样品的系统正常工作最大热流密度提升幅度分别为 57%、67%、97%,氧化腐蚀微纳多孔样品的系统正常工作最大热流密度提升幅度则分别为 187%、305%、253%。其中采用颗粒直径 $d_p = 100$ μm 氧化腐蚀微纳多孔结构样品的自抽吸发汗冷却系统的冷却能力最强,系统正常工作的最大热流密度达到了 2.07 MW/m²。

微纳多孔结构增强自抽吸发汗冷却系统同样具有良好的自适应性。图 9.61 给出了在热流冲击条件下发汗冷却表面温度和冷却水抽吸速率的动态响应过程。多孔平板表面承受的热流密度在 $q = 0.32$ MW/m² 和 $q = 1.13$ MW/m² 之间呈阶跃式变化,每个热流台阶的持续时间约为 60 s。如图所示,当热流密度跃升

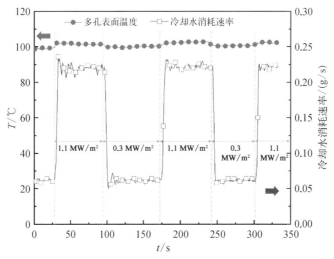

图 9.61　微纳表面结构多孔样品在热冲击条件下的自抽吸发汗冷却响应过程

($d_p = 300$ μm, $q = 0.32/1.13$ MW/m²)

时,冷却流体的抽吸速率在<1 s 的响应时间内开始跟随热流密度的变化自适应调整,在 10 s 内达到新的稳态;当热流密度降低时,冷却水的抽吸速率则在热惯性的作用下延迟约 5 s 后再迅速下降。可见,微颗粒烧结多孔介质上加工纳米表面结构可显著提升自抽吸发汗冷却的最大冷却能力,并根据热流变化动态响应自适应调节冷却水的抽吸速率,大大增加了自抽吸发汗冷却的实际应用潜力。

表 9.9 实验中不同微纳多孔结构自抽吸发汗冷却系统可正常工作的最大热流密度

颗粒直径/μm	未处理样品	ZnO 纳米线样品	氧化腐蚀样品
100	0.72 MW/m^2	1.13 MW/m^2	2.07 MW/m^2
300	0.43 MW/m^2	0.72 MW/m^2	1.74 MW/m^2
600	0.32 MW/m^2	0.63 MW/m^2	1.13 MW/m^2

9.2.6 超声速高焓电弧风洞自抽吸发汗冷却

以高速飞行器的高温壁面热防护为背景,自抽吸发汗冷却在超声速高焓热环境下的应用测试试验件如图 9.62 所示[9],试验件的整体尺寸为 140 mm(长)×140 mm(宽)×43 mm(高),微肋铜盖板的受热面尺寸为 108 mm(长)×108 mm(宽),微肋铜盖板上加工了方形直肋阵列,肋的尺寸为 2 mm(长)×2 mm(宽)×4 mm(高),多孔平板在盖板下方进行自抽吸内部发汗冷却,在盖板上有 3 排×3 列的排气孔,用以排出相变产生的蒸汽。烧结多孔平板采用的青铜颗粒直径约为 30 μm,孔隙率为 23.9%,平均孔隙直径为 7.8 μm。在自抽吸发汗冷却模块

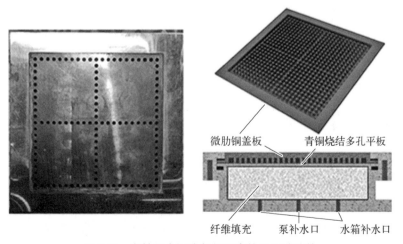

微肋铜盖板   青铜烧结多孔平板

纤维填充   泵补水口   水箱补水口

图 9.62 自抽吸发汗冷却低压高焓风洞试验件

中,对烧结多孔平板采用热化学腐蚀法处理提升了润湿性。在青铜烧结多孔平板下方的冷却仓中紧密填充了硅酸铝纤维,作为储水层和毛细过渡层。最下方连接至注射泵的补水入口,同时还有两路水管连接水箱,为自抽吸发汗冷却补充冷却水。

本节中的试验工况与 9.1.6 节中所述的试验工况 1 一致,试验时间为 150 s。试验中平板表面温度分布如图 9.63 所示。在高温主流的作用下,自抽吸发汗冷却模块的表面温度逐步上升,在 150 s 的试验时间中试验件的上游区域温度上升至 220℃,下游区域保持在 100℃附近。自抽吸发汗冷却保护效果良好,相对同一试验条件下的泵注水相变发汗冷却表面温度均匀性更好。

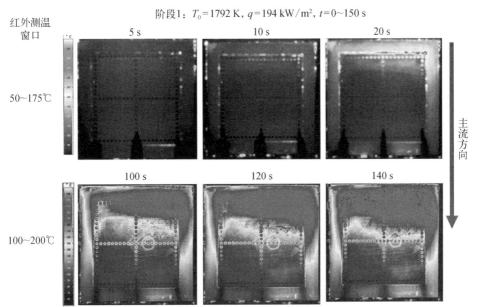

图 9.63　低压高焓风洞自抽吸发汗冷却试验过程中模块表面温度的变化

试验过程中自抽吸发汗冷却试验件的拍摄照片如图 9.64 所示,主流方向自左向右。自抽吸发汗冷却模块对受热表面的保护效果良好,150 s 时试验件表面未出现明显烧蚀。从试验件的侧视照片中还可以观察到平板表面中下游区域排气孔中流出的冷却剂扰动主流产生的激波。

取试验件表面红外测温结果的中间区域,沿垂直主流方向取平均,自抽吸发汗冷却和泵注水发汗冷却的平均表面温度和平均冷却效率对比如图 9.65 所示。与泵注水相比,自抽吸发汗冷却在上游压力、热流较高的区域温度波动幅度更

试验件侧视照片　　　　　　　　试验件俯视照片

150 s

图 9.64　低压高焓风洞自抽吸发汗冷却试验过程中拍摄的照片

小。下游区域,自抽吸发汗冷却模块和泵注水发汗冷却模块的温度都逐步降低至 100℃左右。自抽吸发汗冷却的整体冷却效率更高且较为均匀,基本都保持在 0.90 以上。通过多孔介质毛细力驱动的自抽吸发汗冷却有效缓解了相变发汗冷却中局部蒸汽堵塞造成的传热恶化。

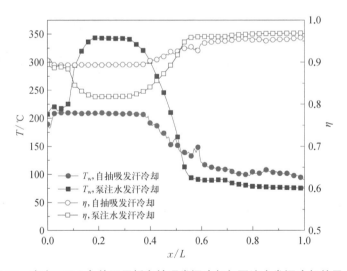

图 9.65　试验工况 1 条件下平板自抽吸发汗冷却与泵注水发汗冷却效果对比

($T_0 = 1\,792\,\text{K}$, $Ma = 3.4$, 攻角 $\theta = 0°$, $\bar{q} = 194\,\text{kW/m}^2$, $t = 130\,\text{s}$)

参考文献

[1] Huang G, Zhu Y H, Liao Z Y, et al. Experimental investigation of transpiration cooling with phase change for sintered porous plates[J]. International Journal of Heat and Mass Transfer, 2017, 114: 1201 - 1213.

［2］黄干,廖致远,祝银海,等. 高温主流条件下相变发汗冷却实验研究［J］. 工程热物理学报,2017,38(4)：817-821.

［3］廖致远,祝银海,黄干,等. 超声速主流平板相变发汗冷却实验研究［J］. 推进技术,2019,40(5)：1058-1064.

［4］黄干. 高温与超声速条件下单相及相变发汗冷却规律研究［D］. 北京：清华大学,2018.

［5］Hu H W, Jiang P X, Ouyang X L, et al. A modified energy equation model for flow boiling in porous media and its application to transpiration cooling at low pressures with transient effect［J］. International Journal of Heat and Mass Transfer, 2020, 158：119745.

［6］Cheng Z L, Xu R N, Jiang P X. Morphology, flow and heat transfer in triply periodic minimal surface based porous structures［J］. International Journal of Heat and Mass Transfer, 2021, 170：120902.

［7］Cheng Z L, Li X Y, Xu R N, et al. Investigations on porous media customized by triply periodic minimal surface：Heat transfer correlations and strength performance［J］. International Communications in Heat and Mass Transfer, 2021, 129：105713.

［8］Cheng Z L, Xu R N, Jiang P X. Transpiration cooling with phase change by functionally graded porous media［J］. International Journal of Heat and Mass Transfer, 2023, 205：123862.

［9］廖致远. 高热流密度与超声速条件下发汗冷却基础问题研究［D］. 北京：清华大学,2021.

［10］Jiang P X, Huang G, Zhu Y H, et al. Experimental investigation of biomimetic self-pumping and self-adaptive transpiration cooling［J］. Bioinspiration and Biomimetics, 2017, 12(5)：056002.

［11］Huang G, Liao Z Y, Ru R N, et al. Self-pumping transpiration cooling with phase change for sintered porous plates［J］. Applied Thermal Engineering, 2019, 159：113870.

［12］Huang G, Zhu Y H, Liao Z Y, et al. Experimental investigation of self-pumping internal transpiration cooling［J］. International Journal of Heat and Mass Transfer, 2018, 123：514-522.

［13］Huang G, Liao Z Y, Xu R N, et al. Self-pumping transpiration cooling with a protective porous armor［J］. Applied Thermal Engineering, 2019, 164：114485.

［14］Huang G, Zhu Y H, Liao Z Y, et al. Biomimetic self-pumping transpiration cooling for additive manufactured porous module with tree-like micro-channel［J］. International Journal of Heat and Mass Transfer, 2019, 131：403-410.

［15］陈剑楠. 微纳结构及改性表面喷雾冷却的实验研究与机理分析［D］. 北京：清华大学,2005.

第 10 章

喷雾冷却与流动沸腾

随着飞行器热流密度的不断攀升,单相对流换热已无法完全满足热防护需求,相变换热利用物质在相变过程中释放大量潜热这一特点,实现小温差条件下的均匀散热,散热能力强于单相换热。面对飞行器的载重限制,在研究相变冷却时需要着重关注工质的利用效率,尽量减少冷却工质的携带量。由于喷雾冷却(包括常压和低压环境)和微尺度流动沸腾的冷却流体利用效率较高,且系统较易实现小型化,因而被认为是两种高效的液体相变冷却技术。

喷雾冷却结合了对流和相变换热机理,具有换热能力强、表面冷却均匀、冷却性能稳定等优点,是极具应用前景的高热流密度器件冷却方式之一,并且已经在诸多高新技术领域中得到应用。通过表面结构增强喷雾冷却和喷雾冷却系统的改进是喷雾冷却研究的前沿和最关键的问题。

微尺度流动沸腾技术单位体积的换热面积大,冷却剂用量少,因而被广泛应用于紧凑式换热结构中。对于航空航天领域的冷却需求,大宽高比微通道具有较大的换热面积和较小冷却剂用量,开放型并联微通道及微多孔结构可以有效抑制流体流动的随机性及可能存在的倒流与振荡问题,因而通过合理控制通道中气泡的流动和液体的运输过程,可以有效延缓蒸干及壁温飞升。

10.1 微/纳结构表面喷雾冷却

为了满足不断增大的散热需求,相比于光滑表面,强化表面常被用来提高液体相变换热的性能。利用表面结构强化池沸腾换热已经得到了广泛的研究,表面毫米、微米和纳米尺度结构已经被证实能够强化池沸腾传热。同时,一些微纳结构表面也被用于喷雾冷却中以提高其换热性能[1-13]。不同结构强化池沸腾换热已经得到充分的研究和证实,然而在喷雾冷却中,由于复杂的液滴冲击和相变作用,出现了不同于池沸腾换热的换热机制,相关研究仍然不够深入。现代先进加工技术使得微米和纳米结构能够在同一表面实现,因而综合不同尺度结构的优势强化换热成为可能。

以下研究采用了如图 10.1 所示的开式喷雾冷却实验系统[1],实验系统包含三个主要组成部分:循环喷雾部分、电加热部分和实验数据监测部分。循环喷雾部分主要包括工质、喷嘴、泵、过滤器及恒温水浴。选择不同雾化喷嘴作为工质雾化装置,在喷嘴入口前设置压力表检测喷嘴入口的压力,用以保持实验中喷雾压力恒定进而保证喷雾参数(如喷雾液滴尺寸、速度及分布等)不变。循环管路中串联流量计监测喷嘴输出的工质流量,用以辅助保持不同对照组实验中喷雾参数的恒定。恒温水浴控温后的工质(超纯水)由磁驱齿轮泵增压经过滤器进一步滤除杂质通过喷嘴雾化喷射到实验段的热表面上对其进行冷却,受热后的工质被收集回流至恒温水浴,如此往复。

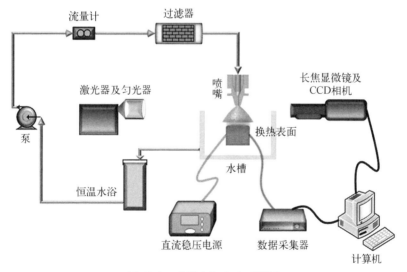

图 10.1　喷雾冷却实验系统图

首先比较光滑铜表面和三种切槽铜表面的换热效果,切槽表面为方柱阵列,其柱宽、柱间距、槽深的范围均为 150 ~ 400 μm[2-4]。实验得出,切槽表面喷雾冷却的换热性能明显优于平板表面喷雾冷却,且切槽表面的槽道越细小,换热性能越强。受线切割工艺所限,最小切槽尺寸为 150 μm。而实际喷雾冷却的液滴直径多在 100 μm 以下。有研究表明,强化表面的结构越小,毛细力越大,液滴能够很好地铺展,有利于液滴的蒸发;但是当其尺寸小到一定程度时,液体不能进入微结构,这时微纳米结构表面的优势就会减小。此外,对于喷雾冷却,液滴越小,速度越大,越容易进入微纳米结构,所以换热表面的微纳米结构也应与液滴参数相匹配。为了分析更小尺度的结构对喷雾冷却的影响及其与喷雾参数之间的匹配关系,研究了利用刻蚀工艺制作的 12 种微米结构表面(方柱凸起正交阵列,特征尺度为 25～200 μm)的喷雾冷却,并使用 Particle Master Shadow 系统精确测量液滴的参数,将两者的尺寸相结合深入分析强化表面的换热机理。

不同特征尺寸微米结构表面与光滑表面喷雾冷却换热曲线的对比如图 10.2 所示,图中 G 表示方柱凸起的间距,S 表示方柱凸起的宽度,D 表示方柱凸起的间距,字母前面的数字单位为 μm。从图 10.2 中可以看到,微结构表面的换热效果在全部过热度区间均优于光滑表面,并且在过热度较高的相变区域增强效果更明显[2-4]。表面的微结构不仅能够增大换热面积,其产生的毛细驱动力也能够促进液膜的铺展,使其在更高的热流密度下仍覆盖在热表面上,保持热表面的润湿。因此液膜分布更加均匀,能够更快地蒸发,促进了换热。此外,微结构也能够使成核点增多。微结构表面相对光滑表面的面积倍率随微结构尺寸的减小而增大,但换热效果并不随微结构尺寸的减小单调增加,50G×50S×100D 的表面换热效果最好,临界热流密度(图中 CHF)最大。通过测量,喷雾液滴 D10 为 53.43 μm,液滴多分布在 20～80 μm, 40～60 μm 的液滴最多,因此对于 50G×

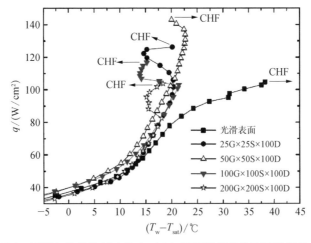

图 10.2　凹槽与凸起的尺寸为 1∶1 时,不同微米结构表面的换热曲线

50S×100D 的表面,液滴能够进入微槽内,有效利用了换热面积,而 25G×25S×100D 的表面由于凹槽的尺寸较小,液体不能充分浸没凹槽,不能有效利用其增大的换热面积,换热效果反而不如 50G×50S×100D 的表面。这说明,对应于一种喷雾参数,存在最优微结构尺寸,使得微结构表面增大的换热面积在换热中能够被充分利用。

进一步研究发现,微米结构增强喷雾冷却主要是由于增强了两相区的三相接触线长度[2-4]。如图 10.3 所示,热流密度较低时,表面被液膜覆盖,微米结构表面与流体接触的面积更大,但是传热并未显著优于光滑表面,说明微米结构增强喷雾冷却换热并不是主要由于增大的换热面积。而在热流密度较高的两相区,微米结构表面表现出了更为优异的传热性能。单相区,液膜较厚,微米结构完全被液膜浸没,而两相区,液膜由于蒸发作用变薄,液膜无法将微米结构完全浸没,使得液膜-固体-气体三相接触线的长度增长,而三相接触线附近液体受到固体加热后可以很快蒸发扩散,传热传质阻力最小,相变换热能力最强。因此,微米结构显著增长喷雾冷却两相换热区的三相接触线是其增强喷雾冷却换热的主要原因。

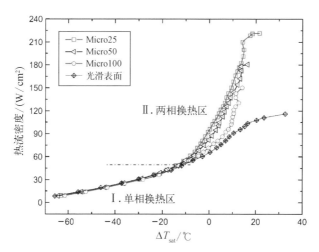

图 10.3 微米结构表面的喷雾冷却换热曲线(Micro25/50/100:
槽宽和柱宽分别为 25/50/100 μm 方柱阵列表面)

毫米及微米尺度的强化表面研究由于加工手段的简单易实现而已相对充分,越来越多的强化液体相变换热研究集中在了纳米尺度强化表面。纳米结构表面由于能够改善表面的润湿性、增多核态沸腾核化点、增加有效换热面积、毛细力强化液体补充,在强化液体相变换热方面有着优异的特性。针对液体相变换热的特点,从简便的加工工艺及可操作的调控手段出发,我们设计了一种适用于强化液体相变换热的氧化锌纳米线的生长及调控方法[5-9]。该方法首先在硅基底磁控溅射一层锌种子层,然后用热溶液法在表面上生长氧化锌纳米线阵列。在直流和射频磁控溅射沉积制备的两种种子层基底表面,分别通过热溶液法生长,可以分别得到相对排列规则的顺直纳米线阵列和杂乱纳米线阵列,如图 10.4所示。

(a) 俯视图:顺直排列纳米线Nano-31　　(b) 俯视图:杂乱排列纳米线Nano-32

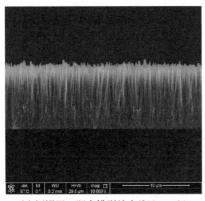
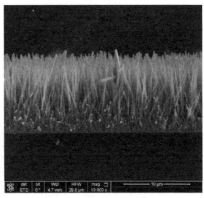

(c) 侧视图:顺直排列纳米线Nano-31　　(d) 侧视图:杂乱排列纳米线Nano-32

图 10.4　纳米线阵列结构表面 SEM 表征结果

为了研究纳米线阵列对喷雾冷却的影响,首先研究了单个液滴在纳米线阵列表面的接触角和静态润湿行为[6, 8]。如图 10.5 所示,液滴在光滑表面有清晰的接触线和稳定的接触角,而在纳米线阵列表面液滴在接触表面后迅速铺展,铺展过程中形成了多层气液界面,整个铺展过程持续时间久,不易达到平衡和稳定,而且由于液滴铺展非常广,使得宏观液膜非常薄,曲率非常小,更多的液体都贮存在宏观表面下的纳米线阵列孔隙之中,不能简单用接触角来表征其润湿性,因而研究了液滴在该表面的动态润湿行为。如图 10.6 所示,用宏观液滴自由铺展半径 R_d 和外部纳米线阵列内的毛细渗流半径 R_p 随铺展时间的变化来表征表面动态润湿特性。对于相同体积的液滴,纳米线结构表面润湿半径明显大于光滑表面,并且杂乱排列的纳米线上的铺展比顺直排列的纳米线上的铺展更迅速。杂乱纳米线阵列的孔隙尺寸的分布更广,这样的孔隙特征有助于液体在纳米线阵列孔隙中的毛细渗流,因而铺展更迅速。

图 10.5　液滴在光滑表面(左)和纳米线阵列表面(右)的铺展示意及对比

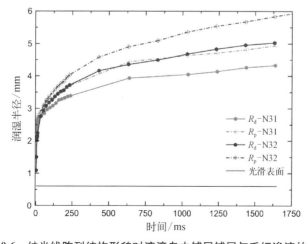

图 10.6　纳米线阵列结构形貌对液滴自由铺展铺展与毛细渗流的影响

对多种纳米线高度的样品进行了喷雾冷却实验,其中纳米线高度为 8.6 μm 的顺直纳米线 Nano‐31 和杂乱纳米线 Nano‐32 表面喷雾冷却换热曲线与光滑表面的对比如图 10.7 所示[9]。实验中观察到,由于纳米线阵列表面具有极好的润湿特性,不同于光滑硅表面,喷雾液滴在冲击表面后会形成稳定、均匀且连续的液膜,并且在热流密度增大后能维持更大面积的表面不出现干涸现象,纳米线中的毛细渗流可以迅速补充出现干涸的位点。因此,纳米线阵列结构表面在单相和两相换热区都显著提升了喷雾冷却性能。对于喷雾冷却来说,尤其是两相换热区,表面上的液体润湿状态影响着喷雾冷却的换热性能,表面上保有液体的能力越强,也意味着表面上喷雾冷却换热的能力也越强。由于更好的润湿特性,杂乱排列的纳米线阵列 Nano‐32 表面表现出更高的临界热流密度。

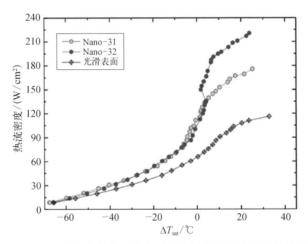

图 10.7　不同纳米线阵列结构形貌表面的喷雾冷却换热曲线

图 10.8 对比了多种纳米线表面的临界热流密度和铺展第 100 ms 时的润湿半径,发现换热能力和动态润湿能力成正相关关系,验证了关于纳米线阵列增强喷雾冷却换热能力的机理:纳米线阵列表面优良的表面润湿特性是其强化喷雾冷却换热的主要原因,表面的润湿特性越优良,表面上液体的输运力也越强,喷雾冷却时阻止表面干涸的再润湿能力也就越强,因此喷雾冷却换热能力也越强。

在此基础上,设计构造了微米/纳米复合结构表面,将各种强化换热的机制结合起来,并进行了喷雾冷却的实验研究[9]。在硅基底上先通过刻蚀加工了三种不同尺寸的微米方柱阵列结构(深度相同,柱宽:柱间距=1:1,柱宽分别为 25、50、100 μm),在其上生长了高度约为 4.5 μm 的氧化锌纳米线阵列,三种表面结构的 SEM 表征结果如表 10.1 所示。

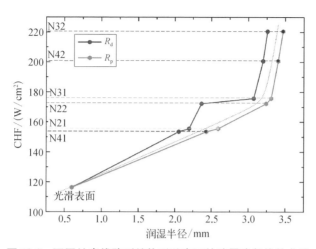

图 10.8　不同纳米线阵列结构形貌表面的喷雾冷却换热曲线

表 10.1　微米/纳米复合结构表面的 SEM 图像

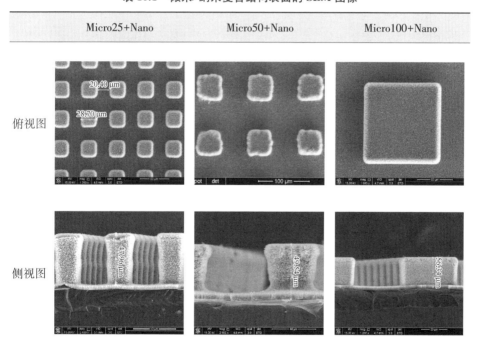

液滴在微纳复合结构表面自由铺展时会受到微米结构的影响,液滴的自由铺展更多会在微米结构间的槽道中进行,属于受限的自由铺展,或者称为沟流(channelling)。由于在微米结构上构造了氧化锌纳米线阵列,使得在微米结构

表面上原本很难发生的沟流变得异常旺盛,液滴在沟流行为的主导下迅速润湿表面。而此时的毛细渗流则在大部分时间被沟流抑制,直到沟流得不到液体补充而变得缓慢时,毛细渗流才渐渐显现。这是因为相对于毛细渗流,沟流发生在几十微米的空隙中,流动阻力要小很多,液体会优先选择微米空隙作为流通路线。如图 10.9 所示,在微/纳复合结构表面上,液滴的铺展速度相比在纳米结构表面得到了进一步提升。

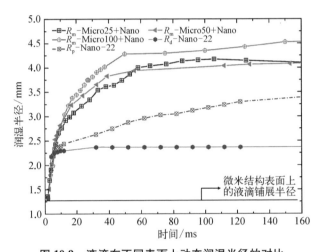

图 10.9 液滴在不同表面上动态润湿半径的对比

图 10.10 展示了不同微/纳复合结构表面的喷雾冷却换热规律[9]。可以发现,虽然表面上的氧化锌纳米线阵列相同,但由于表面的微米结构不同,复合结

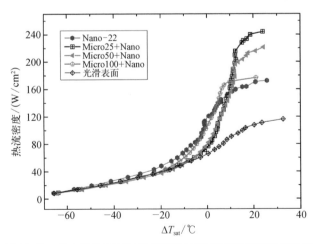

图 10.10 复合结构表面与纳米结构表面的喷雾冷却换热曲线

构表面的喷雾冷却换热结果也不同,而且微米结构越密集的复合结构表面喷雾冷却换热能力越强。由图 10.9 中的润湿性表征可以知道,三种复合结构表面的润湿特性相近,差别不大,这就说明在复合结构表面上,除了表面润湿性,还有其他因素影响着喷雾冷却换热,这就是微米结构。Micro25+Nano 表面微米结构更密集,在两相换热区对三相接触线增长的作用最强,其换热能力在所有表面中最优异,其临界热流密度达到了 243 W/cm^2,是光滑表面的 2.1 倍。同时,由于复合结构上微米结构的存在,使得所有复合结构表面的换热能力都优于纯纳米结构表面(Nano–22)。

综上所述,微米/纳米复合结构表面不仅具有纳米结构增强表面润湿性的作用,还保留着微米结构增长三相接触线的效应,微米/纳米复合结构同时将纳米结构强化喷雾冷却换热的机制与微米结构强化喷雾冷却换热的机制相结合,达到更好的换热效果。

10.2 喷雾冷却强化换热微观机制——单个微米液滴的流动相变

10.1 节对喷雾冷却的整体传热性能进行了介绍,本节将对喷雾冷却的微观流动换热机制[14, 15]。单个微米液滴撞击固体表面的流动和换热是喷雾冷却的基本单元过程,喷雾冷却换热特性是无数微米液滴与冷却表面微观换热过程的宏观表现。液滴参数(直径、速度等)和液滴在冷却表面的润湿特性从本质上影响了喷雾冷却的换热特性。因此,从单个微米液滴入手是认识喷雾冷却微观流动换热机制的有效途径。目前关于单个液滴撞击固体表面的流动及换热的研究中液滴直径主要集中在毫米量级,而喷雾冷却中液滴的直径为微米量级。如本章开头中所述,与尺寸更大的毫米液滴相比,微米液滴的表面张力作用和蒸发作用更强,同时微米液滴撞击表面的过程中动量传递时间尺度和随后的热量传递时间尺度更小,毫米液滴的研究结论并不一定适用于微米液滴,微米液滴撞击固体表面的流动和换热特性需要开展进一步研究。因此,本节从单个微米液滴撞击固体表面这一喷雾冷却的基本过程入手,搭建了微米液滴撞击固体表面流动与相变可视化实验台,开展了单个微米液滴撞击微纳米结构表面流动与相变的实验研究,对比分析了不同的温度区间内两种不同的微纳米结构表面强化液滴与表面间换热的作用机制,揭示了微米液滴铺展前驱膜在微纳米结构表面的演变机制和前驱膜与二次铺展对微米液滴相变换热过程的影响规律。

图 10.11 为微米液滴撞击固体表面流动与相变可视化实验系统图,其中实线表示气路和液路,虚线表示电路。图 10.12 为实验系统照片,整个实验系统安装在调节水平的光学平台上,以实现对系统各部件位置的精确调节。实验系统包括四个不同的子系统,分别为微米液滴发生系统、芯片温度控制系统、高速成

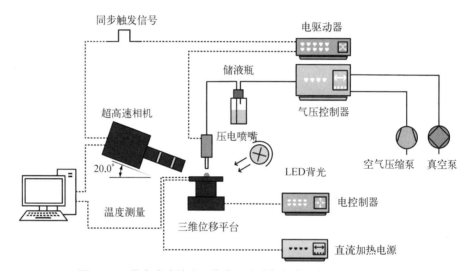

图 10.11 微米液滴撞击固体表面流动与相变可视化实验系统图

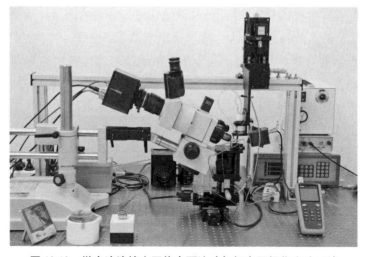

图 10.12 微米液滴撞击固体表面流动与相变可视化实验系统

像系统及三维位置控制系统。其中,微米液滴发生系统由压电喷嘴、储液瓶、空气压缩泵、真空泵、气压控制器和电驱动器等构成,各部分间通过气路和液路相连接。压电喷嘴孔径为 100 μm 和 150 μm 两种规格,产生的液滴直径为 50～180 μm。电驱动器的输出波形、输出频率和波数通过软件控制,进而控制液滴发生的频率和数量,可以实现单个液滴和一定频率多个液滴喷射。

芯片温度控制系统由一体化芯片、直流加热电源、标准电阻和数据采集器等构成。一体化芯片采用双面抛光的硅片为基底,通过 MEMS 微纳加工工艺制备得到。芯片正面为抛光表面,作为微米液滴撞击的光滑固体表面,表面粗糙度小于 2.0 nm。芯片的背面布置均匀分布的铂丝,铂丝通电发热加热芯片,并通过铂丝电阻-温度标定,同时实现芯片加热和芯片表面温度的测量。芯片加热铂丝与直流加热电源连接,通过改变加热功率调整芯片表面的温度。标准电阻与加热铂丝串联,通过测量标准电阻两端的电压精确得到通过加热铂丝的电流。

高速成像系统由高速相机、显微镜/放大镜头和 LED 背光光源等构成。高速相机与水平面间呈 20° 的角度,从斜上方拍摄撞击水平表面的微米液滴。相比于水平拍摄,从斜上方拍摄可以获得更多的液滴流动铺展和形貌变化的信息。由于高速相机拍摄速度极快,曝光时间极短,相机成像传感器对光线强度要求较高。为弥补高速相机曝光不足的问题,采用 LED 背光光源照射拍摄视场,对微米液滴进行强背光照射。LED 光源照射有一定的热效应,为避免 LED 光源照射对喷嘴温度的影响,实验中在压电喷嘴表面贴附铝箔作为遮热罩,隔绝 LED 光源辐射热量。采用外部同步触发信号同时触发液滴发生系统产生液滴和高速相机开始拍摄。为获得液滴的直径和速度等参数,实验前首先采用精密标定板对高速相机传感器像素的空间尺寸进行了标定。

三维位置控制系统由三维位移平台和电控制器等构成。三维位移平台水平固定在光学平台上,光滑的硅芯片水平固定在三维位移平台上,压电喷嘴垂直于芯片表面。通过电控制器可以实现芯片的三维空间移动,控制精度为 1.0 μm,从而实现对微米液滴喷射位置的精确控制。

制备了两种不同的微纳米结构表面,以研究讨论表面微纳米结构对单个液滴流动相变行为的影响。采用热溶液法制备了氧化锌纳米线结构[1],主要包括种子层、硝酸锌溶液制备和在硝酸锌溶液中基于种子层的纳米线非均相成核结晶生长等步骤。如图 10.13 所示,氧化锌纳米线的高度为 1.166 μm,直径为几十到几百纳米不等。氧化锌纳米线结构表面经紫外光照射诱导后,表面亲水,去离

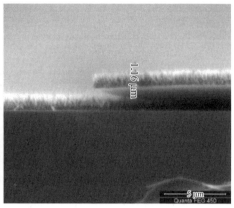

图 10.13　氧化锌纳米线结构正面(左)和截面(右)的 SEM 照片(放大 40 000 倍)

子水在氧化锌纳米线表面的静态接触角为 21°。

采用电化学法制备了铜规则多孔结构(CIO),其主要制备步骤包括溅射金膜、模板沉积、模板烧结、电镀生长和模板去除等[16]。图 10.14 为铜规则多孔结构的电镜照片。左图中大孔为溶解去除聚苯乙烯微米球后得到的,大孔与大孔间通过孔颈连通,大孔的排列方式与微米球的堆积方式相同,为面心立方结构。模板烧结过程中,相邻的微米球间由原来的点接触变为面接触,从而在去除微米球后得到了连接大孔与大孔的孔颈。孔颈的大小通过调节烧结温度和烧结时间进行调控。右图为铜规则多孔结构的截面照片,从中可以看到多孔结构的堆积层数。

图 10.14　孔径 1.0 μm 铜规则多孔结构正面(左,放大 40 000 倍)和
侧面(右,放大 8 000 倍)的 SEM 照片

与光滑表面不同,如图 10.15 所示,微米液滴撞击氧化锌纳米线结构表面和 CIO 表面铺展过程中均出现了前驱膜结构,即微米液滴周围白色的圆环结构[14, 15]。如图 10.16 所示,前驱膜为液滴铺展前沿外侧的流体薄膜,不同于液滴主体流体。如图 10.15 所示,当微米液滴接触微纳结构表面后,随着液滴的不断铺展,前驱膜开始出现并不断增大。随着液滴的不断蒸发,液滴不断减小,微米液滴蒸干消失后,前驱膜结构也逐渐消失。

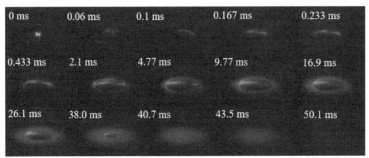

(a) 氧化锌纳米线表面

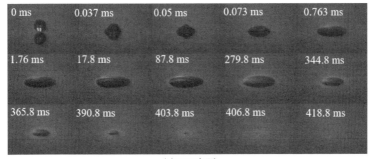

(b) CIO 表面

图 10.15 微米液滴撞击氧化锌纳米线结构表面和 CIO 结构表面的铺展与蒸发($D = 104.5\ \mu m$,$W_e = 1.656$,$T_w = 40^\circ C$)

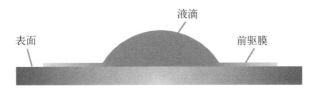

图 10.16 液滴铺展过程中形成前驱膜

如图 10.17 所示,分别为图 10.15 中的微米液滴撞击氧化锌纳米线结构表面和 CIO 表面的铺展过程随时间变化的定量描述[14, 15]。液滴和前驱膜的无量纲铺展直径分别为液滴铺展直径和前驱膜直径与液滴直径 D 的比值。微米液滴撞击氧化锌纳米线结构表面后,在液滴的铺展过程中快速形成了前驱膜结构,微米液滴和前驱膜的最大无量纲铺展直径分别为 3.2 和 4.4。当微米液滴的铺展直径逐渐减小时,前驱膜直径仍在不断增大,随后前驱膜直径保持最大值。在液滴蒸发的绝大部分时间内,前驱膜直径明显大于微米液滴的铺展直径。当微米液滴的无量纲铺展直径小于 1.0 时,前驱膜直径才开始减小。微米液滴消失后,前驱膜迅速缩小消失。

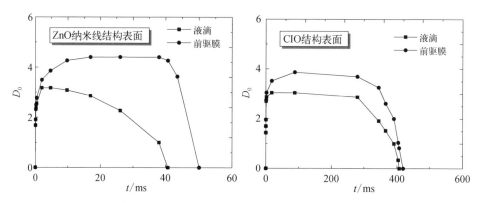

图 10.17　微米液滴撞击氧化锌纳米线结构表面和 CIO 表面的无量纲铺展
直径随时间的变化($D = 104.5$ μm, $W_e = 1.656$, $T_w = 40℃$)

　　微米液滴在 CIO 表面铺展则呈现出不同的规律。如图 10.17 所示,CIO 表面液滴的铺展直径与前驱膜直径的差别更小,前驱膜直径的变化与液滴铺展直径随时间的变化基本一致,液滴铺展直径不变则前驱膜直径基本不变,液滴铺展直径减小则前驱膜直径也跟着减小。CIO 表面,微米液滴和前驱膜的最大无量纲铺展直径分别为 3.0 和 3.9。可见,CIO 表面和氧化锌纳米线结构表面的液滴铺展直径差别不大,但前驱膜直径后者明显大于前者。由图 10.15 和图 10.17 可以看到,相同大小的微米液滴在氧化锌纳米线结构表面的蒸干时间为 50.1 ms,而在 CIO 表面的蒸干时间为 418.8 ms,后者蒸干时间为前者的 8.4 倍,前者的蒸发速率明显高于后者。这说明氧化锌纳米线结构表面形成的大直径前驱膜结构明显提高了液滴的蒸发速率,强化了微米液滴与表面间的换热过程。

　　如图 10.18 所示,为氧化锌纳米线结构表面和 CIO 表面液滴前驱膜的形成机制图[14, 15]。紫外光诱导后的氧化锌纳米线和 CIO 多孔结构均亲水,微米液滴接触表面后,首先在惯性力和表面张力的作用下快速铺展,液滴铺展后流体在纳米线或多孔结构中形成弯月面。沿远离液滴铺展前沿的方向,纳米线或多孔结构中的弯月面曲率逐渐增大,因此弯月面下液体的压强越来越小,从而导致液滴中的液体在毛细压差力的作用下沿径向流动,前驱膜形成并发展。每个弯月面单元,液体的流入量 m_{in} 等于液体的蒸发量 m_e 和液体的流出量 m_{out} ,即

$$m_{in} = m_e + m_{out} \tag{10.1}$$

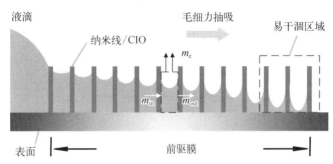

图 10.18　氧化锌纳米线结构表面和 CIO 表面液滴前驱膜的形成机制

　　沿远离液滴铺展前沿的方向,前驱膜的厚度不断减小,弯月面曲率不断增大,这使得液体与表面间的传热热阻不断减小,液膜的蒸发面积不断增大,弯月面的蒸发量 m_e 不断增大。同时,随着前驱膜直径的增大,液体沿径向毛细流动的过程中不断蒸发,沿远离液滴铺展前沿的方向弯月面的液体流入量 m_{in} 不断减小。当弯月面的液体流入量等于蒸发量时,即 $m_{in} = m_e$,弯月面的液体流出量 m_{out} 为零。此时,前驱膜不再增大,其直径达到最大值。随着蒸发的继续进行,液滴主体流体不断减少。当 $m_{in} < m_e$ 时,前驱膜最外侧的弯月面开始干涸,前驱膜缩小。前驱膜的形成与变化过程本质上是毛细驱动力与液膜流动阻力间的平衡过程。

　　氧化锌纳米线结构表面纳米线排列更加紧密,纳米线间形成的弯月面曲率更大,因此纳米线结构表面的前驱膜铺展受到更大的毛细力驱动,前驱膜的直径更大。更大的前驱膜直径和更大的弯月面曲率使得微米液滴在氧化锌纳米线结构表面获得更大的蒸发面积和更大的蒸发速率,因此微米液滴在氧化锌纳米线结构表面的蒸干时间更短。

　　前驱膜形成过程中的毛细驱动力和液膜流动阻力的大小是由表面结构和表面润湿性决定的,而液膜或者说弯月面的蒸发速率 m_e 除了受表面结构的影响,更多地受表面温度的影响。下面以氧化锌纳米线结构表面为例,讨论表面温度对前驱膜形成的影响规律。

　　如图 10.19 所示,为表面温度为 45~110℃时,氧化锌纳米线结构表面微米

液滴和前驱膜无量纲铺展直径随时间变化的规律[14, 15]。可以看到,随着表面温度的升高,液滴的蒸发速率升高,液滴的蒸干时间从 45℃时的 14.6 ms 减小到 110℃时的 2.7 ms。同时,随着表面温度的升高,前驱膜的无量纲直径的最大值不断减小,而液滴的无量纲铺展直径的最大值几乎不变,二者的差别减小。当 $T_w = 110$℃时,如图 10.19 所示,前驱膜直径的变化与液滴铺展直径随时间的变化基本一致,微米液滴在氧化锌纳米线结构表面的铺展规律几乎和图 10.19 中 $T_w = 45$℃时微米液滴在 CIO 结构表面的铺展规律相同。

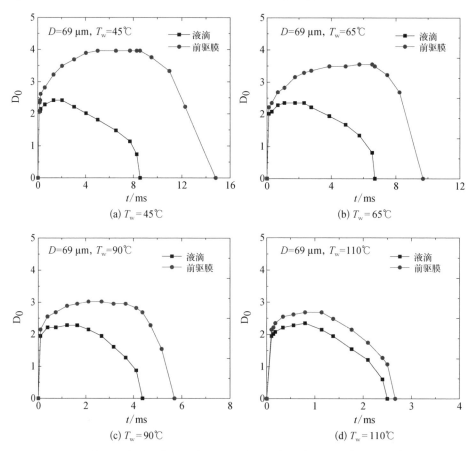

图 10.19 表面温度对氧化锌纳米线结构表面微米液滴和前驱膜无量纲铺展直径随时间变化的影响规律($D = 69$ μm, $W_e = 1.656$, $T_w = 45 \sim 110$℃)

如图 10.20 所示,将图 10.19 中的横坐标时间也无量纲化($t_0 = t/\tau$),得到 $T_w = 45 \sim 110$℃时氧化锌纳米线结构表面微米液滴和前驱膜无量纲铺展直径随无量纲时间变化曲线。可以更加清楚地看到,在不同表面温度下,微米液滴的铺展曲线几乎重合,变化规律相同。但随着表面温度的升高,前驱膜的直径不断减小,逐渐向液滴的铺展直径靠拢。前驱膜的这种变化是由液滴蒸发速率随表面温度升高而升高导致的。表面温度的升高使得前驱膜弯月面的蒸发量 m_e 增大,但毛细驱动力变化不大,且纳米线表面液膜的流动阻力较大,弯月面的总的流入量变化不大,因此前驱膜发展过程中弯月面的流入量与蒸发量迅速达到平衡,前驱膜发展停止,前驱膜直径减小。从热量和动量传递时间尺度变化的角度同样可以解释前驱膜直径随表面温度升高的变化规律。随着表面温度的升高,前驱膜蒸发速度增大,前驱膜与表面间的热量传递时间尺度减小,而由于毛细驱动力变化不大,前驱膜内流体的动量传递时间尺度变化不大,有限的液体补充速度限制了液膜的发展,导致前驱膜直径减小。CIO 表面前驱膜的直径同样会随表面温度的升高而减小,但其直径在表面温度较低时就很小,因此减小并不明显。

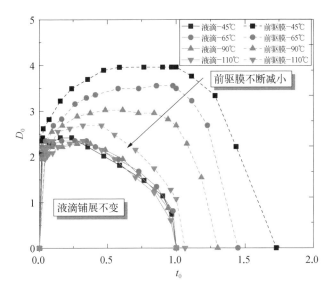

图 10.20　表面温度对氧化锌纳米线结构表面微米液滴和前驱膜无量纲铺展直径随无量纲时间变化的影响规律($D = 69\ \mu\text{m}$, $W_e = 1.656$, $T_w = 45 \sim 110\,℃$)

前面提到,大直径前驱膜的出现使得微米液滴在氧化锌纳米线结构表面的蒸发速率明显高于 CIO 表面。而随着表面温度的升高,微米液滴在氧化锌纳米线结构表面的前驱膜不断减小,从而使得前驱膜对液滴液体蒸发的贡献率减小。如表 10.2 所示,对比了不同表面温度条件下,光滑表面、CIO 表面和氧化锌纳米线结构表面微米液滴的蒸发速率。表 10.2 中所有工况的液滴直径均为 69 μm,液滴的蒸发速率与蒸干时间成反比。可以看到,在所有的表面温度下,相比于光滑表面,CIO 和纳米线结构表面均明显提高了液滴的蒸发速率,强化了液滴与表面间的换热过程。这一方面是由于液滴在 CIO 和纳米线结构表面的静态接触角更小,铺展直径更大;另一方面则是由于液滴在 CIO 和纳米线结构表面铺展的过程中形成了前驱膜结构。由于微米液滴在氧化锌纳米线结构表面形成的前驱膜结构直径更大,因此纳米线结构表面的液滴蒸发速率大于 CIO 表面的蒸发速率。值得注意的是,随着表面温度的升高,CIO 表面与光滑表面的液滴蒸发速率的差别变化很小(从 6.9 倍变为 5.8 倍),而纳米线结构表面与光滑表面的液滴蒸发速率的差别明显减小(从 44.1 倍变为 8.6 倍),从而纳米线结构表面和 CIO 表面的液滴蒸发速率的差别也不断减小。$T_w = 110℃$时,纳米线结构表面的液滴蒸发速率仅是 CIO 表面的 1.5 倍。这种变化正是由纳米线结构表面的前驱膜随表面温度升高而不断减小导致的。

表 10.2　光滑表面、CIO 表面和氧化锌纳米线结构表面微米液滴的蒸干时间对比

$T_w/℃$	光滑表面/ms	CIO/ms	[a]NW/ms	蒸发速率比值		
				CIO /光滑表面	NW /光滑表面	NW /CIO
45	642.3	92.74	14.56	6.9	44.1	6.4
65	237.6	35.20	8.86	6.8	26.8	4.0
90	71.5	11.71	5.14	6.1	13.9	2.3
110	23.2	4.01	2.69	5.8	8.6	1.5

注:[a]NW 为氧化锌纳米线结构表面。

对微米液滴撞击光滑表面的研究表明:微米液滴撞击光滑表面捕获的空气泡作为汽化核心,在一定的表面过热度下,液滴内部出现气泡的生长甚至破裂;当表面温度较高时,液滴剧烈变形再次捕获的气泡会使得液滴内部气泡生长的现象持续一段时间。微米液滴撞击微纳米结构表面的过程则有所不同,除了与液滴撞击光滑表面相同的气泡捕获过程外,表面微纳米结构内部的空气在液滴接触表面后易于被捕获,从而使得液滴获得更多的汽化核心。本节将讨论微米液滴撞击高温氧化锌纳米线结构表面和 CIO 表面的相变规律。

如图 10.21 所示,当表面温度为 130℃和 150℃时,微米液滴撞击氧化锌纳米线结构表面和 CIO 表面均出现了沸腾(光滑表面称为内部有气泡生长的蒸发)。液滴在纳米线结构表面的沸腾与光滑表面类似,往往只出现一到两个大气泡的生长,随后气泡破碎,沸腾停止,沸腾持续时间短。而 CIO 表面则不同,液滴的沸

腾更加剧烈,液滴内部同时出现数量众多的小气泡生长和破裂,持续时间也更长。这是由于氧化锌纳米线结构表面的纳米线排布紧密,纳米线的间隙更小,在 $T_w = 130℃$ 和 $T_w = 150℃$ 时,这些纳米线间的孔隙不足以作为液滴沸腾的汽化核心。而 CIO 表面布满微米孔,这些微米孔成为微米液滴沸腾的汽化核心,液滴在 CIO 表面剧烈沸腾。当表面温度升高到 190℃ 时,微米液滴在氧化锌纳米线结构表面和 CIO 表面均出现剧烈的沸腾,液滴内部同时出现数量众多的小气泡生长和破裂。这说明,随着表面温度的升高,纳米线结构表面纳米线间的孔隙逐渐成为液滴的沸腾核心,使得液滴内部出现剧烈沸腾。

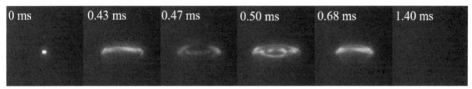

(a) 氧化锌纳米线结构表面, $T_w = 130℃$

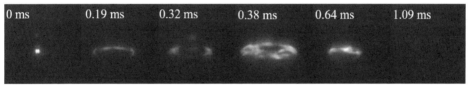

(b) 氧化锌纳米线结构表面, $T_w = 150℃$

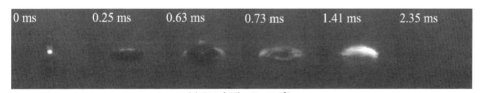

(c) CIO表面, $T_w = 130℃$

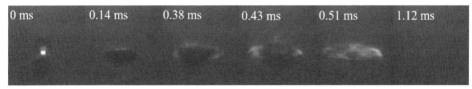

(d) CIO表面, $T_w = 150℃$

图 10.21　微米液滴撞击氧化锌纳米线结构表面和 CIO 表面的沸腾过程
$(D = 69\ \mu m,\ v = 1.17\ m/s,\ W_e = 1.30)$

图 10.22 为微米液滴在氧化锌纳米线结构表面和 CIO 表面相变过程中无量纲铺展直径随时间的变化过程。可以看到,与前一节讨论的低温表面液滴蒸发不同,微米液滴撞击高温表面后先后出现了两次快速铺展过程。第一次快速铺展和低温

表面的相同,为液滴撞击惯性力和表面张力作用下的液滴快速铺展。第二次快速铺展发生在液滴沸腾的过程中,液滴沸腾过程中产生的气泡使得液滴体积快速膨胀,铺展直径迅速增大。沸腾结束后,液滴通过单纯蒸发逐渐减小直至蒸干。

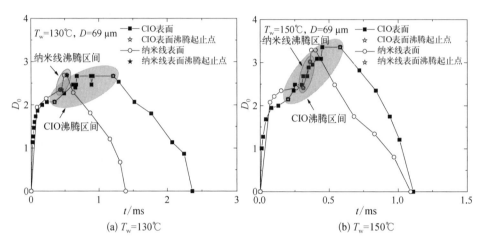

图 10.22 微米液滴撞击氧化锌纳米线结构表面和 CIO 表面的沸腾过程中
无量纲铺展直径的变化($D = 69 \ \mu m$, $v = 1.17 \ m/s$, $W_e = 1.30$)

图 10.23 为相同直径和撞击速度的微米液滴在光滑表面、纳米线结构表面和 CIO 表面的蒸干时间随表面温度升高的变化规律。液滴的蒸干时间越短,蒸

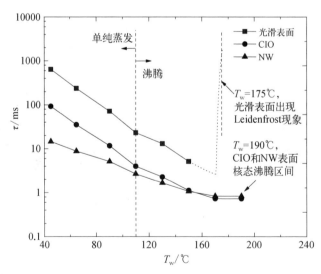

图 10.23 光滑表面、CIO 表面和氧化锌纳米线结构表面微米液滴的
蒸干时间对比($D = 69 \ \mu m$, $v = 1.17 \ m/s$, $W_e = 1.30$)

发速率越大,液滴与表面间的换热越强。随着表面温度的升高,微米液滴在表面的相变过程可以分为单纯蒸发和沸腾两个不同的区间,单纯蒸发在前面一节已经进行了讨论,下面对沸腾区间进行讨论。

如图 10.23 所示,在沸腾区间,与光滑表面相比,氧化锌纳米线结构表面和 CIO 表面明显提高了微米液滴的蒸发速率,强化了液滴与表面间的换热过程,且二者的强化换热作用几乎相同。前面提到,液滴在纳米线和 CIO 表面具有更小的静态接触角,同时沸腾使得微米液滴发生二次快速铺展,这均使得液滴的铺展直径更大,三相接触线更长,蒸发更旺盛,因此纳米线和 CIO 表面强化了液滴与表面间的换热。另外,当表面温度较高时,纳米线结构表面的前驱膜结构几乎消失,因此,纳米线和 CIO 表面对液滴蒸发和换热过程的强化作用几乎相同。

如图 10.23 所示,对于光滑表面,液滴的蒸干时间随表面温度的升高不断减小,当 T_w = 175℃ 时,微米液滴撞击表面后迅速弹离表面,出现了 Leidenfrost 现象。而在氧化锌纳米线结构表面和 CIO 表面,在实验温度范围内,微米液滴均未出现弹离表面的现象,且在最高的实验温度(T_w = 190℃)下,微米液滴仍处于核态沸腾状态,这说明表面微纳米结构提高了液滴的 Leidenfrost 温度。这是由于微米液滴接触纳米线和 CIO 表面后,液滴在惯性力和表面结构毛细抽吸力的作用下迅速铺展,同时纳米线和 CIO 为液滴提供了数量众多的汽化核心,液滴内部发生多个气泡的生长与破碎,使得液滴与表面间难以形成稳定的气膜结构,液滴无法离开表面,从而提高了液滴的 Leidenfrost 温度。

微纳米结构表面可以强化喷雾冷却的换热过程,这一点已经在喷雾冷却的宏观换热性能研究中得到了广泛的验证。已有研究认为,表面结构导致的液膜三相接触线变长、表面亲水及沸腾汽化核心数增多是表面微纳米结构强化喷雾冷却换热的主要原因。本节通过对微米液滴在氧化锌纳米线结构表面和 CIO 表面流动和相变的研究发现,除了上述原因,液滴铺展前驱膜和液滴沸腾膨胀导致的液滴二次铺展也是表面微纳米结构强化微米液滴与表面间换热的重要因素,这也是微纳米结构表面强化喷雾冷却换热的重要机制[14, 15]。

喷雾冷却中,随着冷却表面热流密度和喷雾质量流量的变化,冷却表面的液膜形态发生相应的变化。如图 10.24 所示,随着表面热流密度的升高,喷雾冷却表面的液膜依次经历厚液膜、薄液膜、部分干涸和完全干涸的演变。当热流密度不变时,随着喷雾质量流量的减小,液膜会出现相同的变化过程。下面结合对单个微米液滴撞击微纳米结构表面流动和相变的研究结论,对图 10.24 中喷雾冷却的四种不同情况进行讨论。

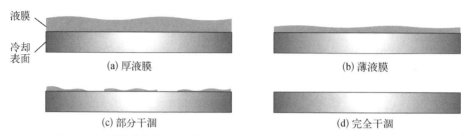

图 10.24　喷雾冷却表面液膜随热流密度升高/质量流量减小的演变过程

如图 10.24（a）和（b）所示,当冷却表面被液膜完整覆盖且无沸腾时,液膜蒸发是带走表面热量的主要方式,液膜越薄越有利于液体与表面间的换热,此时液膜下的表面微纳米结构对喷雾冷却换热的强化作用十分有限。当冷却表面被液膜完整覆盖且发生沸腾时,液膜表面的蒸发和内部的沸腾均是带走表面热量的重要方式。此时,减小液膜厚度能够强化液膜表面的蒸发过程,增加冷却表面的汽化核心数能够强化冷却表面的沸腾过程,从而强化液体与表面间的换热。为增加表面的汽化核心数,当表面温度较低时,应采用 CIO 这种汽化核心直径较大的结构化表面;当表面温度较高时,纳米线结构表面和 CIO 表面均能够提供足够的汽化核心,二者强化换热作用的差别减小。

如图 10.24（c）所示,当冷却表面的液膜发生破裂时,冷却表面的换热过程则变得更加复杂,除了液膜表面的蒸发和内部的沸腾,液膜三相接触线处的蒸发和无数微米液滴撞击干涸区域后的相变也对冷却表面的换热过程起到重要作用。此时,若表面温度较低,应采用氧化锌纳米线结构这种排列较为紧密,毛细力较大的结构化表面。氧化锌纳米线结构表面形成的明显的前驱膜结构将极大地强化液膜与表面间的换热。当表面温度较高时,氧化锌纳米线结构表面的前驱膜结构逐渐减小,此时纳米线结构表面和 CIO 表面强化换热的差别减小,二者均通过增大表面润湿性、液滴的二次快速铺展和增加汽化核心数强化喷雾冷却的换热过程。当表面温度更高时,纳米线结构表面和 CIO 表面还通过提升微米液滴撞击表面的 Leidenfrost 温度强化喷雾冷却的换热。

如图 10.24（d）所示,当冷却表面完全干涸时,冷却表面极易出现温度飞升而损坏,因此实际应用中应避免这种情况。

10.3　间歇喷雾冷却和闭式喷雾冷却循环

喷雾冷却的一个重要优点是冷却工质的高效利用,然而对于不同的热负荷采用相同的喷雾,可能会使得在热负荷较低的情况下产生工质的浪费,不利于飞行器轻质化[17, 18]。在较低热负荷下采用间歇喷雾是针对这一问题的有效策略。目前在喷雾冷却的研究中多为连续喷雾,很多学者研究了喷雾参数,如液滴参数、喷射高度、倾斜角、过冷度、系统压力等的影响。当喷射压力相同时,在相同时间间隔内,间歇喷雾的流量小于连续喷雾,能够节省工质流量,对于轻质热防护技术具有重要意义。针对这一背景,需要研究:间歇喷雾和连续喷雾哪种方式单位质量的工质流量能够带走更多的热量;当热流密度非常大时,间歇喷雾的喷停特性能否满足散热要求;不同的间歇喷雾周期和占空比是否存在最优选择。

本节首先采用 Shadow 系统精确测量了喷射到换热表面时的液滴参数,发现当喷射压力相同(均为 0.3 MPa)时,连续喷雾冷却和间歇喷雾冷却两种形式的喷雾液滴粒径和速度相近[19]。

喷雾冷却的实验系统简图如图 10.25 所示,实验系统由喷雾系统、加热系统和测量系统三部分组成。喷雾系统主要包括喷嘴、电磁阀、控制电路、示波器、泵、恒温水浴、过滤器等;加热系统主要由铜柱、稳压器和调压器等组成;测量系

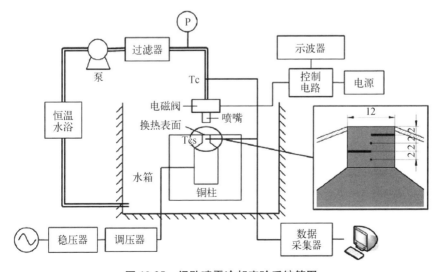

图 10.25　间歇喷雾冷却实验系统简图

统包括压力表、Aglient 34970A 数据采集器及采集板、流量测量仪。实验中需要研究间歇喷雾冷却的换热性能,因此在喷嘴前加装电磁阀控制喷嘴,并采用自行设计的间歇喷射的控制系统。

喷雾冷却中,喷雾参数如液滴粒径和液滴速度等对喷雾冷却性能有直接影响。因工质从喷嘴喷出形成液滴后在空气中运动,由于受空气的阻碍,其粒径和速度会随其与喷口的距离的变化而变化。以往文献中大多通过经验关联式计算液滴参数,或由喷嘴厂家提供相应的值,这些值不能够准确地描述实际实验中喷射到换热表面时液滴的特性。因此,准确测量喷射到换热表面时的液滴粒径和速度非常重要。采用德国 LaVision 公司制作的基于 PIV 的测试系统——Particle Master Shadow系统,来精确测量液滴参数,测量结果图像如图 10.26 所示。间歇喷雾和连续喷雾的液滴参数对比如表 10.3 所示,其中间歇喷雾以一个周期内喷雾时间:非喷雾时间来表示。在喷雾压强均为0.3 MPa 时,间歇喷雾与连续喷雾的液滴粒径最大差距为 7.0%,液滴速度最大差距为 6.3%,因此认为间歇喷雾和连续喷雾的液滴参数是一致的。

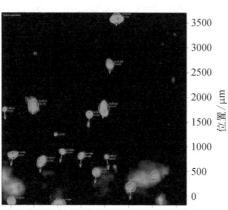

图 10.26 液滴参数测量界面

表 10.3 间歇喷雾和连续喷雾的液滴参数对比

喷 雾 形 式	$D_{10}/ \mu m$	$D_{32}/ \mu m$	$V/(m/s)$
连续喷雾	164.8	360.6	6.01
50 ms:50 ms	172.2	390.9	5.79
100 ms:100 ms	176.1	361.0	5.63
150 ms:150 ms	171.0	382.6	5.67
200 ms:200 ms	167.7	384.8	6.01
50 ms:150 ms	177.4	385.9	5.87
150 ms:50 ms	176.3	373.9	5.79

经测量,占空比为 50% 时,间歇喷雾流量约为连续喷雾的一半,不同喷雾时长下的喷雾冷却换热结果如图 10.27 所示。相同喷雾压强下,连续喷雾的热流

密度和换热系数比间歇喷雾高,当停止喷雾时长为 200 ms 时,由于长时间得不到冷却液补充,换热性能下降。单位质量流体的换热系数对比如图 10.28 所示,间歇喷雾每千克水带走的热量和有效换热系数高于连续喷雾,尤其是在无沸腾区或较低沸腾温差区,间歇喷雾的优势最为明显,150 ms:150 ms 的有效换热系数与连续喷雾相比,最大可增加 35.8%。对间歇喷雾而言,当占空比均为 0.5、周期不同时,存在最优的喷雾周期。

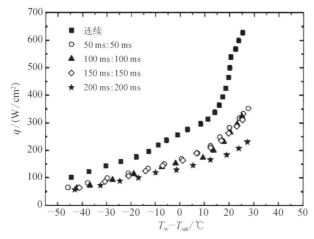

图 10.27　间歇喷雾冷却换热曲线

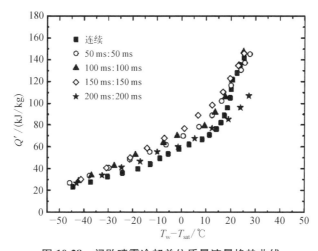

图 10.28　间歇喷雾冷却单位质量流量换热曲线

对比了喷雾周期均为 200 ms、占空比不同时的间歇喷雾冷却。在无沸腾区,间歇喷雾的优势较为明显,在无沸腾区 100 ms:100 ms 间歇喷雾的每千克水带走的热量和有效换热系数最高,在沸腾区,50 ms:150 ms 间歇喷雾的每千克水带走的热量和有效换热系数最高。所以,周期均为 200 ms 的情况下,存在最优的占空比,使得流体的利用率最高。如果热流密度很高,由于连续喷雾的换热性能较高,且其在较剧烈沸腾区的每千克水带走的热量和有效换热系数与间歇喷雾相当,连续喷雾优于间歇喷雾;当热流密度较低时,间歇喷雾对于工质的利用更加有效,间歇喷雾优于连续喷雾。

在喷雾冷却的实际应用中,不仅要考虑喷雾冷却的换热能力,还要考虑整个喷雾冷却系统的设计。大多数喷雾冷却研究是基于开式系统,开式系统不但工质难以回收,造成浪费,在实际应用中难以直接采用,而且无法控制蒸发压力,导致换热表面温度较高。因此有必要研究闭式喷雾冷却循环[20, 21],闭式冷却系统体积的缩减、气液两相工质的有效回收等是亟待解决的问题;同时闭式系统中压力、热流密度、液滴参数等因素对冷却效果的影响也需要进一步详细研究。

基于以上背景,设计了一套基于制冷循环的闭式喷雾冷却系统,具有可视化功能,并可调节腔内蒸发压力。实验系统设计如图 10.29 示,由四个部分组成:喷雾系统、冷凝系统、加热系统和数据采集系统。喷雾系统包括压缩机、过滤器

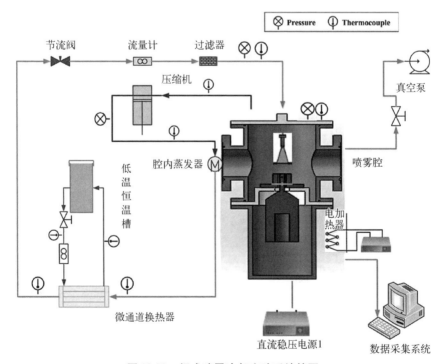

图 10.29　闭式喷雾冷却实验系统简图

和喷嘴,冷凝系统包括低温恒温槽和微通道换热器,加热系统包括恒压电源、加热棒和腔内加热器,数据采集系统包括压力变送器、热电偶、计算机和数据采集器,工质采用 R134a。

考虑到空间无重力环境及电子系统长期稳定冷却的需求,将换热后的液态工质完全汽化并充满腔体后进行回收循环,因此,选择压缩机取代传统的泵作为工质循环的动力源,抽吸喷雾腔的气态工质并压缩为高压气体,以此为基础,基于制冷循环建立完整的喷雾系统。系统中工质的蒸发和冷凝过程分开进行,可以保证冷却过程的较高效率。此外,系统中喷雾腔起到制冷循环中蒸发器的作用,喷嘴在雾化液体的同时还起到节流阀的作用。在喷雾腔中加装了一个辅助加热器来满足调控腔内蒸发压力的要求,进而在各种工况下有效降低换热表面的温度。实验系统中使用一台温度可调节的恒温水槽来控制喷嘴入口处液体工质的热力状态,在喷嘴入口前安装了节流阀来控制入口压力。

实验研究了光滑表面和粗糙表面的闭式喷雾冷却换热性能,表面的粗糙度分别为 1 nm 和 567 nm。图 10.30 两种表面在不同流量下得到的喷雾冷却沸腾曲线,可以分析质量流量和表面粗糙度对换热的影响。腔内压力 0.32 MPa,饱和温度为 276 K,质量流量从 1.992 g/s 变化到 4.328 g/s,过热度最大达到 65℃。对比发现,粗糙表面的换热能力优于光滑表面,因为较大的表面粗糙度会提供更多的核化点,从而促进核态沸腾的发生,同时会提高系统的临界热流密度。相同热流密度下粗糙表面在 3.2 g/s 的质量流量下得到了最低的表面过热度,小于流量更大时的情况,原因是 R134a 的沸点较低,且其热容并不大,因此在表面比较容

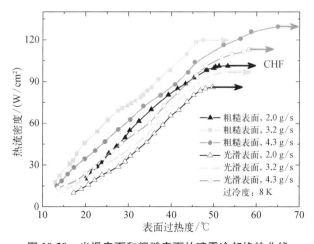

图 10.30 光滑表面和粗糙表面的喷雾冷却换热曲线

易沸腾,相变换热也是其带走表面热量的主要方式,提高相变的比例是降低壁温最有效的方法。如果只是提高流量,液滴速度也会相应变快,从而对表面有剧烈的冲刷作用,滞留时间变短,达到一定程度后反而会推迟相变的发生,而合适的质量流量在保证提供足够多的液体的同时还会实现相对较长的滞留时间,从而促进了沸腾。光滑表面在较大质量流量下会得到较低的表面温度,这是因为光滑表面的粗糙度极低,几乎没有液体沸腾的核化点,对流换热占据绝对优势,而大流量下的高速度和多液滴可以显著促进对流换热,故其最佳流量与粗糙表面存在差别。

由于微米和微纳复合表面在开式喷雾冷却中展现了优异的换热能力,因此我们开展了微米和微纳复合表面闭式喷雾冷却循环换热能力的研究。采用与10.2 节中相同的 MEMS 方法加工了表面微米柱阵列结构,并采用热溶液生长法在其上进一步制备了微纳复合结构表面,用于喷雾冷却研究。采用的微米结构和微纳米复合结构的具体参数如表 10.4 示,表中 W 代表方形凸起的宽度,S 代表方形凸起的间距,D 代表方形凸起的高度。

表 10.4　表面结构参数

表　　面	$W/\mu m$	$S/\mu m$	$D/\mu m$
Micro25	25	25	50
Micro50	50	50	50
Micro100	100	100	50
Micro200	200	200	200
Micro300	300	300	200
Micro400	400	400	200
Micro50+nano	50	50	200
Micro100+nano	100	100	200
Micro200+nano	200	200	200
Micro300+nano	300	300	200
Micro400+nano	400	400	200

首先对比相同流量下在不同的微米结构表面上的沸腾曲线,如图 10.31。在图中可以看出,最大的 CHF 值为 161 W/cm^2,在 Micro200 微米表面上得到,这一数值与光滑表面和粗糙表面相比分别提高了 42% 和 24%。Micro200 表面有最佳的换热性能,这可以归因于大幅增加的换热面积和与液滴尺寸相匹配的微结构,液滴的平均直径为 163 μm,而该表面的结构可以使液滴完全进入沟槽中,大

大延长了三相接触线。微米凸起结构可以为液体提供更长的滞留时间和更多的核化点,使得换热表面被薄液膜覆盖,促进低过热度下的相变,随着温度的上升会发生剧烈的核态沸腾与二次核态沸腾,此外其毛细力有助于液膜的均匀扩散,为整个表面提供均匀的制冷剂,防止局部传热恶化,且具备较大深度的表面有更加明显的强化换热效应。

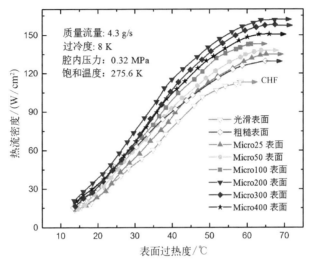

图 10.31　结构表面的喷雾冷却沸腾曲线

微/纳米复合结构表面与平板表面的沸腾曲线如图 10.32,实验过程中腔内压力 0.32 MPa,饱和温度 275.6 K。从图中可以看出复合表面的 CHF 与最大换

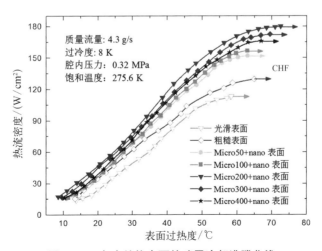

图 10.32　复合结构表面的喷雾冷却沸腾曲线

热系数相比于光滑和粗糙表面都有了较大提升,且在 Micro200+nano 表面上得到了最大值,分别达到了 180 W/cm² 和 30.0 kW/(m²·K),这相比于 Micro200 表面分别提高了 11.8% 和 10.7%,而相比于光滑表面则分别提高了 48% 和 42%。此外复合表面在低热流密度下的换热系数得到了显著的提高。复合表面始终保持表面的浸润,因为纳米结构有更好的润湿性,有利于液体工质在表面的铺展,复合表面在较低热流密度和发热表面温度下即可得到较高的换热系数。

此外,还研究了系统换热能力和系统效率随腔内压力和流量的变化规律。如图 10.33 所示,腔内压力的提高会提升系统的换热能力,系统效率随流量的降低和表面过热度的升高而提升。如图 10.34 和 10.35 所示,临界热流密度随质量

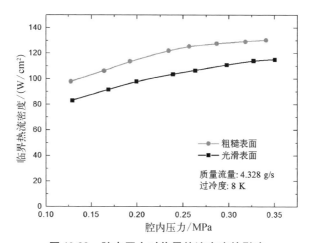

图 10.33　腔内压力对临界热流密度的影响

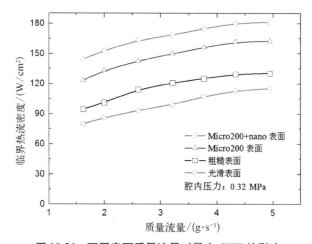

图 10.34　不同表面质量流量对最大 CHF 的影响

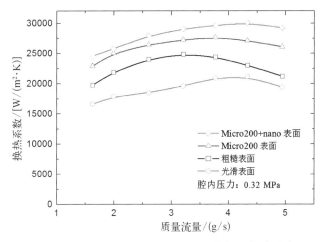

图 10.35　不同表面质量流量对最大换热系数的影响

流量的提高而逐渐上升,换热系数随质量流量的提高存在极大值,在正常工作范围内表面温度可以维持在 50℃ 以下,体现了制冷循环的优势。

10.4　微通道内流动沸腾

微通道流动沸腾技术被广泛应用于高温表面冷却中。随着冷却流体流动通道尺寸的缩小,沸腾过程中气泡逐渐合并长大,壁面对气泡生长和移动的限制作用逐渐体现。当液体份额减小、蒸汽份额占主导时,紧靠壁面处的液膜易被蒸干,存在壁温飞升的风险。与此同时,通道尺寸的减小还会使得流体压降大幅度升高并产生剧烈振荡,从而缩短表面的使用寿命。为提高微尺度流道内流动沸腾的换热性能及流动稳定性,本节对流动沸腾在大宽高比微通道和开放型并联微通道结构内的流动及传热能力开展研究,借助可视化手段分析不同结构内的气液相变行为、传热特性及压降规律[22-28]。

10.4.1　实验系统

流动沸腾实验台如图 10.36 所示,实验工质采用去离子水。该实验系统包含水箱、齿轮泵、过滤装置、流量计、预热器、冷凝器、热电偶、压力表、实验段、高速相机、加热装置和数据采集系统。实验前对去离子水持续加热使其剧烈沸腾 1~1.5 小时,以去除溶解在其中的不凝性气体,并将除气的去离子水密封于储液水箱内。实验过程中,冷却水经由齿轮泵(micropump)进入循环系统,并由科里奥利质量流量计(DMF－1－1－B)测量质量流量,随后通过两个过滤器以去除15 μm 和 2 μm 的杂质。实验段由直流电源加热,进出口温度和压力分别由热电偶(OMEGA,K 型,精度 ± 0.5℃)和压力变送器(Yokogawa,EJA530E,精度± 0.055%)测量,沸腾过程中的两相流型和气泡行为则通过安装在实验段上方的高速 CCD 相机(BASLER A504k)观察和记录,所有温度和压力数据由数据采集系统(AMETEK EX1048A)进行采集。

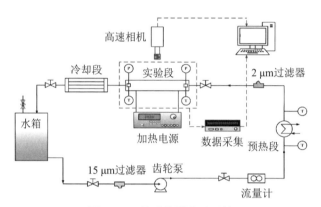

图 10.36　流动沸腾实验系统

10.4.2　大宽高比微通道流动沸腾

大宽高比微通道实验件由铜加热块制成,通道截面 300 μm 高、6 mm 宽,宽高比为 20,远大于常规通道;通道长 40 mm,水力直径为 571 μm。实验中质量流量范围为 261~961 kg/(m² · s),热流密度范围为 631~987 kW/m²。流型转换和换热特性利用无量纲沸腾数($Bo = q/Gh_{fg}$)表征,其中 G 为质量流速,h_{fg} 为工质汽化潜热,Bo 数可以综合反映质量流速和热流密度对流动沸腾现象的影响。

当工质在通道中开始沸腾后,随着沸腾数 Bo 的增加,大宽高比微通道中的流型将依次经历孤立泡状流、受限气泡流、扫荡流、搅拌流,达到临界热流密度时出现溪束流,如图 10.37 所示。当通道下游壁面过热度达到约 5℃时,壁面开始出现气泡核化现象,如 $Bo = 2.9 \times 10^{-4}$ 对应流型,此时沸腾数较小,气化核心密度和气泡生长速率低,小气泡离散分布于主流并随之向下游流动,形成孤立泡状流;当 Bo 数增加到 5.0×10^{-4},壁面气化核心和气泡生长速率增大,气泡通过合并和生长达到通道高度,形成高度方向生长受限的气泡;随着沸腾数的继续增大

（$Bo=7.8\times10^{-4}$和$Bo=1.1\times10^{-3}$），受限气泡间发生大量合并，由于其在高度方向已经受限，因而只能在通道长度和宽度方向迅速扩张，形成扫荡（气泡）流；若此时进一步增加沸腾数，则受限气泡的气液界面会向上游推进，造成整个通道中气液界面的剧烈无规则运动，形成搅拌流。搅拌流初步形成时，高温气泡回流遇到上游过冷水，会形成短时间的泡状流，因而流型呈搅拌流/回流/泡状流的周期性交替，如$Bo=1.3\times10^{-3}$所示流型；当$Bo=1.5\times10^{-3}$，泡状流已来不及出现，流型以搅拌流/回流周期性交替形式出现；当沸腾数增加到$Bo=1.7\times10^{-3}$时，加热壁面温度飙升，同时出现持续烧干现象，此时达到临界热流密度状态，流型呈溪束状。

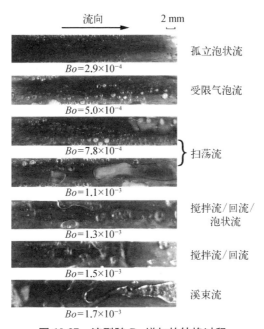

图 10.37　流型随 Bo 增加的转换过程

主流中各种气泡行为决定了不同 Bo 数下的流型特征。大宽高比微通道中气泡在高度方向明显受限，而受限后的气泡较未受限的气泡更难脱离加热壁面。观察 $Bo=5.85\times10^{-4}$ 时的气泡现象（以图 10.38 中的气泡 A 为例），该气泡脱离气化核心后与下游相邻气泡合并运动，当其成为受限气泡后运动速度明显减慢，说明通道在高度方向的限制作用不仅阻碍了气泡在高度方向的生长，同时也不利于气泡的脱离和运动。

比较不同工况下，大宽高比微通道流动沸腾过程沿流动方向的局部换热系

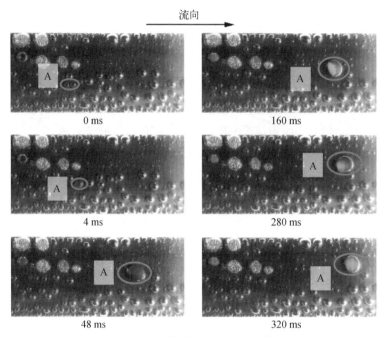

流向

0 ms 160 ms

4 ms 280 ms

48 ms 320 ms

图 10.38　典型气泡脱离与合并

数,发现两相局部换热系数沿流动方向逐渐增加,如图 10.39 所示。靠近微通道进口段,由于流体还没达到相变温度,工质和壁面间的传热过程以单相对流换热为主,因而入口处局部换热系数较小。随着流体温度的增加,相变发生后沸腾时壁面温度可以保持近乎均匀,因此主流温度与通道底面温度之差减小,换热系数沿程增加。

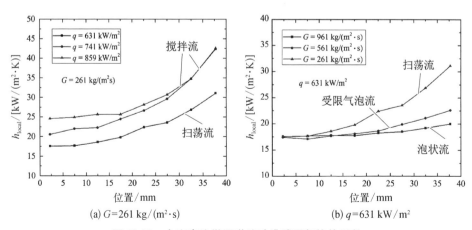

(a) $G=261$ kg/(m²·s)　　　　(b) $q=631$ kW/m²

图 10.39　大宽高比微通道流动沸腾局部换热系数

表 10.5 列出了不同工况下沿程平均换热系数及对应的主导流型,发现热流密度对换热系数的影响要大于质量流速,在质量流速为 261 kg/(m²·s)条件下,当热流密度从 631 kW/(m²·K)增加到 859 kW/(m²·K)时,平均换热系数增加了 33.3%。而在热流密度保持为 631 kW/m²时,质量通量从 961 kg/(m²·s)减小到 261 kg/(m²·s),此时平均换热系数增加了 21.3%。由此可见,两相换热受热流密度的影响更为显著。

表 10.5　不同工况的平均换热系数与对应流型

Bo	$G/$ [kg/(m²·s)]	$q/$ (kW/m²)	$h_{average}/$ [kW/(m²·K)]	x_e （出口干度）	主导流型
2.9×10^{-4}	961	631	18.3	-0.026	泡状流
5.0×10^{-4}	561	631	19.1	0.002	受限气泡流
7.8×10^{-4}	561	987	32.7	0.039	扫荡流
1.1×10^{-3}	261	631	22.2	0.082	扫荡流
1.3×10^{-3}	261	741	27.8	0.108	搅拌流
1.5×10^{-3}	261	859	29.6	0.135	搅拌流

比较不同 Bo 数对应的沿程平均换热系数和平均加热壁面温度(图 10.40),对于孤立泡状流和受限气泡流,由于气泡刚刚成核,主流区域流体仍处于过冷,没有达到旺盛的沸腾状态,因此换热系数较低,壁温由于主流区过冷也较低。增加 Bo 数,流型转变为扫荡流,此时大量气泡合并,通道内部到达核态沸腾,换热

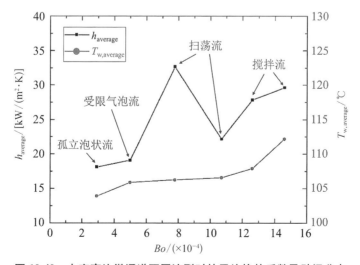

图 10.40　大宽高比微通道不同流型时的平均换热系数及壁温分布

系数增加,但是不同 Bo 数下的换热性能也不相同:对于两种扫荡流,随着 Bo 数的升高,合并的气泡体积变大,在扫荡时气泡附近的液体减少,核态沸腾过程受到抑制。同时质量流量相对于热流密度偏低,不利于气泡的脱离和扫荡运动,因而在扫荡流下 Bo 数的增大导致平均换热系数的降低。流型转变为搅拌流后,周期性的回流和剧烈掺混使流动对整个通道内的扰动更强,因此整体上具有更高的换热系数。但由于热流密度相对于质量流量比重升高,因此平均壁温也明显升高。

不同流动状态下的压降波动特征如图 10.41 所示。当流型从离散气泡流转变为受限气泡流时,进出口压降开始出现波动现象。在泡状流中,气泡相对较小且数量较少,因此它们对两相压降几乎没有影响。随着流型转变为受限气泡流,两相压降开始产生随机波动。继续增加 Bo 数时形成扫荡流,由于气泡扫荡过程持续时间长且影响区域广,压力波动呈低频大幅的振荡形式。当流型转变为搅拌流后,由于搅拌流中气液界面的剧烈变化,压降波动呈小幅高频的振荡形式,最后达到溪束流之后,核态沸腾受到抑制,气液界面变得相对稳定,导致压降波动消失。

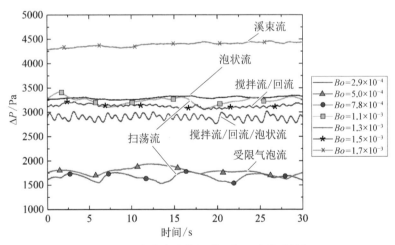

图 10.41 大宽高比微通道两相压降波动特征

10.4.3 开放型并联微通道流动沸腾

开放型微通道实验段在无氧铜加热块上表面切割平行通道,本节共加工两种通道尺寸,第一种共 6 条平行通道,每条通道几何尺寸为 0.5 mm(宽)×0.3 mm

（深）×40 mm（长），通道间距为 0.43 mm，记为 FMC。第二种共 12 条平行通道，每条通道几何尺寸为 0.24 mm（宽）×0.3 mm（深）×40 mm（长），通道间距为 0.24 mm，记为 SMC。平行通道上方与上盖板之间存在一个 0.3 mm 深的开放空间（图 10.42）。实验中质量流速范围为 115~641 kg/（m² · s），热流密度范围为 175~1 355 kW/m²。相关内容可参考文献[25]~[28]。

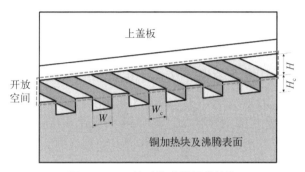

图 10.42　开放型并联微通道结构

　　在恒定的入口过冷度条件下改变热流密度和质量流量，随着 Bo 数的增加，开放型微通道中的两相流型在临界热流密度发生前将依次经历泡状流，受限气泡流，弹状流和分层流（图 10.43）。泡状流阶段，气泡从微通道中以及通道间肋片表面的活化成核点产生并生长，微通道内的气泡通常在占据整个通道流通截面前脱离加热壁面，并随主流向下游流动。随着 Bo 数的增加，微通道内气泡生长速率增大，占据整个微通道流通截面，形成受限气泡，而肋片顶部的气泡也因具有较大尺寸被限制于肋顶和盖板之间。Bo 数的继续增大带来更高的气泡生长速率和更多的气泡合并，导致流型向弹状流转化。弹状气泡在向下游运动过程中，尾部气液界面可能会向上游扩张并合并上游气泡。而继续增大 Bo 数则会使弹状流向着周期性分层流转变，且通常是泡状流和分层流周期性交替发生。分层流存在两种不同的形态：Bo 数相对较小时，液相大多在微通道中流动，气相在上层开放空间流动（Ⅰ型分层流），在这种流动

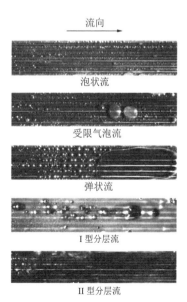

图 10.43　开放型微通道流型转换特征（FMC）

状态下,由于上部开放空间较小的流动阻力小,因此更容易使气相聚集并排出。*Bo* 数相对较大时,气体生成量显著增加,来不及被液体驱走,因而在微通道中流动,而液相在上层开放空间流动(Ⅱ型分层流)。与传统封闭型微通道相比,开放型微通道由于通道上部额外空间的存在,能够有效抑制倒流等不稳定特性。尽管受限气泡急速生长并与其他气泡合并,由于通道上方间隙的存在为气泡膨胀提供了额外的低阻力空间,这使得蒸汽更易向下游流动,较少向上游推进气液界面,从而减弱了倒流,并一定程度上抑制了流动沸腾不稳定性。同时微通道上方的开放空间有利于气液分离,能够延缓微通道加热壁面蒸干现象的发生。

对于开放型微通道,气泡不仅容易在微通道底部的角区形成,同时在通道间的肋片顶端也具备活化的气化核心,图 10.44 为高速相机得到的第一种通道结构(FMC)在不同热流密度条件下微通道内以及肋顶换热表面的气化核心密度。泡状流中,由于通道角区的存在,微通道中的活化气化核心密度略大于肋顶,这一差距随着热流密度的增加而逐渐增大,使得通道底部气泡更为频繁地合并,合并时产生的扰动易于促进气泡的脱离。

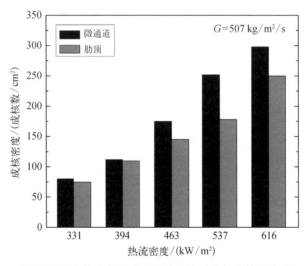

图 10.44　泡状流中通道以及肋顶的活化气化核心密度

流动沸腾传热机理与流型转换及气泡行为密切相关。图 10.45 是开放型微通道中受限气泡流的传热过程示意图,由于开放型微通道中的间隙为受限气泡膨胀提供了额外的空间,因而可以消除传统封闭微通道气泡膨胀引起的倒流和不稳定性。同时,开放型微通道间隙中的受限气泡不会阻碍微通道中液相的流动,一旦受限或拉长气泡形成,流通截面不容易被堵塞发生局部蒸干。沸腾过程中,当热流密度较低时,主要的传热机制为肋顶的液膜蒸发和上游微通道中的核态沸腾;热流较高时,肋顶可能出现局部蒸干,存在肋顶以及微通道侧壁的直接蒸气传热。当流型随着 Bo 数的增大转变为 II 型分层流时,大部分加热表面被蒸气层覆盖,只有少量液体残留在通道角区,热量主要通过蒸汽对流换热传递,继续增加 Bo 数时,微通道角区中的液体全部蒸干而且来流液相不能及时补充,则发生 CHF。

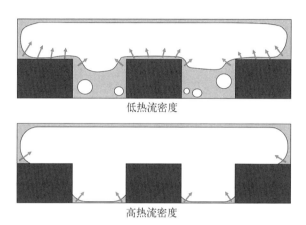

图 10.45　不同热流密度下的传热过程示意图

两种通道内换热系数随热流密度和蒸汽干度的变化关系如图 10.46 所示。在较低的热流密度下,换热系数随有效热流密度的增加而增加,而受流量的影响并不显著,对应可视化结果中流型发生从泡状流到弹状流的转变。随着分层流的形成,由于受热面表面开始发生局部蒸干,换热系数随热负荷的提升而逐渐降低,且此时换热系数开始随流量发生较大改变。与此同时,对比两种通道结构,可以看出 SMC 具有更大的局部换热能力,尽管 SMC 中的微通道尺寸小于 FMC,但其通道数增加了一倍,且 SMC 的气泡成核点密度和总传热面积均大于 FMC,从而使 SMC 的局部换热能力增强。此外,对比大宽高比微通道及开放型微通道在相近工况下发生流动沸腾的平均换热系数,相同 Bo 数下开放型微通道的平均换热系数均有一定程度的增大,说明开放型微通道相比于大宽高比微通道具有一定的强化换热能力。另一方面,开放型微通道在蒸干时也对应更大的 Bo 数,表明开放型微通道不仅能够抑制倒流等不稳定特性,也能够延迟 CHF 的发生。

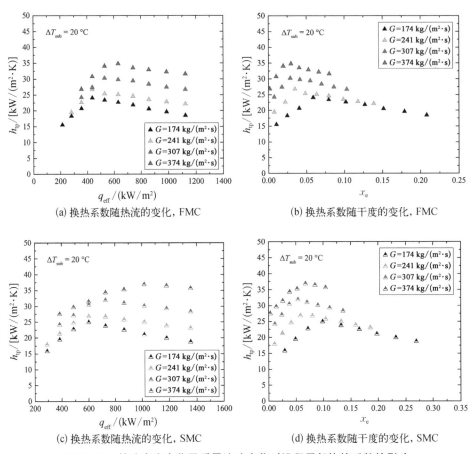

(a) 换热系数随热流的变化，FMC

(b) 换热系数随干度的变化，FMC

(c) 换热系数随热流的变化，SMC

(d) 换热系数随干度的变化，SMC

图 10.46　热流密度变化及质量流速变化对沿程局部换热系数的影响

10.5　微多孔通道内流动沸腾

多孔结构由于其优异的换热性能而被广泛应用于航天热防护领域,例如相变发汗冷却系统。与微通道沸腾相比,由于多孔结构尺寸小,气泡在多孔内易于成核,这有助于强化流体对固体侧的换热效果。与此同时,多孔结构具有毛细效应,可以使流体在孔隙内自发流动,这有利于缓解壁面蒸干。本节开展微多孔内流动沸腾微观模型可视化实验,借助显微镜、高速相机和速度场测量,研究多孔介质内部的流体相变机理,进而对多孔结构参数进行优化设计[29-32]。

10.5.1　微多孔通道内流动沸腾实验及微观模型

微多孔结构内流动沸腾实验系统与微通道实验系统相似。实验前对整个回路抽真空以除去空气,随后注入去离子水,并将氮气泵入水箱中以控制实验系统的压力。实验中通过显微镜和高速相机记录多孔结构中的流型和气泡行为,并对孔隙尺度流体的速度进行定量测量。二维多孔实验段结构如图 10.47 所示,多孔图案刻蚀区域面积为 10 mm×25 mm,刻蚀深度 25 μm。图中的圆形结构为二维多孔结构的骨架,被刻蚀区域作为孔隙空间。多孔颗粒直径 500 μm,孔隙喉道距离 30 μm,孔径 112 μm,二维孔隙率 19%。硅片背面溅射铂作为热敏电阻和加热电极以对实验段进行加热和壁温测量。为减小散热损失,在硅片表面刻蚀绝热区以抑制沿硅片的横向散热,同时将硅片背面的加热电极进行五等分,实验过程中分别控制五个加热电极的加热功率,以减小端部向外的散热损失。

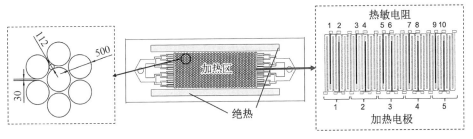

图 10.47　微观模型示意图

实验共进行了 15 个工况,其流量范围为 100~335 μL/min,热流密度范围为 4.27~15.55 kW/m^2。具体工况如表 10.6 所示。

表 10.6　实 验 工 况

工　况	$G/(\mu L/min)$	$q_{eff}/(kW/m^2)$
1	100	4.27
2	100	4.71
3	100	5.13
4	200	6.30
5	200	6.77
6	200	7.61
7	200	8.53
8	200	9.33
9	200	10.49

（续表）

工　　况	$G/(\mu L/min)$	$q_{eff}/(kW/m^2)$
10	335	9.06
11	335	10.18
12	335	11.44
13	335	12.90
14	335	13.57
15	335	15.55

10.5.2　微多孔通道内流动沸腾实验结果

多孔结构内流体流动沸腾过程中的流型分布如图 10.48 所示。随着流体温度的升高，相变逐渐在孔隙内部发生并形成两相流动。靠近过冷液体区域一侧液体相变程度低，蒸汽以小气泡形式存在，由于气泡的体积较小，当通过孔喉结构时易被孔隙束缚。随着蒸汽份额的增加，气泡逐渐长大合并，并占据大部分孔隙空间，此时液态水倾向于以束缚水的形态在孔喉内形成液桥。当蒸汽饱和度进一步增加时，束缚水含量减小，若束缚水无法与两个颗粒连接，此时会发生液桥的断裂，液体以薄液膜形式沿多孔骨架表面流动，直到完全变为过热蒸汽。

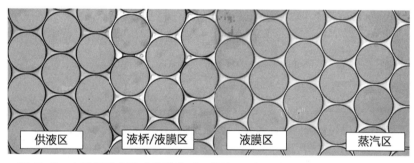

供液区　　液桥/液膜区　　液膜区　　蒸汽区

图 10.48　多孔通道内流动沸腾流型及转换（图中流体流动方向为从左到右）

实验过程中，当流体开始沸腾，且壁面温度达到相对稳定后，对多孔结构内的流动沸腾过程进行可视化观测，以多孔结构内部距离进口 20 mm 处［对应图10.49（a）中标记区域］为例，图10.49（b）～（d）所示为工况 10,13 和 15 在流量相同的条件下，随着热负荷逐渐升高时的沸腾流态分布随时间变化。对于工况10，热流密度为 9.06 kW/m²，可以观察到单相流和两相流的交替及孤立气泡的束缚和突破过程。当热流密度增加到 12.90 kW/m² 时，气泡开始大量合并，此时液体更容易被束缚在喉道中,形成长液桥链,并可以观察到液桥链周期性的形成及断裂过程,如图 10.49(c)所示。当进一步将热流密度提高到 15.55 kW/m² 时,如图 10.49(d)所示,喉道内束缚水的体积进一步减小,此时加热区域更多地被蒸汽覆盖,存在液体被蒸干和燃烧多孔材料的风险。

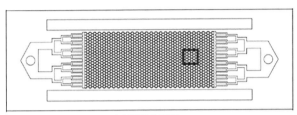

(a) 可视化区域

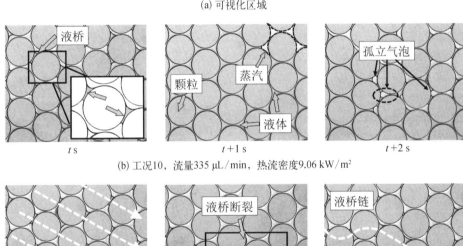

(b) 工况10,流量335 μL/min,热流密度9.06 kW/m²

(c) 工况13,流量335 μL/min,热流密度12.90 kW/m²,白色箭头表示液桥流动方向

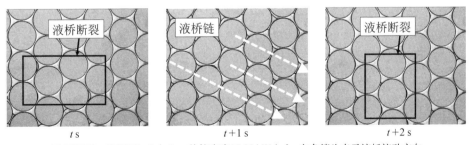

(d) 工况15,流量335 μL/min,热流密度15.55 kW/m²,白色箭头表示液桥流动方向

图 10.49　不同热负荷下,距离入口 20 mm 处的流态分布

当液体在多孔骨架颗粒间形成长液桥链时,对工况 15 取不同位置的气体分数时均值,该工况对应的蒸汽饱和度(蒸汽占孔隙空间的体积分数)随位置的变化如图 10.50(a)所示。当气相分数较低时,可以形成较为稳定的液桥区(本工况下为 7.5~20 mm 区域)。在此区域内部,液体向下游过热区补充的主要方式是流体通过液桥的输运。由于液桥的存在,液相得以在上游和下游颗粒之间连通,液体边流动边蒸发,进而实现对壁面的冷却。当液体量不足以维持输送,将会发生液桥的断裂(如本工况下 20 mm 以后的区域),此时不再有宏观液体输运。液桥宽度随位置的变化规律如图 10.50(b)所示。与气相分数随位置的变化规律相对应,随着液桥逐渐被蒸干,液桥宽度也逐渐降低。实验中观测到的液桥断裂前所能达到的最小宽度约为 0.01 mm。

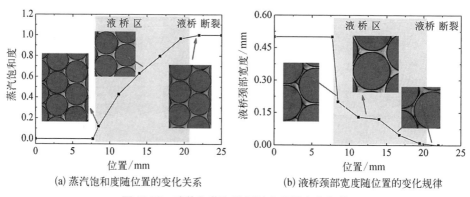

(a) 蒸汽饱和度随位置的变化关系 　　　　(b) 液桥颈部宽度随位置的变化规律

图 10.50　液体和蒸汽份额随空间的变化规律

当气体份额较高、液体以液桥的形式存在于孔隙间时,利用激光诱导荧光与粒子示踪技术可以观测到紧靠壁面处存在一层液膜流动过程,该薄液膜可以连接相邻两个液桥,进而向高温区进行流体补充,如图 10.51 所示。该区域中,加热开始前多孔结构内部有小气泡占据了部分孔隙空间,由于气泡的堵塞作用,流场中无显著的液体流动。随着从 t ms 开始加热,液体流动速度开始提升。图中记录了从 t 到 $t+1\,558$ ms 内典型荧光粒子的运动轨迹,以及三个典型的薄液膜流动过程。从图中可以看出,在被气体占据的孔隙空间,荧光粒子从液体饱和度高的一侧液桥出发,沿气泡底部移动,直到汇入相邻液桥中。这表明在气泡底部和多孔骨架之间存在着一层极薄的液体流动,该液膜附着在骨架壁面,以实现两相邻液桥的连接,且流动方向为由液体含量高的一侧向低的一侧补充,以维持液桥的存在。

分析薄液膜的流动机制,当上下游液桥体积不同时,两液桥的液体存在压力

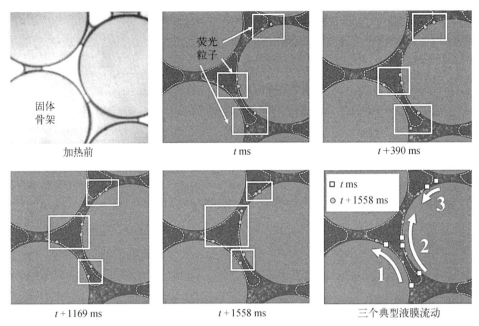

图 10.51　利用激光诱导荧光及粒子示踪技术记录的薄液膜流动过程

差,当两相邻液桥被薄液膜连接时,薄液膜流动即由两液桥液体的压力差驱动,对于压差驱动下紧靠壁面产生的薄液膜流动,通常认为其满足泊肃叶流动形式[33-36]:

$$q_V = -\frac{C^* \delta^4}{\beta \mu_l} \frac{\partial p_l}{\partial x} \tag{10.2}$$

式中,δ 为薄液膜的曲率半径;C^* 为几何系数,只与流道的几何结构和接触角有关;β 是无量纲流动阻力。结合薄液膜流动方程,可以解释液相在多孔结构内的输运规律,如图 10.52 所示。在沸腾过程中,随着流体被加热,气泡逐渐合并。当沸腾换热对壁面的冷却充分时,冷却液体依靠毛细力和自身动量持续向下游高温区补充,相变区依靠液桥链和薄液膜流动实现过冷液体与过热蒸汽区的连接。在两个相邻液桥之间,液体通过薄液膜进行输送,薄液膜流动过程受到相邻两液桥内的毛细压力差驱动。毛细压差越大,液膜的流动能力越强。当壁面接近蒸干时,随着液膜流动能力的减弱,液体向高温区的补充速率无法满足外部相变需求,液桥链发生断裂,此时该区域易发生蒸干。

分析微多孔结构中的换热能力,实验中不同流量、不同热流密度下 15 个工

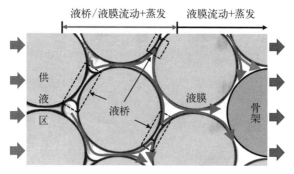

图 10.52　孔隙尺度液相输运规律

况对应的换热系数对应如图 10.53 所示。在所有工况下,流动沸腾换热系数都在 $1 \sim 20 \, \text{kW/(m}^2 \cdot \text{K)}$,实验中所达到的蒸汽干度在 $0.1 \sim 0.3$。实验结果表明,在所有流速下,多孔结构内流动沸腾的局部换热系数均随蒸气干度的增加而降低。伴随相变的进行,蒸汽份额逐渐升高并占据大的孔隙空间,而液体主要以束缚水的形式留存于喉道内。随着蒸汽干度的增加,液桥链发生断裂,束缚水对下游的冷却补充能力减弱,因而换热系数随干度的升高而逐渐降低。此外,观察实验结果还发现,对于相同流量的工况,随着热流密度的提升,所能达到的换热能力也相应提升,流动沸腾过程以核态沸腾为主导[37]。

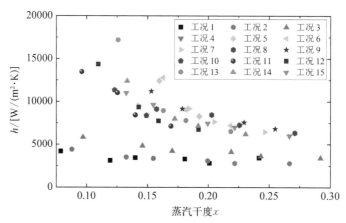

图 10.53　换热系数随蒸汽干度变化规律

10.5.3　微多孔流动沸腾换热强化

为了抑制液桥的断裂,并增加相邻液桥间的薄液膜流动能力,可以对多孔结构进行优化设计。考虑到航天热防护系统既需要增强冷却效果,又要保证系统的运行参数接近设定值,不受到结构的干扰而增加额外的功耗,本节提出一种三种颗粒粒径、六种喉部距离组成的不规则多孔结构,如图 10.54 所示。该结构由 440 μm、500 μm 和 520 μm 三种尺寸的颗粒排列组成,颗粒中心距均为 530 μm,由此构成范围在 10~90 μm 的六种孔喉距离,其中较窄的颗粒间距用于增加液桥的稳定性以及薄液膜的流动能力,而较宽的颗粒间距用于降低流体的流动阻力,进而减小泵的功耗。孔隙率与前文所使用的 500 μm 颗粒一致,均为 19%。

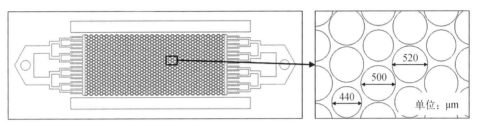

图 10.54　微观模型结构设计

不规则多孔结构中的沸腾流型如图 10.55 所示。与规则多孔结构的流态相比,当蒸汽饱和度较低时[图 10.55(a)],液体容易在不规则多孔结构中形成成片分布的液体团簇,这使得液桥与固体壁面的接触面积增加,进而使液桥在受到蒸汽流动的影响时更不容易发生断裂。同时,在不均匀的多孔结构中,由于小颗粒间形成了较宽的通道,使得气泡流动的连续性得以增强,从而降低了流动阻力。随着液体饱和度的降低,液桥易通过较大颗粒形成的较窄的喉部连接,如图 10.55(b)所示。由于孔喉距离较小,该区域容易形成液桥结构,而蒸汽更易从更宽的通道流过,这使得气液两相的流动路径分离,有利于抑制局部蒸干。

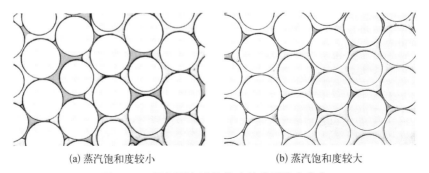

(a) 蒸汽饱和度较小　　　　　　　　(b) 蒸汽饱和度较大

图 10.55　不规则多孔结构中的典型流态分布

对于传热和压力特性,图10.56(a)比较了在相同换热面积的前提下,微通道、规则多孔和不规则多孔结构之间的平均传热系数,可以看出多孔内的换热系数显著高于通道,且不规则多孔结构显示出了更好的换热能力。与此同时,观察图10.56(b),可以发现由于较大蒸汽流道的存在,不规则多孔结构中换热能力的提升同时伴随着压降的降低,这同样也更有利于提升冷却系统的性能。

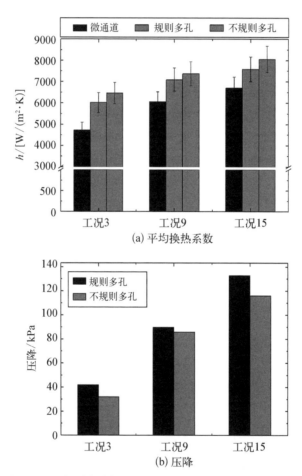

图10.56 规则多孔与不规则多孔的换热与压降特性对比

参考文献

[1] 陈剑楠.微纳结构及改性表面喷雾冷却的实验研究与机理分析[D].北京:清华大学,2017.

[2] 张震.微纳米表面喷雾冷却的机理研究[D].北京:清华大学,2013.

[3] Zhang Z, Li J, Jiang P X. Experimental investigation of spray cooling on flat and enhanced

Surfaces[J]. Applied Thermal Engineering, 2013, 51(1-2): 102-111.

[4] Zhang Z, Jiang P X, Ouyang X L, et al. Experimental investigation of spray cooling on smooth and micro-structured surfaces[J]. International Journal of Heat and Mass Transfer, 2014, 76: 366-375.

[5] Zhang Z, Jiang P X, Christopher D M, et al. Experimental investigation of spray cooling on micro-, nano-and hybrid-structured surfaces [J]. International Journal of Heat and Mass Transfer. 2015, 80: 26-37.

[6] Chen J N, Zhang Z, Ouyang X L, et al. Dropwise evaporative cooling of heated surfaces with various wettability characteristics obtained by nanostructure modifications [J]. Nanoscale Research Letters, 2016, 11(1): 158.

[7] Chen J N, Zhang Z, Jiang P X. Experimental Investigation of Enhanced Spray Cooling on Nano- and Hybrid Micro/Nano - Structured Surfaces [C]. Proceedings of the 15th International heat transfer conference, Kyoto, 2014.

[8] Chen X, Chen J N, Ouyang X L, et al. Water droplet spreading and wicking on nanostructured surfaces[J]. Langmuir. 2017, 33(27): 6701-6707.

[9] Chen J N, Xu R N, Zhang Z, et al. Phenomenon and Mechanism of Spray Cooling on Nanowire Arrayed and Hybrid Micro/Nanostructured Surfaces[J]. Journal of Heat Transfer, 2018, 140(11): 112401.

[10] Silk E A, Kim J, Kiger K. Investigation of enhanced surface spray cooling[C]. Proceedings of ASME International Mechanical Engineering Congress and Exposition, Anahevm, 2004.

[11] Silk E A, Kim J, Kiger K. Spray cooling trajectory angle impact upon heat flux using a straight finned enhanced surface[C]. Proceedings of HT2005: ASME 2005 Heat Transfer Summer Conference, 2005.

[12] Sodtke C, Stephan P. Spray cooling on micro structured surfaces[J]. International Journal of Heat and Mass Transfer, 2007, 50(19-20): 4089-4097.

[13] Lin C, Chen C J, Chieng C C, et al. Dynamic effects of droplet impingement on nanotextured surface for high efficient spray cooling[J]. 16th International Solid-State Sensors, Actuators and Microsystems Conference, 2011.

[14] 陈凯. 微液滴相变行为与近临界压力射流冲击冷却机理研究[D]. 北京: 清华大学, 2020.

[15] Chen K, Xu R N, and Jiang P X. Evaporation enhancement of microscale droplet impact on micro/nanostructured surfaces[J]. Langmuir, 2020, 36(41), 12230-12236.

[16] Zhang C, Palko J W, Barako M T, et al. Enhanced capillary-fed boiling in copper inverse opals via template sintering[J]. Advanced Functional Materials, 2018, 28: 1803689.

[17] Liang G T, Mudawar I. Review of spray cooling - Part 1: Single-phase and nucleate boiling regimes, and critical heat flux[J]. International Journal of Heat and Mass Transfer, 2017, 115: 1174-1205.

[18] Hsieh C C, Yao S C. Evaporative heat transfer characteristics of a water spray on micro-structured silicon surfaces[J]. International Journal of Heat and Mass Transfer, 2006, 49: 962-974.

[19] Zhang Z, Jiang P X, Hu Y T, et al. Experimental investigation of continual- and intermittent-spray cooling[J]. Experimental Heat Transfer, 2013, 26(5): 453－469.

[20] 曹磊. 平板表面与微纳米表面闭式喷雾冷却实验研究[D]. 北京: 清华大学, 2017.

[21] Xu R N, Cao L, Wang G Y, et al. Experimental investigation of closed loop spray cooling with micro- and hybrid micro-/nano-engineered surfaces[J]. Applied Thermal Engineering, 2020, 180, 115697.

[22] Yin L F, Xu R N, Jiang P X, et al. Subcooled flow boiling of water in a large aspect ratio microchannel[J]. International Journal of Heat and Mass Transfer. 2017, 112: 1081－1089.

[23] Yin L F, Jiang P, Xu R N. Visualization of flow boiling in a large aspect ratio microchannel [C]. The 17th Seoul National － Kyoto － Tsinghua University Thermal Engineering Conference, Seoul, 2017.

[24] 银了飞, 姜培学, 胥蕊娜, 等. 大宽高比微通道流动沸腾流型与气泡行为可视化实验研究[C]. 工程热物理学会传热传质年会, 北京, 2016.

[25] Yin L F, Jiang P X, Xu R N, et al. Visualization of flow patterns and bubble behavior during flow boiling in open microchannels[J]. International Communications in Heat and Mass Transfer, 2017, 85: 131－138.

[26] Yin L F, Jiang P X, Xu R N, et al. Heat transfer and pressure drop characteristics of water flow boiling in open microchannels[J]. International Journal of Heat and Mass Transfer, 2019, 137: 204－215.

[27] Yin L F, Jiang P X, Xu R N, et al. Water flow boiling in a partially modified microgap with shortened micro pin fins[J]. International Journal of Heat and Mass Transfer, 2020, 155: 119819.

[28] 银了飞, 姜培学, 胥蕊娜, 等. 开放型微通道流动沸腾实验研究[C]. 工程热物理学会传热传质学术会议, 苏州, 2017.

[29] 胡皓玮. 微多孔结构内流动沸腾换热机理及与外流耦合机制研究[D]. 北京: 清华大学, 2021.

[30] Hu H W, Jiang P X, Huang F, et al. The role of trapped water in flow boiling inside microporous structures: pore-scale visualization and heat transfer enhancement[J]. Science Bulletin, 2021, 66(18): 1885－1894.

[31] 胡皓玮, 胥蕊娜, 姜培学. 多孔介质流动沸腾微观模型实验研究[J]. 工程热物理学报, 2021, 42(2): 424－429.

[32] 胡皓玮, 胥蕊娜, 姜培学. 多孔介质流动沸腾规律可视化研究[C]. 2019 年传热传质学术年会, 青岛, 2019.

[33] Yiotis A G, Boudouvis A G, Stubos A K, et al. Effect of liquid films on the drying of porous media[J]. AIChE Journal, 2004, 50(11): 2721－2737.

[34] Dong M, Chatzis I. The imbibition and flow of a awetting liquid along the corners of a square capillary tube[J]. Journal of Colloid and Interface Science, 1995, 172: 278－288.

[35] Ransohoff T C, Radke C J. Laminar flow of a wetting liquid along the corners of a predominantly gas-occupied noncircular pore[J]. Journal of Colloid And Interface Science, 1988, 121(2): 392－401.

[36] Chauvet F, Duru P, Prat M. Depinning of evaporating liquid films in square capillary tubes：Influence of corners' roundedness[J]. Physics of Fluids, 2010, 22(11)：112113.

[37] Kandlikar S G, Balasubramanian P. An extension of the flow boiling correlation to transition, laminar, and deep laminar flows and microchannels[J]. Heat Transfer Engineering, 2004, 25(3)：86 - 93.

第 11 章

液体火箭发动机推力室的主动热防护

液体火箭发动机由 20 世纪 20 年代的美国发明并通过测试,并于 20 世纪 40 年代进入实用。20 世纪 70 年代后出现了一批以苏联高压补燃液氧煤油发动机 RD‒191 为代表的大推力高性能液体火箭发动机。液体火箭发动机通过自身携带的推进剂进行燃烧或分解反应产生高温高压燃气,燃气通过喷管加速后以超声速喷出,产生巨大的反推力。液体火箭发动机无须外界的氧化剂、性能高、安全可靠,被广泛应用于运载火箭和导弹等。燃料燃烧和燃气加速的过程主要在火箭发动机推力室中进行,推力室中燃气的总压高达 30 MPa,温度高达 3 800 K。推力室的内壁面受到高温高速燃气的持续冲刷,承受了极高的热流密度,其热流密度是汽车发动机的万倍以上,推力室喉部的热流密度更是高达 170 MW/m²。现有的材料难以承受如此高的温度,为了保证液体火箭发动机的安全运行,需要对吼道、喷注面板和推力室壁面等关键部件进行有效的热防护。目前针对液体火箭发动机中常见的主动冷却方式包括再生冷却、膜冷却和发汗冷却等,本章主要介绍针对推力室壁面、燃料喷注面板的发汗冷却热防护方法和针对推力室壁面的第三流体循环冷却技术。

11.1 液体火箭发动机推力室壁面发汗冷却热防护

液体火箭推力室中由于存在高温、高速的燃气,推力室壁面承受很高的热负荷,采用层板式多孔结构的发汗冷却被认为是一种更高参数的液体火箭发动机推力室壁面的有效热防护方法,其典型结构如图 11.1 所示,在推力室壁面内侧布置有均匀微细冷却剂通道的层板结构,冷却剂通过层板孔隙注入推力室形成发汗冷却,对推力室壁面进行热防护。本节介绍液体火箭发动机推力室发汗冷却传热过程数理模型及分析、多孔壁面的分段设计分析方法等研究工作[1-4]。

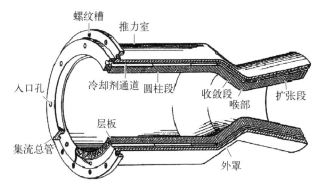

图 11.1　液体火箭发动机层板发汗冷却热防护结构

11.1.1　推力室壁面发汗冷却的传热过程数理模型

由于大推力液体火箭发动机推力室的发汗冷却介质可能是超临界或近临界态的氢气或氧气,物性随压力和温度的变化应当予以考虑。对于推力室壁面的发汗冷却,其多孔壁面内部的冷却流体与固体壁之间对流换热的物理模型可分为两种:一种认为冷却流体与固体壁之间能够进行充分的热交换,假设两者的温度相等而建立的局部热平衡模型;另一种是考虑冷却流体与固体壁之间存在温差、并进行对流换热的局部非热平衡模型。在推力室壁面热流密度较高时,局部非热平衡模型可以更准确地描述发汗冷却壁面结构内部的传热过程,计算精度更高。

火箭发动机推力室由于其具有轴对称性,因此在对火箭推力室壁面进行发汗冷却数值模拟分析时,常可以将实际的三维火箭模型简化为二维火箭模型进行计算分析。一种简化的氢氧火箭发动机推力室发汗冷却二维模型如图 11.2所示,在该推力室模型中,仅对热流密度最高的喷管段壁面采用燃料氢进行发汗冷却保护,其他区域则采用再生冷却的方式进行热防护。

火箭发动机推力室壁面的发汗冷却涉及微多孔结构中的流动问题,选择其流动方程时需要判断其流动在动理论上所处区域。对于微多孔介质中的流动,首先需要根据以颗粒直径为定型尺寸的 Re 判断其流态。另外对于烧结多孔介质中流动特征尺寸在微米量级的情况,应根据 Kn 数判断流动所在区域,进一步考虑可能存在的微尺度效应对流动的影响。根据动力论,气体流动与传热问题可以按照 Kn 数分为连续介质区($Kn \leqslant 0.01$)、温度跳跃与速度滑移区($0.01 < Kn \leqslant 0.1$)、过渡区($0.1 < Kn \leqslant 10$)及自由分子区($Kn > 10$)。

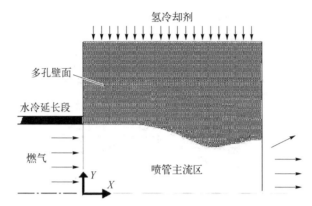

图 11.2   液体火箭发动机推力室喷管段发汗冷却二维分析模型

Kn 数定义为流体分子平均自由程 λ 与流动特征尺寸 l 之比:

$$Kn = \lambda / l \tag{11.1}$$

式中,分子平均自由程 λ 由下式得到:

$$\lambda = \frac{2\mu}{\rho \sqrt{\dfrac{8k_B T}{\pi m}}} \tag{11.2}$$

式中,μ 为空气动力黏度;k_B 为 Boltzmann 常数,其值为 $1.380\,66 \times 10^{-23}$ J/K;m 为分子质量,对于氢气 $m = 3.334\,8 \times 10^{-27}$ kg。对于烧结多孔介质,流动特征尺寸 l 一般取为孔隙当量直径 d_h,根据颗粒直径 d_p 与孔隙率 ε 得到,其计算式如下:

$$d_h = \frac{2d_p \varepsilon}{3(1 - \varepsilon)} \tag{11.3}$$

微多孔中流动 Re 数计算式为

$$Re = \frac{v d_p}{\mu} \tag{11.4}$$

表 11.1 给出了某氢氧火箭典型工况下微多孔中最小速度对应 $Re_{\min}$ 及流动 Kn 数的三个算例,其中最小流速发生在冷却剂进口处,通过 Ergun 经验公式估算得到;烧结多孔颗粒平均直径 $d_p = 25$ μm,孔隙率 $\varepsilon = 0.17 \sim 0.45$;从表 11.1 结果看出:微多孔内流动最小 $Re_{\min}$ 数都远大于 10,因此为湍流;而 $Kn < 10^{-3}$,因此判定流动处于连续介质区,具有无速度滑移和无温度跳跃边界条件的 N-S 方程适用。

表 11.1　微多孔内流态及流动区域判断：Re_{min} 及 Kn 计算

算　　例	1	2	3
孔隙率 ε	0.17	0.30	0.45
流体工质	H_2	H_2	H_2
流体平均压力 P_c/MPa	4.80	4.80	4.80
流体平均温度 T_c/K	423.6	383.2	295.1
平均动力黏度 μ/(N·s/m²)	9.66×10^{-6}	9.21×10^{-6}	8.17×10^{-6}
流体平均密度 ρ/(kg/m³)	2.71	2.97	3.83
多孔内最小流速 v_{min}/(m/s)	3.75	5.85	10.50
烧结颗粒直径 d_p/m	2.5×10^{-5}	2.5×10^{-5}	2.5×10^{-5}
孔隙当量直径 d_h/m	3.414×10^{-6}	7.143×10^{-6}	1.364×10^{-5}
最小速度对应 $Re_{min}=v_{min}d_p/\mu$	26.3	47.2	123.1
分子自由程 λ/m	3.38×10^{-9}	3.092×10^{-9}	2.424×10^{-6}
Kn	9.90×10^{-4}	4.33×10^{-4}	1.78×10^{-4}

　　液体火箭发动机推力室中存在燃料、氧化剂、中间产物等多种组分,因此模型中必须考虑传质过程对传热的影响。混合物组元间扩散通量通过下式计算:

$$J_i = -\left(\rho D_{i,m} + \frac{\mu_T}{Sc_T}\right)\nabla Y_i - D_{T,i}\frac{\nabla T}{T} \tag{11.5}$$

式中,$Sc_T = \dfrac{\mu_T}{\rho D_T}$;$D_{i,m}$ 是混合物中成分 i 的质量扩散系数,$D_{T,i}$ 是热扩散系数,即 Soret 系数;Sc_T 是湍流有效 Schmidt 数。

11.1.2　推力室壁面发汗冷却典型工况分析

　　针对液体火箭发动机推力室喷管段发汗冷却二维分析模型(图 11.2),采用算例 1、2、3 的相应参数对推力室喷管段壁面的发汗冷却典型工况进行仿真分析。其中典型算例 2 计算得到的喷管段区域速度场、温度场以及组分分布如图 11.3 所示,计算结果相对于实验测试数据,上游收敛段壁温测点与计算结果相差为 −4.7%,喉部壁温相差 0.9%,喉部多孔壁内测点相差也在 1% 左右,冷却剂计算流量与实验结果非常接近,验证了多孔介质流动模型的准确性。

　　图 11.4 给出了三种不同孔隙率下发汗冷却喷管的内壁面温度,对应平均注入率分别为 $\bar{F}$ = 1.68%、3.37% 和 7.21%。可以看到,平均注入率 1.68% 时喷管最高内壁温也被降低到 750 K 以下,在喷管喉部及其以后的扩张段,壁温相对于收

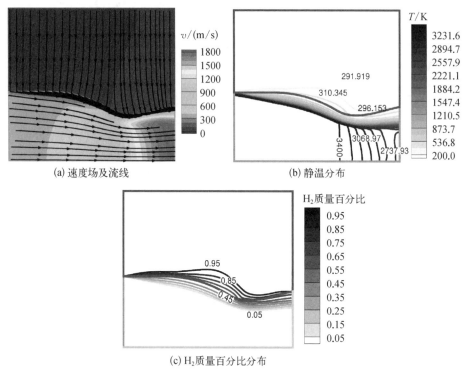

(a) 速度场及流线　　　　　　　(b) 静温分布

(c) H₂质量百分比分布

图 11.3　液体火箭推力室喷管段全场参数分布(孔隙率 30%,算例 2)

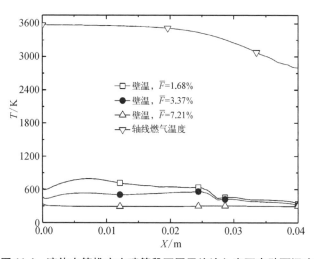

图 11.4　液体火箭推力室喷管段不同平均注入率下内壁面温度

敛段降低更显著。分析其原因,对于喷管这样强压力梯度流动,如果发汗冷却流
体采用均一的进口压力,则由于主流燃气下游扩张段压力远低于上游收敛段,因
此下游冷却剂压差远大于上游,其结果是冷却流体在多孔壁中的流动明显偏向
下游,造成下游绝对注入流量会很高(此时由于喷管主流处于超音声速段,局部
注入率未必表现为上升),壁温被冷却到远低于上游收敛段,壁温沿轴向分布不
均匀。这种趋势随冷却剂压力增高而更加明显。

　　图 11.5 给出了不同平均注入率下的发汗冷却效率分布。可以看到,冷却效
率随平均注入率的增加而升高;此外,除去过度冷却的算例,喷管发汗冷却效率
沿程变化呈以下特点:在喉部之前,由于流动加速导致对流换热增强,因此沿轴
向壁温升高,同时由于燃气处于高温区,主流燃气与喷管壁温差减小,发冷却效
率呈降低趋势;而在喉部之后,由于上游边界层增厚在下游的累积效应超过了由
于流动加速导致的对流换热增强作用,沿轴向壁温迅速下降,冷却率很快升高。

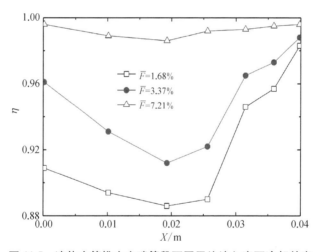

图 11.5　液体火箭推力室喷管段不同平均注入率下冷却效率

　　为了直观体现液体火箭发动机推力室喷管段发汗冷却的热防护效果,将再
生冷却与发汗冷却的结果进行对比,再生冷却的主流参数及冷却流体温度与发
汗冷却的算例相同。图 11.6 所示计算结果表明,再生冷却将壁温冷却到 800 K
左右,需要对流换热系数 h 达 $6.9 \times 10^5 \, \text{W}/(\text{m}^2 \cdot \text{K})$,这是一个极高的值,要实现
这个换热系数意味着需要极高的再生冷却流量,本节不作具体讨论。喉部是喷
管内壁热流密度最高之处,当采用再生冷却时,壁温的峰值出现在喉部附近;而
采用发汗冷却时,由于前文所分析的原因,最大热流密度不再出现在喉部,壁温

的峰值向喉部之前偏移,喉部壁温显著下降,也就是说,采用发汗冷却的喷管喉部不再是热工况最恶劣的部位,同时可以看到采用发汗冷却相比再生冷却可使推力室壁面温度大幅降低。

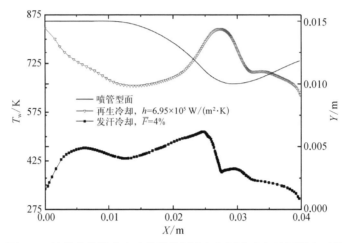

图 11.6　液体火箭推力室喷管段发汗冷却与再生冷却壁面温度对比

11.1.3　发汗冷却喷管多孔壁面的分段设计分析

对于液体火箭发动机喷管,燃气沿轴向存在很大的压力梯度。当采用烧结多孔结构作为壁面材料进行发汗冷却时,若冷却剂采用均一进口压力,那么冷却流体和喷管内壁面之间的压差沿轴向不断增大。数值模拟表明,冷却流体在注入喷管内壁时流动方向将会强烈偏向下游方向,如图 11.7(a) 所示,冷却流体注入流量沿喷管内壁分布极不均匀,当推力室进口压力越高、喷管内主流压力梯度越大时这种现象越明显;在这种情况下推力室扩张段壁面上冷却流体注入流量远高于喉部前面的收敛段壁面。喷管进口段由于注入率非常低,气壁温远高于下游;而下游注入率急剧增高,使得壁温过度冷却,整个发汗区域气壁温极其不均匀,而且由于进口段气壁温过高,实际情况下这种局部高温会引起传热恶化,使壁面烧毁。这种情况下,为保证壁面最高温度处于安全温度范围内,就需要提高冷却剂进口压力来增加冷却剂流量。而对于使用氢作为喷管发汗冷却流体的氢氧火箭发动机来说,无疑浪费太大。同时,喷管下游注入的冷却流体流量过多对喷管内燃气主流气动特性的影响将不能忽略。大推力火箭发展趋势之一是进口参数(静压、静温)不断提高,采用整段烧结多孔发汗冷却必然面临上面所述的问题。

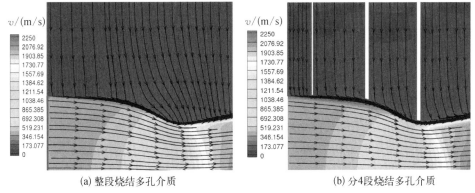

(a) 整段烧结多孔介质　　　　　　　　(b) 分4段烧结多孔介质

图 11.7　推力室燃料入口压力较高时发汗冷却喷管段流线分布

因此,如何有效减少发汗冷却流体流量、解决流量分布不均问题,成为烧结多孔结构发汗冷却技术亟须克服的问题之一。对此,提出通过对多孔介质壁面沿轴向采用非多孔的气密金属板进行分段的结构,从而实现根据下游不同的燃气主流压力来分配不同的冷却剂进口压力,以满足在保证壁温在允许值范围且分布尽量均匀的前提下冷却剂注入流量尽量少的要求。

烧结多孔结构推力室壁分段结构应至少同时满足以下几点:

(1) 适应喷管轴向室压分布及多孔壁厚度特点,参照图 11.7 在室压及多孔壁厚度变化剧烈之处分段相对密,否则分段相对疏;

(2) 适应喷管轴向热流密度的分布特点,因为热流密度直接影响壁温分布,因此可参照图 11.5 中壁温分布规律在壁温变化剧烈之处分段相对密,否则分段相对疏;

(3) 分段不需要太密,以避免工程应用中结构过于复杂。

根据以上几点进行设计计算,可以将图 11.7(a)中推力室喷管段多孔区域分为 4 段,分区控制冷却剂注入压力后得到的喷管段流线分布如图 11.7(b)所示。多孔壁分为 4 段后,由于冷却剂进口压力是在满足克服流动阻力和内壁温冷却要求前提下按照流量最小化的原则来布置,同时由于受到隔断的束缚,冷却剂在多孔壁内流动不再出现过度涌向下游造成下游注入率过高、喉部及上游注入率相对偏低的情况,因此分段结构明显改善了冷却流体的分布。图 11.8 分别给出了多孔壁分段前后的发汗冷却推力室温度场,可以看到分段结构使得喷管气壁温趋于更加均匀。

图 11.9 直观对比了分段设计前后多孔介质区域的压力分布。可以看到分段设计使得多孔壁内压力场主要沿喷管径向存在压力梯度,极大削弱了冷却流

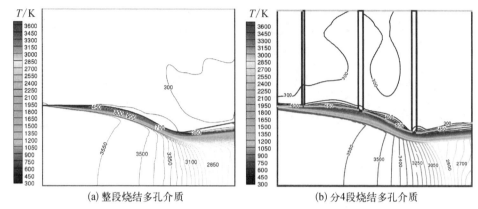

(a) 整段烧结多孔介质　　　　　　　(b) 分4段烧结多孔介质

图 11.8　整段与分段多孔结构喷管段发汗冷却静温分布对比

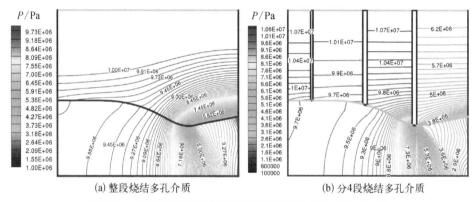

(a) 整段烧结多孔介质　　　　　　　(b) 分4段烧结多孔介质

图 11.9　整段与分段多孔结构喷管段发汗冷却压力分布对比

体在多孔壁内的轴向流动;喷管尾部较低的冷却流体进口压力即可满足壁温的冷却需要。

　　以某典型氢氧火箭发动机推力室喷管结构和工况为例,图 11.10 给出了从工艺到流量控制的具体分段方案:以推力室进口压力为 10.0 MPa 工况为例,按照压力梯度及热流密度,在推力室上游直管段,由于推力室内燃气压力变化很小,因此直管段只分一段;在推力室喷管收敛段,由于喷管内燃气轴向压力梯度很大,此段多孔结构推力室壁被金属薄片隔断分为 6 段(在推力室进口压力 10 MPa 工况下,分 6 段可以保证每段推力室壁对应的推力室内燃气轴向压力梯度小于 1.0 MPa,已经可以实现多孔介质推力室壁分段的目的);在推力室喷管喉部下游扩张段,由于相对于收敛段而言喷管内燃气轴向压力梯度略为平缓,因而此段多孔结构推力室壁被金属薄片隔断分为 3 段。

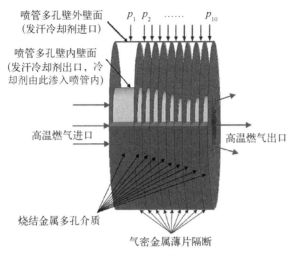

图 11.10 某典型氢氧火箭发动机推力室喷管段的分段发汗冷却结构方案

此外,用以分段的气密薄片材料按照如下要求选择。

(1)分段薄片选用金属强度应满足火箭发动机推力室壁所要求的许用强度,具体材料可选用纯碳钢/低合金钢、不锈钢、铁基耐热超合金、高温合金GH22、铝合金、铜合金、镍基合金、钴合金、钛合金等。

(2)分段薄片的厚度:在满足强度条件下应尽量薄,以减小与多孔介质内的传热性能差别,同时减少其端部和燃气接触的面积,降低辐射和对流换热量。

11.2 液体火箭发动机燃料喷注面板发汗冷却热防护

液体火箭发动机推力室喷注面板(injector head),是火箭燃料和氧化剂的供给部件,通常在面板上固定有若干燃料/氧化剂喷嘴,将燃料和氧化剂喷入燃烧室进行燃烧,形成高压高温燃气,经喷管加速后排出。喷注面板由于紧邻燃烧区,通常会承受较高的热流密度,并且固定有喷嘴,结构复杂,使得其热防护技术的发展面临诸多挑战。早期的火箭运行参数较低且多为一次性使用,喷注面板采用耐高温材料,无须主动热防护即可满足火箭的单程飞行耐热需求。随着运载火箭的推力要求不断提高,推力室燃料喷注面板承受的热流密度也越来越高,原有的燃料喷注面板结构无法满足长时间飞行需求,针对喷注面板热防护开始采用主动冷却技术。将原有实心燃料喷注面板改成烧结金属颗粒多孔介质或者烧结金属丝网结构,火箭推力室燃烧所需氧化剂和大部分燃料仍通过喷嘴注入,部分燃料则通过多孔喷注面板结构注入燃烧室,同时对面板进行冷却热防护。燃料通过多孔喷注面板时会与喷注面板之间发生强烈的对流换热,同时喷出的燃料也在喷注面板前形成保护气体,降低火焰传递的热量。这种冷却技术也是一种发汗冷却技术,可以非常有效地对燃料喷注面板进行热防护。本节介绍液体火箭发动机燃料喷注面板发汗冷却传热过程数理模型、基于热平衡和非热平衡假设研究结果[5-7]。

11.2.1 液体火箭发动机燃料喷注面板发汗冷却热防护结构

如上所述,绝大多数燃料/氧化剂仍通过喷嘴注入、少量燃料通过多孔喷注面板进行热防护的冷却方法,成为解决大推力液体火箭发动机燃料喷注面板热防护问题的有效方案,某氢氧火箭发动机推力室的燃料喷注面板结构简图如图11.11 所示。烧结金属丝网多孔喷注面板上方均匀同轴布置了 15 个 H_2/O_2 喷嘴,多孔面板由金属丝编制而成,厚度为 6 mm,孔隙率为 10%。大部分 H_2 由喷嘴喷入燃烧室,速度可达 150 m/s,高速 H_2 引射处于喷嘴中心的 O_2;另一部分 H_2 则通过多孔面板的发汗冷却方式进入燃烧室。多孔面板入口与氢腔连通,由于

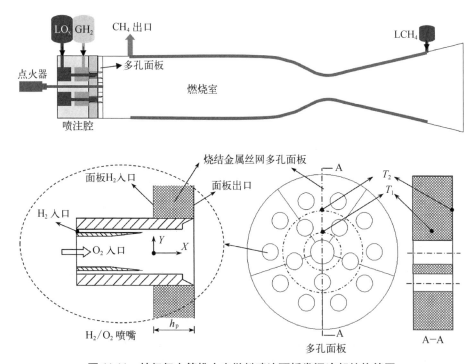

图 11.11　某氢氧火箭推力室燃料喷注面板发汗冷却结构简图

氢气通过烧结丝网面板的流动阻力远大于通过喷嘴注入的流动阻力,因此绝大多数的 H_2 都会通过喷嘴注入燃烧室,仅有少量 H_2 通过多孔面板形成发汗冷却对喷注面板进行热防护。通过多孔面板和喷嘴的 H_2 与 O_2 共同参与燃烧,在燃烧室形成超过 3 600 K 的高温燃气,经喷管加速后排出形成强大的推力,推力室壁面则采用燃料进行再生冷却。

11.2.2　液体火箭发动机燃料喷注面板的发汗冷却仿真分析

根据上述氢氧火箭发动机推力室结构,建立了一个带 H_2/O_2 喷嘴的三维推力室 CFD 模型,基于实际气体方程和物性数据,建立氢-氧燃烧的多步反应机制,结合多孔区内的流体和固体骨架的能量与流动控制方程,建立推力室的三维、实际气体、变物性耦合 CFD 计算模型。仿真分析计算的几何模型如图 11.12 所示,模型包括推力室、多孔喷注面板及 H_2/O_2 喷嘴,由于该氢氧火箭喷注面板具有轴对称性,为减少计算量和提高计算精度,取实际几何体的十分之一进行六面体结构网格划分。对于大推力液体火箭燃料喷注面板发汗冷却的仿真分析,计算中需要耦合多孔介质、燃烧化学反应、喷管段跨声速流动等诸多复杂问题,给求解带来很大的挑战,可以分别对主流区和多孔区域列出控制方程耦合进行求解。

图 11.12　某氢氧火箭推力室三维仿真 CFD 模型

在喷嘴和燃烧室内主流区的流动过程是带化学反应的稳态、可压缩流动过程。其连续性方程、动量方程和能量方程分别为

$$\frac{\partial}{\partial x_i}(\rho u_i) = 0 \tag{11.6}$$

$$\frac{\partial(\rho u_i u_j)}{\partial x_i} = -\frac{\partial P}{\partial x_i} + \frac{\partial \tau_{ij}}{\partial x_j} \tag{11.7}$$

$$\frac{\partial}{\partial x_i}[u_i(\rho E + P)] = \nabla\left(\lambda\frac{\partial T}{\partial x_i} + u_j\tau_{ij}\right) + S_h \tag{11.8}$$

式中，S_h 包含了化学反应过程的生成热。

H$_2$ 和 O$_2$ 的反应过程采用涡耗散概念(eddy dissipation concept, EDC)模型，通过 ISAT 方法求解。EDC 模型不仅可以计算每一步的基元反应，模型还计入了湍流和反应之间的相互作用。本研究采用的 H$_2$ 和 O$_2$ 的反应动力学模型包含 7 个组分(H、H$_2$、H$_2$O、O、OH、O$_2$、HO$_2$)和 13 个基元反应，如表 11.2 所示，各物理量的单位是 cal-mol-sec-cm。反应速率由 Arrhenius 公式计算：

$$k(T) = AT^n\exp(-E/RT) \tag{11.9}$$

式中，k 是反应速率系数；A 是常数；T 为温度；E 为活化能。各基元反应都计算了其可逆反应。

表 11.2 H$_2$/O$_2$ 13-步反应机制

反应序号	反 应 式	A	n	活化能
1	H+H+M⇔H$_2$+M	6.40×10^{17}	-1	0
2	H+OH+M⇔H$_2$O+M	8.40×10^{21}	-2	0
3	O+O+M⇔O$_2$+M	1.90×10^{13}	0	$-1\,790$
4	O$_2$+H+M⇔HO$_2$+M	1.50×10^{15}	0	$-1\,000$
5	O+H+M⇔OH+M	4.00×10^{18}	-1	0
6	O$_2$+H⇔OH+O	2.20×10^{14}	0	16 800
7	H$_2$+O⇔H+OH	1.80×10^{10}	1	8 900
8	H$_2$+OH⇔H$_2$O+H	2.20×10^{13}	0	5 150
9	OH+OH⇔H$_2$O+O	6.30×10^{12}	0	1 000
10	H+HO$_2$⇔ OH + OH	2.50×10^{14}	0	1 900
11	H+HO$_2$⇔ H$_2$+ O$_2$	2.50×10^{14}	0	700
12	H+HO$_2$⇔ H$_2$O + O	2.00×10^{13}	0	0
13	OH+HO$_2$⇔ H$_2$O + O$_2$	6.00×10^{12}	0	0

多孔壁面：流体的动量方程通过在原动量方程上添加源项来求解。源项由两部分组成，即黏性损失项和惯性损失项：

$$\frac{\partial(\rho\varepsilon u_i u_j)}{\partial x_i} = -\frac{\partial(\varepsilon P)}{\partial x} + \frac{\partial}{\partial x_i}\left(\varepsilon\mu_e\frac{\partial u}{\partial x_i}\right) + \frac{\varepsilon^2\mu_f}{K}u - \frac{\varepsilon^3\rho F}{\sqrt{K}}|U|u \tag{11.10}$$

式中,渗透率 K 和阻力系数 F 可由流动实验获得,考虑流体在多孔内的惯性因素,多孔内的流动可以用 Darcy-forchheimer 方程来描述:

$$-\frac{\mathrm{d}P}{\mathrm{d}x} = \frac{\mu u}{K} + \frac{F}{\sqrt{K}}\rho u^2 \tag{11.11}$$

当流动方向压力梯度较大时,需考虑可压缩性的影响。引入可压缩压差修正项 $\alpha_c = \dfrac{p_i + p_o}{2p_i}$,式(11.11)可以简化为如下形式:

$$\frac{p_i^2 - p_o^2}{2p_i L}\frac{1}{\mu u} = \frac{1}{K} + \frac{F}{\sqrt{K}}\frac{\rho u}{\mu} \tag{11.12}$$

式中,ρ 和 μ 均采用进出口平均压力下对应的密度和黏度。

根据测量的数据,可以采用最小二乘法来求出 K 和 F。对于孔隙率为 $\varepsilon = 10\%$ 的 GH30 烧结金属丝网,实验测得的渗透率为 $K = 1.49 \times 10^{-13}$、惯性系数为 $F = 15.45$。

多孔区的能量方程基于局部热平衡假设,即认为每个控制单元中的流体温度和固体骨架的温度相等:

$$\frac{\partial(\rho c_p \varepsilon u_i T)}{\partial x_i} = \frac{\partial}{\partial x_i}\left(\lambda_{\mathrm{eff}}\frac{\partial T}{\partial x_i}\right) + \frac{\varepsilon^2 \mu}{K}u^2 + \frac{\varepsilon^3 \rho F}{\sqrt{K}}|U|u^2 \tag{11.13}$$

控制单元的有效导热系数通过体积平均方法计算:

$$\lambda_{\mathrm{eff}} = \varepsilon\lambda_f + (1 - \varepsilon)\lambda_s \tag{11.14}$$

式中,λ_f 和 λ_s 分别为流体和固体骨架的导热系数。

采用 Peng – Robinson (PR)方程来计算各组分的密度,其表达式为

$$p = \frac{RT}{(V_m - b)} - \frac{a}{V_m(V_m + b) + b(V_m - b)} \tag{11.15}$$

其中,

$$
\begin{aligned}
&a = a(T_c)\alpha(T) \\
&b = 0.077\,8RT_c/p_c \\
&a(T_c) = 0.457\,24R^2 T_c^2/p_c \\
&\alpha(T) = [1 + m(1 - T_r^{0.5})]^2 \\
&m = 0.374\,64 + 1.542\,26\omega - 0.269\,92\omega^2
\end{aligned}
\tag{11.16}
$$

式中，T_c、p_c分别为临界温度和临界压力；T_r为对比温度（$T_r = T/T_c$）；ω为偏心因子。

为了验证上述计算模型的可靠性，中国航天科技集团有限公司第六研究院第11研究所（京）对如图11.13所示的氢氧火箭实际喷注面板结构进行了地面点火实验测试。分别将CFD计算得到的H_2质量流量、T_1和T_2温度值与试验测量数据进行对比，如图11.14所示。

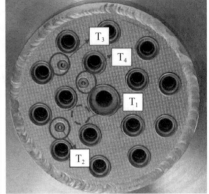

图11.13　某氢氧火箭燃料喷注面板发汗冷却实验件

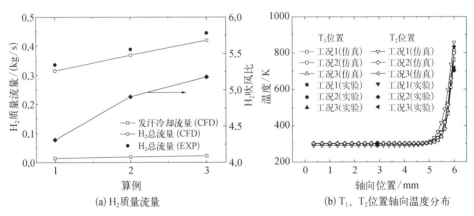

(a) H_2质量流量　　(b) T_1、T_2位置轴向温度分布

图11.14　某氢氧火箭燃料喷注面板发汗冷却CFD计算结果与试验结果的对比

图11.14(a)中，对比CFD计算的H_2总质量流量和试验测量值，由于计算模型中的喷嘴要比实际的喷嘴短，计算的流阻偏小，H_2的流量比测量值偏大。通过比较可以看出，CFD计算的H_2总质量流量的最大偏差为6.3%。图中同时给出了三个工况下H_2的发汗质量流量和吹风比，通过计算发现吹风比为4.3%~5.3%。图11.14 (b)分别将CFD计算得到的T_1和T_2温度值与试验测量数据进行对比，可以

看出面板中间位置 T_1 的计算值与试验测量值非常接近,最大偏差仅为 0.8%。T_2 的计算值与试验测量值存在一定的计算误差,偏差范围为 8.3%~19.4%。由对比结果得出,所建立的数值计算模型可以较好地预测 H_2/O_2 液体火箭发动机推力室的燃烧过程和多孔面板的发汗冷却效果,所存在的偏差可能有多方面因素,其一可能是多孔壁面内局部热平衡假设。

图 11.15 给出了推力室内的详细物理场分布。图 11.15(a) 和图 11.15(b) 分别显示了推力室内的三维温度场和马赫数场分布。结合两图可以看出,在燃烧室的前段为明显的流管状燃烧区,此时燃烧处于亚声速状态,流体温度和速度逐渐增大,温度最高约 3 680 K;在推力室的喉部区域,为跨声速流动区,流体在该区域由亚声速变为超声速;最后燃烧各组在推力室的尾部出现超声速膨胀流动,以马赫数接近 3.48 的速度喷出推力。

图 11.15(c)~(f) 显示了在设计工况下推力室内 H_2、O_2、H_2O、OH 等 4 种主

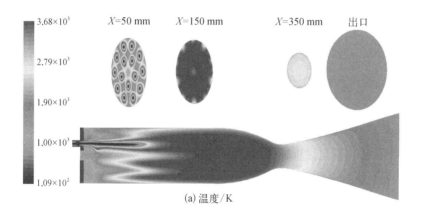

(a) 温度/K

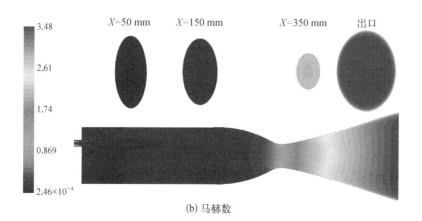

(b) 马赫数

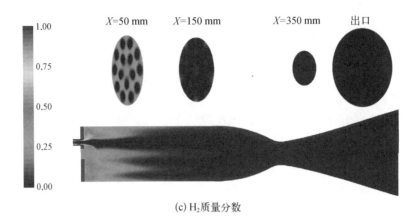

(c) H_2质量分数

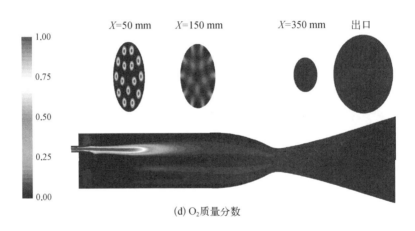

(d) O_2质量分数

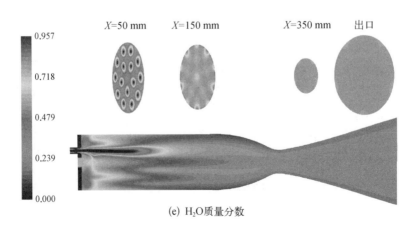

(e) H_2O质量分数

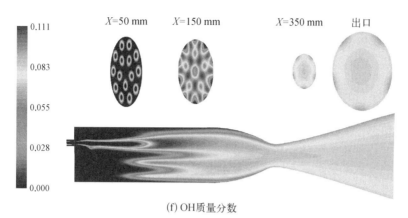

(f) OH 质量分数

图 11.15　推力室各物理量整场分布

要组分质量分数在三维空间分布情况。图中可以看出,氧从喷嘴的中心喷出,氢气从喷嘴四周的环隙流入燃烧室;在燃烧室内,氧与氢气经历混合和燃烧过程,在喉部之前基本燃烧完毕。但是从 OH 的质量分布图中可以看出,中间产物的反应则从燃烧室一直持续到尾喷管。从图中的截面图中可以看出,燃烧过程中间产物和最终产物的三维分布规律都受到喷嘴位置的影响,各组分的分布也不均匀。

图 11.16 给出了不同 H_2 入口压力下多孔面板上 T_1 位置沿冷却流体流动方向的温度分布规律。从温度图中可以看到,面板厚度方向上存在温度梯度,面板冷却流体入口侧的温度基本不变,但是在面板热侧附近,温度快速升高。随着

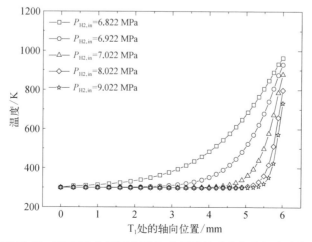

图 11.16　不同 H_2 入口压力时 T_1 位置沿流动方向上温度分布

H_2入口压力的升高,面板温度降低,并且热浸深度快速减小,这是由于H_2的发汗量增加引起的。入口压力对发汗量的影响非常明显,在所计算的压力条件下,吹风比最低为1%、最高为7%。

11.2.3 大推力氢氧火箭发动机燃料喷注面板发汗冷却仿真模拟的影响因素分析

1. 燃烧室火焰气体辐射影响分析

图11.17是某典型大推力氢氧火箭工作状态的燃烧室温度分布仿真结果,可以看到温度约3 800 K的高温火焰基本分布在$X = 100 \sim 430$ mm的燃烧室区域,高温火焰面与喷注面板距离很短,火焰辐射不可忽略。由于燃烧室温度极高,气体组分复杂,火焰面与喷注面板之间还存在氢氧燃烧反应的中间产物,直接将气体辐射模型耦合进原有的跨声速-多孔介质-燃烧反应复杂模型进行仿真计算的难度很大,且缺乏相关中间反应产物的高温辐射特性数据。因此本节介绍了一种保守估计火焰辐射对燃料喷注面板温升影响的计算方法。

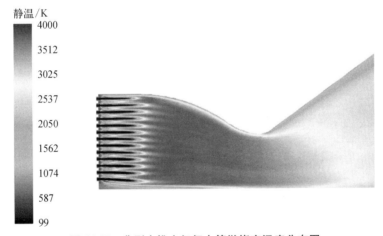

静温/K

4000
3512
3025
2537
2050
1562
1074
587
99

图 11.17 典型大推力氢氧火箭燃烧室温度分布图

火焰区域的主要组分为水蒸气,因此为了保守估计辐射的影响,认为燃烧室的火焰区域充满了水蒸气,火焰温度为3 800 K,近似认为水蒸气对多孔面板的辐射黑度为1。考虑到氧气和氢气都为双原子分子,辐射发射率很低且对辐射基本透明,而火焰面和喷注面板间的氢氧燃烧中间反应产物含量很低,因此忽略火焰面和喷注面板之间的气体吸收辐射,认为火焰面和喷注面板之间的辐射为两同轴平行圆盘间的辐射换热,可以计算得到其辐射换热的角系数为$X_{12} \approx$

0.67。燃料喷注面板多采用金属丝网烧结，材料吸收率多在 0.8 以上，同样基于保守估计，认为喷注面板表面的辐射吸收率为 1。又喷注面板温度（<1 000 K）相对于火焰温度（≈3 800 K）较低，取 4 次方后可以忽略不计。因此可以求得多孔喷注面板接收的总辐射量约为

$$Q \approx XA\varepsilon\sigma T^4 = 0.67 \times 0.120\,87 \times 1 \times 5.67 \times 10^{-8} \times 3\,800^4 = 957\,kW$$

$$\tag{11.17}$$

面板吸收到的总辐射，在火箭稳定工作时最终都被通过多孔喷注面板的冷却氢带走，因此可以求得本算例中的最大辐射温升 ΔT 为

$$\Delta T = \frac{Q}{\dot{m}C_p} = \frac{957\,400}{0.812\,1 \times 14\,722} \approx 80.1\,K \tag{11.18}$$

式中，$\dot{m}$ 为多孔喷注面板的透氢量；C_p 为火箭运行工况下对应温度压力的氢比热容，可以看到随着透氢量上升，最大辐射温升会随之下降，因此可以通过调控多孔喷注面板的孔隙率来控制面板的透氢量。

2. 局部非热平衡效应影响分析

上述模型采用的是多孔介质局部热平衡模型，当火箭运行参数更高时，燃料喷注面板承受更高的热流密度，固体骨架和流体温度相等的假设会引起更大偏差。本节针对大推力火箭的多孔喷注面板区域建立了基于局部非热平衡的计算模型，并与同工况下的局部热平衡模型进行对比计算，分析局部非热平衡效应对火箭喷注面板发汗冷却热防护效果的影响。

多孔区域内的连续性方程与动量方程如下：

$$\frac{\partial}{\partial x_i}(\rho u_i) = 0 \tag{11.19}$$

$$\frac{\partial(\rho\varepsilon u_i u_j)}{\partial x_i} = -\frac{\partial(\varepsilon P)}{\partial x} + \frac{\partial}{\partial x_i}\left(\varepsilon\mu_e\frac{\partial u}{\partial x_i}\right) + \frac{\varepsilon^2\mu_f}{K}u - \frac{\varepsilon^3\rho F}{\sqrt{K}}|U|u \tag{11.20}$$

方程中的渗透率 K 和阻力系数 F 可由流动实验获得，具体方法参考 11.2.2 节。

能量方程则包括流相和固相两个方程：

流相：$\nabla(\rho_f c_{pf}\varepsilon u_p T_f) = \nabla[(\varepsilon\lambda_f + \lambda_d)\nabla T_f] + h_{sf}a_{sf}(T_s - T_f)$

固相：$0 = \nabla[(1-\varepsilon)\lambda_s\nabla T_s] - h_{sf}a_{sf}(T_s - T_f)$

$$\tag{11.21}$$

式中，多孔介质的内部对流换热系数 h_{sf} 可通过实验进行测量，对于颗粒烧结多

孔介质，内部对流换热系数 h_{sf} 可采用下式进行计算：

无微尺度效应：

$$h_{sf} = \frac{k_f}{d_p}(0.933\varepsilon^2 - 0.245\varepsilon + 0.016\,5)Re_d^{0.8}Pr^{1/3}, \quad a = 6(1-\varepsilon)/d_p$$

$$(11.22)$$

有微尺度效应：

$$h_{sf} = \frac{k_f}{(1+24Kn)d_p}(0.933\varepsilon^2 - 0.245\varepsilon + 0.016\,5)Re_d^{0.8}Pr^{1/3}$$

两种多孔介质换热模型的计算结果对比如图 11.18 和图 11.19 所示。采用

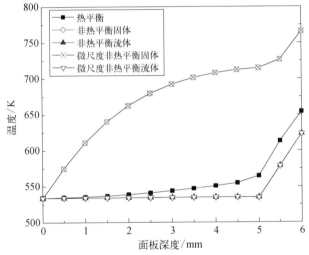

图 11.18　多孔区域局部热平衡和局部非热平衡模型仿真计算结果对比

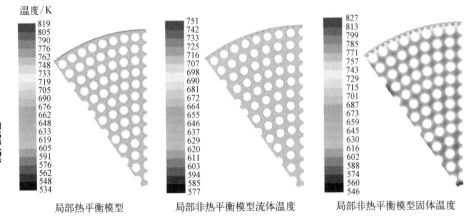

图 11.19　多孔区域局部热平衡和局部非热平衡模型面板表面温度

局部非热平衡模型时,面板固体温度相对于局部热平衡模型上升了约 100 K。该工况下 Kn 数约为 2.45×10^{-4},故微尺度效应可以忽略,两种对流换热系数关联式计算得到的沿面板深度温度分布也基本一致。以上计算结果显示,对于火箭运行参数较高、喷注面板热流密度较大的情况下,采用局部热平衡模型仿真计算可能低估了面板表面温度,引发热防护隐患。

11.3　液体火箭发动机推力室第三流体循环冷却技术

　　第三流体循环是一种创新性的发动机循环方式,它引入非推进剂的第三种流体作为发动机循环的换热冷却及涡轮工作介质,以推力室高温壁面为热源,以低温燃料作为冷源,在高温壁面和低温燃料间形成自身独立的闭式循环。循环介质由高压泵送入推力室冷却通道,循环介质流经高温壁面时冷却壁面,对壁面进行热防护,同时自身被加热,流出冷却通道后进入涡轮膨胀做功,为高压泵和燃料泵提供动力,随后循环介质进入冷凝换热器加热低温燃料,经冷凝换热后由高压泵送入发动机燃烧室冷却通道,继续循环冷却燃烧室高温壁面,如图 11.20 所示。由于第三流体循环工质不进入推力室,因此涡轮的出口压力可以降低,涡轮压比可以增加,发动机的循环

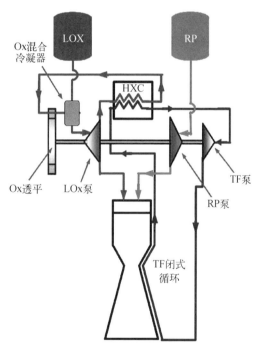

图 11.20　第三流体循环示意图[8]

压力降低,涡轮工作环境改善,循环工质的选择范围增大。第三流体循环具有较高的涡轮压比,无须预燃,推进剂可全流量进入燃烧室,且燃烧室可保持高室压的优势。

　　本节从大推力液体火箭发动机推力室壁面第三流体冷却技术的实际应用出发,对 R22 和乙醇两种备选第三流体在超临界压力下流经内径为 1.004 mm 的冷

却通道,对高热流壁面进行冷却过程中的流动和对流换热特性进行了研究,讨论了剧烈物性变化、浮升力和流动加速对流动阻力及对流换热的影响,比较了两种冷却介质的流动和换热特性,并总结了超临界压力第三流体循环介质的对流换热及流阻规律。研究对采用第三流体循环冷却技术对大推力液体火箭推力室壁面热防护的冷却介质的选择、冷却通道的设计及介质流量等相关参数的设计计算和优化提供理论依据和指导。

11.3.1 液体火箭发动机推力室条件第三流体循环冷却模拟实验系统

图 11.21 为模拟液体火箭发动机推力室条件的第三流体循环冷却模拟实验系统示意图。工质从气瓶中流出,先进入集液罐,流过过滤器除去可能的杂质,然后经超临界压力双柱塞泵升压至超临界压力,在稳压罐内稳定压力后通过质量流量计测得流量,然后进入内部换热器及预热器以得到所要求的实验段进口流体温度,接着流过实验段,内部换热器,最后通过冷却器,背压阀回到储液罐,形成封闭式的循环系统。系统压力通过调节背压阀的开度进行调节。对于进口温度较低的工况,可打开内部换热器旁路,关闭内部换热器与预热器间阀门,使流体不通过内部换热器,并通过调节冷却器的冷却量获得较低的流体入口温度。同时,系统中设置有相关的压力、压差、温度测量仪表,以得到相应的实验参数。

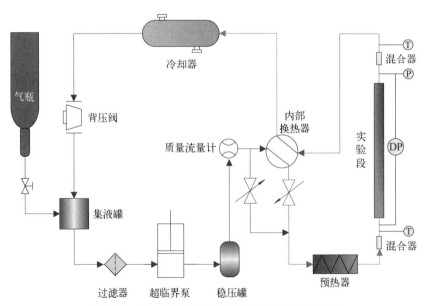

图 11.21 第三流体循环冷却模拟实验系统示意图

在第三流体冷却技术用于大推力液体火箭发动机推力室壁面热防护的实际应用中,需要被冷却的壁面热流密度高达 $10^6\,\mathrm{W/m^2}$ 以上,第三流体在毫米量级的微小冷却通道中流过,对火箭发动机推力室的高温壁面进行冷却,防止其被烧毁。最高工作压力达 10 MPa。本实验参数的选取参考了第三流体冷却实际应用中的压力、流量、热流密度等参数,选取 R22 和乙醇两种流体作为实验工质,实验参数范围如表 11.3 所示。

表 11.3　第三流体循环冷却实验工况

实　验　参　数	范　　　围
第三流体循环工质	R22,乙醇
流道尺寸	1.004 mm
压力	5.5~10 MPa
热流密度	$1.1\times10^5 \sim 1.8\times10^6\,\mathrm{W/m^2}$
壁面温度	60~400℃
流体温度	25~200℃
流体雷诺数	$3.5\times10^3 \sim 2.4\times10^4$

11.3.2　液体火箭发动机第三流体循环冷却流动与换热特性

图 11.22 给出了超临界 R22 和超临界乙醇在不同压力下工质质量流率为 $G=4\,000\,\mathrm{kg/(m^2\cdot s)}$ 时流经实验段被加热过程的摩擦压降随热流密度的变化的比较。由于乙醇的黏度较大,因此在相同质量流率及流道直径下乙醇流动雷诺数较小,从而摩擦因子较小,且在本实验大部分工况温度范围内,乙醇的密度小于 R22 的密度,如果仅以流体平均温度为定性温度,不考虑壁面物性修正,乙醇的摩擦压降应大于 R22 的摩擦压降。但是在实际情况中,由于受到剧烈变物性的影响,超临界压力 R22 的密度随温度增加而减小更加显著,导致壁面处由于受流体流动加速而流动扰动增大从而导致的流动阻力增大超过了壁面处流体黏度下降带来的流动阻力减小的效应,而对于超临界压力乙醇,相比较而言,其黏度随温度变化随温度增大而减小更加显著,导致壁面处流动阻力下降超过了由于密度减小导致流动阻力增加的效应。因此,在本实验参数范围内,实验测得的超临界压力乙醇流经实验段被加热过程的摩擦压降比超临界压力 R22 小。对于压力 $p=7.3$ MPa 的工况,物性变化影响更加显著,乙醇摩擦压降比 R22 低 20%~30%,而对于压力 $p=10$ MPa 的工况,乙醇摩擦压降比 R22 低 10%~20%。

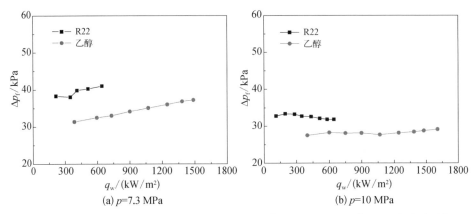

(a) p=7.3 MPa   (b) p=10 MPa

图 11.22 不同工质摩擦压降随热流密度的变化 $[G=4\,000\ \mathrm{kg/(m^2 \cdot s)}$，向上流动]

图 11.23 给出了不同热流密度下，压力 $p=5.5$ MPa，质量流率 $G=4\,000\ \mathrm{kg/(m^2 \cdot s)}$，R22 向上流动工况中壁面温度和对流换热系数随流体焓值的变化。对于热流密度相对较低的工况，如图 11.23(a) 中热流密度为 $q_\mathrm{w}=341 \sim 843\ \mathrm{kW/m^2}$ 的工况，壁面温度随着流体温度的升高、焓值的增加而单调上升。当流体温度低于准临界温度，同时壁面温度也低于准临界温度，或在准临界温度附近时，对流换热系数变化不显著，而随着热流密度的升高，壁面温度远高于准临界温度，壁面附近流体密度、热导率、低比定压热容迅速降低，阻碍了流体与壁面间的换热，且热流密度越高，壁温越高，阻碍效果越显著，导致对流换热系数随着焓值的升高而降低，如图 11.23(b) 所示。随着热流密度的增大，热流密度为 $q_\mathrm{w}=1\,001 \sim$

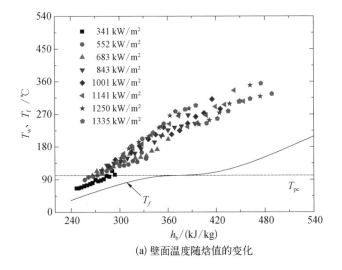

(a) 壁面温度随焓值的变化

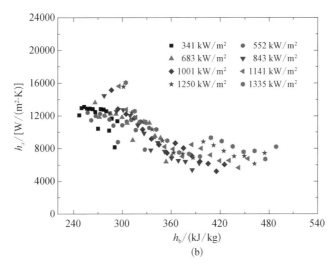

图 11.23　不同热流密度下 R22 向上流动工况中壁面温度和对流换热系数随流体焓值的变化

$\left[\text{压力}\, p = 5.5\, \text{MPa}, \text{质量流率}\, G = 4\,000\, \text{kg}/(\text{m}^2 \cdot \text{s})\right]$

1 335 kW/m^2 时, 壁面温度随焓值的变化出现了局部峰值, 且热流密度越大, 峰值越显著。

图 11.24 比较了不同压力下 R22 对流换热系数随焓值的变化。对于 R22, 当压力离临界压力 4.99 MPa 较远时, 如 10 MPa、7.3 MPa 时, 对流换热系数相对

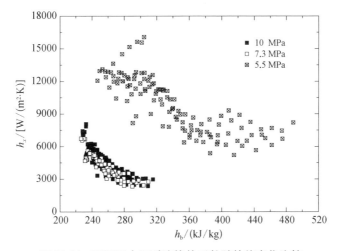

图 11.24　不同压力下对流换热系数随焓值变化比较

$\left[\text{R22}, G = 4\,000\, \text{kg}/(\text{m}^2 \cdot \text{s}), \text{向上流动}\right]$

较小,且随压力的变化不显著。而当压力接近临界压力时,如 5.5 MPa,对流换热系数显著高于 7.3 MPa 与 10 MPa 的工况,相同焓值下比 10 MPa、7.3 MPa 下对流换热系数高 100%～200%。

图 11.25 比较了压力 $p = 10$ MPa,质量流率 $G = 4\,000$ kg/(m² · s),向上流动工况下 R22 及乙醇的对流换热系数随焓值的变化。总体上在本实验参数范围内,R22 的对流换热系数随流体温度和焓值的上升而呈下降趋势,而乙醇的对流换热系数随流体温度和焓值的上升而呈逐渐上升趋势,总体上相同压力相同质量流量下,乙醇比 R22 的对流换热系数高 50%～200%。

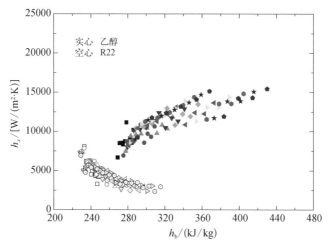

图 11.25　不同工质下对流换热系数随焓值变化比较

$[p = 10\text{ MPa},\ G = 4\,000\text{ kg/(m}^2 \cdot \text{s)},\ 向上流动]$

对流换热方面,本实验参数范围内,对于超临界压力 R22,当压力较高时($p = 7.3$ MPa 和 $p = 10$ MPa),实验段壁面温度随着焓值的增大而单调上升,对流换热系数则随焓值单调下降,实验中未观察到局部换热恶化现象。当压力降低至 $p = 5.5$ MPa,接近其临界压力,且流量较小时,在高热流密度工况下,由于壁面温度和流体温度差别极大,壁面附近的低密度、低比热及低热导率的高温流体严重阻碍了流体与壁面间的对流换热,实验中观察到了显著的局部对流换热恶化。对于超临界压力乙醇,由于其密度随温度变化相对较小,而黏度随温度升高而显著降低,除出口附近外,密度对对流换热的影响并不显著,其对流换热系数随着焓值的升高、流体黏度的减小而升高。

浮升力对对流换热的影响随着热流密度的增大、压力的降低及流量的降低而增大,但在本实验工况范围内,其对对流换热的影响可以忽略。本实验中,由热膨胀引起的流动加速对对流换热的影响比压降引起的流动加速对对流换热的影响高一到两个量级,但在本实验参数范围内,流动加速无量纲因子仍小于使得流体湍动受到显著影响的阈值,流动加速对对流换热的影响也可以忽略,流体物性随温度和压力的变化对于对流换热的影响仍然占主要地位。

综合比较 R22 和乙醇的摩擦阻力及换热的性能,在压力在 7.3 到 10 MPa 范围内,相比于 R22,乙醇的黏度随温度的升高下降非常显著,这一特性使其摩擦压降低于相同实验条件下 R22 的摩擦压降。且乙醇的对流换热系数随着流体温度和焓值的升高而逐渐增大,并显著高于相同条件下 R22 的对流换热系数,因此乙醇更适用于作为第三流体冷却介质用于大推力液体火箭发动机推力室高温高热流壁面的冷却。

参考文献

[1] 姜培学,任泽霈,张左,等. 液体火箭发动机推力室发汗冷却传热过程的数值模拟(I)数理模型[J]. 推进技术,1999,20(3):1-4.
[2] 姜培学,任泽霈,张左,等. 液体火箭发动机推力室发汗冷却传热过程的数值模拟(II)数值方法与计算结果[J]. 推进技术,1999,20(4):17-21.
[3] 胥蕊娜. 微细多孔结构内流动与换热研究[D]. 北京:清华大学,2007.
[4] 金韶山. 液体火箭推力室及钝体头锥发汗冷却研究[D]. 北京:清华大学,2008.
[5] 祝银海,姜培学,孙纪国,等. 液体火箭推力室面板发汗冷却与燃烧耦合数值模拟[J]. 工程热物理学报,2012,3(1):101-104.
[6] Zhu Y, Jiang P, Sun J, et al. Injector head transpiration cooling coupled with combustion in H_2/O_2 subscale thrust chamber[J]. Journal of Thermophysics and Heat Transfer, 2012, 27(1):42-51.
[7] 廖致远. 高热流密度与超声速条件下发汗冷却基础问题研究[D]. 北京:清华大学,2021.
[8] Balepin V. Concept of the third fluid cooled liquid rocket engine[C]. Sacramento: 42nd AIAA/ASME/SAE/ASEE Joint Propulsion Conference & Exhibit, 2006.
[9] 赵陈儒. 超临界压力流体在圆管内流动与对流换热研究[D]. 北京:清华大学,2011.

第 12 章

高超声速飞行器的主动热防护与热利用

实际的高超声速飞行器在高速飞行过程中,由于机身外表面与大气剧烈摩擦,受到强烈的气动加热,飞行器前缘,如头锥、翼缘、溢流口等部位承受着极高的热流密度;此外,超燃冲压发动机燃烧室壁面,以及内部的喷油支板处于高温高速气流环境中,并且支板前缘由于气流在表面滞止引起气动加热,极易发生烧蚀破坏。这些部位结构复杂、温度高、压力大,是整个高超声速飞行器主动热防护中的关键。

12.1 超燃冲压发动机燃烧室壁面再生冷却

超燃冲压发动机燃烧室的温度可达 2 800 K 以上,超过了一般结构材料所能承受的极限。再生冷却技术是发动机冷却中常采用的方法,采用发动机的燃料作为冷却剂,冷却流体流经发动机结构中的冷却通道,对高温内壁进行对流冷却,燃料自身受热升温吸热,或者发生热裂解反应吸收热量,之后流出冷却通道,经喷注器进入燃烧室。燃料在冷却通道中流动换热时,其压力通常高于燃料的临界压力,燃料处于超临界压力条件,发动机结构壁面温度一般会高于燃料的准临界温度,故超临界压力下剧烈物性变化使燃料在通道中的换热很复杂。这些换热过程与燃料压力、流速、温度、热流密度的大小等诸多因素相关联。揭示这些换热过程的内在规律,认识相关因素的影响机制,是超燃冲压发动机再生主动冷却技术得以实现的基础,也是再生主动冷却技术设计必须解决的关键问题。

本节基于第 3 章和第 4 章关于超临界压力碳氢燃料的对流换热和热裂解研究结果,利用热力学、反应动力学理论,建立了超燃冲压发动机燃烧室再生主动冷却的一维计算模型,获得了热裂解反应流动过程中的传热和热裂解特性。

　　碳氢燃料在通道内的流动过程中,包含了几个方面的传热过程:首先是燃料本身的热裂解吸热过程,其次为燃料与通道壁面的对流换热过程。整个过程的特点可以归纳为一维稳态、变物性流动换热及多组分的扩散与化学反应。针对模拟过程的这些特点,主要有如下控制方程。

　　质量守恒方程:

$$\frac{\partial \rho}{\partial t} + \frac{\partial}{\partial x}(\rho u) = 0 \tag{12.1}$$

上式是质量守恒方程的通用形式,既适用于不可压流动,也可用于可压流动。

　　动量守恒方程:

$$\frac{\partial}{\partial t}(\rho u) + \frac{\partial}{\partial x}(\rho u u) = -\frac{\partial p}{\partial x} - \frac{1}{2}\frac{f}{d}\rho u^2 \tag{12.2}$$

式中,流阻系数 f 可以由经验关联式计算得到。

　　能量守恒方程:

$$\frac{\partial}{\partial t}(\rho h) + \frac{\partial}{\partial x}(\rho u h) = \frac{4q_{\text{flux}}}{d} \tag{12.3}$$

　　组分方程:

$$\frac{\partial \rho Y}{\partial t} + \frac{\partial}{\partial x}(\rho u Y) = \rho(1 - Y)K \tag{12.4}$$

　　气体方程(物性通过 NIST 查表得到):

$$\rho,\ h,\ \mu,\ c_p,\ \lambda = f(P,\ T) \tag{12.5}$$

　　对流换热系数和壁面温度 T_w 的关系如下:

$$q_{\text{flux}} = h(T_\text{w} - T_\text{f}) \tag{12.6}$$

$$h = \frac{Nu\lambda}{d}$$

式中,Nu 的计算关联式分为层流计算关联式和湍流区计算关联式。其中湍流区计算关联式采用第 3 章结果。热裂解反应模型采用第 4 章结果。

层流采用考虑进口段的局部表面传热系数计算(B.S.Petukhov):

$$Nu_x = \begin{cases} 1.31\left(\dfrac{1}{Pe}\dfrac{x}{d}\right)^{-1/3} = 1.31\left(RePr\dfrac{d}{x}\right)^{1/3}\,; & \dfrac{1}{Pe}\dfrac{x}{d} \leqslant 0.001 \\[3mm] 4.36 + 1.31\left(\dfrac{1}{Pe}\dfrac{x}{d}\right)^{-1/3}\exp\left(-13\sqrt{\dfrac{1}{Pe}\dfrac{x}{d}}\right)\,; & \dfrac{1}{Pe}\dfrac{x}{d} > 0.001 \end{cases}$$

$$(12.7)$$

通过以上控制方程,可以建立碳氢燃料的流动、传热和热裂解计算模型。模型可以获得碳氢燃料在通道内的流速、流阻、Re 数等参数在沿程分布。

为了验证计算模型的精度及可靠性,按照裂解率的大小,挑选了 3 组实验工况来进行对比,如表 12.1 所示。三个工况的裂解率从 3.979 0 到 12.154 0%,都低于 15%,满足轻度裂解的要求。

表 12.1 验 证 算 例

工况	T_{in}/℃	T_{out}/℃	G/(kg/h)	q/(W/m^2)	P_{in}/MPa	P_{out}/MPa	裂解率/%
1	384.170 0	572.010 0	2.127 9	74 800.000 0	5.055 7	5.044 0	3.979 0
2	418.480 8	603.351 9	4.027 1	153 000.000 0	6.159 8	6.136 8	7.169 0
3	354.574 5	615.414 9	2.190 8	112 000.000 0	4.220 5	4.206 2	12.154 0

图 12.1 中显示了工况 1 条件下流体与壁面温度的预测值与实验值的对比

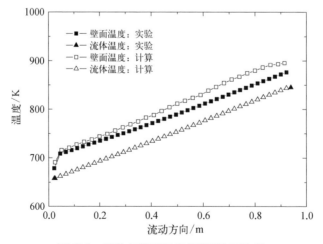

图 12.1 流体与壁面温度的预测(工况 1)

情况,可以看出,计算得到的流体出口温度与实验值非常接近,误差约为 0.2%
(1.3 K);壁面温度的预测值与实验值的偏差稍大,最大误差约为 2.2%(19 K)。
图 12.2 中显示了工况 1 条件下各裂解组分摩尔分数的预测值与实验值的对比
情况,可以看出,计算得到的各裂解组分摩尔分数与实验值比较接近,其中误差
较大的组分为 H_2、C_4H_{10} 和 C_9H_{18},计算误差分别为 20.0%、21.5% 和 22.1%,所有
组分的计算均方根误差为 12.5%。

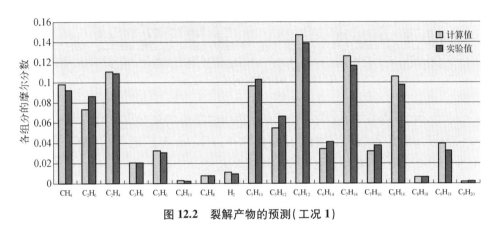

图 12.2　裂解产物的预测(工况 1)

图 12.3 中显示了工况 2 条件下流体与壁面温度的预测值与实验值的对比
情况,可以看出,计算得到的流体出口温度与实验值非常接近,误差约为 1.5%
(13.1 K);壁面温度的预测值与实验值符合得非常好,最大误差约为 0.3%
(3 K)。图 12.4 中显示了工况 2 条件下各裂解组分摩尔分数的预测值与实验值

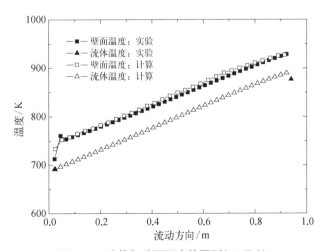

图 12.3　流体与壁面温度的预测(工况 2)

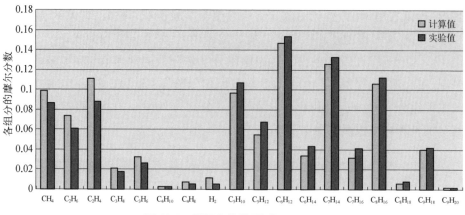

图 12.4　裂解产物的预测(工况 2)

的对比情况,可以看出,计算得到的各裂解组分摩尔分数与实验值比较接近,其中误差较大的组分为 H_2、C_2H_4、C_4H_8 和 C_8H_{18},计算误差分别为 110.9%、26.5%、46.9% 和 -22.5%,所有组分的计算均方根误差为 31.2%。

图 12.5 中显示了工况 3 条件下流体与壁面温度的预测值与实验值的对比情况,可以看出,计算得到的流体出口温度与实验值非常接近,误差约为 0.7%(6 K);壁面温度的预测值与实验值符合较好,最大误差约为 2.3%(20 K)。图 12.6 中显示了工况 3 条件下各裂解组分摩尔分数的预测值与实验值的对比情况,可以看出,计算得到的各裂解组分摩尔分数与实验值比较接近,其中误差较大的组分为 H_2、CH_4 和 C_9H_{20},计算误差分别为 -22.5%、27.3% 和 30.4%,所有组分的计算均方根误差为 13.3%。

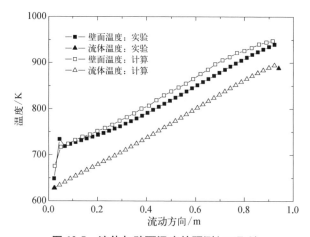

图 12.5　流体与壁面温度的预测(工况 3)

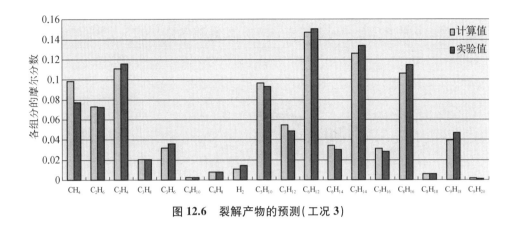

图 12.6　裂解产物的预测(工况 3)

12.2　前缘溢流口部位微肋强化换热

为实现前缘溢流口部位主动冷却强化传热的研究目标,本书作者团队主要
采用在换热通道中增加微肋结构(如 2.2
节所述)作为强化传热手段开展研究。一
方面由于引起流体的强烈掺混,通过热弥
散效应增强热量传递,并利用金属肋的肋
片效应增强热量传递;另一方面,溢流口
部位受动态激波作用显著,不利于气膜冷
却或发汗冷却流体溢出。带有微肋结构
的换热通道如图 12.7 所示。

本节采用主动冷却结构三维流动换
热耦合数值计算方法,在给定结构外形条
件及热环境条件下,开展主动冷却方案构
建及计算分析,通过对不用冷却通道结

图 12.7　微肋结构换热流道示意图

构、不同冷却流量等的对比研究,获得用于前缘主动冷却的系统参数匹配方案。

12.2.1　微肋换热强化结构几何参数及模型介绍

本节主要研究三种不同尺寸的正方形顺排微肋,分别为结构 A、B 和 C,如图
12.8 所示。其中肋化系数(加肋后换热面积与无肋时换热面积之比)C 最大,

A 和 B 次之且相等;比表面积(单位体积内的换热面积)C 最大, B 次之, A 最小。三种结构的具体尺寸列表如表 12.2 所示,孔隙率都为 0.556,蒙皮厚度都为 0.2 mm。

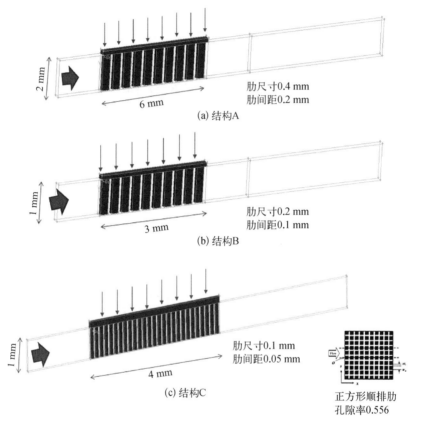

(a) 结构A

(b) 结构B

(c) 结构C

正方形顺排肋
孔隙率0.556

图 12.8　微肋换热强化结构几何模型

表 12.2　微肋换热强化结构几何参数

结构代号	肋高度 /mm	肋直径 /mm	肋间距 /mm	肋化系数	比表面积 /(1/mm)
A	2	0.4	0.2	9.44	4.44
B	1	0.2	0.1	9.44	8.89
C	1	0.1	0.05	18.33	17.8

本节研究中针对微肋强化传热特性设计了 12 种工况,比较了 12 g/s 和 24 g/s 两种流量(4 mm 宽流道),20 W/(m·K)、40 W/(m·K) 和 150 W/(m·K)

三种固体导热系数,以及 A、B、C 三种尺寸结构对冷却效果的影响,工况设计如表 12.1 所示。蒙皮上方施与 35 MW/m² 的热流密度,进口温度 300 K,工质为燃料正癸烷。

12.2.2　微肋换热强化结构冷却特性计算结果

表 12.3 列出了 12 个工况的主要计算结果,包括流动阻力、壁面最高温度、出口流体平均温度以及等效对流换热系数。其中等效对流换热系数定义为:壁面最高热流密度/(壁面最高温度−出口流体平均温度),以表征壁面温度最高处的换热能力。图 12.9 展示了各个工况下流道的温度分布,下文叙述中以工况 1、5、9 为 A、B、C 三种结构的基础工况。

表 12.3　微肋换热强化计算工况及结果汇总

工况序号	结构代号	固体导热系数/[W/(m·K)]	流量(4 mm 宽流道)/(g/s)	单位流道长度阻力/(MPa/m)	壁面最高温度/K	出口流体平均温度/K	等效对流换热系数/[W/(m²·K)]
1	A	20	12	9.7	1 888	330.6	2.2×10⁴
2	A	20	24	30	1 591	315.5	2.7×10⁴
3	A	40	12	9.7	1 423	330.6	3.2×10⁴
4	A	150	12	9.6	914	330.6	6.0×10⁴
5	B	20	12	81	1 305	315.5	3.5×10⁴
6	B	20	24	252	1 166	307.9	4.1×10⁴
7	B	40	12	80	979	315.5	5.3×10⁴
8	B	150	12	80	648	315.5	10.5×10⁴
9	C	20	12	220	1 083	320.6	4.6×10⁴
10	C	20	24	632	998	310.4	5.1×10⁴
11	C	40	12	220	803	320.6	7.2×10⁴
12	C	150	12	219	537	320.6	16.1×10⁴

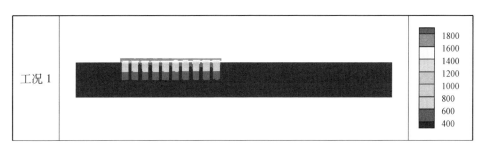

（续图）

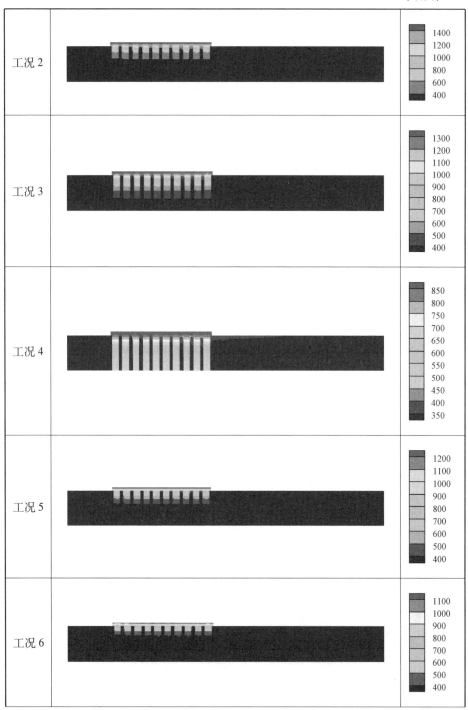

（续图）

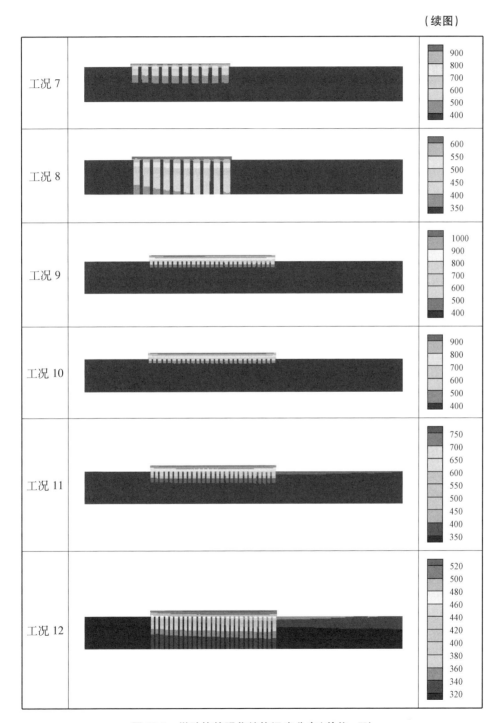

图 12.9　微肋换热强化结构温度分布（单位：K）

工况 2、6、10 分别是三种基础工况的两倍流量。结果表明,提高一倍流量可使等效对流换热系数提升 10%～20%,然而流动阻力将增加至基础工况的 3 倍左右。所以提高流量可在一定程度上强化传热,但将付出流量与阻力的较大代价。

工况 4、8、12 中的固体导热系数分别是三种基础工况的 7.5 倍,其等效对流换热系数增加至基础工况的 3 倍左右。这是由于高导热系数材料的肋能把热量有效地传到流道底部,增强了肋片效应,提高固体导热系数可更有效地强化传热。

工况 1 和 5 比较了结构 A 和结构 B 的冷却效果。其中结构 B 的肋尺寸更小,其比表面积是结构 A 的 2 倍,等效导热系数是结构 A 的 1.6 倍,而流动阻力是结构 A 的 8.3 倍。其余工况对比都有类似的结果。可见有必要对微肋结构尺寸进行合理设计,肋尺寸过大将造成换热不充分,强化换热效果不好;肋尺寸过小将造成流动阻力过大。关于超临界压力流体冲击冷却可见 2.4 节。

12.3 超燃冲压发动机多孔结构喷油支板发汗冷却

超燃冲压发动机燃烧室内气体以超声速流动,燃料在其中的滞留时间只有几毫秒,通过支板进行燃料喷注,有利于增强燃料的混合及燃烧。但超燃发动机燃烧室内为高温高速环境,由于严重气动加热,支板尤其是支板前缘很容易发生烧蚀破坏。发汗冷却技术可以通过较少的冷却剂实现高效冷却,是超燃发动机支板结构的有效热防护技术[1, 2]。

12.3.1 直支板发汗冷却规律

支板基本结构如图 12.10 所示,其中,综合考虑支板强度与支板表面温度分布的影响设计了内部加肋的支板结构。内部加肋主要有两方面的考虑:一方面是为了增强支板的强度,通过对类似形状的二维实体材料受力分析来看,支板结构受力最危险的地方为头部最薄的部分,支板两侧受到的异向的压力将对此处产生较大的拉伸应力,在腔内增加肋结构后,则可以分担支板两侧受力所产生的拉应力,增加支板的结构强度;另一方面,由于气流滞止的加热作用,支板前缘温度更高且压力更大,需要对支板前缘部分进行强化冷却处理,如增加支板前缘冷却剂的流量,以降低其壁面温度,通过肋结构将支板内腔体分割成不同的腔体,

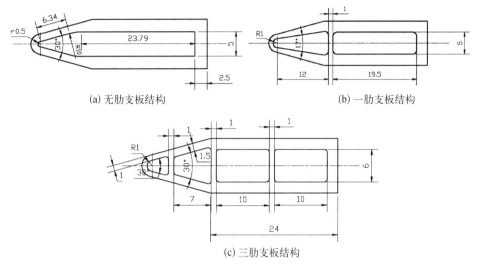

(a) 无肋支板结构　　　　　　　　(b) 一肋支板结构

(c) 三肋支板结构

图 12.10　支板结构(单位: mm)

这样就可以通过增加距离前缘最近的腔内压力,来增加前缘的出流冷却剂流量。

目前针对超燃冲压发动机采用的燃料方案有高分子碳氢液态燃料以及单相气态(如甲烷)燃料,液态碳氢燃料密度大,有助于缩小飞行器的尺寸。目前普遍任务,当飞行马赫数低于 10 时,超燃冲压发动机通常采用液态的碳氢燃料,而当飞行马赫数高于 10 时,碳氢燃料不足以提供燃烧产生净推力所需的热沉,须采用氢气、甲烷等气态燃料。因此气态甲烷和液态 RP3 煤油工质的发汗冷却对于支板具有实际意义。

以甲烷作为冷却工质,高温高速主流(马赫数为 2.5,总温为 1 774 K,甲烷流量为 16.5 g/s)50 s 试验研究已经表明,多孔介质发汗冷却能保证支板结构不会发生热烧蚀破坏。在冷却过程中,冷却剂进口压力及冷却剂质量流量保持相对稳定且变化很小,不锈钢粉末烧结多孔支板底部表面不同位置的测温点和温度随实验时间变化如图 12.11 和图 12.12 所示,支板表面温度头部最高,然后沿着

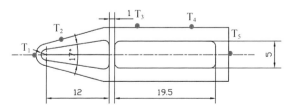

图 12.11　支板表面温度测点(单位: mm)

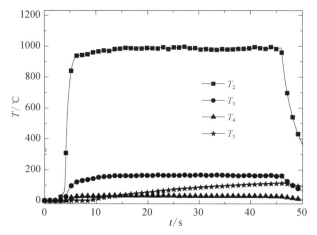

图 12.12　支板表面测点温度变化

流动方向壁面温度迅速降低,在斜平面与平直面的交界处温度已经下降到很低,在支板的平直段表面,温度变化平缓,平直段前端的温度与主流总温相比有近 1 300℃ 的温度降低,平直段后端的温度接近室温水平。支板尾部中心位置处温度缓慢升高是由于尾迹漩涡使得尾部温度不稳定造成的。

在高温高速主流 50 s 加热后,支板表面情况如图 12.13 所示,支板前缘处发生了氧化反应,但由于冷却剂的存在,支板的多孔材料并没有发生堵塞及烧蚀,多孔支板结构能够稳定的处于高温高速环境。从氧化的表面颜色分布可以看出,在不同的支板高度截面,支板前缘处温度最高,随着支板高度的增加,前缘高温区面积增大。这主要是由三方面原因引起的:一方面支板底部距冷却剂进口较近,冷却

图 12.13　支板表面氧化情况

效果较好,随着冷却剂向支板头部流动,逐渐吸热升温,导致壁面温度升高;另一方面支板顶端头缘顶角,底板与顶部薄壁的交界处,相当于增加了出流面积,减小了冷却剂的平均流量;此外,底座导热也在一定程度上促进了支板底部温度的下降。

增加甲烷冷却剂流量,虽然能够降低支板表面尤其是最前缘驻点部位的壁面温度,但是由于烧结多孔介质强度相对于实体金属得到削弱,一味提高冷却流注入率,既容易使得支板内压力过高破坏烧结多孔介质,又容易使得单位冷却剂的冷却效率下降。使用 η/F(η 为支板外表面平均冷却效率,F 为冷却剂注入率)来衡量单位冷却流体注入量下的冷却效率。在主流条件不变的条件下,η/F 越高代表更优、更经济的冷却效果。在增大冷却剂注入率的同时,η/F 不断减小,由于流体静压沿程变化引起的冷却剂出流流量分布不均,冷却流体容易从支板后半部分流入主流,支板前缘冷却效果无法改善,后段温度降低幅度随注入率增大逐渐减小,冷却剂并没有得到有效利用,并不是经济的方式。

因此可以利用支板内部的肋结构实现分区调控流量的发汗冷却,以便冷却剂进行合理分配。将带肋支板后部空腔的冷却剂质量流量变为前缘空腔的一半后,发汗冷却的效率变化如图 12.14 所示,降低后方空腔的冷却剂流量,支板前端壁面温度变化很小,后方壁面温度略有增加,但是温度增加的幅度对多孔骨架材料来说影响很小,冷却剂利用效率增加。同时,也可以通过分区调控的方法单独增加头锥或支板前缘的冷却剂流量,以改善前缘冷却效果。进行冷却剂流量分区调控的方法还有:增加头部多孔介质的孔隙率或者对头部打孔以增加冷却剂流量等,可以参考 8.3 节超声速条件下的组合冷却。

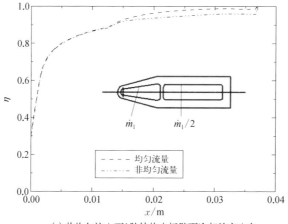

(a) 非均匀注入下1肋结构支板壁面冷却效率分布

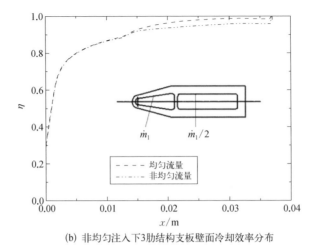

(b) 非均匀注入下3肋结构支板壁面冷却效率分布

图 12.14　非均匀冷却剂条件下支板壁面冷却效率变化

12.3.2　倾斜支板发汗冷却规律

为了进一步得到可以长时间稳定工作的多孔支板结构,可将支板结构进行优化,如图 12.15 所示,设计成与主流来流方向呈一定后掠角的结构以降低气动

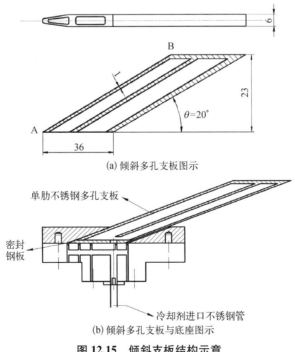

(a) 倾斜多孔支板图示

(b) 倾斜多孔支板与底座图示

图 12.15　倾斜支板结构示意

加热效果,同时减小支板厚度,降低支板带来的流动阻力,在支板空腔内部设计半隔断的肋结构,保证足够的抗拉强度,并将前缘厚度降低,并增加尾部多孔区厚度,以改善流体压力沿程变化引起的冷却剂流量分布不均。

对于该倾斜支板结构,以甲烷作为冷却工质,在高温高速主流(马赫数为2.5,总温为 1 705 K,甲烷流量为 20.6 g/s)50 s 吹风时间内,甲烷进口压力保持稳定且变化很小,发汗冷却能很好地保护支板不被烧蚀破坏。支板表面温度比主流来流恢复温度明显降低,高温高速主流达到支板表面后,由于支板的阻碍作用,流体在表面滞止,动能转化为分子热能,使得前缘表面温度最高的。但由于支板表面与主流流动方向带有倾角,主流流体到达支板表面后仍可以沿着前缘向高度方向移动,主流的滞止效应得到了削弱,有效保护了支板前缘表面。

支板表面不同位置的测温点和温度变化如图 12.16 和图 12.17 所示。沿着主流流动方向,冷却剂膜层不断增厚,同时主流静压沿支板倾斜方向不断降低,大多数注入的冷却气体从支板的后部进入到主流中,表面温度沿主流流动方向迅速降低。在支板的平直段以后,表面温度已非常接近冷却剂入口温度。在支板后部的尾迹区,由于发汗冷却的气膜隔绝作用,且冷却剂在支板内流动过程中与固体壁面对流传热,表面温度保持较低,远低于金属熔点。

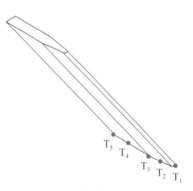

图 12.16 支板表面温度测点

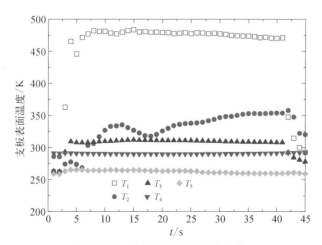

图 12.17 支板表面测点温度变化

在 50 s 高温高速气流加热后,支板前缘也并没有出现任何氧化痕迹,如图 12.18 所示。此外,采用良好的金属粉末注射成型工艺,也可以避免结构上的局部堵塞导致的局部热点而引起烧蚀,采用气态冷却剂的多孔支板热防护方案足够满足实际工作需求。

(a) 实验前   (b) 实验后

图 12.18 实验前后支板对比

对于倾斜支板,表面温度最高位置出现在支板的顶部位置,根部位置温度相对较低,如图 12.19 所示。除了与无倾角支板相似的原因外,在支板底部,支板形状与底部的流道壁面形成凹角,主流来流抵达该位置后形成一道斜激波,流体越过斜激波后沿支板表面向上流动,激波与支板前缘壁面形成的流道沿支板倾斜方向不断扩张,在这个扩张流道内主流马赫数不断减小,流体静压与静温不断上升增高(图 12.20),多孔表面静压阻碍了冷却剂从多孔内流出,同时主流静温升高引起多孔壁面温度不断上升。因此,表面温度沿楔角方向不断上升而在支板顶部达到最大值。而在支板的上表面,则效应刚好相反,支板顶部形成的凸角使该处位置产生膨胀波,主流流动在支板顶部以上的流动通道内流动马赫数不断增大,顶部的表面温度随之降低。沿主流流动方向,不断注入的冷却剂在支板

静温/K

300 345 390 435 480 525 570 615 660 705 750 795 840 885 930

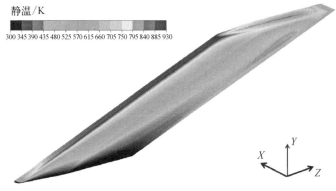

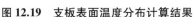

图 12.19 支板表面温度分布计算结果

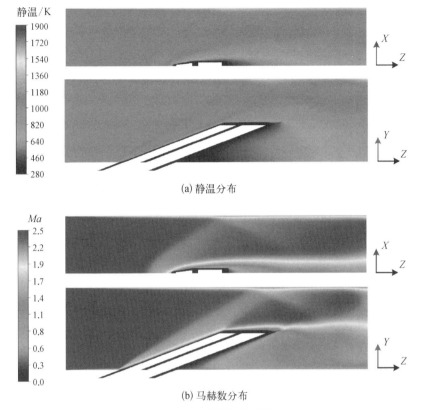

(a) 静温分布

(b) 马赫数分布

图 12.20　倾斜支板截面物理量分布

表面上不断累积,冷却效率不断提高,表面温度下降,在支板后部的平直段区域,表面温度与冷却剂的进口温度接近。

影响支板发汗冷却最重要的参数包括冷却剂入口条件,多孔介质物性和支板的结构形状等。其中,冷却剂注入率的影响及调节方式在上文已经介绍过了。对于多孔材料的导热系数,支板的温度均匀性会随着多孔材料的热导率增加变得更好,支板前缘温度随多孔材料导热系数的增加也会不断减小,支板根部温度则几乎不变。同时,固体骨架的导热系数有增大,也利于多孔介质与流体间的换热,多孔介质内的热传递增强使得温度梯度降低,对减小支板内热应力有利。

支板倾斜角度为支板前缘与来流方向夹角,支板的倾斜角直接影响主流流体在支板前缘表面的滞止情况,支板表面的热流密度会随着支板倾斜角的增大而单调减增大。但前缘倾斜面上的温度呈现先下降后上升的趋势。如图 12.21 所示,当 $\theta = 30°$ 时,支板前缘温度最低。当倾斜角 θ 从 20° 增大到 30° 的过程中,主流滞止带来的气动加热不断增大。但随着倾斜角度的不断增大,在支板前缘的形成的激波渐渐由斜激波向脱体激波过渡。当脱体激波形成后,滞止点不再位于固体壁面驻点位置,静压升高幅度降低,激波层厚度增大,对冷却流体流出的压制作用减弱。当支板倾斜角进一步提高时,气动加热的效应变得更加显著,而使表面温度又迅速增大。改变倾斜角是提高冷却效率的有效形式,最佳支板倾斜角度在30°附近。

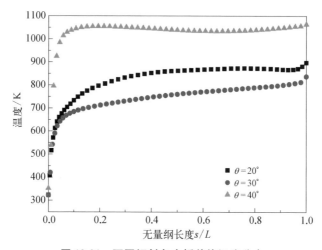

图 12.21　不同倾斜角支板前缘温度分布

采用支板喷注燃料一个非常显著的优点即为直接喷射燃料到主流的核心区,使燃料能在很短的滞留时间内实现良好掺混。当支板被安装在燃烧室内,吸入的超声速主流流过支板燃烧室壁面形成的流道时。流动面积减小,流动减速,主流和燃料混合物在燃烧室内的滞留时间延长。此外,采用发汗冷却的支板结构,低温低速的冷却剂流过的多孔介质,将主流流体推离支板表面,将进一步强化这种流通面积减小的效应。支板的倾斜角越大,对主流的阻碍效果越明显,主流的滞留时间越长,对于燃烧室成功点火有重要意义。

当飞行马赫数低于10时,超燃冲压发动机通常采用液态的碳氢燃料。以RP3煤油作为冷却剂,在相同工况(马赫数为2.5,总温为1 726 K,RP3油流量为90.6 g/s)下进行热防护测试中,煤油流量与进口压力同样保持恒定,支板结构同样得到有效保护。图12.22给出了煤油发汗冷却支板搭载实验过程中的根部表面温度测量结果。与气态冷却剂类似,支板前缘位置的温度最高,在主流加热下不断缓慢升高随后保持稳定,沿主流方向壁面温度迅速降低,平直段中部与尾迹区由于喷入的煤油沿流向不断累积,几乎没有主流气体侵入该区域,支板中后部壁面温度基本等于油入口温度。在高温超声速主流的情况下,支板表面并没有出现任何氧化痕迹(图 12.23),相比于气态冷却剂,煤油冷却的支板表面温度更低,热防护效果更佳。

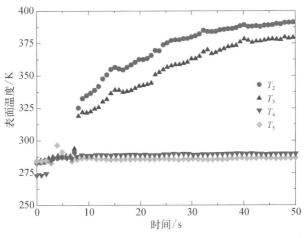

图 12.22　支板根部测点温度变化

(a) 实验前

(b) 实验后

图 12.23　实验前后支板对比

12.4　闪蒸冷却

临近空间和空间的真空环境(环境压力 $P_0 < 5$ kPa)给高速飞行器的设备舱体的冷却带来了严峻挑战。由于空气稀薄,设备舱内电子元器件的对流散热被阻断;舱体壁面承受外部气动热,壁面温度往往高于舱内设备温度,设备的辐射散热被阻断;舱体内部设备的尺寸和形状各异,占空比大且分布不均,如果采用冷板或热管导热的方式散热则需要较大的换热面积,无疑会大大增加机载设备

的重量。采用向舱内喷雾或喷射制冷剂的方式,具有系统简单、布置灵活、冷却效率高等优点,能够实现舱内设备的快速冷却。考虑到设备的安全性,制冷剂优先选择不导电和无腐蚀性工质,例如 R134a 和液氮等。本节介绍采用 R134a 为冷却工质的闪蒸喷雾冷却及闪蒸组合热防护研究工作[3-6]。

12.4.1   设备舱体的闪蒸喷雾冷却

制冷剂液滴突然暴露于舱内的低压环境可能会发生闪蒸,虽然单个液滴或少量液滴的闪蒸不会对舱内设备造成不利影响,但是当制冷剂流量较大,大量液滴的瞬间闪蒸,可能会导致舱内温度和压力出现剧烈波动,对设备的稳定性和舱体结构造成破坏。

机载设备正常的工作温度范围一般为 $-50℃ \sim 60℃$,超出该温度范围时,设备的工作性能将不稳定甚至破坏。低压条件下制冷剂的汽化温度(沸点)比较低,例如在环境压力为 20 kPa 时,R134a 的沸点为 $-56℃$,液氮的沸点为 $-207℃$,因此,低沸点制冷剂液滴直接撞击表面时可能会"冻伤"设备。为避免制冷剂对设备造成破坏,实现制冷剂对设备热表面高效快速冷却,计算单液滴的存在时间,评估喷雾过程中单液滴的行进距离显得尤为重要。

图 12.24 给出了不同环境压力条件下直径为 100 μm 的 R134a 液滴的存在时间。可以看出,对于静止液滴而言,R134a 液滴的存在时间是随着环境压力的升高而增加的。常压 100 kPa 条件下 R134a 液滴的存在时间为 160 ms,低压 1 kPa 时其存在时间约为 73 ms。运动液滴的存在时间是随着环境压力的升高而逐渐降低的,这是因为环境压力越高,空气的密度越大,液滴与周围空气的对流换热作用越强,液滴表面的传质能力越强,液滴消失得越快。图 12.24 结果显示,常压条件下当 R134a 液滴速度为 10 m/s 时,其存在时间不足 60 ms。

图 12.25 展示了 R134a 喷雾冷却的计算结果与实验结果的比较。可以看出,低压环境条件下 R134a 喷雾冷却的计算结果与实验结果误差为 1℃ 左右,吻合程度比较高,表明采用的模拟方法能够较为准确的预测 R134a 喷雾冷却的表面温度,计算精度满足工程要求。

飞行器舱内设备的排布较为密集且不规则,舱内设备的占空比比较大。为简化计算,构建的简化舱体模型如图 12.26(a)所示。模拟舱体的高度和直径均为 2 000 mm 的半圆柱体,内部放置 8 个大小、形状相同的长方体结构模拟舱内发热设备。舱体弧形壁面和底部结构厚度为 2 mm。材料选择铝合金或不锈钢,舱壁和内部设备总的热功率为 15 kW,制冷工质为 R134a。在舱体内部布置三根

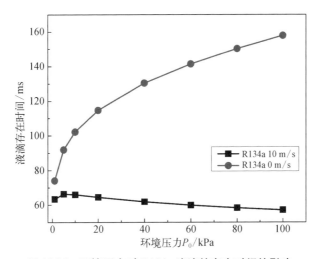

图 12.24　环境压力对 R134a 液滴的存在时间的影响

(环境温度 $T_0 = 27℃$, 初始直径 $d_0 = 100\ \mu m$, 液滴初始温度 $T_{d0} = -27℃$)

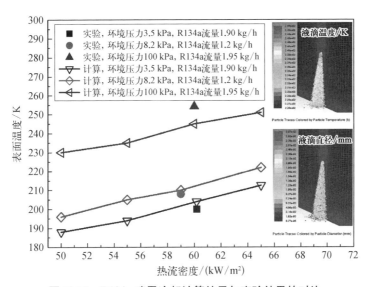

图 12.25　R134a 喷雾冷却计算结果与实验结果的对比

供液管路,在每根管路均匀布置四个开孔段,每一个开孔段上下左右方向开设四个喷口直径为 0.5 mm 的孔,共有 48 个喷口,如图 12.26(b)所示。外环境压力为 10 kPa,舱体气流出口位置位于舱体侧面中间底部位置,出口当量直径为 20 mm。根据热平衡计算获得的 R134a 总需求流量为 52 g/s,单个喷口的喷雾流量为 1.08 g/s,喷雾压力 2 MPa。

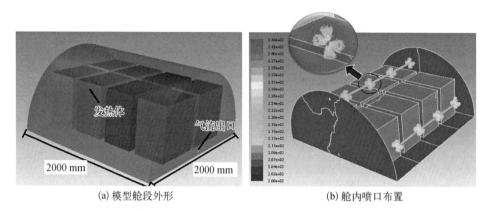

(a) 模型舱段外形　　　　　　　　　　　(b) 舱内喷口布置

图 12.26　模拟飞行器设备舱段及制冷剂喷口布置

图 12.27 和图 12.28 分别给出了铝合金和不锈钢两种材料的舱体和内部发热体的表面温度云图。通过对比可以发现，两种材料的固体表面温度分布相似，但是温度分布的均匀性差别显著。铝合金表面的温度均匀性显著优于不锈钢表

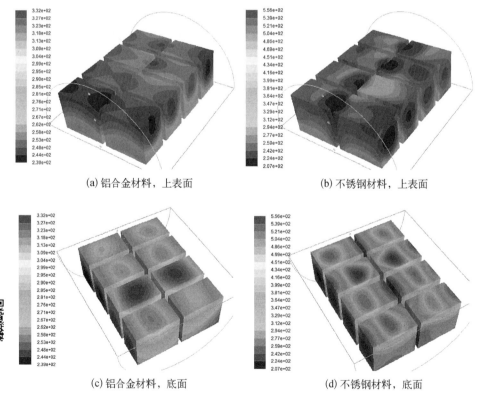

(a) 铝合金材料，上表面　　　　　　　　(b) 不锈钢材料，上表面

(c) 铝合金材料，底面　　　　　　　　　(d) 不锈钢材料，底面

图 12.27　舱内发热体表面温度云图

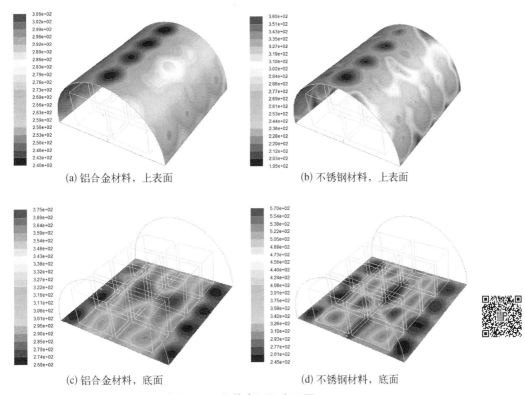

(a) 铝合金材料，上表面　　　　　　　(b) 不锈钢材料，上表面

(c) 铝合金材料，底面　　　　　　　　(d) 不锈钢材料，底面

图 12.28　舱体表面温度云图

面的温度均匀性。这是因为铝合金的导热系数是不锈钢的将近 10 倍，因此其表面温度的均匀性要好于不锈钢材料表面。综合看来，温度最高的位置位于舱内发热体底部面和舱体底面，因为该位置空间狭小，R134a 液滴和冷却气流难以到达，造成这些区域温度居高不下。

12.4.2　闪蒸组合热防护

随着技术的发展，对高超声速飞行器的飞行速度和飞行时间提出了更高的要求，而单纯采用被动和半被动的冷却方式已经不能满足飞行器执行任务过程中的冷却需求，需要采用主动热防护技术。相关技术中，主动热防护方式主要是利用发动机燃料单相的温升显热，以对热部件表面进行对流冷却。但是由于燃料的显热热沉低，导致要求飞行器在起飞前携带大大超过发动机燃烧所需要的燃料用量，从而将大幅增加飞行器自身重量，不利于高超声速飞行器宽速域、长时间飞行。另外，液体工质的汽化潜热能够提供比显热大得多的热沉,若能安全有效地利用冷却介质的汽化潜热,并采用冲击和气膜冷却组合等高效的冷却方法,则可以大大降低冷却介质的携带量。但如果使冷却介质在冷却通道内直接过热汽化,则很可能会造成传热恶化,带来不可估量的损失。

通过对液态水闪蒸的研究,提出一种高超声速飞行器热部件的组合防护系统,如图 12.29 所示。系统主要包括:增压泵,用于将冷却水加压,然后对热部件进行冲击和对流冷却;电子背压阀,用于控制冷却水在冷却通道内和流进闪蒸腔时的压力;闪蒸腔,利用外界低压环境对升温后经过电子背压阀的冷却水进行闪蒸降温,存储作为气膜冷却气源的水蒸气;电子压力调节阀,将闪蒸后的水蒸气排出至外界低压环境,以维持所述闪蒸腔的腔体内的低压环境,通过调节水蒸气的出口压力控制闪蒸腔内水蒸气的出口流量,实现气膜冷却过程中不同热负荷的热部件表面的热防护,提高单位质量的水蒸气的气膜冷却效率。

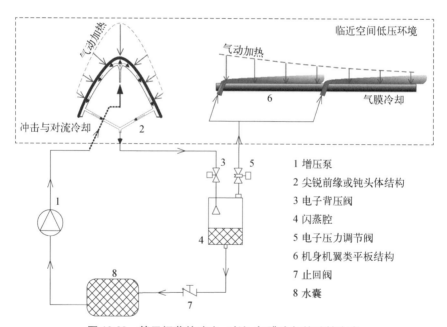

图 12.29　基于闪蒸的冲击-对流-气膜冷却热防护方案

闪蒸后的液体的温度由闪蒸腔的压力决定。举例:假设飞行器的飞行高度为 30 km,该高度条件下的环境压力约为 2.5 kPa,闪蒸腔至气膜孔之间的管道压力损失为 1.0 kPa,则可以设定电子压力调节阀的控压范围为 5~15 kPa,此时对应闪蒸腔内的水温为 $33 \sim 56℃$。当需要增大气膜冷却所用水蒸气的流量时，可以设定电子压力调节阀阈值为 15 kPa；而当需要减小气膜冷却所用水蒸气的流量时，可以设定电子压力调节阀阈值为 5 kPa。

当前提出的高超声速飞行器热部件的防护方法和系统，利用吸热升温后的液态水闪蒸实现了冲击冷却、对流冷却和气膜冷却三种高效冷却方式的有机组合，充分利用了冷却水的显热和汽化潜热，不仅可以避免热部件的"干烧"现象，实现热部件的充分有效冷却，而且能显著减少冷却工质的用量，进而降低高超声速飞行器机身重量，增强其执行任务的能力。

12.5　高温表面热防护与热发电一体化技术

高超声速飞行器除了发动机的冷却需求外，其电力需求也是不容忽视的问题。在高速状态下，飞行器各个子系统需要大量电力维持飞行器长航时正常运转。虽然目前已经有多种成熟的针对低速飞行器的发电技术，然而，这些技术并不适用于高超声速飞行器。低速飞行器发电技术大多可归类为吸气式机载发电技术，如辅助动力单元（APU）、冲压空气涡轮（RAT）、机载燃料电池（FC）等。然而，在高超声速飞行状态下，来流空气总温很高，如继续采用压气机压缩空气，会造成压气机效率急剧下降，甚至烧蚀叶片，并且当冲压发动机工作时，难以直接输出电能。

本节分别提出两种适合组合发动机使用的新型冷却与发电一体化技术：第一种是应用在以超燃冲压发动机为动力的飞行器上，将超燃冲压发动机壁面冷却热负荷中的一部分转化为电能，可以同时满足发动机壁面冷却和飞行器长航时供电的需求；第二种是应用于涡轮基组合发动机的飞行器上，首先将涡轮进气进行预冷，拓展现有涡轮发动机的工作范围，同时将吸收到的部分热量通过热力系统转化为电能[7-10]。

12.5.1　发动机壁面冷却与热发电一体化系统

超燃冲压发动机是高超声速飞行器的主要动力形式之一，其燃烧室内燃气温度达 2 000 K 以上，再生主动冷却技术是目前常用的热防护方式。图 12.30 是发动机再生主动冷却方案的示意图，碳氢燃料直接流经舱壁的冷却通道，吸热升温冷却舱壁，达到预定温度的碳氢燃料被直接送入燃烧室。再生冷却在高马赫数运行下需要大量的冷却用燃料,随着航天飞行器的飞行速度进一步提升,航天器需要携带更多的燃料。当飞行马赫数大于10时,将出现再生冷却所需要的燃料大于燃烧所用的燃料,这意味着航天器要携带的燃料量超过燃烧需要量,多出的部分在完成冷却任务后没有提供必需的动力而排掉。这一方面造成了燃料的损耗量增大,另一方面增加了航天器的负载。

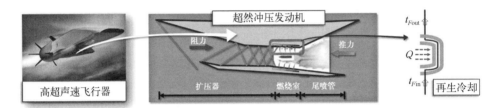

图 12.30　超燃冲压发动机再生冷却示意图

　　闭式布雷顿循环由于其性能优势,近年来得到了广泛关注,尤其是以超临界二氧化碳为工质的布雷顿循环,由于其在高温热源下的良好表现,更是已经在太阳能、地热能、核能工程及空天动力等领域得到了广泛应用。在高超声速飞行器上建立一个超临界 CO_2 布雷顿循环主要有以下几点优势:第一,超临界 CO_2 布雷顿循环在较高透平入口温度条件下可以表现出更高的能量转化效率,这要求热源温度必须足够高,而高超声速飞行器恰好可以提供大量的高品质热源;第二,相比燃油再冷循环以及燃油裂解气涡轮等直接采用燃油为循环工质的发电系统,由于 CO_2 是一种化学性质稳定的惰性气体,超临界 CO_2 布雷顿循环系统的安全性更高;第三,超临界 CO_2 布雷顿循环系统紧凑度很高,这是由于超临界 CO_2 黏性小和密度大的物理特性,使其具有流动性好、传热效率高、可压缩性小等典型优势,因此压缩机、涡轮机等关键部件体积较小、结构紧凑。因此,超临界 CO_2 布雷顿循环的叶轮机械是蒸汽朗肯循环的叶轮机械的1/10甚至更小,这一特点与高超声速飞行器减重的目标十分契合。

　　根据高超声速飞行器所处的热源条件以及长航时可重复使用的要求,综合上述分析可以看出,超临界 CO_2 布雷顿循环发电系统效率高、体积小,对于实现高温壁面主动热防护、提高发电效率,节省能源,减小发电系统体积和重量等诸多方面均有优势。该技术可以在满足高超声速飞行器轻量减重的前提下实现发电系统上天,解决高超声速飞行器热防护难度大、持续供电困难的关键问题,是目前高超声速飞行器热防护的关键先进技术。在高超飞行器上建立一套超临界 CO_2 布雷顿循环发电系统可以有效利用高超环境的热源并实现可持续的高功率电能输出,这种方案将冷却负荷与燃油携带量解耦。根据一体化系统需要,系统组成及能量传递情况如图 12.31 所示。

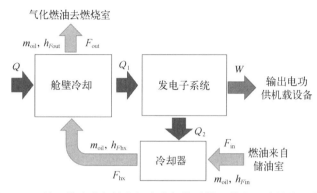

图 12.31　基于燃油冷却的高温发电与热防护一体化系统的能量传递

图 12.37 表明,此一体化系统中的发电子系统以发动机的部分冷却负荷为热源,以用于提供动力的机载燃料为冷源。提出此一体化系统的目的之一是降低燃油的使用量,因此相对于陆基以环境介质为冷源的发电系统,此一体化系统的燃油可利用量是有限的;另一方面,为了提高燃烧效率,燃料应被加热到足够高的温度再参与燃烧,即舱壁喷入燃烧室的燃油其在 F_{out} 的温度是有要求的。所以,对于一体化系统的发电子系统来说,其能够提供的热沉条件是量小、具有较大的温度提升。而常规的亚临界或跨临界的动力循环,其放热过程是冷凝过程,对热沉的需求是量大、温度提升小。故亚临界和跨临界循环难以满足一体化系统可提供的热沉条件。超临界的动力循环,其冷却放热过程发生在超临界区,理想的过程是等压、温度降低的过程,且温度变化区间较大,这一变温冷却过程与燃油的吸热升温过程很好地契合,可用于一体化系统的发电子系统。由于 CO_2 的临界温度只有 31℃,因此在一般的环境温度下,以 CO_2 为工质的动力循环都是超临界循环。姜培学等在 CO_2 超临界循环方面做了大量研究,认为 CO_2 在超临界区的变温放热过程与燃油的变温吸热过程能够很好地契合,进而可降低冷却器内的不可逆传热,而提高系统性能。

一体化系统定义系统全效率:

$$\eta_t = \frac{W}{Q} \tag{12.8}$$

而 CO_2 闭式布雷顿循环热效率:

$$\eta_{\text{th}} = \frac{W}{Q_1} \tag{12.9}$$

对系统进行能量平衡分析可得

$$m_{\text{oil}}(h_{F_{\text{out}}} - h_{F_{\text{in}}}) + W = Q \tag{12.10}$$

原系统燃油流量：

$$m'_{\text{oil}} = Q/(h_{F_{\text{out}}} - h_{F_{\text{in}}}) \tag{12.11}$$

一体化系统由于输出电能而减少的燃油流量为

$$m_{\text{oil, r}} = W/(h_{F_{\text{out}}} - h_{F_{\text{in}}}) \tag{12.12}$$

则采用一体化系统后,可冷却用燃油减少量占比为

$$\frac{m_{\text{oil, r}}}{m'_{\text{oil}}} = \frac{W}{Q} = \eta_{\text{t}} \tag{12.13}$$

从全系统来看,如果假定燃油流经热力设备的阻力损失可以忽略,则燃油的进出口焓值:

$$h_{F_{\text{in}}} = f(t_{F_{\text{in}}}, p_{\text{oil}}), \ h_{F_{\text{out}}} = f(t_{F_{\text{out}}}, p_{\text{oil}}) \tag{12.14}$$

在燃油储存温度 $t_{F_{\text{in}}}$、燃油进燃烧室温度 $t_{F_{\text{out}}}$ 及冷却负荷 Q 一定的情况下,净功 W 与系统全效率 η_{t}、冷却用燃油减少量占比变化趋势一致,故要降低冷却用燃油量,需提高发电功率。为此一体化系统性能的评价指标是净功或系统全效率/冷却用燃油减少量占比。对于发电系统,要提高净输出:① 尽量提高输入 CO_2 闭式布雷顿循环的热量 Q_1;② 优化 CO_2 闭式布雷顿循环,提高发电子系统热效率。

分析可知,$Q_1 = Q - m_{\text{oil}}(h_{F,\text{out}} - h_{\text{in,out}})$,针对措施①,在燃油流量尽量小的情况下,要加大输入发电系统的热量,需要尽量提高燃油在燃油流出冷却器状态点 F_{hx} 的焓值 $h_{F_{\text{hx}}}$,而在定压下,$h_{F_{\text{hx}}}$ 是温度 $t_{F_{\text{hx}}}$ 的函数,依据燃油性状的分析,F_{hx} 状态点的温度限值是燃油开始裂解的温度,可见为满足措施①,燃油在冷却器中要被加热到限定温度(以 C_{12} 为例,其开始裂解的温度约为 700 K);为达到措施②,可针对闭式布雷顿循环,结合 CO_2 物性进行发电子系统的优化,例如采用回热。

为此提出了两个一体化系统(图 12.32 和图 12.33),与部分冷却再压缩系统(图 12.34)一起进行了分析。结果示于表 12.4。

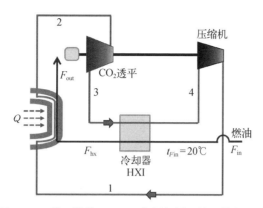

图 12.32　基于简单 S‑CO$_2$ 布雷顿循环的一体化系统

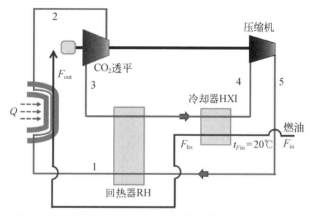

图 12.33　基于回热的 S‑CO$_2$ 布雷顿循环的一体化系统

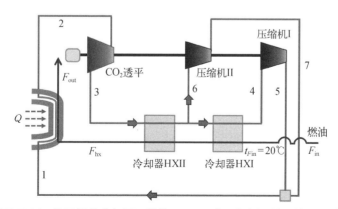

图 12.34　基于部分冷却再压缩的 S‑CO$_2$ 布雷顿循环的一体化系统

表 12.4 不同 $S-CO_2$ 循环的系统性能

基于简单 $S-CO_2$ 布雷顿循环的一体化系统(图 12.32)			
序号	t_{Fhx} ℃	t_4 ℃	$m_{oil,r}/m_{oil}$, η_t %	η_{th} %
1	111.98	32	1.60	14.51
2	427	44.7	8.13	14.11
3	427(~700 K)	50	8.03	13.95

基于回热的 $S-CO_2$ 布雷顿循环的一体化系统(图 12.33)			
序号	t_{Fhx} ℃	t_4 ℃	$m_{oil,r}/m_{oil}$, η_t %	η_{th} %
4	427	80	10.10	17.25
5	427	90	10.14	17.32
6	427	100	10.12	17.28

基于部分冷却再压缩的 $S-CO_2$ 布雷顿循环的一体化系统(图 12.34)				
序号	t_{Fhx} ℃	t_4 ℃	t_6 ℃	$m_{oil,r}/m_{oil}$, η_t %	η_{th} %
7	427	25	61	7.80	13.7
8	427	25	57	7.90	13.8
9	427	25	52	8.00	13.9

图 12.32 的循环布局就是简单的闭式气体透平布局,只不过其采用的冷源是燃油,其用量受到限制,因此在冷却器内的平均传热温差较常规动力循环的平均传热温差大。表 12.4 中针对图 12.32 所示的系统的计算结果(序号 1、2、3)表明,在保证冷却器内的夹点温度不低于 5℃情况下,随着 CO_2 在冷却器被冷却终态温度 t_4 的提高,系统的全效率 η_t(冷却用燃油减少量占比 $m_{oil,r}/m_{oil}$)升高,当 t_4 升高到 44.7℃时,t_{Fhx} 升高到 700 K,达到冷却器内燃油升温的限制,系统性能达到最高,在保持 $t_{Fhx}=700$ K 下,t_4 进一步提高,系统性能下降,这可由图 12.35 来说明。

图 12.35 示出了图 12.32 循环布局在不同 t_4 下换热器 HXI 中的 $t-Q$ 图,图中 Q_2 是沿着换热器长度方向的换热量。可见在 $t_4=32$℃时,系统全效率相对较低,这主要是由 CO_2 的热物性引起的:在把 CO_2 冷却到准临界温度附近时,CO_2 的比热容急剧增大,在夹点温度一定的情况下,CO_2 的相对流量大大降低,使得

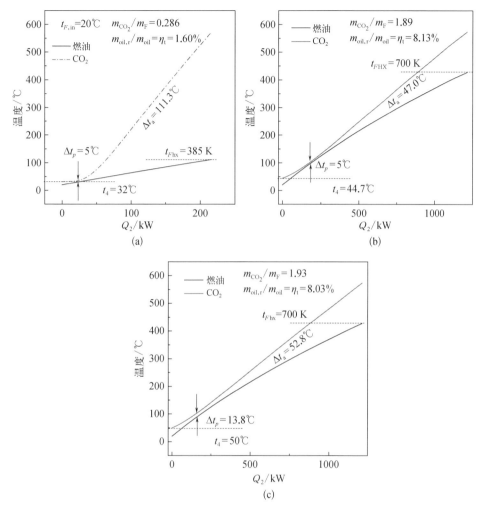

图 12.35　不同气体冷却器出口温度下气体冷却器内的 $t\text{-}Q$ 曲线

参与循环的热量 Q_1 降低,而在远离临界点时,CO_2 的比热容减少,在相对低的流量的联合作用下冷却器内平均传热温差增大,系统的不可逆性提高,故系统全效率较低[图 12.35(a)]。在此工况下,发电子系统平均放热温差降低,子系统热效率反而较大,这也是子系统热效率不能作为一体化系统性能指标的原因。对于序号 3 的工况,燃油被加热到尽可能高的温度,但 CO_2 在冷端出口温度提高,夹点温度提高,换热器内的平均传热温差增大,系统优化指标也不高[图 12.35(c)]。在保证燃油在冷却器 HXI 中被加热到限定温度的前提下,合理调节流量,尽量降低换热器中的平均换热温差可使系统的净输出[序号 2 的工况,图 12.35(b)]达到最优。

表 12.4 中序号 4、5、6 对应的是针对发电子系统本身进行优化的结果。对布雷顿循环来说,提高其性能的有效措施之一是采用回热,以及在回热的基础上分级压缩、中间冷却和分级膨胀、中间再热。由于受到材料的限制,目前的 CO_2 闭式布雷顿循环的压比不超过 3,故分级压缩、中间冷却和分级膨胀、中间再热可以不予考虑,回热成为优化循环的主要选项。

一体化系统的净输出功为透平功与压缩机耗功之差:

$$W = W_t - W_p = m_{CO_2}(h_2 - h_3) - m_{CO_2}(h_5 - h_4) \tag{12.15}$$

由于 CO_2 在运行区间内不能视为理想气体,所以不能从定性上说明上式的优化方向。在保证燃油被加热到最高温度和冷却器内最小夹点温度的情况下,调整燃油与 CO_2 的流量比,从而保证系统有最大的净输出。在图 12.39 所示的一体化系统中,透平出口乏汽 CO_2 中的能量有一部分用于回热,在冷却器中的放热量相对降低,净输出提高。

表 12.4 中序号 7、8、9 对应的是针对目前广泛研究的部分冷却再压缩 CO_2 闭式布雷顿循环的计算结果。这一系统布局是基于超临界 CO_2 的物性:超临界 CO_2 在准临界点附近密度很大,接近液体,因此压缩时耗功较少,所以在进行设计时应尽量将 CO_2 冷却到接近冷源的温度,以降低压缩功。但由于在准临界点附近,CO_2 的比热容较大,其与燃料换热时,夹点出现在换热器内部而非两端,为保证一定的传热温差,CO_2 被最终冷却的温度越低,需要的燃料流量越大,造成换热器内部的平均传热温差增大。为此基于换热器内的温度滑移匹配原则,采用分流的方法来使部分乏汽 CO_2 被充分冷却。由表 12.4 可见,采用分流使得部分 CO_2 可被冷却到较低的温度,但对于 7.6 MPa 的 CO_2 来说,准临界点温度在 32℃附近,因此要将之冷却下来,燃料的相对流量要高,体现在设计中即为流经换热器 HXII 的 CO_2 的流量为燃料的 2.51 倍,而流经换热器 HXI 的 CO_2 流量仅为碳氢燃料的 1/6,这使得压缩机 II 耗功增加。最终导致系统的净输出相对于图 12.39 的系统没有得到提高。

针对高超声速飞行器的热防护和机载动力设备需求,需要立足发动机能量管理优化,从全系统能量平衡与传递及关键子系统优化出发,建立适合的高温发电与高效热防护一体化系统。由于一体化系统冷源的唯一性和有限性,使得其最优系统布局与常规系统不同。常规的部分冷却再压缩 CO_2 闭式布雷顿循环布局,受限于热沉的有限性,其综合性能不及简单的闭式布雷顿循环。

12.5.2　发动机进气预冷与热发电一体化系统

高超声速飞行器的核心是发动机,由于单一类型的发动机无法满足高超声速飞行器全速域要求,组合发动机技术应运而生,目前的组合动力方案主要有涡轮-冲压组合动力(TBCC)、火箭-冲压组合动力(RBCC)、涡轮-火箭组合动力(ATR)和三组合发动机(T/RBCC)等。从性能、安全性和技术可行性角度考虑,涡轮基组合发动机(TBCC)被认为是最有前景的组合动力技术,近年来受到了广泛关注。

TBCC 是由涡轮发动机和亚燃/超燃冲压发动机组合在一起的动力装置,在低马赫数下由涡轮发动机提供动力,在高马赫数下由冲压发动机提供动力。一般在飞行马赫数提升到 3 左右时,动力由涡轮基向冲压基进行转换,转换过程中可能出现涡轮进气温度过高导致推力快速下降的问题,称为"推力缺口",为了解决 TBCC 存在的推力缺口问题,一种可行方法是对涡轮进气进行冷却。

根据上节的分析,超临界 CO_2 布雷顿循环具有能量转换效率高,安全可靠,紧凑度高以及传热性能好的优势,在高超声速飞行器上建立一套超临界 CO_2 布雷顿循环可以有效利用高超环境的热源并实现可持续的高功率电能输出。

在高超声速飞行器上引入超临界 CO_2 布雷顿循环的一个差异是,系统设计优化过程是在严格的冷却约束和重量约束下进行的,热效率不是首要的考虑目标。满足飞行器冷却需求和系统重量要求后,才可以考虑进一步提高系统性能,这是高超声速飞行器冷却与发电一体化系统与地面系统设计思路的主要差别。

本节将基于超临界 CO_2 布雷顿循环提出一种与 TBCC 耦合的冷却与发电一体化系统,该系统在涡轮推力缺口及冲压阶段工作,在推力缺口阶段为涡轮发动机预冷全部来流空气,在冲压发动机工作阶段冷却发动机壁面,满足发动机冷却需求的同时为飞行器提供电力。冷却发电一体化系统的示意图如图 12.36 所示。

该系统的各部件的能量平衡方程如表 12.5 所示。

表 12.5　冷却发电一体化系统中各部件的能量平衡方程

部　　件	能量平衡方程
压缩机	$W_{com} = m_{co_2}(h_4 - h_3)$
透平	$W_{tur} = m_{co_2}(h_1 - h_2)$
预冷器	$Q_{precool} = m_{co_2}(h_1 - h_{4,re})$
冷却器	$Q_{cool} = m_{co_2}(h_{3,re} - h_3)$
回热器	$Q_{re} = m_{co_2}(h_2 - h_{3,re}) = m_{co_2}(h_{4,re} - h_4)$

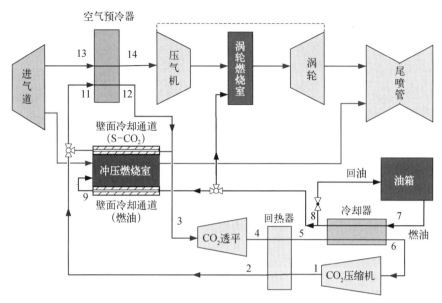

图 12.36 发动机进气预冷与高温发电一体化系统示意图

根据透平输出功和压缩机耗功,净发电量可表示为

$$W_{\text{net}} = W_{\text{tur}} - W_{\text{com}} \tag{12.16}$$

系统效率可表示为

$$\eta = W_{\text{net}}/Q_{\text{heat}} \tag{12.17}$$

部件热重比定义为部件负荷与重量之比,可表示为

$$\text{QWR} = Q_i/\text{Weight}_i \tag{12.18}$$

高超声速飞行器由于冷源极度有限且系统重量受到严格约束,其搭载的超临界 CO_2 布雷顿循环的设计思路和优化方向也与地面级系统有较大不同。除了采用常规的热效率作为优化目标外,还需要引入多种综合权衡系统重量和系统性能以及体现有限冷源特性的特殊指标,包括系统总重量,整机功重比,热沉利用率,热沉节省率等。具体定义如下。

系统总重量:

$$\text{Weight}_{\text{total}} = \sum \text{Weight}_i \tag{12.19}$$

整机功重比定义为系统净输出功与系统总重量的比值:

$$\text{PWR} = \frac{W_{\text{net}}}{\text{Weight}_{\text{total}}} \tag{12.20}$$

热沉利用率定义为燃油实际吸热量与最大吸热能力之比：

$$\zeta = \frac{\displaystyle\int_{T_{f,7}}^{T_{f,out}} C_{p,f}(T)\,\mathrm{d}T}{\displaystyle\int_{T_{f,7}}^{T_{f,max}} C_{p,f}(T)\,\mathrm{d}T} \tag{12.21}$$

热沉节省率定义为安装系统后燃油可少吸收的热量与为安装系统时的燃油吸热量之比：

$$\psi = 1 - \frac{\sum Q_{fuel}}{Q_{tot}} \tag{12.22}$$

在高超声速飞行器的系统设计定型中,最终目标是使冷却与发电一体化系统重量更小,输出功更大。实际上,系统重量和输出净功是相互制约的两个参数,对于回热构型,回热量成为了平衡这两个目标的关键变量,在其他参数均保持不变的条件下,增大回热器负荷上限将同时引起系统总重量和系统净输出功的增加。在回热量优化设计中所采用的方法为多目标优化方法,同时引入功重比作为辅助决策指标。多目标优化选择的优化目标为系统总重量[式(12.19)]和净输出功[式(12.16)],由于飞行器在巡航工况中飞行时间最长,因此优化工况点选择为马赫数 6 巡航工况点,这也是整个飞行过程中最恶劣的工况点,只要系统能满足该工况点的冷却需求,即可满足其他工况点的冷却需求。以功重比和净输出功为目标,在不同回热量下马赫数 6 巡航点工况的优化结果如图 12.37 所示。图中将每一个优化出的帕累托前沿点的回热量作为自变量,分别绘制了

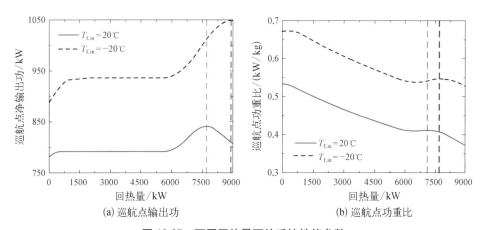

(a) 巡航点输出功　　　　　(b) 巡航点功重比

图 12.37　不同回热量下的系统性能参数

系统的总重量,输出功和功重比的分布情况。可见,随回热量的增加,巡航点系统输出功和巡航点功重比均存在极值点,在不同燃油入口温度下,极值点对应的回热量也有所不同。

飞行器从起飞到进入巡航状态($Ma=0\sim6$),所面临的热环境是时刻变化的,系统的性能也需要进行动态优化。$Ma=3.2\sim3.5$ 阶段为涡轮进气预冷阶段,该阶段为 TBCC 组合发动机存在推力缺口,冷却目标为预冷全部进入涡轮发动机的来流空气至 $Ma=3.2$ 对应的空气温度。$Ma=3.5\sim6.0$ 阶段为冲压发动机工作阶段,由于飞行速度过高,必须利用冷却通道对发动机壁面进行冷却,该冷却通道内同时流过超临界 CO_2 和燃油。

按照上述运行方案,$Ma=3.2\sim6.0$ 两个飞行阶段的系统连续变工况优化结果如图 12.38 所示,在优化过程中考虑了不同燃油温度和不同回热量对系统性能的影响,并给出了系统性能的上下限。性能下限由不采用回热措施的简单循

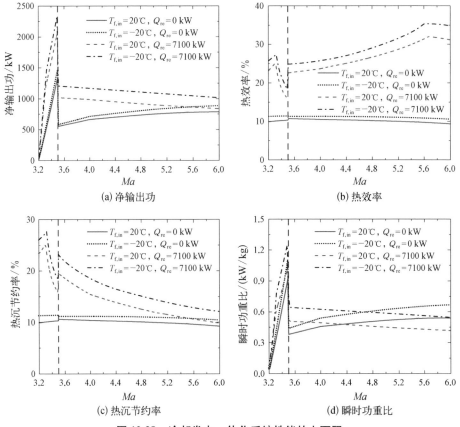

(a) 净输出功　　　　　　　　　　　　(b) 热效率

(c) 热沉节约率　　　　　　　　　　　(d) 瞬时功重比

图 12.38　冷却发电一体化系统性能的上下限

环系统给定,性能上限由巡航功重比极值点决定,该极值点对应于可用的最大回热量,在 20℃ 入口燃油下为 7 100 kW, 在 -20℃ 入口燃油下为 7 700 kW。

系统全局的热效率和净输出功均随回热量增加而增加。在燃油入口温度为 -20℃ 时,系统的净输出功和效率等主要性能指标均优于 20℃ 时,即携带低温燃油有利于提高系统性能。从图 12.44 整体来看,$Ma = 3.5 \sim 6.0$ 阶段与 $Ma = 3.2 \sim 3.5$ 阶段存在较大的不匹配问题,不匹配的原因主要在于 $Ma = 3.2 \sim 3.5$ 阶段的热负荷与冲压阶段热负荷存在较大差异,第一阶段最大热负荷可达 13 MW,后两个阶段最大热负荷仅 4.3 MW。

根据全局优化结果,不同回热量和不同燃油入口温度下冷却发电一体化系统各部件最大负荷与设计重量等参数总结于表 12.6。预冷器和冷却器的热负荷由冷却要求及空气温度和流量决定,无法通过调整循环参数而进行限制,必须按最大负荷进行设计,$Ma = 3.5$ 处是循环负荷最大位置,预冷器和冷却器热负荷都接近 13 MW,而后续 $Ma = 3.5 \sim 6.0$ 阶段最大热负荷不超过 4.3 MW,热负荷不匹配问题明显。按照最大负荷设计则导致预冷器和冷却器重量大大增加。回热器最大回热量由循环工况确定,重量相对合理。

表 12.6　冷却发电一体化系统部件最大负荷与重量

部 件 参 数	燃油 20℃/回热 0 kW	
	负荷/kW	重量/kg
压缩机	1 082	135
透平	2 416	302
冷却器	11 790	590
回热器	0	0
预冷器	13 123	437
总重量/kg		1 464
巡航净功/kW	巡航热效率	巡航点功重比/(kW/kg)
782	9.32%	0.534
最大净功/kW	全过程最大热效率	最大瞬时功重比/(kW/kg)
1351	10.70%	0.911

部 件 参 数	燃油 20℃/回热 7 100 kW	
	负荷/kW	重量/kg
压缩机	1 596	200
透平	3 678	460
冷却器	11 042	552

（续表）

部 件 参 数	燃油 20℃/回热 7 100 kW	
	负荷/kW	重量/kg
回热器	7 100	355
预冷器	13 123	437
总重量/kg		2 004
巡航净功/kW	巡航热效率	巡航点功重比/(kW/kg)
835	31.20%	0.416 7
最大净功/kW	全过程最大热效率	最大瞬时功重比/(kW/kg)
2082	32.00%	1.039

部 件 参 数	燃油-20℃/回热 0 kW	
	负荷/kW	重量/kg
压缩机	484	61
透平	1 977	247
冷却器	11 631	582
回热器	0	0
预冷器	13 123	437
总重量/kg		1 327
巡航净功/kW	巡航热效率	巡航点功重比/(kW/kg)
889	10.54%	0.67
最大净功/kW	全过程最大热效率	最大瞬时功重比/(kW/kg)
1492	11.37%	1.125

部 件 参 数	燃油-20℃/回热 7 700 kW	
	负荷/kW	重量/kg
压缩机	965	121
透平	3 137	392
冷却器	10 756	538
回热器	7 700	385
预冷器	13 123	437
总重量/kg		1 873
巡航净功/kW	巡航热效率	巡航点功重比/(kW/kg)
1015	34.83%	0.542
最大净功/kW	全过程最大热效率	最大瞬时功重比/(kW/kg)
2368	35.46%	1.264

综合来看,在 $Ma=3.2\sim6.0$ 的全范围内,各个阶段存在较大的不匹配性,造成不匹配的根本原因是 $Ma=3.2\sim3.5$ 阶段由于来流空气需要被全部冷却,故热负荷过大,而后续阶段空气部分预冷,热负荷较小。预冷器和冷却器负荷过大是该系统面临的固有问题,需要进一步从循环设计方面进行整体考虑,同时一些其他的预冷方式,如射流预冷或燃油预冷等方案也是后续可能的技术途径。

此外,从研究结果来看,预冷器、回热器和冷却器的重量占比最大,研发轻质高效的换热器是该技术发展的一个重要方向。

12.6 基于自抽吸自适应发汗冷却的主被动复合身部大面积部位轻质热防护方法与技术

高速飞行器在长时间的飞行中,吸热量会持续上升,飞行器身部原有的被动热防护材料无法提供足够的热沉,因此需要在被动热防护的基础上设计轻质高效的主动冷却方法。综合考虑传热性能、承载能力以及轻量化需求,本书作者团队设计了长航时高速飞行器外壳的自抽吸发汗冷却蒙皮模块,通过实验验证了其自抽吸发汗冷却性能,研究了压力和工作角度对自抽吸发汗冷却的影响规律,建立了引入冷却流体进出口压力的自抽吸发汗冷却理论分析模型,揭示了实际热环境中环境压力对自抽吸发汗冷却性能的影响机理,提出了自抽吸发汗冷却在实际飞行器中的应用前景[11]。

以飞行器的典型舱段结构为研究对象,本书作者团队提出了如图 12.39(a)所示的自抽吸发汗主动冷却系统。其中由金属骨架分隔开的蒙皮模块,既是承载结构,也是冷却结构,每一个蒙皮模块内部都包含独立的冷却结构。自抽吸发汗冷却蒙皮模块的封装结构如图 12.39(b)所示,蒙皮结构内部由两层多孔介质组成,上层多孔介质孔隙尺寸较大,作为蒸汽的流动通道;下层多孔介质孔隙尺寸较小,为自抽吸发汗冷却提供毛细力并作为冷却水的储存介质;两层多孔介质通过胶膜与铝合金蒙皮粘连,最后再将铝合金蒙皮侧面焊接封装。在下层多孔介质侧面打孔通过管道补充冷却水,在上层多孔介质另一侧面通过管道收集冷却水气化产生的蒸汽。舱段壁板结构整体的进水和排气管道布置如图 12.39(c)所示,图中蓝色管路为进水管路,红色管路为排气管路。进水管路均布置在模块的下方,排气管路均布置在模块的上方。冷却水受热产生的蒸汽可以有两种排放方案,一是通过管路收集蒸汽后在飞行器顶部通过排气孔排出,二是在顶部收集至总排气管后统一排出。第一种排气方案沿程流阻较低,且可以在飞行器上方形成保护气膜;第二种排气方案的沿程流阻较高,但可以通过一个排气口集中排出。存在被动热防护层时,通过被动热防护材料传导至内部的热流密度很小,本设计研究以约 3 kW/m² 的传导热流密度在 3 000 s 时间内的热防护为研究目标。

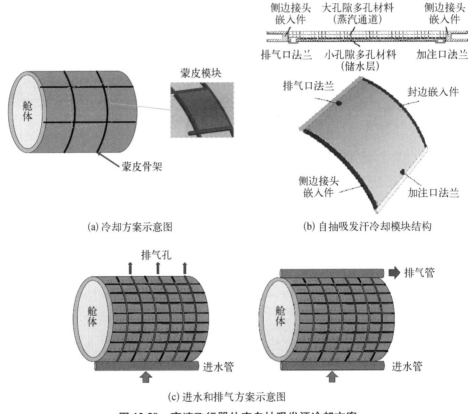

(a) 冷却方案示意图

(b) 自抽吸发汗冷却模块结构

(c) 进水和排气方案示意图

图 12.39 高速飞行器外壳自抽吸发汗冷却方案

综合考虑传热性能、承载能力以及轻量化需求,初步选定泡沫金属为模块内储水层和支撑层的多孔介质,设计如图 12.40 所示的自抽吸发汗冷却结构。模块通过一侧管路进行补水,冷却水储存在下层泡沫金属中,下层泡沫金属主要起到毛细抽吸和储水层的作用,上层泡沫金属主要起到传导热流以及蒸汽通道的作用。由于两层泡沫金属的孔隙尺度存在数量级差距,冷却水被吸附在下层泡沫金属中,因此可以将相变界面控制在下层泡沫金属表面,实现模块内部的气液

分离。在原理试验件的基础上,进一步设计加工了自抽吸发汗冷却蒙皮模块的
工程试验件,如图 12.41 所示。

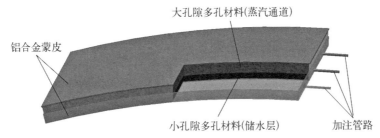

图 **12.40**　自抽吸发汗冷却蒙皮结构示意图

图 **12.41**　自抽吸发汗冷却蒙皮实验模块照片

低压环境自抽吸发汗冷却系统如图 12.42 所示,研究了不同压力和工作角
度对自抽吸发汗冷却蒙皮模块工作性能的影响规律,在原理试验件的基础上进
一步设计加工了工程试验件并通过了热考核试验。实验结果如图 12.43 所示,

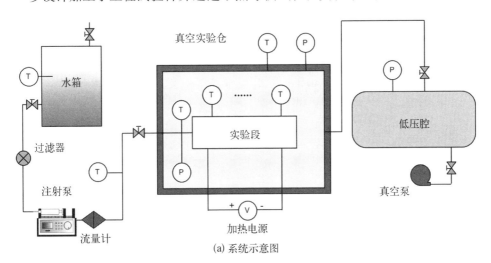

(a) 系统示意图

(b) 系统实物图　　　　　　　　　　(c) 真空实验舱内部

图 12.42　低压环境自抽吸发汗冷却实验系统

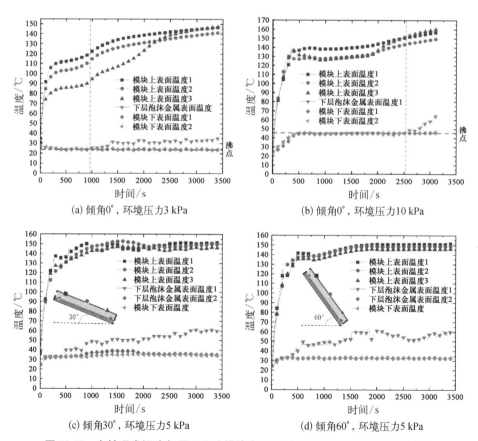

(a) 倾角0°，环境压力3 kPa

(b) 倾角0°，环境压力10 kPa

(c) 倾角30°，环境压力5 kPa

(d) 倾角60°，环境压力5 kPa

图 12.43　自抽吸发汗冷却原理实验模块在不同压力和倾角下的温度变化曲线

结果表明：自抽吸发汗冷却蒙皮模块在 3~20 kPa 的环境压力中都可以达到较好的热防护效果，仅采用 $3.6 \ kg/m^2$ 的封装冷却水，即可实现在 3 000 s 加热实验中将外表面温度稳定控制在 160℃ 以下，内表面温度稳定控制在 46℃ 以下；对比倾斜角度分别为 0°、30°、60° 的实验结果，可以发现在一定范围内改变模块的倾斜角度，模块的整体热防护性能没有显著差异，模块的外表面温度均基本保持在 150℃ 以下的安全范围。

参考文献

[1] 熊宴斌. 超声速主流条件发汗冷却的流动和传热机理研究[D].北京：清华大学,2013.

[2] 黄拯. 高温与超音速条件下发汗冷却基础问题研究[D]. 北京：清华大学,2015.

[3] Wang C, Song Y, Jiang P X. Modelling of liquid nitrogen spray cooling in an electronic equipment cabin under low pressure [J]. Applied Thermal Engineering, 2018, 136: 319 – 326.

[4] Wang C, Xu R N, Song Y, et al. Study on water droplet flash evaporation in vacuum spray cooling[J]. International Journal of Heat and Mass Transfer, 2017, 112: 279 – 288.

[5] Wang C, Xu R N, Chen X, et al. Study on water flash evaporation under reduced pressure [J]. International Journal of Heat and Mass Transfer, 2019, 131: 31 – 40.

[6] 王高远,王超,姜培学,等. R134a 低压闪蒸喷雾冷却实验研究[J]. 工程热物理学报,2020,41(10): 2549 – 2553.

[7] 姜培学,张富珍,胥蕊娜,等. 高超声速飞行器发动机热防护与发电一体化系统研究[J]. 航空动力学报,2021,36(1): 1 – 7.

[8] 张富珍,姜培学,胥蕊娜,等. 基于回热器温度滑移匹配的以 CO_2 为工质的布雷顿循环优化分析[J]. 热能动力工程,2017,32(8): 11 – 16.

[9] Zhang F Z, Zhu Y H, Li C H, et al. Thermodynamic optimization of heat transfer process in thermal systems using CO_2 as the working fluid based on temperature glide matching [J]. Energy, 2018, 151: 376 – 386.

[10] Ma X F, Jiang P X, Zhu Y H. Performance analysis and dynamic optimization of integrated cooling and power generation system based on supercritical CO_2 cycle for turbine-based combined cycle engine[J]. Applied Thermal Engineering,2022, 215: 118867.

[11] 廖致远. 高热流密度与超声速条件下发汗冷却基础问题研究[D]. 北京：清华大学,2021.